民國園藝史料匯編 8

《民國園藝史料匯編》編委會 編

第2輯

江蘇人民出版社

第八册

中國庭園概觀

葉廣度 著

南京鍾山書局
民國二十二年

中國庭園概觀

葉廣度著

南京
鍾山書局發行
1933

中國庭園概觀

中華民國二十一年十二月付印
中華民國二十二年二月十五日出版

每册實價大洋捌角

著作者　葉廣度

發行者　南京鍾山書局
中央大學門前華巷口
電話第三一三九五號

印刷者　仁德印刷所
常府街十八號
電話二二三一〇

中國庭園概觀

自序

「人生不滿百，常懷千歲憂，」這是告訴我們人生最大的苦悶，便是生命的短促，生活的貧乏和憂患生涯的過多，要是懂得自然界一切底狀態，人類思想底表現，和美底見解，我們又何致於較量世諦，追求於「人相」與「我相」之中呢？

我們知道人類生活之向上，端賴環境的改善，而改善環境，便是科學與藝術的工作，庭園學卽是從這個意義上出發的。但我們研究中國造園史，就看出歷代帝王及貴族階級，多把庭園裝飾，作爲個人享樂的私有物，而一般士大夫又把它看作吟詠寫意的資料，社會更視造園是小技，藝人是匠人，不足以入於文人大雅之「藝林」，因此要尋一個庭園專家的記載，殊不易得，比較能將庭園的作法，敘述稍爲具體的，莫如沈復說：

「若夫園亭樓閣，套室迴廊，疊石成山，栽花取勢，又在大中見小，小中見大，虛中有實，實中有虛，或藏或露，或淺或深，不僅在周迴曲折四字，又不在地廣石多，徒煩工費，或掘地堆土成山，間以塊石，雜以花草，籬用梅編，牆以藤引，則無山而成山矣。大中見小者，散漫處植易長之竹，編易茂之梅以屏之。小中見大者，窄院之牆宜凹凸其形，飾以綠色，引以藤蔓，嵌大石，鑿字作碑記形。推窗如臨石壁，便覺峻峭無窮。虛中有實者，或山窮水盡處，一折而豁然開朗，或軒閣設廚處，一開而可通別院。實中有虛者，開門於不通之院，映以竹石，如有實無也，設矮欄於牆頭，如上有月臺而實虛也。」——閑情記趣

我們從此段文中可以看出沈氏所謂「大中見小，小中見大，」便是說造園組織要嚴密統一，所謂「虛中有實，實中有虛，」便是說造園個體要錯綜變化，所謂「不僅在周迴曲折四字，」即是說造園要有風致，尤要逼真，所謂「不在地廣石多，徒煩工費，」即是說造園要經濟實用兼顧，造園家能如此去應用，眞是得造園之三昧了。他這種簡單扼要的話，不單是教人如何去造園，而且啓示我們造園家，要有「天地吾廬，」「萬物皆畀於我」的意境。

在現今家邦多難，民不聊生的當中，庭園裝飾，彷彿只是供少數人的享樂和我們文化生活的健康沒有深切的關係，而過近代生活的人，往往又以純西式庭園相尚，在此半新半舊的社會裏，弄成不中不西的矛盾景象，自是必然的結果，其實，這不是庭園學家之昧於時代思潮，而是社會不明造園藝術之眞義，我們覺得日常生活，衣食固然要講求衛生適體，難到起居住行，就讓他長此醜惡下去嗎？眞正的庭園學家，他的使命，並不是爲少數特權階級的，誰家庭院造別墅，而是爲大衆謀幸福，使人於自然中求忘我，不躑躅於一隅，而知人生之謎，卽在自己的園地中得其消息。我國庭園前所讚美的竹廬，茅舍，水榭，涼亭，此類點綴，更可知影響國人「淡泊以明志，臨靜以致遠」的人生觀了。此書所要求的，卽在使大衆生活方面，從單調而至於豐富，從獨享的而變成一般的，從個人的而變成社會的一種認識，在藝術檢討方面，不過想從神祕的易成科學的，散漫的換成系統的罷了。

這一本小册子，是我三年前從東瀛考察歸來着手起稿的，現在好容易完成了，又得了付梓的機會，我當謝謝給我助力的張其昀先生。

一九三二年十二月葉廣度序于南京

例言

一、本書編述目的，在促進公私庭園之改造，增進一般旅行家遊覽名園勝蹟的興趣，及供給有志庭園學者和市政衞生設計之參攷。

二、本書取材，多從中國舊籍，近人編著及選譯日本近著而來。惜作者手中參攷書有限，未能詳盡，其中不無謬誤之處，倘希海內宏達，不吝賜正。

三、本書插圖，所用庭園公園風景片，均採自中法日三國寫眞之佳構，以增讀者興趣。

四、本書爲目前中國庭園界有系統叙述之第一本，拋磚引玉，希望有第二本之出現。

五、本書編製，承章守玉先生校閱，又得友人雷肇唐漆宗祚李秀峯三君之鼓舞，催促付梓，並誌於此，以表謝忱。

北平萬壽山之外觀

頤和園內觀之二牌坊與彫欄

北平 三海之石橋

西湖之畫舫

杭州靈隱寺之飛來峯與冷泉亭

蘇州　滄浪亭

蘇州留園

中南海公園圖

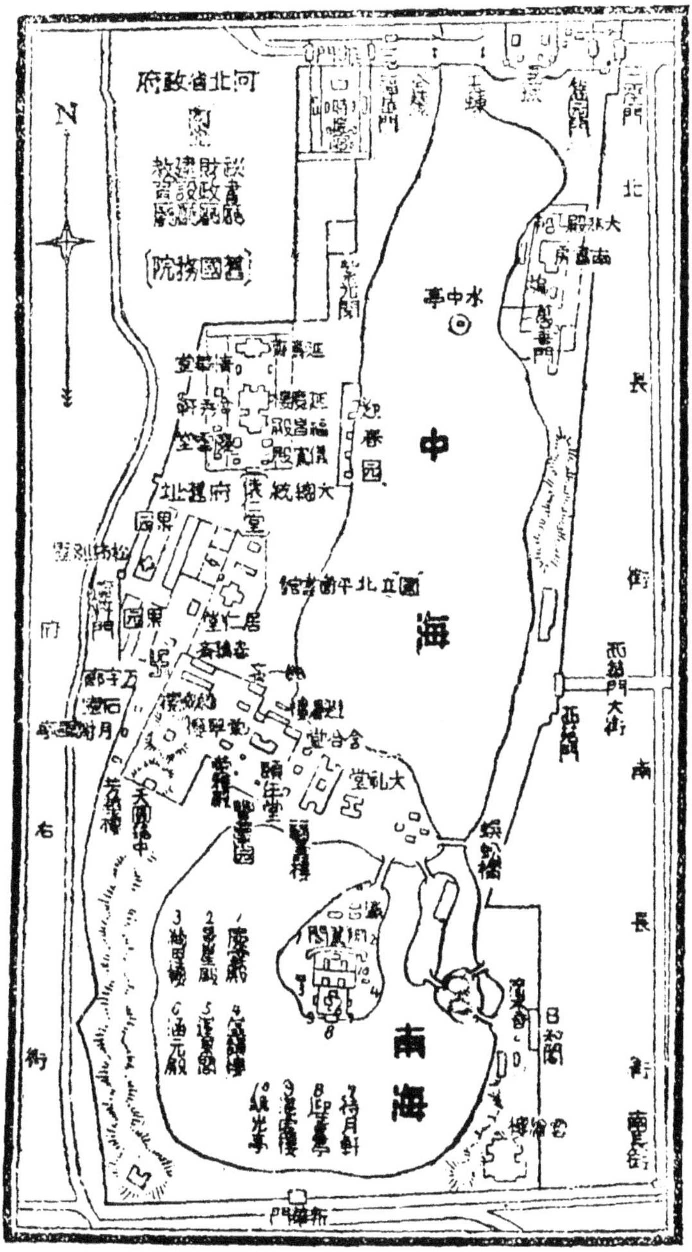

比例一千一百六十二分之一

中山公園圖

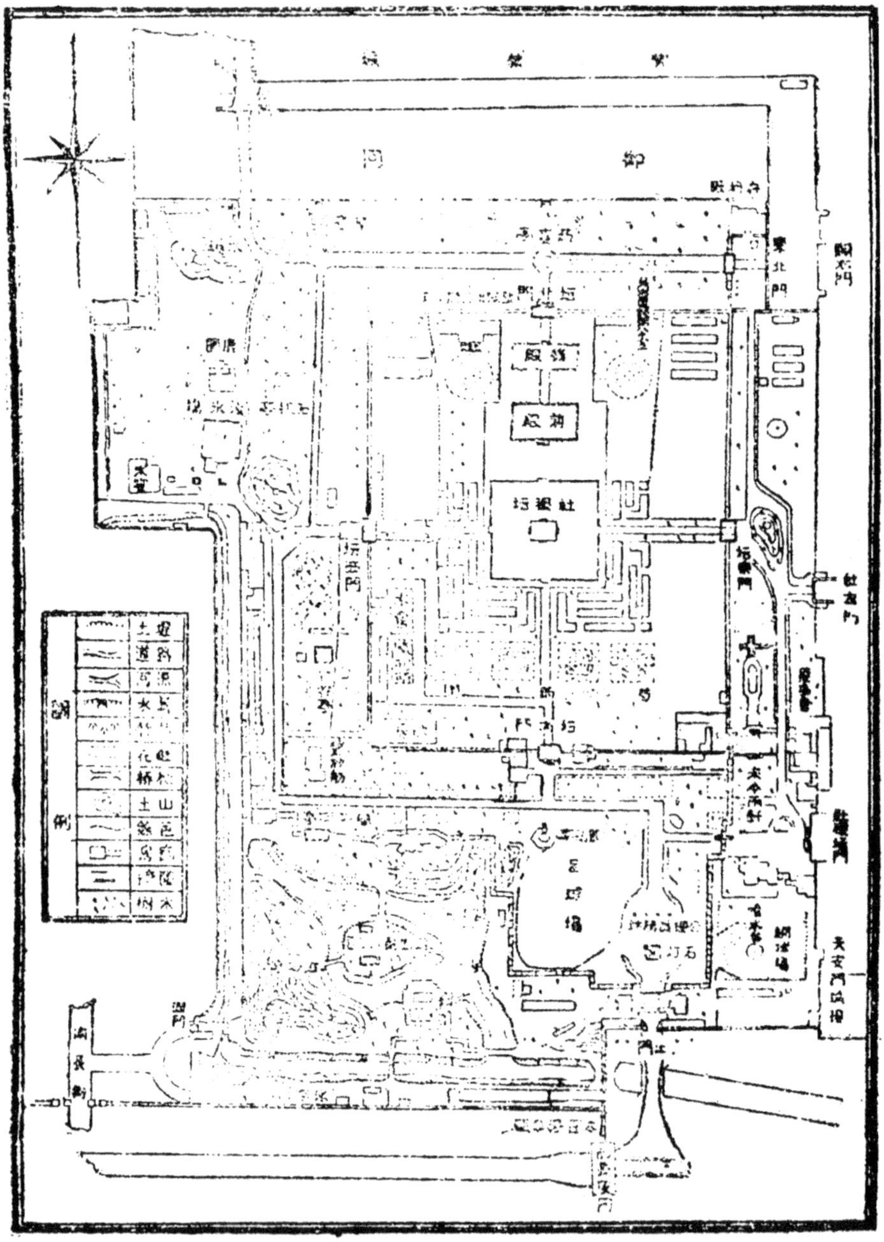

比例一千六百分之一

萬壽山畧圖

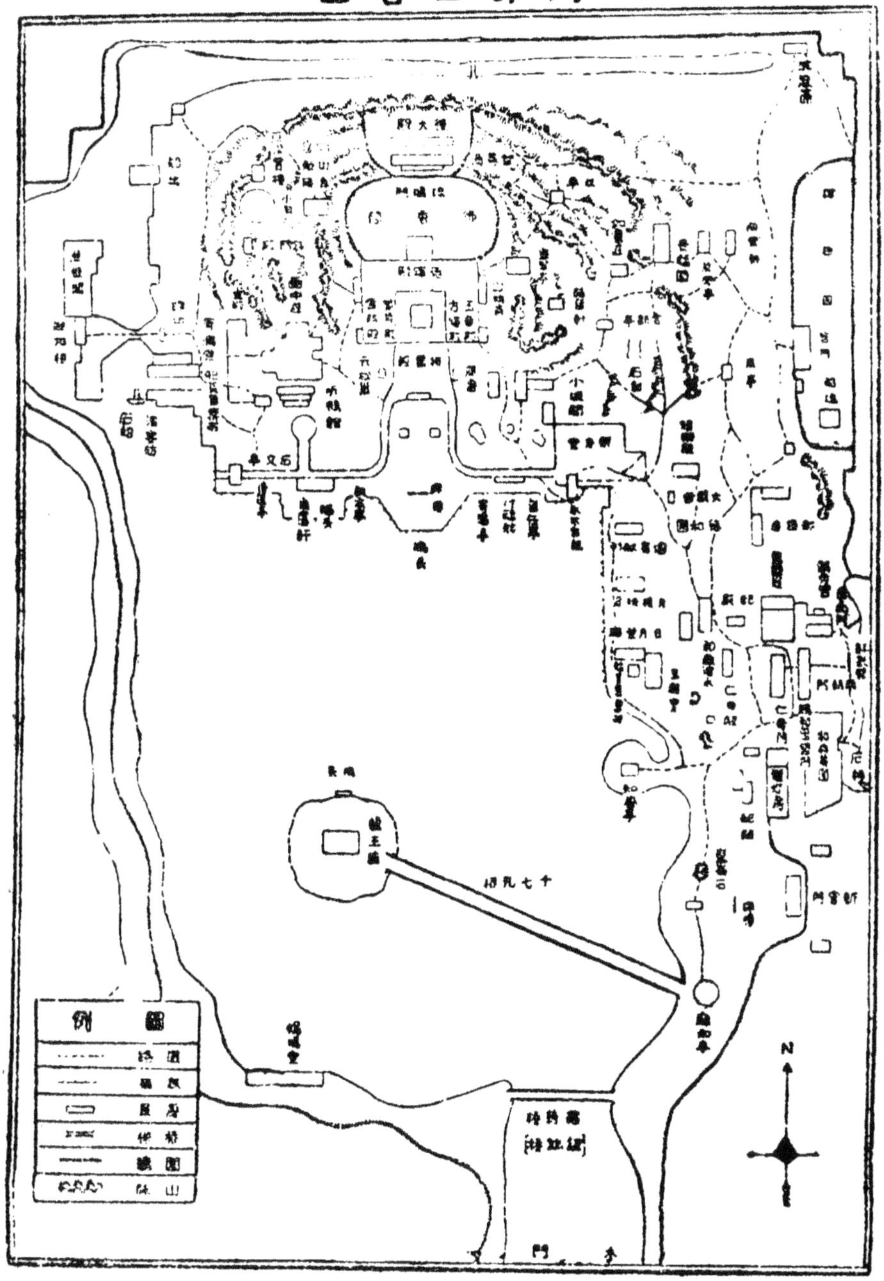

比例一万四十分之一

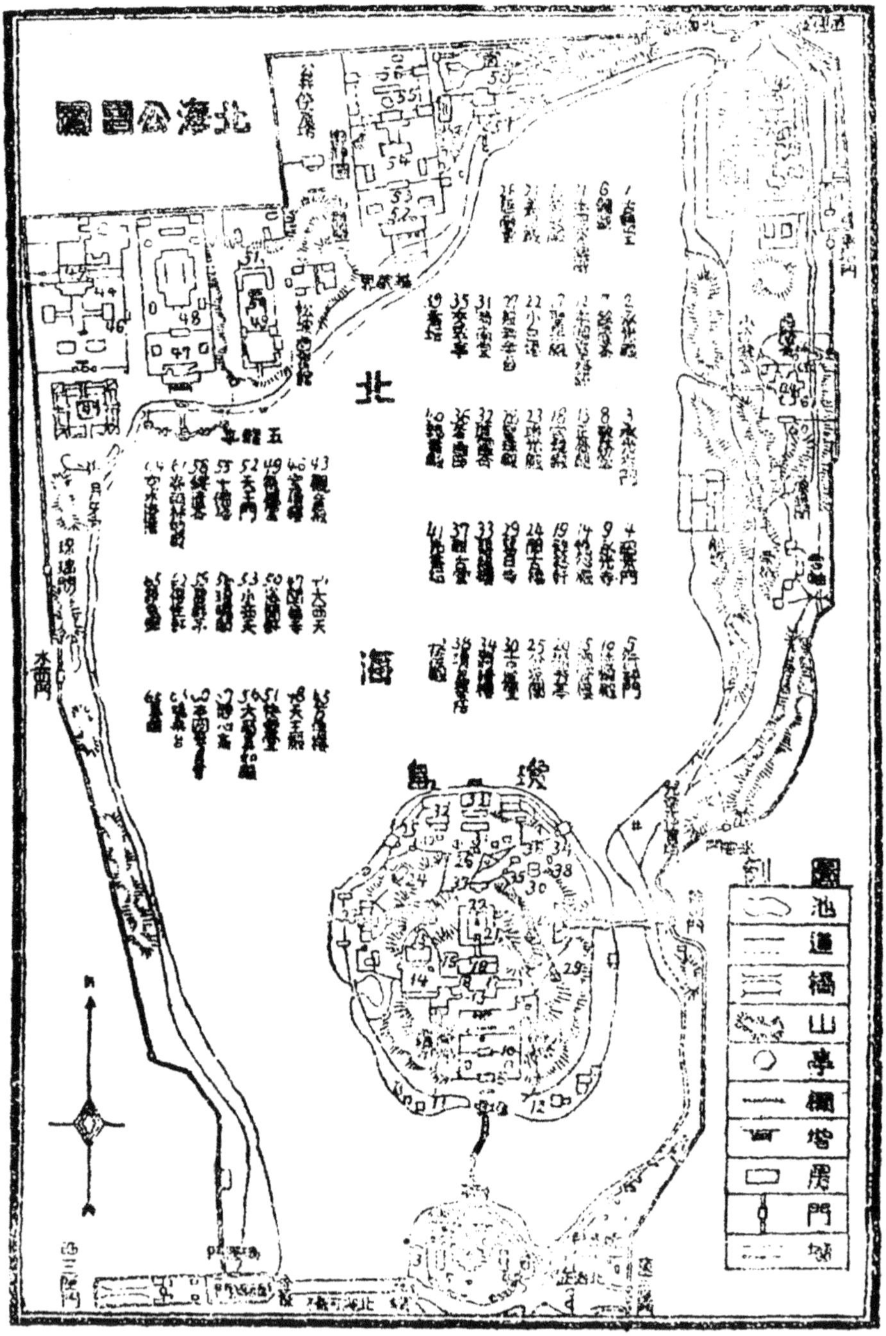

比例六十八百分之一

中國庭園概觀

第一章　中國庭園史略

第一節　庭園的意義

庭園是什麼呢？這個名詞，來自日本，我國叫做「園亭」，英名風景園藝"Landscape Garden." 它的範圍很廣，學者的名稱不一，有名為"Landscape Art"."Landscape design."或"Landscape architecture."等。要是下一個精確完善的定義，很不容易，簡單的說：凡是以美觀和實用為目的，依某種的方式，用藝術的技巧，設施於一定的風緻的地域，都叫做庭園。

第二節　庭園的起源

園的創制，起於東方，這是近世園藝學者一般所承認的。我們知道庭園為綜合藝術之種，它的起源，概括言之，有下列數種：

二

一、模倣衝動　柏拉圖所謂「藝術是自然的模倣」。這却是道破人生創作的動機的一句名言。在漁獵時代的民族，吃的是茹毛飲血，穿的是樹葉獸皮，爲維持他們的生活起見，就把打獵得來的禽獸，畜養在一定的圈子裏，同時倣照自然，栽培一些瓜果之屬在一處，所以當時叫做「園囿」。我們看周禮上說：

「囿人掌囿遊之獸禁，」「場人掌國之場圃，而樹之果瓜，珍異之物，以時斂而藏之。」又說：

「園圃毓草木，」「園廛二十而一。」

又詩經（魏風園有桃）上說：

「園有桃，其實之殽（同肴），心之憂矣，我歌且謠。」又「園有棘，其實之食。…」

我們再看說文對於園囿的解說：「園，樹果，圃，樹菜也。囿，養禽獸也。」可知當時的園圃，爲專種果蔬草木之地。場人管理，因利薄，故二十而稅一。其所謂圃，卽今日所種果蔬園，其所謂囿，亦都類似今日所稱之動物園，所不同的，一是留作食品用，一是供人觀賞罷了。

二、遊戲衝動　席勒爾說：「把一切的遊戲綜合起來，有產生他底一種特別衝動，這個也就是藝術衝動力底原因。」遊戲又是生活問題有了相當解決的出發點，生活愈覺得充實，遊戲的興致，愈覺得濃厚，而遊戲的創造力，亦愈來得大。例如在殷實民安的周代，文王要與民同樂，他就建了一座靈台，布置了一個園囿，面積竟達到「方七十里」之大。這不過是原始的遊戲的動機，竟開了後來公園的濫觴了。

呂氏春秋上說：「昔先王之爲苑囿園池，足觀望，勞形而已矣，非好儉，節乎性也。」我們在這裏知道古代帝王之樂庭園，是遊戲的衝動的一個證明。

三、裝飾衝動　囿既是古代娛樂的場所，使鳥獸繁殖，以供畋獵，這個制度，直至於秦漢，雖未曾變，但名則變爲「苑」了。而且這種遊藝場所，又變爲私有了。以當時文物漸盛，以前的娛樂場，簡陋單調，不能滿足帝王的要求，自是必然的結果。何況當時帝王建設的魄力之大，迥非昔比呢？戰國時代王室之名園，如吳王夫差建築梧桐園，會景園於會稽，穿沼鑿池，構亭營橋，所植花木，類多茶與海棠，便可知其裝景較前更進一步。後漢末葉，更有廣成園，西園，顯揚園，憲園，敬園，逍遙園，長利園，展望園，萬歲園，觀平園，梁園等先後興造，頗極一時之盛。我們再看秦漢園囿的裝飾怎樣呢？據漢書舊儀上說：「上林苑中，廣長三百里，置令丞左右尉，苑中養百獸，……其中離宮七十所，皆容千乘萬騎。」又漢書百官志上說：「上林苑令一人六百石，主苑中禽獸，」從這一段的記載，我們又可看出園的面積，較前更加大了。建築物已加入其中了。園之行政及其專吏之待遇更可推知了。

我們要問上林苑在今什麼地方呢？依東都賦上說：「歲仲冬大獵西園」師古注：西園即上林苑，考西園即在今陝西之地，所可知道的，是它的位置，在黃山南山之間，跨涇渭二水，門設於南，過渭水而北爲上蘭館，即畋獵的地方，再上去，就是長楊宮，王柞宮行賞的地方。更上去就是作爲遊息之地的昆明湖與太液池了。昆明湖就連豫章宮，宮前有石像二，太液池左為建章宮，池中為蓬萊，方壺，圓嶠，方壺亦曰方丈，都是假山。又有甘泉園，周圍廣及五百里，園中有昆靈池西波池等勝景。再看此時的資產階級，對於園的設計如何？西京雜記上有一段：

「茂陵富人袁廣漢，藏鏹巨萬，家童八九百人，於邙山上築園，東西四里，南北五里，激流水注其內，搆石為山，高十餘丈，連延數里，養白鸚鵡，紫鴛鴦，旄牛，青兕，奇禽怪獸，委積其間，聚沙為洲，激水為波潮，其中江鷗，海鶴。乳雛產鷇，延漫林池，奇樹異草，靡不具植。屋皆徘徊連屬，重閣修廊，行之移晷，不能偏廣。」

到了魏初，古制漸變，名稱亦雜，子建詩：「清夜遊西園，……秋蘭被長坡，朱華冒綠池，潛鳥躍青波，好鳥鳴高枝，」我們讀了此詩，便覺言花木池沼之勝，而不及禽獸之養畜，其制漸近於今日的庭園，尤其是晉代的石崇的金谷園，據其自序云：「余有別廬。在金谷澗中，清泉，茂樹，衆果，竹，柏，藥物備具。又有水碓魚池。」可知他已開了後世別墅山房之先河了。

在這個時期，我國與西域諸國，常有交涉，招宴外使之苑囿亦多，其建設頗與近代一般政治家及實業家之俱樂部相似，故晉武帝有洛陽平樂園，六鹿園，靈芝園，灣園，石祠芝蔬等，魏明帝有香林園，至齊王時改為華林園，專供賞宴園林之所。其他如石虎的芳林園，王偉的芳林苑，愍懷太子的玄圃園，陳槃時的東遊苑，建興苑，窮極雕麗，增植嘉樹珍果，談及畋獵之事絕少，陳張正見詩：「昆明不習戰，雲夢豈游畋？」更可得而證明了。

隋煬帝時，建造西苑，使役至百萬人之多，據隋書所載：「帝即位，首營洛陽顯仁宮，發江嶺奇材異石，又求海內嘉木異草，珍禽奇獸，以實苑囿，」此時的庭園，規模宏大，花木品種之多，可想見了。

四、表情衝動　自六朝初年，由陸機在文賦中，闡明文學藝術化之原理以後，才知道用人工的藝術的方法，以增進文學之表現，結果把個人的思想，感情，輸進藝術的作品中。傳達別人，成了共同美的觀念。唐詩古不遜，在這個時代，有兩個實際設計庭園的詩人，一個是長安的王維先生，他在肅宗時，辭了官，隱於藍田縣之輞川，他不但能詩，而且善畫，東坡所稱詩中有畫，畫中有詩的，就是這位先生。他在輞川，相地設台閣，作花園，配置椒園，漆園，竹里館，白石灘，南垞，欒家瀨，柳浪，臨湖亭，欹湖，宮槐陌，孟城坳，華子岡，茱萸沜，木蘭柴，斤竹嶺，文杏館，輞口莊等建築物，又架圓月橋於川上，放鶴於南垞，飼鹿於山溪，浮舫於湖沼，他的別墅，可以說就是他設計的圖案，實現於地面的了。還有一個就是潯陽的白樂天先生。我們看他造園設計的自述：

「僕去年秋，始遊廬山，到東西二林間香爐峯下，見雲水泉石勝絕，愛不能捨，因置草堂，堂前喬松千數株，脩竹千餘竿，靑蘿爲牆垣，白石爲橋道，流水周於舍下，飛泉落於檐間，紅榴白蓮，羅生池沼，每一獨往，動彌旬日，平生所好，盡在其中，不惟忘歸，可以終老。」

便可知他的庭園之淸幽別緻，都由於他冲淡的情懷，與自然同化爲一，或許是受了田園詩人陶潛一類的人生觀的影響罷。

其他如李白之序桃李園，歐陽永叔之記眞州東園，莫不是表情衝動的。

五、描出衝動　我們須知庭園是一幅畫圖的張本，而畫圖又是點，線，色諧和的結構，庭園卽利用此原理而描出。十七世紀法蘭西式之庭園，所謂凡爾賽公園及楓登白露Fontaineblean王宮，在西方庭園史上，開一新紀元，當推西方造園泰斗羅諾脫Le Notre氏之創作品。而考其初，羅氏不過爲一畫家，可知繪事影響於庭園之大。那末，我們便可了解我國在宋代庭園之盛所由來了。徽宗皇帝，是當時繪畫名家，他召集各種藝術家於汴京，給以俸祿，畀以官階，築壽山艮嶽，又搜集全國的奇巖異木，造梅林，松林，築鷗方池，曲江池等，一時傳爲勝景。至於洛陽私家名園之多，更是空前盛況，其內容之設施，實爲後世造園界的典型，尤其是當時洛陽的人，知「園圃之勝，不能相兼者六：勝宏大者少幽邃，人力勝者少蒼古；多水泉者艱眺望。」非胸有邱壑，具有美術的鑑賞，不能描出這個造園的原則來。元明兩代，畫家迭出，如倪雲林之圖獅子林，且親同僧天如，惟則延，朱德潤，趙善良，徐幼文諸人共商疊成。李長衛之寫彭澤詩意，他的讀書處的檀園，「水木清華，一樹一石，皆長衛父子手。自位置，過之者恍如身在畫圖中。」至於清初，海禁漸開，外來藝術之輸入，庭園尤放一異彩，我們看清高宗的圓明園的圖詠，米紫來的浮邱山房圖，王石谷的樸園圖，都是善於描出庭園之美的能手。其他名家之庭園構圖，更不勝縷述了。

第三節　庭園的演進

庭園之壯麗，非有絕大的財力，不能設施，爲世所稱之中外名園，大多由於皇家貴族之倡導，例如前面所述的漢之上林苑，晉之金谷園，隋唐之西苑，宋之洛陽名園，清之圓明園，頤和園，及埃及時代之巴比倫Babylon的室中花園，羅馬時代之庭園，法國路易十四時代之凡爾賽宮園Versilles莫不精美絕倫。因此庭園之發達史，大概都由這個途徑而來的。

但我們要知道這些名園的建設，誠然是由於一般皇家和貴族階級的力量，却是這裏面設置的一切東西。都是許許多多的藝術家和技術家目匠心營，一點一滴的創造出來的呵！從這裏，我們可以嚴格的說：中國數千年來，歷史上幾乎找不來出民間有一個真實的庭園來，所有的庭園，不是帝王的，貴族的，便是一般政客的，紳士的，豪商的，而且紳士階級的庭園，又是那麼簡陋可憐，這是什麼原故呢？作者以爲由於下列的原因：

一、他們都是被壓迫剝削的階級，求生尙且來不及，還說什麼精神上的享樂呵！

二、他們並非不知道精神上的享樂，和美的愛好，實是他們因爲被細在創造的日光所不照，卽所謂「文化的地窖」裏太長久了。所以從那裏不發生一點怎樣的藝術底勢力。

三、一般紳士階級的文人，他們造園的美學觀點，是與其他階級不同，他們覺得貴族階級，有舊式的固定了的趣味，而政客豪商階級，有可憐的市民的俗惡的趣味，因此他們的庭園，就向往山林中，田園中，去找出美來，他們以爲在殘山賸水中，才有奇蹟，竹廬茅舍中，才有風趣，他們覺得在這樣環境中的庭園，才是高雅，才是美妙。

中國庭園歷史的發展程序

時代	功用	享受分子	動機
西周以前	實用	無階級	摹倣
西周時代	娛樂	帝王與庶民	遊戲
秦漢至魏晉時代	娛樂	帝王與富豪階級	裝飾
唐宋以後	娛樂兼實用	帝王、貴族、官僚、縉紳、文人	表情……自然式
近代	娛樂兼實用	貴族、官僚、紳士	描出……自然式
		文人、人民	人工式

中國庭園歷史的發展，曾經過了三次園藝演進的時期，相應的也就有三次文化的影響，作者把它簡單的列一個表於下面：

時期			
殷周之際	果蔬園、畜牧園	及享的	畋獵社會

秦漢以後	花卉園	私有的	文學與繪畫
近代	庭園	半公開	外來藝術輸入
	公園	公開	

我們由以上兩表看出王家之禁園，士紳之庭園，非常的發展，兩千年來，都是特殊階級獨享的安樂窩，這是什麽原故呢？我們可以說：在社會經濟方面，是封建制度所形成，在社會思想方面，是個人主義的發達，有「道尊于一」，自然生出皇室之宮園，有「獨善其身」，自然演出紳士之別墅，有「安貧樂道」之傳統思想，必然順天知命，以送葬其生於陋巷糞土之牆中！因爲「茅茨土堦」，是儒家「節約」的美德，而歷代帝王和一般縉紳家，偏不能循此大道以進，這又是什麽原故呢？因爲愛好藝術的心理，是隨時代與社會經濟變化而變化的。所以庭園隨社會演進，由宮庭藝術，必然到國民藝術之一途。

第二章　中國庭園在藝術史上之位置

第一節　庭園與文學

我們要研究每個時代的庭園，一方面要看當時文人的文學，對於庭園上的觀念如何，同時要看當時全體的社會，藝術種種比較研究以後，才能知道當時庭園設計的概況。

文學的發生，常以社會的現象爲背景，而庭園的建設，亦不能逃脫這個公例。在歐美的庭園設計。多爲建築家，美術家，而在中國的古代庭園，則爲一般文人所搆思，倡導，歌詠，這是中國庭園特殊的地方。

文學又是歌頌自然之美的產物，而庭園正是他們理想的歸宿地。因爲他們所憎惡的是貴族階級的特有享樂，所咀咒的是都市生活的煩囂苦悶。同時又有大自然美的誘力，使得他們生出一種遁世絕俗的情感，想得一個安身立命的場所，但又不能脫離人羣的社會，只得擇一個風景較好的地方，或在自家庭院，模擬自然的情調，佈置起來，吟風弄月，享受他們一生清閒的福。

在他們的文學中，對於庭園上所讚美的，或鑑賞的，研究起來，他們的寄託，都是一些清，淡，幽，雅，靜，秀，冷，逸，超，潔等抽象的名詞。這些美的概念，一面是對當時社會所生的反動的情趣，一面又是他們個人的人生觀，因此就成了他們在庭園上設計的中心思想。

第一目　詩和雜記上的庭園觀

我們知道由周至於秦漢，是庭園的起蒙時期，社會思想，漸漸發達，人民的國家觀念，一變而爲家庭觀念，從詩的方面去研究，當時的人就有愛惜庭園的意識了。詩經上說：

「將仲子兮，無逾我園，無折我樹檀。豈敢愛之，畏人之多言。」

又古詩十九首，有：

「青青河畔草，鬱鬱園中柳，……」

「青青陵上柏，磊磊澗中石，……」

「庭中有奇樹，綠葉發華滋，……」

更可見當時的人在園陵上植樹的好尚了。在散文方面，如班孟堅，司馬相如，張平子，楊子雲，諸人的文中所述果木珍禽，不一而足，庭園裝飾，略可考見一斑。以限於篇幅，茲不多贅。

從北魏起，佛教已傳入中國，影響於文學思想上甚大，故魏晉間之文學，多淡雅豪放，他們在庭園文學上的歌詠，亦是這樣的。

我們且看阮籍的詠懷，「嘉樹下成蹊，東園桃與李……」與在這個時期中，代表庭園文學的作家陶潛先生的歸田園居詩：「開荒南野際，守拙歸園田，方宅十餘畝，草屋八九間，榆柳蔭後檐，桃李羅堂前，曖曖遠人村，依依墟里煙。」以及「採菊東籬下，悠然見南山。」諸詩，我們讀了之後，一種沖淡情懷，不覺油然而生，同時又覺得他們都喜歡，栽植桃李，而淵明的住宅，以榆柳作背景，以籬菊作花圃，這種淡雅鮮豁的裝景之美，與他在散文上所表現的桃花園記的設計，同樣的引人入勝。我們試看他理想造園的記中所述：「晉太元中，武陵人，捕魚爲業，緣溪行，忘路之遠近，忽逢桃花林，夾岸數百步，中無雜處，芳草鮮美，落英繽紛，漁人甚異之。復前行，欲窮其林，林盡水源，便得一山，山有小口，髣髴若有光，便捨船從口入，初極狹，纔通人，復前行數十步，豁然開朗，土地平曠，屋舍儼然，有良田，美池，桑，竹之屬，阡陌交通，雞犬相聞，其中往來種作，男女衣著，悉如外人，黃髮垂髫，并怡然自樂……自云先世避秦時亂，率妻子邑人來此絕境，不復出焉。」

其中的佈置，儼如近代新村的設施，後來一般庭園的設計，所謂「山窮水盡疑無路，柳明花暗又一村。」什麼小溪呢，假山呢，美池呢，差不多沒有不依據這個造園的意境而來的。

在這裏，我們知道他造園的意境，實是他想求得一個安居樂業的社會，所以他寄託園中人云：「避秦時亂，來此絕境，乃不知有漢，無論魏晉，可知他個人理想的社會生活，和都市要田園化的了。

六朝文學，是我國文學，由純樸進入雕飾之階段的時代，而造園的藝術，亦受很大的影響；加以當時的帝王，多窮奢極欲，大肆提倡造園，如齊書所載：

「世祖太子性頗奢麗，宮內多雕飾精騎，過於王宮，開拓元圃，園與台城北塹等。其樓觀塔宇，多聚奇石，妙極山水，慮上宮望見，乃旁列修竹，內施高障，造遊牆數百間，施諸機巧，宜須障蔽，以晉明帝爲太子時，立西池，乃啓世祖引前例，求于東田，起小苑，上許之，窮極制度。」又西京雜記：

「梁孝王好宮室苑囿之樂，作曜華之宮，築兔園，園中有白室山，山上有膚寸石，落猿巖，棲龍岫，又有雁池，池間有鶴洲，鳧島渚，宮館相連，延亙數里，奇果異樹，瑰禽怪獸，靡不畢具，王與宮人賓客弋釣其中。」

還有洛宮故事上，造園的設計，更說得詳細。

據云：「湘東王（卽梁元帝）於子城中，造湘東苑，穿池構山，長數百丈，植蓮蒲，緣岸雜以奇木，其上有通波閣，跨水爲之。東有禊飲堂，堂後有隱士亭，亭北有正武堂，堂前有射堋馬埒，其西有鄉射堂，堂安行堋，可得移動，東南有連理堂。……北有映月亭，修竹堂，臨水齋，前有高山，山有石洞，潛行宛委二百餘步，山上有陽雲樓，極高峻，遠近皆見。北有臨風亭，明月樓，顏之推云：屢陪明月樓，並將軍扈熙所造。」

由上面的記載觀之，當時造園的作法，有幾點很值得我們的注意：一、其添景的建築物，如樓觀，塔宇，多聚以奇石 能配置適當，恰與天然之山水相彷彿，這非有藝術的手腕，何能到了「妙極山水」的境界呢？所謂藝術是自然的完成，眞是不錯呵！二、園中的規模宏大，宮館相連，竟延亙至數里之大。而所搜集的動植物，都是些奇稀異類。三、假山之下，築有水池，上建亭閣，開後來造園的藍本。四、在極高的地方，已知設置一樓台，不但可以瞭望全園的風景，而且遠景，亦可收羅在眼前，這不能不佩服當時造園的人的匠心和他的眼光呵！

我們再看這個時期中的紳士階級的庭園是怎樣的呢？茲將當時謳歌庭園文學的幾個代表作家的詩，抄在下面，便可想而知了。

宋謝靈運的田南樹園激流植援詩：

「羣木既羅戶，衆山亦當窗，……」又他的擬古：

「榮榮窗下蘭，密密堂前柳，……」

謝莊的北宅祕園：

「微風淸幽幌，餘日照青林，收光漸窗歇，窮園自荒深，綠池翻素景，秋槐響寒音。……」

鮑照的從庾中郞遊園山石室：

「荒塗趣山楹，雲岩隱靈室，岡澗紛縈抱，林障沓重密，昏昏磴路深，活活梁水疾，幽隅秉晝燭，地牖窺朝日，怪石似龍章，瑕璧麗錦質。洞庭安可窮？漏井終不溢，沈空絕景聲，崩危坐驚慄！神化豈有方？妙象竟無述，至哉鍊玉人，處此長自畢。」

何遜的酬范記室雲：

「林密戶稍陰，草滋堦欲暗，風光蕊上輕，日色花中亂。」

楊素的小齋獨坐贈薛內史二首：

「深溪橫古樹，空巖臥幽石，……蘭庭動幽氣，竹室生虛白，落花入戶飛，細草當堦積……」「巖壑澄淸景，景淸巖壑深，白雲飛暮氣，綠水激淸音。」

好了，我們就只舉這幾首罷，作者的目的，是在想證明這幾個作家的詩，他們雖是一些貴族階級，而於庭園的歌詠，却偏重在清幽的境界中，所以他們所栽的花木，什麼蘭呢，竹呢，槐呢，柳呢等類的東西，多多的栽植，配置起來，然後才有「微風清幽幌，」「秋槐響寒音」的景況，有了活水，怪石，林密，路深，這一幅畫圖，他們怎不生出神化和妙象的感嘆來呢!?

中國藝術，到了唐宋，漸漸的變成獨特的國民藝術了。所以這時代從庭園觀點上去看，可說是中興的時代，蘇軾跋吳道子畫上說：「智者創物，能者述焉，非一人之所能也，君子之於學也，百工之於藝，自三代歷漢至唐而備矣。故詩至於杜子美，文至於韓退之，畫至於吳道子。古今之變，天下之能事畢矣。」

宋人以這種眼光去考察中國文化，到唐代已臻極盛，不能不說是有獨特的見解。

在這個時代，文學又是一個轉變的時期了。一般作家對於庭園美，自然美的禮讚，思慕，憧憬，感傷等。比較以前，更來得磅礴，同時在貴族階級方面，又是適當承平少事的時代，他們在這種安樂閒豫的社會中，生活充裕，於個人享樂上，自是無微不盡，所以庭園之富麗，講求裝飾，自不待言。

我們從詩方面去看此時的庭園，去做個別研究；實在不勝其繁，而且感興賦詩，各有寄託，自不能妄加揣測，不過當時的作家，於庭園美，自然美的實感，不能否認的。我們從他們的現實生活中所表現的詩上去觀察，去估定當時庭園所用的材料，在他們美的觀點上是怎樣的配置，同時影響於他們的作品，又是什麼樣的情形，到什麼的地位呢？這些是我們講造庭園藝的人所當注意的。

茲將當時幾個代表作家的詩，我們試去研討：

韋應物的對芳樹

「……山窗凝宿陰，花草共榮映，樹石相陵臨，獨坐對陳榻，無客有鳴琴，寂寂幽山裏，誰知無悶心！」

「迢迢芳園樹，列映清池曲，對此傷人心，還如故時綠！」

李白的休沐東還胄貴里示端。

「山明宿雨霽，風暖百卉舒，泓泓野泉潔，熠熠林光初，竹木稍摧翳，園場亦荒蕪，俯驚鬢已衰，周覽昔所娛。」

又遊開元精舍

「梁園新雨後，香台照日初，綠陰生晝靜（一作寂）孤花表春餘。」

還有燕居郎事

「蕭條竹林院，風雨叢蘭折，」

杜甫的樂遊園歌

「樂遊古園卒（一作崒）森爽，烟綿碧草萋萋長，」

滕王亭子

「古牆猶竹色，虛閣自松聲，」

韓詩山石

「山紅澗碧紛爛熳，時見松櫪皆十圍，當流赤足蹋澗石，水聲激激風吹衣，人生如此自可樂，豈必局束爲人鞿？……」

又他的秋風

「會將白髮倚庭樹，故園池台今是非！」

像以上這樣作家的描寫，在他們的詩裏，隨處都可看到是極其靜穩的。他們以園林爲娛樂晚景的設施，多半取風景清幽。故其所取材料，都是一些竹木松櫪之類；再加以自然的「山紅澗碧」的紛披，他們在這樣的環境中，濯足於溪流裏，聽水聲的潺潺，讓輕渺的微風吹拂他們的衣裾，在他們看來，夢一般似的，彷彿飄飄然而欲仙了。

他們雖亦有樂於山林泉石之勝，有花草可玩，鳴琴可娛，但一種苦悶的心情，仍未能去諸懷抱，所以卽在芳園池曲裏，他們仍不免一些感傷的流露，他們愈觸景故園，愈加增他們感傷的作品。此種感情聯續的波動，是與物象的榮枯成對比而生共感的啊！

從散文方面去研究，這時的庭園，所植的樹木，除松，竹與桂外，兼及香草，更有菊

圃，既可裝飾風景，又可作爲藥品食用。（見唐元結的湖南雜記）

他們對於庭園的認識，不過是失意的政客，賦閒的文人，及一般落伍階級，休養身心的所在罷了。

在這個時代的文壇上，最負盛名的，有兩個作家，一個就是韓退之，一個便是柳子厚，他們在文學裏，是當時革新運動的健將，而子厚是自然主義的倡導者，他的作品裏，尤其是做小品文字一類的遊記，更是他的能手。他又是一個探求自然祕密的讚美者，在他的遊記裏，以簡潔的筆調，敘述名勝的奇蹟，使人看了，不禁神往，以他的謳歌，遂開後來風致式造園的風氣。

我們試看他的柳州東亭記：

「…有棄地在道南，南値江，西際垂楊，傳置東曰東館，其內草木猥奧，有崖谷…至是始命披荆鋤疏，樹以竹，箭，松，檉，桂，檜，柏，杉，易爲堂亭，峭爲杠梁，下上徊翔，前出兩翼，馮空拒江，江化爲湖，衆山橫環，嶛闊瀴灣，當邑居之，劇而忘乎人間，斯亦奇矣。乃取館之北宇。……闢北室……東宇闢朝室，北闢陰室……於墉下作屋爲陽室，作斯亭於中，以爲中室。……」

就可知道他的造園，都是一些常綠樹，來配置他的亭館，很少有花草點綴，妙在他的設計，能就近取材，拒江化湖，以收覽衆山之勝。這不能不說他的庭園美的姿態是從漫遊奇僻的山水中得到主題的。

接着又有一個自然的詩人，便是前章所說的白居易先生，他對於湖山之美，尤爲熱愛與陶醉，因此就產生了他的純文藝的作品。他的抒情的詩詞，淸麗動人，當時的老嫗，都能解誦。今日西子湖之美，都是他與後來的東坡先生共同裝飾和歌頌出來的。我們讀他的西湖晚歸回望孤山寺贈諸客的詩：

「柳湖，松島，蓮花寺，

晚動歸橈出道場，

盧橘子低山雨重，

樓欄華戰水風涼，
烟波淡蕩搖空碧，
樓殿參差倚夕陽，
到岸諸君回首望，
蓬萊歸在水中央。」

短短的幾行，經他這樣的描寫，而當時全湖的景象，內容的裝飾，我們在此，不難得到一個概念了。

我們再看他的散文所記湖州的五亭：

「……弘農楊君爲刺史，乃疏四渠，濬二池，樹三園，構五亭，卉，木，荷，竹，舟，橋，廊，室，泊，遊，宴，息，宿，之具，靡不備焉。」

此時庭園的設計，較之以前更豐富了。其中五亭之名，因地制宜，各有取義，所以他說：

「觀其架大溪，跨長汀者，謂之白蘋亭；介三園，閱百卉者，謂之集芳亭；面廣池，目列岫者，謂之山光亭；翫晨曦者，謂之朝霞亭；狎清蓮者，謂之碧波亭。」此五亭配合相稱，恰到好處，使得他看了，有「萬象迭入，向背俯仰，勝無遁形」的讚嘆，作者的鑑賞之深刻與正確，可以在這一篇作品裏看得出來。

在這裏，我們須知庭園添景的位置和安排，是很重要的，要是添景如建築物一類的東西，安置如不恰當，往往費去我們許多的目力，換言之，就是障礙我們的透視綫，而且破壞美的情調，例如現在北平之北海公園中的五龍亭，它們的位置，都排列在一處，在當時設計的人，迎合帝王的心理，以爲這樣鋪張揚麗，可以表示帝王的崇高尊貴，而不知令人看了，生出一種呆板雷同之趣之感。

要說明宋代文人體讚庭園文學的性質和意義，我們必先明瞭這時期縉紳階級庭園的概況：

I. 眞州東園　原爲監軍廢營所改作的，面積廣百畝，其設計大綱如次：

「流水橫其前，淸池浸其右，高台起其北，台有拂雲之亭，池有澄虛之閣，中爲淸讌之堂，後爲射賓之圃。植物有芙蕖菱荷白芷之屬，與夫佳花美木，列植而交蔭，此外泛水有書舫之舟。」

建設者—龍圖閣學士　施正臣

侍御史　許子春

監察御史判官　馬仲塗

II 揚州新園亭　亭在垣東南，其大體設計，用以供歲時敎士戰射坐作之地，好像近代的兵房花園似的，其全部設計概況：

「循西三十軏，作愛思堂，堂南北鄉(向)，袤(南北)八筵，廣(東西)六筵，直北爲射埒，列樹八百本，以翼其旁，又循西，十有二軏，作「隸武」亭，南北鄉，袤四筵，廣如之。埒如堂，列樹以鄉。」

III 洛陽名園

1. 富鄭公園，其全部設計概況：

自其第，東出探春亭，登四景堂，可覽全園之勝，南渡通津橋，上方流亭，望紫筠堂而還，右旋花木中，有百餘步，走蔭樾亭，賞幽台，抵重波軒而止，直北走土筠洞，自此入大竹中，引流穿之，而徑其上，橫洞一，縱洞三，歷四洞之北，有亭五，錯列竹中，稍南有梅台，入南有天光台，台出竹木之杪，遵洞之南而東還，有卧雲堂，堂與四景堂並南北，左右二山，背壓通流。

園之特點：

a. 新創　洛陽名園　多依隋唐之舊，此爲近關。

b. 景物最勝。

c. 大體設計　逶迤衡直，闓爽深密，皆有奥思。

d. 題署　寺洞之名，取義典雅，如題亭曰叢玉，披風，爽竹，兼山。題洞曰土筠，水筠，石筠，榭筠等名，開後來園庭之題詠。

建設彙設計者—鄭公

2. 董氏西園　其全部設計概況：

自南門入，有堂相望者三，稍西一堂，在大地間，逾小橋，有高台一，又西一堂，竹環之中，有石芙蓉，水自其花間湧出，小路抵池，池南有堂，面高亭，堂雖不宏大，而屈曲甚邃。

園之特點．

a. 大體設計　是取山林之景。

b. 局部設計　亭台，花木，不爲行列，區處周旋。

c. 建築物之添景　有類迷樓。

d. 避暑　盛夏納涼，此爲最宜之地。

3. 董氏東園　其全部設計概況：

「園北向，入門有栝，可十圍，有堂可居，南有敗屋遺址，獨二亭尙完，西有大池，中爲含碧堂，水四面噴瀉池中，而陰出之如飛瀑。」

園之特點：

a.園之入口　文有甘香之大樹，恰如近代公園入口處之佈置。

b.噴瀉池　能模擬自然如瀑布。

建設者—董氏

4.環谿宅園　其全部設計概況：

「華亭者，南臨池之左右翼，北過涼榭，復匯爲大池，周圍如環，榭南有多景樓，可資眺望，榭北有風月台，可目覽遠景，又西有錦廳，秀野台，列除其中爲島塢。」

園之特點：

a.大體設計　是取水景

b.局部設計　園中樹松，檜，花木千株，皆品別種。

c.添景之建築物　如涼榭錦廳，其下可坐數百人，宏壯麗，洛中無逾者。

建設者—王開府

5.劉氏園　其全部設計概況：

「西南有地一區，方十許大地，面樓橫堂，列廊廡囘繚，闌楯周接，木映花承，無不妍穩。」

園之特點：

a.大體設計　是取小景

b.局部設計　涼堂高卑，制度適愜，可人意。

建設者—劉給事

6.叢春園　其全部設計概況：

有大亭一，高亭二，出荼蘼架上，北可窺洛水。

園之特點：

a.喬木森然，桐梓檜柏，皆就行列。

b. 天津橋疊石爲之，能致洪下之水，激成霜雪之聲。

建設者—門下侍郎安丞

7. 天王花園子　其全部設計概況：

池亭獨有牡丹，數十萬本。

園之特點：

a. 專門繁殖特別物　如以牡丹爲主，所造作之庭園，可稱特殊園

b. 當時「姚黃魏花，一枝千錢，姚黃無賣者，」已知切花之用。如此經濟栽培，稱爲實用園。

8. 歸仁園　其全部設計概況：

園有一歸仁坊，北有牡丹芍藥千株，中有竹百畝，南有桃李，擬亭其中。

園之特點：

a. 園中花木，分區種植，齋然有序，惜配景微嫌不甚美觀。

.b 園池爲洛中之冠。

建設者—李侍郎

9. 苗帥園　其全部改作設計概況：

「園故有七葉二樹對峙，高百尺，今刱堂其北，竹萬餘竿，皆大滿二三圍，今刱亭壓其溪，有大松七，今引水繞之。有池宜蓮荇，今刱水軒，板出水上，對軒有橋亭，制度甚雄侈。」

園之特點：

a. 改造　園原爲開寶宰相王溥園，後歸節度使苗侯所有，藻飾出之。

b. 園古　景物皆蒼老。

10 趙韓王園　其全部設計概況：

有園地，高亭，大榭，花木等。

11 李氏仁豐園　其全部設計概況：

洛中花木無不有，中有「四井，迎翠，濯纓，觀德，超然，」五亭。

園之特點：

a.育種　洛陽良工巧匠，批紅判白，接以它木，與造化爭妙，故歲歲益奇且廣。

b.品種　桃，李，梅，杏，蓮，菊，各數十種。牡丹，芍藥花百餘種。而遠方奇卉，如紫蘭，茉莉，瓊花，山茶之儔，號爲難工，獨植之洛陽，輒與土產無異，故洛中花木有至千種者。

12松島　其全部設計概況：

「南築台，北構堂，東北曰道院，又東有池，池前後爲亭臨之，自東大渠，引水注園中。清泉細流，涓涓無不通。」

園之特點：

a.大體設計　利用固有大樹，因前代(唐)之園而葺者。中有數百年之松，其東南園，雙松尤奇。洛陽獨愛栝而敬松，園以是得名。

b.局部設計　亭榭池沼，植竹木其旁。

建設者－吳氏

13 東園　其全部設計概況：

淵映瀍水，一堂宛，宛在水中，湘府藥圃二堂，間列水石，西去其第里餘。

園之特點：

本藥圃地。

建設者－大師官文潞公

14 紫金台張氏園　其全部設計概況：

園亦繞水，而富竹木，有亭四。

園之特點：

有古蹟　河圖志云：黃帝坐扈堂，郭璞云：在洛汭，或曰此其處也。

15 水北胡氏園　其全部設計概況：

「水北胡氏二園，相距十許步，在邙山之麓，瀍水經其旁，因岸穿二土室，深百餘尺，堅完如埏埴，開軒窗其前，以臨水上，有亭榭花木，率在二室之東，有玩月台，有庵在松檜藤葛之中。闢旁隅，則台之所見，亦畢陳於前。」

園之特點：

自然之景勝，凡登覽徜徉俯瞰而峭絕，天造地設不待人力而巧，洛陽獨有此園。

建設者—胡氏

16 大字寺園　其全部設計概況：

原爲唐白樂天之園，所謂五畝之宅，十畝之園，有水一池，有竹千竿，張氏得其半

園之特點：

a. 水竹甲洛陽。

b. 寺中陳有白樂天石刻，今之名園勝蹟，大多保存古物，藉增觀賞。

建設者—張氏

17 獨樂園　其全部設計概況：

園卑小，有讀書堂，澆花亭，弄水種竹軒，見山台，釣魚菴，採藥圃。

園之特點：

a. 諸亭台詩，頗行於世，

b. 園雖小而規模粗具。

建設者—司馬溫公

18 湖園　其全部設計概況：

「園中有湖，湖中有堂，曰百花洲。湖北之大堂，曰四并堂，其四達而當東西之蹊者，桂堂也。截然出於湖之右者，迎暉亭也。過橫地。披林莽，循曲徑而後得者，梅台知止菴也。渺渺重邃，猶擅花卉之盛，而前據他亭之勝者，翠樾軒也。」

園之特點：

a.大體設計　能兼園圃之六勝。

b.局部設計　景物皆好。

建設者—唐爲裴晉公宅園，在宋不詳。

19呂文穆園　其全體設計概況：

園在伊水上流，木茂而竹盛，有亭三，一在池中，二在池外，橋跨池上，相屬也。

園之特點：

水木清華。

建設者—呂文穆

我們既知道以上縉紳階級庭園的設施，便可了解這時期文人所謳歌自然和庭園文學的用意了。

茲舉兩個代表作家爲例，試研究之，便可得其崖略：

一、歐陽修　在他的有美堂記裏，我們可以看出他的美的觀點是什麽？他說：

「舉天下之至美與其樂，有不可得而兼焉。」

因此他分出山水之美，與城市之美來，他畔人要窮山水登臨之美，必往曠野閑鄉，要享都邑人物之富麗，必據通衢要津，他對於前者的批判，是放心於物外，後者為娛意於繁華。他的例證是：名山勝水，奇偉秀絕之美，皆在下州小邑，僻陋之邦。如羅浮，天台，衡嶽，廬阜，洞庭之廣，三峽之險，這些地方，都是一般下野的政客，和窮困的文人，所樂遊的。至於兼城市山林之美，只有供彼富貴階級所享受了。

所以他的理想的個人造形庭園，在他的畫舫齋記裏，我們可以看出他的設計：

「齋廣一室，其深七室，以戶相通，凡入乎室者，如入乎舟中。其溫室之奧，則穴其上以為明；其虛室之疏以達，則欄檻其旁，以為坐立之倚；凡偃休于吾齋者，又如偃休乎舟中，山石嵓萃，佳花美木之植，列於兩簷之外，又似泛乎中流，而左山右林之相映，皆可愛者。故因以舟名焉。」

他的近似的造形森林公園，如醉翁亭記，仍主自然之美。所謂「醉翁之意不在酒，在乎山水之間。」他覺得在這裏面，山間的朝暮，有晦明變化之美，如「日出而林霏開，雲歸而巖穴暝，」山間的四時之美，有「野芳發而幽香，佳木秀而繁陰，風霜高潔，水清石出，」人在這樣的風景中。朝往暮歸，因四時的景不同，而樂亦就無窮了。

這樣美景，無怪當地滁人，無論老幼，遨遊不絕，不分階級，什麼行者都可歌於塗，負者都可休于樹，前者呼，後者應，或臨谿而漁，或釀泉爲酒，宴酣之樂，又有「射者中，奕者勝」的遊戲，醉飽之後，夕陽在山，有林間禽鳥，唱歡送之歌，眞可說是「興盡而返」的了。

二、蘇東坡　他亦是愛好湖山的一個詩人，大江南北的名山勝水，差不多都有他的遊蹤，他對於美的觀點是：

「凡物皆有可觀，苟有可觀，皆有可樂，非不怪奇瑋麗者也。」

他這個理論，較之歐陽修氏更進一步，他以爲人的慾望無窮，而物的滿足吾人所欲是有限的。內心出生一種美惡的戰爭，不能不有所取捨，這樣一來，人就樂少悲多了。他蓋不是教人不去享受美之幸福，不過世間的物相，滿足吾人的欲望，眞是很少，所以他接着說：「求禍而辭福，豈人之情也哉？物有以蓋之矣！」

他覺得當時一般富豪別墅的人，只知「遊於物之內，而不遊於物之外，」在他看來，這未免是所見不廣的了。

以他這樣「知足常足」，「淸遠閑放」的人生觀，便生出「老覺華堂無意味，却須時到野人廬」的感想來，我們看他的超然台所記：

「余自錢塘，移守膠西，……於是治其園圃，絜其庭宇，伐安邱高密之木，以修補破敗爲苟完之計，而園之北，因城以爲台者舊矣。稍葺而新之，時相與登覽，放意肆志焉。便可知他的庭園，因陋就簡的一班了。

他的庭園，雖覺簡陋，而其中所植的花木，種類倘屬不少，我們看他和他的胞弟子由所記園中草木唱酬的詩：有「荒園無數畝，草木動成林。」又云：「懷寶自足珍，藝蘭那計畹？」他以爲藝蘭不必在多，只要有點綴，便覺有情趣了。他的園中花木，倘有石榴，葡萄，菊，葵，荊榛，竹，和蜀中的芎藭，江南的白芷等類，更可知其採集之廣了。

我們看他的這樣庭園，影響於他的文學作品上是怎樣的呢？據他詩中所詠：

「牽牛與葵蓼，採摘入詩卷。」又云：

「採慘出新詩，秀語奪山綠，覺來已茫昧，但記說秋菊，有如採樵子，入洞聽琴筑，歸來寫遺聲，猶勝人間曲。」

他的「南齋讀書處，雖是「亂翠晚如潑」，而他安之若素，怡然自得，誠有如彼所云：

「江湖不可到，移植苦勤劬，安得雙野鴨，飛來成畫圖。」一種活潑潑的心情。從彼庭園中修養傳出，無怪他和文與可洋川園池的詩，寫得那樣的工切和雋永。茲選抄幾首在下面，以見一班。

湖橋

「朱欄畫柱照湖明，白葛烏紗曳履行，橋下龜魚晚無數，識君拄杖過橋聲。」

蓼嶼

「秋歸南浦蟪蛄鳴，霜落橫湖沙水清，臥雨幽花無限思，抱叢寒蝶不勝情。」

橫湖

「貪看翠蓋擁紅粧，不覺湖邊一夜霜，卷却天機雲錦段，從教匹練寫秋光。」

寒蘆港

「溶溶晴港漾春暉，蘆筍生時柳絮飛，還有江南風物否？桃花流水鱖魚肥。」

金橙徑

「金橙縱復里人知，不覺鱸魚價自低，須是松江烟雨裏，小船燒薤擣香虀。」

北園

「漢水巴山樂有餘，一麾從此首歸塗，北園草木憑君問，許我他年作主無？」

露香亭

「亭下佳卞錦繡衣，滿身瓔珞綴明璣，晚香消歇無尋處，花已飄零露已晞。」

溪光亭

「決去湖波尙有情，却隨初日動簷楹，溪光自古無人畫，憑仗新詩與寫成。」

過溪亭

「身輕步穩去忘歸，四柱亭前野徇微，忽悟過溪還一笑，水禽驚落翠毛衣！」

我們讀了以上的詩，眞有「北園草木憑君問，許我他年作主無？」之感想了。

他又諷刺當時的一般富豪庭園有一種俗氣在他的司馬君實端明獨樂園詩中可以見得，他說：

「……公今歸去事農圃，亦種洛陽千種花，修篁遶屋韻寒玉，平泉入畦紆臥蛇，錦屏奇種闢巖竇，嵩高靈藥移萌芽，城中二月花事起，肩輿偏入公侯家，淺紅深紫相媚好，重樓多葉爭矜誇，……世人不顧病楊綰，弟子獨有窮侯芭，終年著書未曾厭，一身獨樂誰復加？」

此外尙有歌頌庭園文學的王半山，陸放翁諸人，他們雖是達官貴人，可是庭園的建築，影響於他們的作品上，涵育之力甚頗大，正因爲這時期是自然和寫實主義的極盛時代。所以他們描寫的風格，尙不脫這個時代的思潮。茲抄選二三首，以資例證。

滄浪亭　　王半山

「……滄浪有景不可到，使我東望心悠然！荒灣野水氣象古，高林翠阜相回環，新篁抽筍添夏影，老枿亂發爭春妍，水禽閒暇事高格，山鳥日夕相啾喧，不知此地幾興廢？仰視喬木皆蒼煙！」

又移桃花示毛秀老詩：

「舍南舍北皆種桃，東風一吹數尺高，枝柯蔫綿花爛熳，美錦千兩敷亭皋，晴溝漲春綠周遭，俯視紅影移漁舠，山前邂逅武陵客，水際髣髴秦人逃。……」

荊公示蔡啓天詩，有「今年鍾山南，隨分作園囿，」他的半山園，即在今之南京鍾山的地方。

嘉州守宅舊無後圃，因農事之隙，爲種花築亭觀，甫成而歸，戲作長句。　陸放翁

「吾州山水西州冠，正欠雄樓幷傑觀，奇峯秀嶺待彈壓，明月西風須判斷，三歲嘗不到郡齋，創爲詩人供几案，煙雲舒卷水墨圖，草木靑紅錦繡緞，一時冠蓋共登臨，百年父老俱驚惋！……」

我們知道純文藝作品的好處，就在他的白描與神韻，尤其是將當前的景物，用綿密的觀察，把它烘托出來，刻化出來，給人以同樣的感覺，而最能表現此類的題材，莫過於庭園之美，同時因庭園之美，不但令人生活感覺充實，而且使得作家的作品，內容更加豐富，擴大作家的眼光，提高藝術的欣賞，促進當時社會的文明，這些都是由於一花一木，一丘一壑，一亭一閣，配合起來，潛滋暗長，發揚光大組織成功的。

所以李文饒平泉草木記，有「以吾平泉一草一木與人者，非吾子孫也！」以惜樹爲庭訓，可知古人保護庭園之用意了。

寺觀庭園，在文學上另有一種風趣，而且風景林之保存，多賴於寺觀，我們一入大叢林中，使覺意境淸幽，超然於塵俗之外。加以莊嚴妙相的庭宇，碧瓦紅牆，掩映於翠綠叢林間，頓使人有「入山唯恐不深，入林唯恐不密」之感！

我們看呂祖謙的越中記中所述，便可得知宋代寺觀庭園的梗概了。據他遊外氏園的記載：中有梅坡台，菊潭，杞菊堂，竹隱，蒲澗，橘洲，各種的添景。其全部設計，改造如次：

「因寺廢地葺治之十六七成矣。最勝者梅坡，邊亭皆梅，前對蒲澗橘洲，野水灣環，島溆掩映，如在江湖，而竹隱一逕深幽，皆庭淸閟。……又過義恩師院，院與杞菊堂鄰。……自園後門，穿僧菴，度小橋，轉三兩曲，至圓通寺，而勢端直，殿廡華敞，循舊路後，穿園中歸，園後邊河，岸木成陰，舅氏云此卽蜀檀木也，植之方數年，往時表裏無障蔽，今不復見道上車馬矣！杜子美所謂「絕聞檀木三年大」信然。」

園的特點：

a. 大體設計，取景淸幽。

b. 局部設計，所植花木，以梅，菊，竹，橘等爲倘，而以檀木爲園之背景，便覺濃陰蔽道。

c、有野水灣環，島淑掩映，更添清趣。

庭園的建築，既由以前諸人倡導自然之美，到了此時的庭園，其布景的一切設施，逐漸切近自然，裝飾生動，我們再看他的越中所記：

西園　其全部設計概況：

「園，郡圃也，其北飛蓋堂，下臨大池，其中集春堂四隅各一亭，其南揚波堂面城，水木幽茂，兩小亭東西對峙，園之西，即曲水，先入敷榮門，右轉至右軍祠，穿修竹塢，遂登山，山蓋版築所成。山背有流杯巖，鑿城引鑑湖爲小溪，穿巖下，鍵以橫閘，激浪怒鳴，過閘遂爲曲水，長廡華敞，竹遶以清流，甃以蒼石，犬牙參錯，殆若天成。俯砌琢石爲墩，流杯至墩旁，輒自近岸，蓋廡中爲三井吸水勢，宛然曲水之上，激湍亭，惠風閣，規模若郡下王公。山頂崇峻庵，其脅駢懷亭，面亭依山爲巖壑，下山右遶至情眞軒，剡桷象栟櫚，平堦荼蘼架甚茂。……」

園的特點：

a.假山　繚繞深邃，曲徑回復，迷藏亭觀，乍入者，惶惑不知南北。

b.曲水　甃以蒼石，犬牙參錯，殆若天成。

c.藻飾　長廡華敞，榱棟椽柱，皆塗門象。

文學自宋元明至清，可說是極其變化的時代，我們知道在作品方面，有宋詞元曲明清雜記小說種種的演變，這是社會進化史上必然的過程，而在這個時期中，不但文學受外域思潮的影響，即各種藝術，亦都受了一度的洗禮。至於庭園如何受外來的影響，當於另章述之。

明代文學批評，在當時一般文人，對於美之認識和欣賞，頗能言之有物，持之有故，非如信口雌黃的人，見一物，賞一景，輒即指天畫地底說，某也是，某也非，問其何以是？何以非？他就茫然不知了。

茲將明代文人欣賞庭園的觀點，略述如後，藉以知道他們評價之正確。而庭園的美在何處，便有着落了。

勝　「惟西山爲京師之勝，而玉泉又西山之勝。玆山之勝，一覽俱盡，而西湖咫尺在望，令人渺然有故鄉洲渚之想。」—明　都穆

鬱秀清雅勝　「自迴廊後東爲來清軒，羣山拱揖，蒼檜刺入目，下見陂陀高下，杏樹可十萬株，此香山之第一勝處也。」

精整勝　「碧雲寺，精整勝香山，而疏曠遜之。獨寺後一泉出石根，冬夏不涸，導爲方池，植白蓮其中。上有亭，大小二池，前修竹一林，淸瀟可愛，碧雲池亭，蒼松翠柏，水天一色。」—明　沈守正

幽勝　「泰山……從蔚然閣一望，三面皆萬仞刺壁，重重相抱，閣所倚爲華蓋，石色如積鐵，矗立於右，而絕頂日觀諸峯，森峙於左，夕陽掩映，紫翠相鬥，當山缺處，又有樹色掩映。泰山幽勝，無過於此。」—明　馮時可

偉　「隄延亘里者五，塝高尺者十，橫廣丈者三，跨橋者六，分隄而蔭者，倚主峯得

巨杉十二樹，高大莊嚴如寶幢：對之有肅然起敬之意，是尊者手植，乃千百年舊物。偉哉典型，當吾見之何幸也！」—明　陳繼儒

迷趣　「慧山尋鄒氏春申第一澗，澗在慧山之前麓，與王家園踦立，長廊密閣，曲徑朗軒，梁溪一佳麗也。遶池皆廊，一往欲迷，如蝸鼠繚繞乃得出。余謂之「迷園」。徑取偪仄，無寬地，平林以爲遊憩。其廊之紆回，皆繞垣爲之，廊盡而趣畢。」—明　胡胤嘉

富麗　「洞庭之觀，春梅花，仲春梨花，夏櫻桃，楊梅，秋橘橙，其族之所聚，連林廣圃，彌望無極。」

奇　「山水以相遇而勝，相敵而奇，……善夫—蔡昇氏之言是山也，以七十二峯之蒼翠，矗立於三萬六千頃之波濤，偏行天下，惟是有之，信哉遇矣—敵矣！」明—陶望齡

濃媚　「西湖最盛爲春月，…湖光染翠之工，山嵐設色之妙，皆在朝日始出，夕舂未

下，始極其濃媚。月景尤不可言，花態柳情，山容水態，別是一種趣味。」—明

袁宏道

美　「昔歐文忠公以金陵，錢塘山川人物之盛，各爲一都會，錢塘莫美於西湖，金陵莫美於後湖，固遊冶之所趨也。」—明　計忠道

靜　「虎丘，中秋遊者尤盛。……嘗秋夜與弱生坐釣月磯，昏黑無往來，時聞風鐸及佛燈隱林杪而已。」—明　李流芳

金，焦兩山的形勢，我們知道一是峭壁巍峨，翠嶠橫天，一是屹立江中，雄踞如獅，在明時已有王思任曾作比較的評判：

巧與拙　「試以金焦評之：金以巧勝，焦以拙勝，金爲貴公子，焦似淡道人，金宜遊，焦宜隱，金宜月，焦宜雨，金宜小李將軍，焦則大米，金宜仙，焦宜佛，金乃夏日之日，而焦則冬日之日也。」

我們從上面雜記的研究，便可明白庭園之美，是自然的風景和人工的裝飾組合而成的

，尤其是花木之培植是少不了的，否則庭園就說不上美來。

第二目　詞，聯語和小說上的庭園觀

花木於園庭之重要既是如此，那末，要怎樣佈置纔能美觀呢？我們試從詞的方面扼要去研究，看古人於庭園的配景術究為何如呢？因為庭園之美，是與心理要素有關，而詩詞又為心理具體的表現。我們由這個出發點去旁證古人庭園的配景術，自然不免有一些危險性，不過籍此推知一二，亦事之可能的。　庭園的配置，要是融洽，可生變化而有一種美感來，例如張祁同之摸魚兒：

「有個消魂處，紅樓第五，認幾葉枇杷，數枝楊柳，一顆小桃樹。」

配景的色調，要是調和，益增嫵媚，動人悠思，例如清左輔之浪陶沙

「碧桃幾樹隱紅樓」

又潘德與之蝶戀花

「碧水紅橋，盡是相思處。」

王沂孫之綺羅香

「還有梧桐幾葉，輕敲朱戶，」

清陳維崧之虞美人所謂：

「好花須映好樓台」亦正如薛野鶴所云：

「人家住宅，須要三分水，二分竹，一分屋，消受如許清福，一身不虛矣！」

庭樹單獨的栽植，其位置與環境景物相接近，令人注意，容易集中，例如李肩吾之清平樂

「叮嚀記取兒家，碧雲隱映紅霞，直下小橋流水，門前一樹桃花。」

庭樹如單獨種植而周遭的景物不佳，再以時令的蕭索，使人看了，便增愴傷岑寂之感。例如呂巖之梧桐影：

「落日斜，秋風冷，今夜故人來不來？　叫人立盡梧桐影！」

王易簡之酹江月，「滿庭紅葉休掃！」亦是如此。即使時節不壞，而帶有溫色之花木

，如單獨栽于庭前，往往使人有顧影自憐之嘆！例如王沂孫之慶淸朝　榴花

「西隣窈窕，獨憐入戶飛紅！」

又水龍吟　牡丹

「曉寒慵揭珠簾，牡丹院落花開未？」

至於冷色的花木，單獨栽植於庭院，更不用說了。如溫庭筠之菩薩蠻

「竹風輕動庭除冷！」

如有三五爲羣的樹木，品種縱各不同，要是都是冷色的，栽在一處，將令人更不堪欣賞了。例如王時翔之綠意

「閒園支徑，幾樹榆槐，幾本焦桐，依舊約翠雲千頃，紅樓已怕珠簾隔！」

又如張輯之疏簾淡月

「負草堂春綠，竹溪空翠！」

黃孝邁之水龍吟

「閒情小院沈吟，草深柳密簾空翠！」

景物誠然清麗，只是一種冷趣罷了。

庭園如配景相當，雖寥寥數物，亦足以使人游目騁懷，但風景太好了，有時亦引起人單調的苦悶。如孫鼎臣之燕山亭　暢園

「微雨池塘，無數白蓮開去，畫橋東去，楊柳水西，一個風亭，新綠溶溶圍住，魚浪吹香，更蟬影藏雲深處，人不到，時聞燕梁雙語。」

恰如遙遠的人，懷念美的故鄉，一種憧憬的情緒，所謂「美者，是幸福的渴望捉住我們，而在達於美底快樂的最高程度時，我們的喜悅上，添一點哀愁」這話眞不錯呵！

園庭佈置過於鮮豔，偶爾使人生出煩惱來，這是由於觀者將當前的景物把它擬人化了。相形見拙，不免有動於中，感傷起來，例如安同叔殊之踏莎行

「小徑紅稀，芳郊綠偏，高台樹色陰陰見。春風不解，禁楊花濛濛，亂撲行人面！」

運用攀籐植物，點綴於庭園牆壁，別有一番風趣，例如許崇衡中興樂

「繞樓一帶薜蘿牆。」

我又從三十五首詞裏面研究，發現庭園花木，影響詞人的心理作用，苦悶的因子多，快樂的因子少，僅僅這三十五首詞裏面，就選出十二首，將此心情直接的表現出來，其結果也就令人可驚了。我們佈置庭園的人，配植花木，還不應當注意嗎？

茲將研究統計的結果，列表如次：

花木	心理作用
芳草	惆悵
桃花	仝
柳絮	仝
梧桐	愁
杏	仝
梨	冷
竹	仝

荷花	笑
紅葉	無情(怨)
黃花	有恨
榴花	憐
海棠	纏綿

楹聯額題，普通多認爲雕蟲小技，不能入文學的範圍，其實講到它的意義，和近代文學作品中的小詩，是差不多的。攷連句起自「漢武帝柏梁宴作，人爲一句，連以成文；本七言詩，詩有七言，卽始於此。」大概後來的人，將律詩中的偶句，把它運用起來，作爲堂楹裝飾，亦未可知。至於題額之由來，是從「前漢蕭何善篆籀，爲前殿成，覃思三月，以題其額，觀者如流。」因此濫觴迄於今日，一般書家或選過去詩中的警句，或自出心裁，品題橫額。沿用於名園勝蹟，尤爲生色不少。歧路迷津，一經點綴，便覺逸趣橫生。總之，楹聯題額，雖是一種小道，但它對於庭園的功用上，是不容忽視的。因爲它在庭園中

的位置，既是添景，不但能使遊客注意集中當前的景物，因而生出美感來，而且暗示人以當地的掌故，和當時的感興，給人猛省遐思，留深刻美的印象，以致戀戀不忍去，茲隨選楹聯十數首於後，以當臥遊。

莫愁湖　　昭陵　李靜遠

「於地何奇？却只爲綠楊雙槳，黃葉一枰，淮海幾名區，泛棹有卅六灣，觀瀑有十二峰；吹簫有廿四橋，肯讓他髑跡高蹤，流傳千古，縱教玳梁燕去，玉殿鷗飛，聽滄浪數曲清歌，把酒話遺聞，亦是英雄亦兒女。」

「請君試看，且漫問江水東流，石城西峙，春秋多佳日，落落若先生柳，亭亭若君子蓮，森森若居士竹，恰容我註腸劍胆，高歌一時，休論擄鼎稱尊，投鞭詡衆，尋金粉六朝陳跡，恁欄舒倦眼，半餘山色半湖光，」

留園　　主人

「歷宦海四朝身，且住爲佳，休孤負清風明月。

借他鄉一廛地，因寄所託，任安排奇石名花。」

又園中聯語　李霆清

「此峯疑天外飛來，歷刼飽風霜，試問統塵寰誰伯仲？

斯庭爲吳中最勝，後堂饒絲竹，婆娑歲月若神仙！」

註　相傳前明東園久廢，惟湖石一亭，歷數百年巍然獨存，蓋劉氏園中所未有也

西園

「西已種竹栽花，培心培地。

園則放生育物，養性養天。」

環秀山莊　俞曲園

「邱壑在胸中，看疊石疏泉，有天然畫本。

園林甲吳下，願攜琴載酒，作人外清遊。」

怡園梅花廳事　主人

「古今興廢幾池台？往日繁華，雲煙忽過！這般庭院，風月新收，人事底虧全，美景良晨，且安排剪竹尋泉，看花索句。」

「重來天地一稊米，漁樵故里，白髮歸耕，湖海平生，蒼顏照影，我志在寥闊，朝吟暮醉，又何知冰蠶語熱，火著論寒。」

拙政園

「四壁荷花三面柳，

半潭秋水一房山。」

滄浪亭

「清斯濯纓，濁斯濯足，

智者樂水，仁者樂山。」

西湖

湖心亭

「波涉湖光遠，」

「山催水色深。」

冷泉亭

「泉自幾時冷起？
山從何處飛來？」

「在山本清，泉自源頭冷起。」
「入世皆幻，峯從天外飛來。」

額題如在古寺之前者：

「六朝勝境」 「第一禪林」
「湖山眞意」 「掃葉山房」

亭中石碑如題：

「江天一覽」「中流砥柱」「平湖秋月」「南屏晚鐘」
「蘇堤春曉」「雷峯夕照」「柳浪聞鶯」「斷橋殘雪」
「玉泉觀魚」「三潭印月」

濱池之軒如者：

「綠蔭」
池中之亭如署：
「濠濮想」
小築成山如署：
「小蓬萊」
臨江或松間如署：
「聽潮」
邱壑如署：
「洞天」．
臨溪有閣如署：
「活潑潑地」
歧路有橋如署．

玉泉觀魚亭
石刻

「問津逾溪橋」

谿樓如署：

「雲霞舒卷樓」

小橋流水如署．

「濠溪樂處」

東島有亭如署：

「瀛海仙山」

曲洞前立石坊如署：

「山川映發使人應接不暇」

疊石映磬，迴環曲折，東亭如署：

「半灣秋水一房山」

西亭如署：

「問泉」

古蹟題示如署：

「虎丘劍池」

花徑之門如署：

「又一村」

諸如此類的品題，在遊覽的人看了，自覺引人入勝，而書法秀勁，又往往使人聯想到書者的歷史來，即未曾遊過該地的人，要是知道以上這些品題的含義，亦很容易激動他們的遊興和嚮慕，結果，遊園的人，一天一天的更加多了，因此我們知道此類「標語」的題示，其功効實不亞於其他文學的。

清代文學的作品，著得較好的，要算是小說一類的東西了，而小說著得最好的，當推曹雪芹先生所著的紅樓夢爲代表了。

紅樓夢的背景，據胡適之先生的考證，似乎是曹氏的自傳，如果此話屬實，我們看他描寫大觀園的情形，也許是他的眞實的庭園；否則亦是他個人的理想，依着當時一般造園實際的設施情況而構成的，至少他的造園藝術，在某一部分是受當時外域影響的。因爲我們看他叙述賈政遊園，見着「正門五間，上面銅瓦泥鰍脊，那門欄，窗槅，俱是細雕時新花樣，並無朱粉塗飾，一色水磨磚牆，下面白石台階，鑿成西番花樣，左右一望，皆雪白粉牆，下面虎皮石，隨意亂砌，自成紋理，不落富麗俗套。」可知當時庭園的建築，已參着有些歐化了。

我們看他造園設計的大體方針，是主自然，何以見得呢？據他假託寶玉批評園中設施裏面的一段說：

「有自然之理，得自然之趣，雖種竹引泉，亦不傷穿鑿。古人云：「天然圖畫」四字正畏非其地，而强爲其地，非其山而强爲其山，即百般精巧，終不相宜。」

我們於此可知他于造園美學識見之高，誠非如今日一般造園家，有在平地的中央，忽然築一假山來，兀然獨立，無所憑依，揆諸地形，豈近情理嗎？

茲將他的庭園設計概况，畧述於後：

一、園的區劃：

1. 住宅區

a. 怡紅院 b. 瀟湘館 c. 蘅蕪院

2. 花園區

a. 薔薇院 b. 芍藥圃 c. 牡丹亭 d. 芭蕉塢 e. 荼蘼架 f. 木香棚

g. 後園

3. 寺觀區

a. 佛寺 b. 丹房 c. 清堂 d. 茅舍

4. 田莊區

a. 稻香村

5. 蔬菜區

a. 菜圃

二、局部的設施

1. 翠障　設置于園門入口處，其目的在免去遊客一進來，園中所有之景，悉入目中，而不生趣，這已爲賈政所道破了。

2. 巒石　是白石崚嶒，縱橫拱立，上面苔蘚斑駁，或藤蘿掩映其中，微露羊腸小徑。

3. 清溪　此處栽有佳木奇花，一帶清溪，從花木深處，瀉於石隙之下。

4. 池沼　白石爲欄，環抱池沼。

5. 遊廊　曲折遊廊、綠窗油碧。

6. 甬路　階下石子，漫成甬路。

7. 石橋　石橋三港，獸面含吐。

8. 亭　橋上有亭。

9. 石洞　水聲潺潺，出於石洞，上則蘿薜倒垂，下則落花浮蕩。

10 板橋　柳陰中露出一個折帶朱欄板橋，渡橋過去，諸路可通。

11 牌坊　一座玉石牌坊，上面龍蟠螭護，玲瓏鑿就。

12 大橋　此橋通外河之閘，引泉而入的。

13 山石　清涼瓦舍的入門處，迎面有突出插天的大玲瓏山石來，四面羣繞各式石塊，竟把裏面房屋，悉皆遮住，且一株花木也無，只有許多異草。

14 竹籬花障　或堆石爲垣，或編花爲門。

15 方廈圓亭

三、植樹

1. 數楹茅屋外面，植的是桑榆槿柘。

2. 池邊兩行垂柳，雜以桃杏，遮天蔽日，眞無一些塵土。

3. 院中點襯幾塊山石，一邊種幾本芭蕉，一邊是一株西府海棠。

4. 數楹修舍，一帶粉垣，有千百竿翠竹遮映。

5. 後園　有大株梨花並芭蕉。

四．芝草

1. 鋪植　或牽藤垂山巔，或引蔓穿石脚，甚至垂簷繞柱，縈砌盤階。

2. 種類　薜荔，藤蘿，杜若蘅蕪，茝蘭，金葛，金簦草，玉蕗藤，紫芸，青芷，藿納薑蕁，綸組紫絳，石帆水松，扶留，綠荑，丹椒，蘼蕪，風連等。

五．雜作

1. 土井　2. 石磴　3. 繡檻　5. 沁芳閘

照上面看來，這園的構造和設施，較之過去私家的庭園，是如何的精細，豐富，統一呵！園名「大觀」，真是名副其實。而且他的各處設計，都能表出景物的個性，合起來，又能聯絡相稱，表現自然的風光。英國的道甸（Edward Dowden 1843－1913）在他的文學研究（Studies in Literature)中所說：「刺激我們的生活，通過感情而至於較高的意識的，是藝術的職能。」又英國的柯列芝在「棹旁談話」一文中說：「散文是用字句作成最恰當的安排，而詩是用最洽當的字作成最洽當的安排」，我們在這裏，便知美底庭園是詩的，因此庭園本身，即可說是文學的，換言之，庭園是文學已成的作品。

文學是人生情緒的表現，它是訴於人之感情(Emotion)的，而美底庭園，亦是動人與致的，當吾人經驗美底情緒的時候，內心爲景物所觀照，感情就被它組織化(Organize)，具體化(Embody)或化身化（Jnecarnate）了。所以我們到美底庭園裏，把玩一切，如讀一部短篇的寫實的或傳奇的小說，或數行抒情的，敍景的詩歌，和幾齣喜劇或悲劇的戲曲，一樣的共感呵！

文學和庭園，都有共通性，普遍性，個性，瞬間性與永久性等的特色，因爲兩種都是給人快樂的，同時亦令人感傷的，而生此種情緒的變化，又是依此兩者的內容和形式的賦與，及鑑賞者之時間久暫而定。我們看荒疏的庭園，猶之讀頹廢的文學，法國自然主義的先驅孚羅培爾（Gastaue Flauber 1820－1880)說：「沒有美的形式，便沒有美的思想，……因爲內容是靠了形式存在的緣故」。文學既然如此，那末，庭園裝飾術之重要，當可知了。

第二節　庭園與美術

我們要知道庭園和美術的關係，就不能不知道美術是什麼？要知道美術，就要懂得什麼是美的呢？就是說：由美底線，色彩，音響等要素所成立，而喚起快樂的聯想的東西。因爲快樂和苦痛，滿足或不滿，都是美底情緒不可缺的基礎，引起我們美底情緒的一切對象，我們稱之爲美的東西，或美麗的東西。如何才能使我們得到美的滿足呢？必須於知覺輕快之外，給以大的規則底勞動的總量，即豐富的知覺的。反之，凡是有收支僅能相抵的保守底腦髓的人們，看見一切獨創的東西，就覺得不滿，如有要求着過度而不相應的力的消費，使器官不規則底動作者，都是反美學的。和形式底美正相反對者，都是形式底醜，自然也就使我們覺得不快了。因此我們知道美術，就是對於被消費的能力的單位，給以非常多量的知覺的一切的藝術。

第一目　庭園與繪畫

普通美術的分類，大概分爲繪畫，彫刻，建築三種。中國歷代注重文學，文人頗多聰明絕倫的，富有藝術天才的。因受當時帝王專制的影響，常常窮愁抑鬱，放浪於山水園亭之間，遊戲翰墨，借以消遣他們胸中的塊磊；他們的作品，因爲窮而後工，加以向來注重「樂天，知足」的宿命論，結果，在他們的作品上所表現的都是些節慾思想。如北派所畫的金碧輝煌，因其有富貴氣，人至以爲卑俗，南派所畫的荒率疏淡，以其無名利心，世乃認爲高尚，可知他們同前章所述的一般文學家修養的情緒，是二而一，一而二的。

我們知道畫譜，雖分爲道種，人物，宮室，龍魚，山水，禽獸，花，鳥，竹，蔬果九類，但歸併起來，幾乎可說是都屬於庭園的範圍材料。我們看他們繪畫的作品，如唐代韓幹的牧野圖，韓公的文苑圖，宋代趙松雪的秋林載酒，米元暉的雲山圖，趙千里的桃源圖，元代趙文敏公的青綠山水，曹云西的楚江清曉圖，倪雲林的溪亭山色圖，明代唐子畏的洞庭山水圖，張大風的萬壑蒼煙，蔡女蘿的晴沙嵐氣圖，清代的黃鳳六的秋山草堂，村居山水，武夷白的疏山幽亭、尤其是清高宗南巡，流覽湖山風景之勝，圖畫以歸，若海甯安瀾園，江甯瞻園，錢塘小有天，吳縣獅子林皆仿其制，增置於圓明園中，列景四十，以成中國庭園大觀。可知中國假山的庭園，是山水畫的縮本，受自然的影響更得一個證明了。

我們再看庭園影響於繪畫又是如何呢？如錢塘吳陳琦草唐子畏岳陽樓圖所謂：「元臣兩世幾家同？結構名園圖繪工。門扃欄迴羅帶水，載花船動釣絲風，琴床落落松千尺，碁墅蕭蕭竹數叢，未到輞川吾得句，欲招歸燕舊巢空！」

觚賸載湯雨七豹交賓云：「古今繪事，惟於林巖樓閣花鳥求工。」及山右張水屋的楹聯：「楊柳江城臨畫稿，梅花官閣寄詩魂。」之句，豈不是所謂「看盡天下山水，下筆俱有生趣」「胸中具邱壑，筆下自超絕」，最好的例證嗎？

我們覺得王石谷樸園圖，人稱爲「高槐疏柳，文蔭溪塍，深得清曠之趣。」如要了解這「清曠」的來源，必須知其樸園佈置的概况，兹述如次：

I 園的區劃：

1，神廟區　2.住宅區　3.蔬圃區

II大體設計：

「為使子弟課業其中，以澹樸讀書為宗旨，故園之佈置，因勢規便，凸者，台之，凹者，池之，其覆以茆不以瓦，其垣以土不以磚，其所牖欄楹之屬，以素不以采，取力省易辦。」

III局部設計：

a.池塘，　b.河流，　c.大橋，　d.蓮池，　e.茅亭，　f.竹樓，

VI花木

屋中植花果，河岸植垂柳，北圃有叢竹密林，庭後植松柏百餘株。

我們看了這個園庭佈置，眞是如看一幅「綠筠個個參差，碧柳紅渠冉冉，映帶青松」的畫圖了。

庭園之美，能影響於繪畫，我們在清米紫來的浮邱山房圖中，又可以找出一個實證。

孜浮邱山房爲明末浮邱居士的別墅，就是他所稱爲「城市山林」的地方，我們且看他的園庭佈置如何？據他說：

「山之身，余得爲山房……門以內漸履浮邱之麓，灌木叢卉，約略數畝，修竹長松，雲日爲翳，中間有五大石，五色錯雜，若拱坐，若蹲騰，不一狀，自石北望，短垣圍屋五楹，屋前雙虬松覆……南望蔬籬果圃，梅桐杞柏與桃李間植，而安石榴，依垣森列，不可株計。石後西行，花木蔭中，……平階上爲堂，額曰「城市山林」，堂上平眺滿城屋宇，俯視則在灌木之巔也。堂後由洞中行，西上漸見日光，又登一峰，峰頭爲軒，軒爲名「人間天上」……下此而西，有樓有廊，圍牆作居室，室後當山之背作敞庭。……自茲逶迤而南，穿林越溪，折而東下，迴旭開牖爲歸閣，閣西曲幽爲池，芙蓉藻荇，游泳交魚，竹屋數椽，爲清照亭，是卽入門南望蔬籬果圃之中央也。……」

像這樣的山房佈置，非怪米紫來先生把它作爲臨摹藍本，郎浩庭園的人看來，恐怕亦是認爲再好沒有的擁翠山莊的罷，因爲他能於相當的地點，作相當的添景，雲樹煙嵐，幽邃曲折，確是風致園的本色。

我們在清張子佳剪綃錦卷中，馮念祖的題詠，更可以看出庭園影響於繪畫的迫切了。「吾廬結吳中，雜卉盆小圃，豈曰絲野裝，卽云浣花杜，長安作旅人，此意無乃迂，城市有花市，逢二衆花賣，豔紫與妖紅，須臾似花塢，四季買花錢，經營亦良苦，銅瓶供兩三，瓦盆種四五，昨日看如霞，明朝棄如土！何如圖中花，爛漫映千古！」藝術是生活的附庸，這話眞是不錯呵！在這裏，我們又知道繪畫發生的由來了。哀米爾Camile Corbt（1796－1875）之高呼「歸自然，」「歸田園，」「歸樹木，」米勒 Jlan F. Millet（1814－1875）之讚美田園，描寫自然實景，中外畫家，雖表現各殊，而受自然之感化力甚大。不是更得一個旁證嗎？

轉過來看，中國繪畫的方法，與庭園佈景術有無共通的關係呢？中國畫法的起點，實起自晉朝，南齊謝赫畫品，首列「氣韻生動」，可以說是開中國一切藝術的新生命。所謂氣韻，（Rhythms）生動就是切近自然，在繪畫上的境界，就稱為「畫至無畫」，而在庭園上的境界，就叫做「理想化的第二自然」。換言之，卽是美學上所謂「多樣之中的統一」(Unity in Vaities)造園家就是使一切「植物美，動物美，物景美」，都把它統一化，自然化！

薛雪一瓢詩話，「稱其作畫，正處精神，多於側處渲染，近處位置，又從遠處襯貼，濃不傷凝，淡不嫌寂，氣韻逐勃，百世一時。」

造園的佈景，亦復如是，因爲庭園之美，就是要能分出主景客景背景來。要顯得出主景的特點，必須在客景和背景上多加襯託和點綴，而客景和背景及各部分相互之間，尤必要有嚴密的組織。組織的要素，便是勻稱與調和，勻稱就是大小均衡，比例相當，調和就是色調適中。繁簡融洽。這樣裝景庭園就變化生動起來了。

「王淵多畫花鳥，豔而中見淡攻，肖似處去痕點，骨韻兼絕，工士兩擅，逸品也。」

「蓬萊叢芝巖石譜一卷凡四百餘式，其言陰陽向背，皴擦鈎勒諸法悉備，吾鄉湯雨生先生序云，原石之生，審石之性，辨石之態，識石之靈，然後於諸楮墨間，而無乎不

肖。」——讀畫輯略

這是無異告訴我們造園的人，要裝景假山，如何才能使得他的姿勢的窈窕，空峒的玲瓏，擬態的細膩，必須先知山石固有的構造，和原有的位置，尤其要視察當地的情形，如何配合才能恰到好處？如何結搆，能吻合無遺？如何鋪植花草，能無異天成？如何使得周遭的景物，能入佳境，不致於使人看去顯出人工的痕跡來？這一切的設計，都要詳加考慮，愼重設施，然後方與自然界的山石相髣髴。

不過自然界的景物，亦不無缺點；例如我們到一個疏曠的湖濱去玩，未免覺得枯寂一點，這時在我們的心理就生出一種感想來，在這裏，要是多有一些林木，或是豎立一個高塔，添築一個石橋，和三五人家，這風景豈不更加美妙嗎？所以造園除模倣自然外，尙須將應有的景物，把它綜合起來，選擇配置，使與我們的理想融合，才達到完美之境地。明唐志契論畫說得好：「臨摹最易，神氣難得，師其意而不師其迹，乃眞臨摹也。」

據福開森氏批評中國畫的山水，是取其本身的美麗與莊嚴，所以畫家看了一個地方的風景所得來的感想，把它描寫起來，其他畫上的添景物，不過是幫助表現罷了。不像歐西的繪畫是用它來作人物的背景，我們在這裏，知道中國的畫家，特別着重山水，結果影響於中國庭園，就成了自然式的假山園，巖石園，而歐西繪畫，着重人物爲主體，講求對稱與均衡之美，尤以十八世紀繪畫之主潮，法蘭西爲最高點，而法的繪畫，注重「表現」問題，結果影響於他們的庭園，就成了人工式的形式園，我們看他們的各種花壇佈置，便可知一些圖案化的證明了。

第二目　庭園與建築及其雕刻

建築景物，正式加入庭園，起自桀紂的宮苑池沼，秦之阿房宮，漢之上林宛。雕刻雖完成於北魏，而應用在庭園上裝飾，實自晉始。因爲在魏晉南北朝時，被外來思想與外來式樣的誘入，如齊書所載：「世祖太子性頗奢麗，宮內多彫飾，開拓園圃，其樓觀塔宇，多聚奇石」當可想見當時建築的添景，所謂樓觀塔宇，必受佛教雕刻石像的影響，而應用到庭園裏來了。

我們知道宗教建築，在中國庭園上，也佔有相當的位置。以寺塔說：唐代的磚塔，石塔，爲平而四方形式，宋代的鐵塔，磚塔，石塔爲八角式，元代寺塔，參有宋遼間的式樣，明代則爲倣摹西藏喇嘛塔的形式，講到寺觀建築，南宋爲天竺式，開日本鎌倉時代的建築風氣，至於明清，北方伽藍，多代表西藏建築的作風。宗教文化，時代思想，固可於建築中，顯然的表示出來，而經他們建築寺院於風景較佳的地方，不惜捐貲，培植花木，就造成宏大的叢林和名勝的古蹟了。

宗教建築專以莊嚴之美，靜穆之美，使人潛移默化於善的意識中。而渲染此美趣，便是深山的叢林，故在中國庭園中，如有名的圓明園，頤和園，甚至理想的大觀園，幾無不將此宗教建築容納於庭園裏，以作添景，這可說是中國庭園的特色。

唐宋名園迭出，內容的添景更多，建築物如亭，台，樓，閣，遊廊，橋梁等，彫刻有大字寺園中的白樂天的石刻，宋西園中的情眞軒，所刻楠象柑欄之類，已如前述，降及明清，外來藝術輸入，園庭裝飾，又開一新紀元，清室重要建築與雕刻，圓明園與頤和園，當可代表，尤其是圓明園規模之宏大，當時有「萬園之園」（Gardin des gardins）的稱號，可見一班。

據徐樹鈞圓明園詞序中說：「園中列景四十，以四字題扁者，爲一勝區，一景之內，齋館無數，東拓長春，西闢清漪，離宮別館，月榭風亭屬之。西山所費，不計億萬。」又據陳文波圓明園殘燬攷所述：「福海爲全園之中心：其中曰蓬島瑤台，其東曰雲岑夕照，其西南曰澡身浴德，其西北曰平湖秋月，皆四十景中之最著者也。海北有船塢，……乘舟可達蓬島瑤台，殿七楹，東南度橋曰東島，西曰北島，皆有屋宇。……」茲據乾隆御圓明園後記，將此園中最勝之景，列表如次，以見其建築設施之概況：

東——雷峯夕照正字
　　涵虛朗鑑
- 北
  1. 惠如春
  2. 尋雲榭
  3. 貽蘭亭
  4. 會心不遠
- 南
  1. 臨眾芳
  2. 雲錦墅
  3. 菊秀松蕤
  4. 萬景天全

圓明園——中心(福海)

- 東隅——接秀山房
  - 後——琴趣軒
  - 北——
    1. 澄練樓
    2. 怡然書屋
    3. 尋靈樓
  - a. 稍東——安隱幢(佛堂)
  - b. 南——攬翠亭
  - 南——別有洞天(有敞屋依山臨河)
    1. 西——納翠樓
    2. 西南——水木清華之閣
    3. 稍北——時賞齋
    4. 迤西——夾鏡鳴琴
    - 西——湖山在望
      - a. 佳山水
      - b. 洞裏長春
    5. 南——聚遠樓
    6. 東——廣育宮
      - a. 前建坊座
      - b. 後凝祥殿
      - c. 宮東——南屏晚鐘
      - d. 又東度橋——西山入畫
        - 山容水態
        - 東——暢襟樓
        - 西——神仙三島

- 中央—蓬島瑤台
  - 南向—正殿
    - 東偏—隨安堂
    - 西偏—日日平安報好音
  - 東南—度橋—瀛海仙山（東島有亭）
  - 西北—度橋—北島
- 西南隅—澡身浴德（浴淵榭）
  - 南—含清暉
  - 北—涵妙識
  - 折而西向—靜香館
  - 西—解慍書屋
  - 西南—曠然閣
  - 北—河橋—望瀛洲—深柳讀書堂（溪月松風）
- 西北隅—平湖秋月
  - 西—流水音
  - 東北—出山口臨河（花嶼蘭皋）
  - 折而東南—度橋—（兩峯插雲）
  - 東南—山水樂
  - 北
    - 君子軒
    - 藏密樓
- 西郭然大公
  - 前—雙鶴齋
  - 西北—規月橋
  - 東北—綺吟堂
  - 北—採芝徑—經岩洞而出—峭蒨居
    - （影山樓）
  - 北垣（門外有樓）—（天眞可佳）

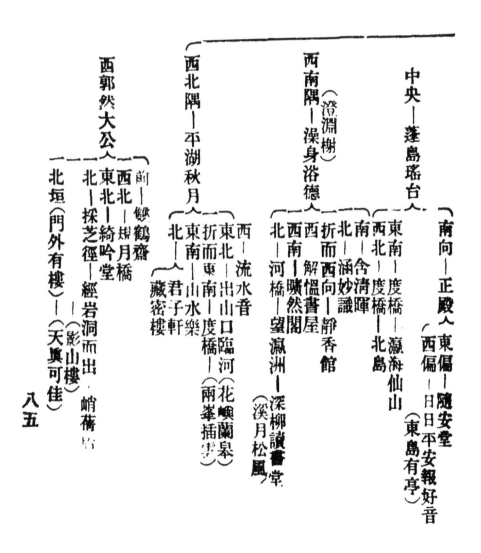

一西—披雲徑
一　啓秀亭
一西稍南—韻石淙
（西北—平台臨池—（芰荷深處）

布謝爾S. W. Bushell氏的中國美術(Chinese art)論此云：

「其後有某督教徒王致誠郎世甯者，參預圓明園工程，創建歐式宮殿，由是圓明園中井欄上之測藥，欄柱上之繪畫，及屏風上雕繪之甲冑徽章等物，始有意大利天主教之裝飾焉。」

園中的建築，受歐化的影響，尙有海源堂，遠音觀，諧奇趣，萬花陣，都是今所稱爲西洋樓閣，係白石彫刻之羅馬式。遠音觀的石柱，雕鏤作葡萄葉形，極爲精美，據說是郎世甯作的，有法國路易王朝建築作風。而萬花陣植短松，分列小道無數，往往對面見人，而行道最易迷惑。陣東又有白石建築的樓叫做「海源堂」，正西向堂，就是淸帝水戲的所在，前有噴水池而頂上可蓄水，樓中長形如一工字。據說堂中水戲最多，大概上下可以流轉。

當時揚州修飾園林，如澄碧堂，如鐵山，如水竹居，都是仿造西法作的，其應用西洋裝璜的地方更多，圓明園四十景中的「水木明瑟」一景，亦仿西法，高宗南遊，行幸所經，寫其風景，歸而作此，據其所述：

「用泰西水法，引入室中，以轉風扇，冷冷瑟瑟，非絲非竹，天籟遙聞，林光逾生淨綠，酈道之云：「竹柏之懷，與神心妙達；智仁之性，共山水効深。」茲境有焉。」所謂水法，當卽指水木明瑟而言，園中的工程設施，木工方面，有天花板上繪畫西洋圖案，所謂西洋索子錦是的，又有西洋如意欄杆，刷金抑楠木色，白粉線，有樓子西洋潑浪，無樓子西洋潑浪，西洋勾等。石作中有西洋牆，打主心木榫眼；和西洋踏踩級石，迎面做琴腿，起口線掏空。

從上面看來，可見當時庭園設計，所受西洋藝術的影響，頗不小了。

這是由於清高宗當國，正是極盛的時代，他竭盡了國民的財力，造此周約三十里大之名園，曲盡遊觀之妙，供彼皇家個人的享樂，歷三朝之經營，可惜到了咸豐十年，爲英法聯軍所毀，致令中國庭園建築史上，憑空添了一頁國恥紀念的紀錄，眞使我們今日有「年年輦路看春草，處處傷心對花鳥」之感了！（句見王壬秋圓明園宮詞）

頤和園的建築與雕刻，雖不及圓明園壯麗，但他的構造費，已達數千萬金，其中的添景物，銅鑄的有龍，鳳，鹿，鶴，獅，牛，鼎，缸亭，之屬。雕飾的，有佛秀閣的輪奐之美，萬壽山的精工瓷塔，及琉璃佛像砌成之萬佛樓，尤其是養雲軒西的二百八十餘楹之長廊，錦裝玉飾，爲世所稱，其他如曲欄，畫楹，牌樓，石舫，亭榭等亦莫不稱爲佳構細製的。

近代建築，以經濟爲出發點，力求建築上之合理化，使得外觀與內部切合。每項建築物必有其個性的表現，無論何項建築，不使其外觀互相混淆，而基本形體，推翻式樣的拘束，打破以前無謂的虛糜，因爲式樣，只是特殊階級所鑒定，而非普遍合理的發明。卽以材料上說，新築中有以鉄骨混合土之建築物，卸去木模後，在混合土上遺留的木紋印痕，爲自然之點綴，其結果確亦甚美，近代建築，既以自然爲風尙，那末，今後庭園設計的趨勢，當可推知了。

我國最近公共建築的屋宇，如官署，圖書館，會社等，多趨向純中國宮殿式，參以西歐新意匠。外前樹立一對石獅，舖以綠地花壇，頗顯壯麗莊嚴的氣象。住宅建築，漸尚西式，雖庭園布置如何精細，而環境如果很壞，亦不能發揮完全的美來。所以都市田園化，田園都市化爲現代庭園擴大建設的呼聲。把以前個人的，私有的，獨享的庭園，變成社會的，公有的，共享的公園，而都市的裝美，在現代文化生活中，并不是爲某一階級特殊的利益，它是建築在全市的民衆美育的生活上面，因爲要使全市的各種建築，如房屋，橋梁，街路的附屬物，河道，小公園，種種，都與公園內部的一切設施同樣的調和配合，連絡起來，綜合成一個都市的庭園。所以中國庭園的將來，不但都市的私家庭園，要改進適合於地方性的美的發揮；而且各地底公園的分布，除依照人口與地積之比例，應設相當公園外，其他富於名勝風景林的地方，應設森林公園。濱江，湖，海的地方，應設江濱公園，湖濱公園，海濱公園；有風洞的或溫泉的地方，就設風洞公園，溫泉公園，各按其性質而敷設之，同時各城市的建美，亦須注意與各處公園的聯絡，然後全國土的裝飾，纔可以爭美於歐美，獨立於世界。

第三章　中國庭園的組織

第一節　組織的原則

庭園組織的方法，雖沒有什麼一定的方式，却是要把它佈置起來，使人看去，便覺眉飛色舞，心曠神怡，喚起生的情調，生出一種「生趣盎然」的況味，這不是一件容易的事體。我們要將一種景物，直接的具體的表現出來，傳達於人的感官，在心靈中，發生一種親切的愉快，這是要靠它所構成的各部分之間聯絡東西，所顯現的中心物，是否來得鮮活，表現這種鮮活的力量，就是組織的方法。換言之，就是庭園的裝景術。而裝美的原則，就有以下四種：

一、變化　變化之在庭園上，是和其他藝術同樣的重要，而庭園變化的要義，在於景物色調的新鮮，佈置的錯綜，精工的細緻，最忌呆板與雷同，時時都有新的景象，處處都有新的意境，東坡詠廬山所謂：「橫看成嶺側成峰，只緣身在此山中。」就是這個美妙的變化，造園家能製出一個動的第二自然來，便是達到造園藝術的頂尖。

二、韻律 佈置庭園的風景，要看以什麼東西做主體，主體以外的配景東西，各有各的性質。要如何達到融洽與均衡，不至於喧賓奪主，必須注意於景物相當的比例，和合理的配合。能表現到了「天衣無縫」，恰如其分的境界，便是韻律的諧和。

三、豐富 庭園的點綴品，多以花木爲主，種類愈繁，色彩的變化愈多，組合的方式愈富，枯寂的情趣愈少，古人所謂「如入山陰道上，令人目不暇接」，就是注重豐富知覺的話，知覺豐富，人們快活的因子就多了。

四、統一 我們知道凡零碎的，雜亂的景物，容易使人筋肉緊張，感覺不快，造園亦然。須將園中的集中式，和分散式的景物，把它一一的聯絡起來，或是延長，或是擴大，要歸於統一化，然後園就美觀了。

第二節 組織的要素

中國庭園的組織，我們已於前兩章中，得其概要，而基本的骨子，不外乎花木，石山，和水景三種要素，發揮三種要素的景物，就是各種添景，茲分述如次：

第一目　花木

花木是庭園一切設施的新生命，種類甚多，栽植各異其趣，在我國庭園中，所植花木，品種不少，茲路舉一二，以示一班。

以觀葉論，就有針葉樹之松柏，呂初泰所謂：「松宜蒼，宜高山，宜幽洞，宜怪石一片，宜修竹萬竿，宜曲澗嶙嶙，宜寒烟漠漠。」又杜甫所詠：「丞相祠堂何處尋？錦關城外柏森森！」可知松柏的配景術了。

闊葉樹的楲柳，灑落有致，古人所詠：「停車坐愛楓林晚，霜葉紅于二月花。」劉禹錫詠柳有「輕盈嫋嫋占年華，舞榭妝樓處處遮。」句，足見楲柳植於庭園中，生色不少，竹與棕櫚，蒼翠欲滴，尤覺使人意態瀟然，其配景術，呂初泰所謂「竹韻冷，宜江干，宜巖際，宜盤石，宜雪嶺，宜曲檻迴環，宜喬松突兀，」當可想見清趣。

其他用作敷陰庭院，以減消夏暑，多枝以破風雪的樹，如櫧一類，古人已早知應用了。唐朱景玄詠櫧亭詩云：「迎檐對雙樹，冬剪夏無塵，未肯慚桃李，成陰不待春。」真是

很好一個例證，

至於梧桐颯颯，白楊瀟瀟，昔日庭園，種植較少，今日西式庭園，反喜栽培。爲的是它能表現壯美與崇高的原故。

以觀花說，種類尤多，古人不但用它點綴庭園，而且含有其他用意，所謂「蘭庭增瑞草，」「玉樹後庭花，」以及什麼「丹桂五枝芳，」什麼「荊樹有花兄弟睦，」什麼「滿園桃李，如坐春風，」這一類的象徵，不勝縈引。

至於代表富貴氣的，有如牡丹，芍藥，海棠等類，表清高之品及貞操的，有如菊，蓮，水仙，蠟梅等屬，更有代表姻婭的如蔦蘿，代表情愛的如紅豆，亦多爲國人珍賞，或築花塢，以資飛月流觴，或作盆景，以寫名家筆意，栽枝汰葉，曲勢擬形，剛健婀娜，各盡其妙，此爲中國庭園別開生面的添景。近來庭園的裝飾，更加講求，外來的品種漸多，花壇設計，草不爭奇鬥豔，叢植單栽，隨人因地制宜。

第二目　山石

中國庭園，既受山水畫的影響，自然山石，特別重視。所築假山，乃摹倣自然界的嶙石而作的，其姿勢或蟠結如龍，或雄踞如虎，或亭亭玉立，或眈眈鷹瞵，或象天然的洞窟山岳，疊成玲瓏空峒，九曲通幽，從遠望去，層嶙疊出，大有「五嶽歸來」的感想。如入其中，別有洞天，幾疑在海上三山似的，擬態之奇，莫可名狀。其建築的方法，在昔先選相當的石材，如太湖石，天平石，壽山石，西陵石等，像其姿態如何，察其紋理與色澤，務使各從其類，錯落有致，在決定之前，注意地勢之高低，然後用土作模型，以資示範，規劃完畢，始用山石法建設，其接合處，用膠石的灰，和以糯米飯同搗，把它砌結，今日多用三合土，或洋灰混合砂土，間用鐵條吃緊，吻合堅如原石。

可惜我國假山的位置，每多放在平地的中央，周圍無所憑依，不如西式庭園的假山，佈置於草地的盡處，埋石土中，只露出一部分於外面。假山的當前，有時臨水的，就設噴水口於岸間，其他三面，栽植一些花木籠罩著，儼如天造地設的光景。

除上述擬石法外，山石又分疊石法和立石法兩種，摹擬自然的斷層，平層，應建築於山的斷處，摹擬自然的山峰，直立層應建築於山頂，斷層下面，可築水池，上面設噴水口，使成瀑布，石隙陰處，敷於濕生植物，向陽地方，以陽性植物覆被，平層山石上面，建築亭台，以爲眺遠之用。

山石的敷設，可散置於亭閣周圍，及山麓處，級梯兩傍，溪澗急流之中，又可連續散落，作成崎嶇之勢。

園中道路，池沿之間，建築物的邊緣，舖以各樣飛石，迴環曲折，藉以聯絡全園景物，頗覺別緻。

舖道的石，安置方法，種類甚多，我國名園苑路，間有採用褐，白，青，黃，紅各色小石，調和配合，組成各種花紋圖案，亦饒佳趣，只以勞力費事，今多改用砂路的了。

山石的的應用，花台，庭階的石段，有整形與不整形兩種，隨人意匠，至於石垣的石形，多作不規則的排列，以示自然之美。

山石的姿態，秀麗嶙峋，不一其狀，有單獨與花木配植於庭隅綠籬竹藪之間。亦有裝飾於盆景，設置於檻欄之上及窗前之處的。

第三目　水景

廣陵潮，洞庭月，廬山瀑，秦淮碧，早已膾炙人口，爲世所稱。可知水態，聲，色，極盡變化之妙，使吾人情緒激落，又隨四時朝夕之景不同，庭園中，無論平地高山，水景尤不可少。在日本所謂水際園 Aquar garden, Water garden 與沼澤園 Bog garden形狀有圓形，長圓形，八角形，花形，波形，心字形，瓢形等，水際園中，利用天然之水，設置噴泉瀑流，并栽水生植物，如蓮，睡蓮，菱，蒓，浮草，之屬。沼澤園，所栽沼澤植物，多蒲，葦，菖蒲，桔梗之類。我國水池，形狀亦多。池的周圍。往往疊石壘壘。其中添設欄欄曲橋。或栽荷蘋，或畜水禽游魚，面池之濱，或設水榭涼亭，夾以綠柳紅桃，掩映倒影，清幽宜人，此爲平地裝景。至於有山之園，或規模較大的庭園，可佈置瀑布於山之險處，直瀉而下，時爲瀑池，引水斜流於山坡石上，使成急流，漸下漸緩，多添山石，錯綜排列，使成溪澗，流入於平原草地間，擇一最低的地方，築一池爲水的歸宿。另於他處低地，再設一池，中置噴泉，儼若泉水從高原而來，到此噴射，瀦而為池似的。

第四目　添景

庭園的建築物，安置如能相當，配合又能調和，使得全園風景，愈加襯出豐富的美麗來，這種添設的建築物，叫做添景。我國庭園的添景，除前所述樓，閣，亭，台榭，迴廊，欄干外，尚有塔，橋，涼棚及紀念物等，茲述數種於後：

甲。塔　塔的建設，起自浮屠，高有七級，十三級，二十一級之分。常設在寺觀的側面，漸應用於庭園裏，多建築在園的山坡上，從濃蔭之中巍然聳出，忽兒白雲一片徐徐的掠過塔峯，忽兒青鳥無數飛宿塔腰，密密的爭鬧黃昏，如遇雲開雨霽的時候，風動鈴音，林壑就有一種傳聲，在月明之夜，水波便有搖塔的倒影，此情此景，令人餘念都忘，夢思不驚。如從江上遠望，遙指文峯，便知法門不遠，更拾級登高四顧，江山一覽，全園景物，都在目前了。

乙、橋　橋有石，木，鐵，水門汀四種，形狀有拱形，平形，曲形。洞有三，七，九，十三之別，華美之橋，宜於砂路，上有雕欄刻甚，或龍頭獅首，分向東西，或裝置電燈，疏落柱上，晚間照耀於綠林水澤之間，光景迷人。古樸之橋，宜於山溪點綴，以帶皮之木，倒豎橫斜，鑲成欄干，橋上覆以草泥，更饒野趣。

雖橋之設施，雖因地位而異，但橋與水流應成直角相交。而橋之大小高低，又視乎水流的深淺廣狹。

丙、涼棚　豆棚瓜架，已傳韻事，沿用至於庭園，建築有長形，方形，拱形種種。下面敷以飛石，或木石檯椅，以資休息，攀藤植物，有薔薇，紫藤，白藤，常春藤，葡萄，牽牛之屬。既便消暑，又添風致。

丁、紀念物　如陵園之各種石像，發掘的佛像，歷代的碑碣石闕，木，石牌坊，以及裝飾品的如石獅，石舫，銅鶴，銅爐等，能擇要設置，以添園中風景，尤覺美化自然！近來我國亦有摹擬西式庭園，應用雕刻的銅像，大理石像，石膏像，建立於庭園苑路的交义處，以及廣場大花壇間，以壯觀瞻的。

中國庭園普通木本植物種類表

凡鉢植木本，及草本植物隨時可以變更者不列入，至於南北庭園花木間有互可易植者，茲從其多易見耳。

一、北部庭園花木

俗名	學名
牡丹	Paeonia Moutan
夾竹桃	Nerium odorum
探春花	Jasminum floridum
迎春花	Jasminum undiflorum
連翹	Forsythia Suspensa
丁香	Jambosa Caryophyllus
地錦	Quinaria tricuspidata
番石榴	Psidium guayava

葡萄	Vitis vinifera
梨	Pirus Sinensis
蘋果	Pirus malus
珍珠梅	Spiraea blumei
杏	Prunus Armeniaca
山桃	Prunus Persica
無花果	Ficus carica
柿	Diospyros kaki
君遷子	Diospyros lotus
木槿	Hibiscus Syriacus
山茶	Thea Japonica
薔薇莓	Rubus rosifolius

臘梅	Calycanthus Praecox
虎刺	Damnacanthus indicus
忍冬	Lonicera Japonica
紫荆	Cercis chinensis
衞茅	Euonymus alata
紫薇	Lagerstroemia indica
楓	Liguidamber formosana
槐	Sophora Japonica
楡	Ulmus campestris
扁柏	Chamaecyparis obutosa
羅漢柏	Thujopsis dolabrata
羅漢松	Podocarpus chinensis

白松 Pinus Bungeana

針樅 Picea Polita

虎尾樅 Picea hondoensis

白楊 Populus balsamifera

Populus alba

Populus tremula

香椿 Cedrela chinensis

臭椿 Ailauthus glandulosa

赤松 Pinus densiflora

杉[illegible] Cryptomeria

側柏 Thuja oriantalis

檜 Juniperus chinensis

公孫樹　Ginkgo Biloba

垂柳　salix badylonica

胡桃　Juglans regia

構　Broussonetia papyrifera

桑　Morus alba

櫸　Zelkowa acumimata

合歡木(馬纓花)Albizzia Julibrissin

喜馬拉亞山杉　Cedrus deodara

海松　Pinus koraiensis

木瓜　Cydonia Japonica

皂莢　Gleidtschia Japonica

棗　Zizyphus vulgaris

二、中部及南部庭園花木

桃 Prunus persica

李 Prunus communis

櫻桃 Prunus Pseudo-Cerasus

桃葉珊瑚 Aucuba Japonica

海棠 Pinus Spectabilis

八仙花 Hydrangea hortensia

金絲桃 Hypericum Chinensis

山茱萸 Cornus Officinalis

玉蘭 Magnolia conspicua

辛夷 Magnolia kobus

紫藤 Kraunhia florihunda

玫瑰 Rose rugosa

棣棠花 Kerria Japonica

珍珠花 Spiraea thunbergii

杜鵑花 Rhododendron indicum

紫丁香 Syringa Vulgaris

柑屬 Citrus

枇杷 Eriobotrya Japonica

木犀 Osmanthus fragrans

檉柳 Tamtrix Chinensis

石楠 Rhododendron metternichii

荼蘼花 Rubus rosifolius

木芙蓉 Hibiscus mutabilis

榲桲	Cydonia Vulgaris
三角楓	Acer trifidum
女貞	Ligustrum Japonicum
冬青	Ilex pedunculosa
棕梠	Trachycarpus excelsa
芭蕉	Musa Basjoo
蘇鐵	Cycas revoluta
竹子	Bambusa (Bamboo Sprout.)
梧桐	Sterculia Platanifolia
垂柳	Salix badylonica
南天竹	Nandina domestica
海桐	Pittosporum Tobira

黃楊木 Buxus Sempervirens

椰子 Cocus n cifera

無患子 Sapindus mukurosi

械樹 A cer Pulmatum

青楊 Salix gracilistyla

篠懸木 Platanus Orientalis

水蠟樹 Ligustrum Ibota

櫟 Quercus Serrata

櫧 Quercus glauca

樟 Cinnamomum Camphora

杉 Cryptomeria Japonica

刺槐 Robinia Pseudacacia

梓 Catalpa Kampferi

楸 Catalpa bignonioides

欒樹 Koelreuteria Paniculata

七葉樹 Aesculus turbinata

鬱金香樹 Liriodendron Tulipifera

樺木 Betula alba

桐 Poulownia tomentosa

金松 Sciadopytis Verticillata

赤松 Pinus densiflora

檜 Juniperus Chinensis

扁柏 Chamaecyparis obutosa

楓香樹 Liquidamber formosana

馬纓花 Albizzia Julibrissin

葡萄 Vitis Vinifera

紫薇 Lagerstroemia indica

石榴 Psidium guayava

梅 Prunus mume

常春藤 Hedera helix

凌霄 Tecoma grandiflora

菩提樹：Tilia Miqueliana,Maxim.

Ficus Religiosa,L.

橡皮樹：

印度護謨樹 Ficus elastica

巴西護謨樹 Herea guyanensis

木本鐵線蓮類 Clematis

第四章　西湖與中國庭園

第一節　西湖的史略

一唐代西湖概況

西湖原名錢湖，又名明聖湖，至唐始有西湖之名，周圍三十里，三面環山，湖在六朝時代，還是淤塞的，及到唐時李泌和白居易才把它疏通了。白氏又築堤於湖上，在錢塘門北，從石涵橋，北至武林門，以蓄上湖之水，漸次以達於下湖，後人紀念他鑿湖築堤的功勞，叫做白公隄，簡稱白堤，至於孤山下之白沙隄，白氏所謂「誰開湖寺西南路，草綠裙腰一帶斜！」卽指此地。隄在湖之中央，春草綠時，望去如美人的裙腰，可想見此堤點綴湖山之美了。

當時西湖山水之美，早已名甲東南，而西湖之形勝，以靈隱寺與孤山爲最著，靈隱寺又以冷泉亭爲最佳。據白氏所記冷泉亭，可得其崖略如下：

位置：「在寺(靈隱)西南隅，山下水中央，」

形狀：「高不倍尋，廣不累丈。」以「山樹爲蓋，岩石爲屏。」

特點：時見「雲從棟生，水與階平，坐而翫之者，可濯足於床下；臥而狎之者，可垂釣於枕上，矧又潺湲潔澈，粹冷柔滑，……斯所以最餘杭而甲靈隱也。」又配以「五亭相望，如指之列，可謂佳境。」

白氏更建竹閣於孤山廣化寺柏堂之後，詩有「清虛當服藥，幽獨抵歸山，」又孤山梅園，白氏去郡，有憶杭州梅花詩云：「三年閑悶在杭州，曾為梅花醉幾場？伍相廟年繁似雪，孤山園裡麗如妝。」可知當時孤山，即富冷豔之趣。

唐人於湖，繞廊遍種荷花，於山則栽萬株松樹，白詩所謂「餘杭形勝四方無，州傍青山縣枕湖，繞郭荷花三十里，拂城松樹一千株。」又其夜歸詩云：「萬株松樹青山上，十里沙堤明月中。」一種淡雅清快之景，於茲可見。

洪春橋迤西，直至靈隱三竺一帶，都植松樹，據云：「為唐刺史袁仁敬所植，左右各三行，每行相去八九尺，蒼翠夾道，陰靄如雲，日光穿漏，若碎金屑玉，人行其間，衣袂盡綠。」我們從這裏，不但看出當時用松作行道樹，而且靈竺路之寬大更可知了。

天竺靈隱，除松樹外，尚多植桂樹，唐人詩所謂「桂子月中落，天香雲外飄」，許是指此而言的。

二宋代西湖概況

蘇東坡出守杭郡，曾「取葑泥爲湖隄，架六橋以便南北交通，」又『立塔於湖，著令塔以內，不許侵爲菱蕩，塔如瓶，浮蕩水中。』所謂「三塔亭亭引碧流」是也。」所以「西湖深靚空闊，納光景而涵烟霏，菱芡荷花之所附麗，龜魚鳥虫之所依憑，漫衍而不迫，紆餘以成文，陰晴之中，各有奇態。」卽雨景亦頗可觀，東坡詩云：「湖光瀲灩晴偏好，山色空濛雨亦奇。若把西湖比西子，淡妝濃抹總相宜，畢竟西湖六月中，風光不與四時同，接天蓮葉無窮碧，映日荷花別樣紅。」毋怪蘇子瞻帥杭，率賓客常遊，作英游閣，林和靖訪謝尉，賦秋水芙蕖詩，爲詠物樓，可想見其盛。

叢林寺觀，所在皆是，據蘇軾懷西湖詩云：「三百六十寺，幽尋遂窮年，所至得其妙，心知口難傳」，及宋室南渡，增爲四百八十寺，樓閣參差，掩映於茂林古刹之中，別有一種清趣。讀張祜詩：「不雨山常潤，無雲水自陰」，卽咏此境。又孤山舊志，稱和靖種梅三百六十餘株，其詠梅花詩云：「疏影橫斜水清淺，暗香浮動月黃昏。」的確將此梅園風光，寫得如何的生動呵！非怪歐陽文忠公極贊賞他。

高宗南渡，建都臨安，即今杭縣，當時冠蓋雲集，畫舫笙歌，樓台金粉，點綴湖山，繁華綺麗，甲于一時，尤其是南園窮極幽勝，遊遍需凡三日，可知其大。南園即勝景園，在雷峰塔路口，長橋之南，此園乃中興後所創，慶元年間，太后以賜韓侂胄，中有十樣亭榭，工巧無比，射圃，走馬廊，流杯池，山洞，均極宏麗，又瀦水藝稻，野店村莊，眞田舍間氣象。有閣曰凌風閣，香山巍峙於前，香山爲蜀人所獻，高至五丈，出於江濤剝蝕之餘，玲瓏壁立，更有晚香亭，植菊二百種，陸放翁有記略云：「其地實武林之東麓，而西湖之水匯。其下天造地設，極湖山之美，外而高明顯敞，如蛻塵垢，入於窈窕邃深，疑於無窮，自紹興以來，王侯將相之園林相望，莫能及南園之髣髴者。」

湖上御園，據武林舊事所載，「南有聚景，眞珠，南屏，北有集芳，延祥，玉壺，皆俯覽西湖，高挹兩峯，亭館台榭，藏歌貯舞。集芳園，在葛嶺初陽台，淳祐二年（一二四二）理宗以賜賈似道，改名後樂園，樓閣林泉，幽暢咸極。」

此時西湖之船，因「宋室宸遊，多載宮嬪以隨，故置篙工於蓬頂，倒載而行」，又不御桅檣，橋亦特高。

宋人遊湖途徑，先南而後北，至午則盡入西冷橋裏湖，餘外幾無一舸，周密有詞：「看畫橋盡入西冷，閒却半湖春色。」當時西冷裏湖，爲遊人之中心點於茲可見。

宋畫院祝穆，馬遠等，有創西湖十景之名，其中：

柳浪聞鶯　柳浪橋在當時清波門外聚景園中，今已無存。

花港觀魚　通花家山，山下舊有盧園，爲宋內侍盧允升別墅，鑿池甃石，引湖水其中，畜異魚數十種，故名。今園久廢。

平湖秋月　宋時有龍王堂，在蘇隄三橋之南

曲院風荷　九里松傍，舊有麯院，宋時取金沙澗之水造麯以釀官酒，其地多荷，故舊稱麯院荷風，清聖祖改爲今名。

雙峯插雲　南北兩高峯，相去十餘里，中間層巒叠嶂……山峯高出雲表，時露雙尖，望之如插。宋人稱兩峯插雲，清聖祖改爲今名。

至九溪十八澗一帶，尚在荒烟蔓草之中。

三元明西湖概況

西湖至於元代，據馬哥孛羅諸外人所見，環湖宮殿屋宇，富麗華美，無有倫比。湖畔寺院很多。湖中有二洲，洲各有一美麗華貴的屋宇，裝潢之佳，儼如帝王之離宮，市民婚慶，多假此間稱觴。宮園所植，俱爲極美麗的菓樹園，中有噴泉無數，又有小湖，湖中魚鼈充牣，中央爲一宏大之皇宮。皇室所乘湖船，都以綾絹裝飾。

市民多在午後，率家中婦女，或平康女子，泛舟湖上，玩此美景。至於私家花園，不但早已開放，而且園主，殷懃招待，一時士女如雲，香車滿道，夕陽西下，興盡始歸。

其他叢林湖沼以及園囿，中植奇花異果，并畜養各種獸類，如鹿，黃鹿，紅鹿，家兔，野兔之屬，幾無不有。

可惜元入於明，官無厲禁，西湖爲軍民寺觀侵佔，蘇隄迤西，直抵西山之麓，盡化桑田，僅留六港，以行缺瓜舟子，其酒船礙淺不通。裏湖亦皆桑田彌布，僅留二三丈如帶，酒船可通罷了。外湖自蘇堤北第一橋迤東沿西林橋孤山路，過斷橋，沿城而南，至雷峯落爲池蕩，桑梗彌望，由是外湖就變窄小。至成化十年，自雷峯以西，直至蘇堤北第一橋，凡舊爲湖，而被侵佔爲桑地池園，不分前代近年，盡數開掘，仍於開掘之處，築長堤表之。堤起自段橋之東，至靈峰而止，計二十餘丈，址一丈，上七尺，高五尺，外湖舊觀盡復，湫遊士女，曠懷心目爲快。

望湖亭接段橋一帶，隄甚工緻，比蘇堤尤美，夾道種緋桃垂楊芙蓉山茶之屬，二十餘種。堤邊白石，砌如玉布，地皆軟沙。這是內使孫公所修飾的。

依城向湖開窗的，尚有錢王廟，玉蓮亭，及柳州別館諸地。

湖中盡植紅蓮，三潭湖心寺，爲蓮池大師放生處，湖濱多酒家，樹末清旗，酒罏，或浮樹水次，其下爲魚柵或舟屋。湖船沿宋制而較小，大者不過船上加樓，極綵繪之華。春夏晚秋，遨遊晝艦或舴艋，輕橈如葉，於松筠菱蓮之中，聞梵鐘與笙歌之音間作，令人耳目無少暇。名墓雜拱於湖：北有武穆墓，南有肅愍墓，和靖墓在其中，兼之山多池樓台墅，往往佳麗；而孤山橫絕湖西，上有涼堂，規模頗壯，下植梅樹百株，以備游幸。杭人游湖，止午未申三時，湖上由斷橋至蘇隄一帶，綠烟紅霧，彌漫二十餘里。一時有『歌吹爲風，粉汗如雨，羅紈之盛，多於堤畔之草』之說。故萬曆間，文昌祠贊皇胡公聯云：「四季笙歌，尚有窮民悲夜月，六橋花柳，渾無隙地種桑麻。」可知西湖在明代之盛況了。

佛宇在明，天竺仍稱首剎，幽邃靜潔，別於諸寺，飛來峯之石根，盡玲瓏透漏，胡髡楊璉眞珈，於峯之上下，盡刻菩薩羅漢像，雜己像其中，至今供人觀賞不置。

當時觀湖，卽在六和塔，想見燈火微茫，月光明滅，凭欄嘯飮，望白馬之迎奔，的是奇觀。

四、近代西湖概況

淸初守撫趙士麟，李衞輩疏治西湖，不遺餘力，淸聖祖高宗先後臨幸，凡五六次。築行宮於孤山，疏濬金門以通御舟，頒賞各處寺院，流戀歌詠，恢復十景名物，勒石題碑，聲聞所播，來遊日衆。中經洪楊之役，名勝悉遭兵燹，邑人丁申丁丙言於大吏，次第規復。自光復後，當道又復籌的款，于湖上特設西湖工程局，專門從事修理，且用機器以濬湖，公私園墅，以及祠墓之地，逐漸添新，且仿歐製，自隄上之斷橋，錦橋，西泠橋，亦均改建平橋。近又修築環湖馬路，已通公共汽車，因籌備西湖博覽會，將昔之名園，古刹，水墅，山莊，近於湖濱的，盡闢爲展覽之場。復添築房舍，以臻完備，分設八館二所，八館地點之勘定，與各處點綴之設計如次：

一、革命紀念館　地址在孤山一帶之唐莊，平湖秋月及浙軍克服金陵陣亡之將士墓等處，爲革命紀念館區域。除浙軍克服金陵陣亡將士墓爲天然之革命紀念地點，略事裝置外，於白公堤末端，建立騎街牌樓一座，於平湖秋月廳前，建築革命紀念塔一座，廳內則設革命圖書閱覽室，及販賣室各一所。於唐莊設總理紀念廳一，陳列室六，於該莊之右側濱湖處，闢休息室一，其左側臨湖處，闢小園一，園中築一草亭，臨湖園以毛木欄杆，雜植花木，以使觀衆得一消納新鮮空氣之所。革命紀念塔，用洋灰築成，外敷大理石粉，塔基下截係三角形，象徵三民主義，塔身爲五角形，象徵五權憲法，並將總理遺囑原文，影裝於塔基。關於浙軍克服金陵陣亡將士墓之佈置，墓之四圍牆壁，製就青白標語，墓之牆外兩首，舊有騎路牌樓，就原五色旗及七星旗，改裝黨國旗，墓之牆圍內隙，兩旁分築兩草亭，通以墓道，雜樹花木，並於墓上，各裝置美麗花塔，以壯觀瞻。

二、博物館　地點範圍，在孤山一帶，東北兩面臨湖，南界革命紀念館及藝術館，西界農業館，於西北高地，新建植物水產室一所。又設動物園於植物水產部與昆虫部之間。昆虫部之陳列室，在巢居閣及林典史祠，其路徑之區劃如下：由入口沿湖邊通路至水產部植物部，經動物園（此路新闢）至昆虫部，自昆虫部出來，即是放鶴亭休憩處。再到動物部，自動物部迤西，經過辦事處門首，至猺山部，由猺山部下坡（此路新闢），到礦產部，（在王電輪莊樓下）從王電輪莊正門出口。

三、藝術館　從照膽台起，至陸宣公祠一帶爲館址。

四。農業館　館址以忠烈祠，文瀾閣，中山公園等處，佔地數十畝，綿亙數十丈，背山面湖，風景絕佳。本館又分蠶桑，農藝，農業社會三部；而農業社會部，以中山公園全部劃分模範茶園，本省農民生活狀況，農村模範圖書館，農業紀念館，農業宣傳處，音樂亭，農村合作社等。

五。教育館　地址爲圖書館徐潮祠啓賢祠及朱公祠等處。

六。衛生館　本館合西泠印社，寂寞俞樓，盛公祠四處爲館址。修理完工，在防疫部對面空地，建一八角亭，以裝無線電話及休息室用。旁面空地，建一玻璃室，以作保健部第二室用，運動器部，後面建一滑冰場，藥學部陳列室對面池內，擬建一噴水池。

七。絲綢館　以濱湖一帶，東起地藏殿，西迄西泠橋爲本館館址，南面臨湖，三面環有馬路，大禮堂居其前，游藝場在其北，西與參攷陳列所相望，隔湖與博物衛生二館對峙，地點適中，風景佳勝。

1.建築工程　除建設跳舞廳與絲綢商場外，其大門與六角亭，前者式樣新穎奇特爲劃既

漂建築師所設計。後者位於西泠橋邊，與蘇小墓亭隔街對峙，係許守忠建築師所設計

2.園景佈置　由范肖岩主持其事，除地藏殿葛嶺山莊嚴莊原有庭園花木茂盛，無庸大加佈置外，餘如周洪二姓空地，中央鑿成一大池，中貯五色巨魚，如難辦到，則擬改貯金魚，四周添植花木，草地上用花嵌成絲綢館三字，又在跳舞廳及臨時商場前面，亦須布置花壇添植樹木，計需費總共不下二千餘元。

八、工業館　本館地址爲裏湖王莊東邊同善堂空地，另建館舍及瑪瑙寺王莊菩提精舍陸軍病院等處。

總計該會自行設計建築者，有大理堂，總面積爲二萬七百八十餘方尺，及工業館，浮橋，橋長五百八十尺，上面築亭三座，跳舞廳各種臨時碼頭，各館出口大門。招商承造者，有博物館，噴水池，革命紀念華表，各種臨時商店，及各式茅亭，他如該會大門，音樂亭，以及各館所進口大門，則由藝術股設計，總計各項工程預算爲十七萬元，其他捐贈材料不計。（見西湖博物展覽會刊）

我們從以上看來，唐代西湖，可稱文人庭園，配景植物，不過簡單的松，竹，梅，蓮等數种罷了。幸而隄之位置很好，點綴孤山，頗富野趣。宋代西湖，可稱書院庭園，又可說是宮苑庭園，爲甚麽呢？因爲西湖已有一幅着色山水圖之稱。高宗南渡以後，湖上御園，分列南北，寺觀增多，林泉幽茂，裝飾淸麗，十景天然，東坡所謂「若把西湖比西子，淡妝濃抹總相宜」，我們可以拿來作此美的評判。元明繼承，西湖尙可稱爲純中國式庭園，當時環湖宮宇寺廟，頗稱富麗宏壯；段橋一帶，夾道桃紅柳綠，掩映於酒家魚柵之間。如此風光，怎不令當時的遊人爲之沉醉呢？迄於近代，西湖便變成混合庭園了。一般豪商巨宦，廣廈崇構，風起雲湧，建築之物多，林泉之氣少，且參用西式，未能適度配合，因應咸宜，致使湖光山色，不免爲之減色不少。

第二節　西湖設計之特點

我國以西湖名的地方，約計有三十一所，而杭州爲最有名，有世界公園之稱。茲將其自然美與人工美，分述如次：

一.自然美

1.山　有高登之南北高峯，有名泉之虎跑龍井，九溪十八澗以幽曲著，烟霞石屋以古洞著，以奇峯勝，則有靈隱天竺，以竹徑勝，則有韜光雲棲。

2.水　湖有十景，中有三塔，塔有三潭，康南海所謂「湖中有湖，島中有島，」眞是天然畫圖。加以在保叔塔頂之觀海日，六和塔夜之玩風潮，尤爲壯觀。

3.時　西湖四時之景不同，卽朝，晴，夜，月，雨，雪，亦各有異。春看孤山之梅，蘇堤之柳，六橋之桃，翁山之李，夏賞湖上荷蓮，驚風雨欲來！步山徑野花幽草，喜落英繽紛。秋月遊湖，恍如置身玉宇瓊樓。或往滿隴賞桂，或赴林園訪菊，更或策杖南山一帶，看楓林紅葉，不減二月之花。冬日湖凍放晴遠棹，儼若舟引長蛇，晶瑩片片堆砌，如在西溪道中玩雪，又是一番風趣。至於一日之中，曉霧橫截山腰，旭日從遠岫吐出，風散溪雲，峯巒浮翠。晚來，暮色漸起崖壑，夕陽猶惜殘荷，輕烟縷縷四起，水鳥啼唱，催人晚棹歸去。

二、人工美　又分社會美與歷史美兩種：

1. 社會美

a. 名園　環湖大小庭園名所，爭奇鬥麗，各佔形勝，其中園墅，有三十六所，山莊十四所，其他以亭名的三十一，以閣名的七，以樓名的二，以台名的十，廬，墩，軒，處各一，合計一百〇四所。

b. 寺觀　古刹叢林，代有興廢，開湖之勝，鍾山之靈，以今計之，寺有四十三所，廟二十所，庵十八所，其他則爲四塔，三院，二觀，一閣，共計爲數七十。

c. 館所　新建有美術的八館二所及浮橋三亭。

2. 歷史美

a. 祠宇　歷代紀念先賢名儒之祠宇，約計已有三十六所。

b. 名墓　歷代名墓，約計有三十多所。

第三節　西湖發達之由來及其影響

西湖發達之由來；不是一朝一夕的，撮其概要，除自然之美外，尚有以下幾個原因：

一、文人之歌頌　自白居易蘇東坡宦守杭州，以文人而兼居士，將西湖表出後，歷代士紳，從而賦詩記遊，歌頌誌勝，推波助瀾，名亦遠播。

二、佛教之宣揚　西湖梵宇，自隋唐以來，迄於今日重要勝地，建築寛達六十多所，其面積，幾乎超過全湖名園之大。由是而茂林修竹，賴以保持；朝香拜佛，日繁有徒，由是益恢宏壯觀，裝飾園林。

三、歷代當局之修葺　其詳已如前述，最近又添設圖書館運動場及八館二所，各種游藝場，影戲院等，藉增遊人觀賞。

四、藝術品之宣傳　如美術絲織底風景片，及各種美術攝影，與遊覽指南等書。

西湖爲我國最大的庭園，其內容設施的豐富，外表的秀麗，已爲一般人士有目共覩。其結果影響於全國公私庭園的設計，都以她爲典型。作參攷的資料，極中國風景之大觀。我們看清代圓明園的四十景，其中一部，亦取材於西湖十景，可知西湖在中國庭園史上所佔之地位了。近來交通益便，中外人士之往遊日衆。因此促進浙省工商業之發達，市政之改良，教育之進步，人材賴之以起，文化益進昌明，西湖能爲世所稱，中國在國際地位，將隨之繼長增高了。

第五章　中國庭園與法，日庭園比較觀

第一節　三國庭園的作風

世界庭園的型式，風行各國的，不外乎形式園，風致園，混合園三種。形式園以法國爲代表，意大利，荷蘭，德國等屬之，風致園雖倡行於英國，考其來源，實祖述於我國，康乾時代，耶穌教士，遊遠東歸去，著書將中國園景，多所敍述，歐洲的庭園作風爲之一變。所以風致園的典型，著者仍主張以中國爲代表。至於折衷式的混合園，最近東西各國新式的公園，都採用此式。不過東方式的庭園，添加形式園的作風，而又不失其本來面目的國家，當推日本。

法國庭園，注重人工之美，故建築物和添景的銅像，石像，噴水池，花壇等，無不是美術化，圖案化，其構造與材料，都是規律的，對稱的，尤其是講求色之調和，線之韻律，以發揮全園的中心，其結果的表現爲疏朗，以壯麗勝。

中國庭園，注重的是自然之美，一切景物，均摸擬天然，樹木取其攀植，道路取其曲折，園地取其凹凸，其裝點如樹石的假山，迴環的水池，以及橋梁亭榭等。其組織與材料都是變化的，放任的，其目的在眺望自然之景物，結果庭園的表現爲雄大，以幽邃勝。

日本庭園中所謂「築山庭」是自然山水的縮景，最初的設計，也許受我國庭園的影響，亦不可知，其居處多狹小，而生活又簡單，故有窗前園藝的盆景，結果庭園的表現爲嬌小，以秀美勝。近日庭園雖面積加大，布置仿照法國的形式園，而其添景的建築物，如池中所設各種大小的島姿，以及石燈籠塔婆，釣台，手水鉢等，但本其純日本式的作風。

第二節　三國庭園發達之特點

三國庭園的作風之不同，既如上述，則其來源，亦各自有其特點。以風土言之，南歐的法國，氣候溫和，光線較强，地勢又多平原，故造綠蔭的庭園。我國地居大陸溫帶，丘陵較多，所造庭園，以巖石園相尙。且北部氣候乾燥，對於石質或金屬之垂久的美術建築，易於創造偉大。而南部建築，頗有傾向日本之意味。因日本以海島地積狹小關係，兼之氣候潮溼，不適於雄壯永久之建築。卽木質之建築，亦易損壞，故只築「山水庭」的小園。以歷史言之，法國庭園，遺承希臘羅馬文化之遺緒，從十九世紀初葉，浪漫主義興起以後，建築，彫刻，繪畫之藝術，日益進步，在庭園的裝飾上，亦受其影響。我國庭園，因歷來文學繪畫之思潮，多主張自然主義，所創造的庭園，是「田園詩」的寫眞，「山水畫」的縮本。日本自漢學和佛學輸入後，中印庭園的花卉，同時亦流傳於日本。建立了皇宮之花園，到了鎌倉時代，尤受禪宗的影響，崇尚恬淡主義，庭園有「枯山水」的風情。明治維新以後，庭園的作風，趨向於歐化的形式園，遂成今日混合式的庭園。以國民性言之，法國國民注重辭令修飾，文學體製，努力於勻整之美，而浪漫主義之思潮，又代古典主義而興起，對於自然的愛好，異國情調的取用，地方色彩的講求，在在都足以啓示藝術家之創作，復以盧梭，孟德斯鳩氏倡說自由平等以來，民族之思想，得到解放，故其國民性活潑，生活的趨向於物質的享受。因此庭園的藝術，極度的美化，有光華燦爛的景象。我國因儒家之傳統思想，以和平天眞爲美，一般國民性變成沉重樸實，生活趨向於精神的修養，除帝王逸樂的遊園壯麗外，過去大多數的庭園，都以清新雅緻爲風趣。日本的文化是受外域的影響，故其國民性富於模倣，同時具有疏落之島姿，平坦如茵之海岸，青松白砂之點綴，以育成彼邦國民愛草木，喜自然，樂天幽默，淡泊瀟洒，綺巧纖麗，清淨潔白等之性質，（見芳賀矢一博著國民性十論）因此庭園的建築，自然另是一種秀麗之美。我國的美術教育，雖不如法日兩國之普及，但偉大之創造性，可與法國媲美，而超過日本之上。我們看美人亨丁敦氏所著太平洋以西（West of the Pacific）文中，紀其遊歷中國之見聞與感想，有一段說：

「日本之任何美術作品，從未有能及中國之若干著名作品之能表示偉大能力與創造者，以插花草之佈置，瓶盤圖片之陳列，花園之構造，以及自然美之利用與享受，日人固假勝於華人，然如建設一偉大之建築，如寺廟，宮殿，大橋，或穹門之類，則惟中國人始卓然自有其卓絕之處。……中國人對美術之造就之過於日本，仍不能不謂內在的性質上，中國人自有超越於日人者在也。」

（見地理雜誌三卷二期福州遊記周光倬譯）

使可了解亨丁敦氏觀察之透闢，他所謂「花草之佈置，瓶盤瓷片之陳列，花園之構造，以及自然美之利用與享受，，日人固假勝於華人，」雖不能一概而論，可是中國內地的私家花園，有些地方，眞是不自然，少變化的。

從經濟上觀之，法國的庭園，建築費和維持費，較我國與日本庭園爲大，其他如庭園科學管理法，便利遊客的交通設備，保存古蹟和利用空地的裝飾，法日兩國，都較我國爲優。

從政府之建設庭園，和國民的精神上享受說，我們且看法日兩國之首都，其公園與人口之比，有如下表：

國別	市名	人口	市面積（英畝）	公園人口比			
				面積（英畝）	百分比	市面積	公園每一英畝
法	巴黎	2.847.229	19.279	5.014	26	148	554
日	東京	2.281.428	19.043	234	1.2	12[illegible]	9.764

以較我國今日的首都—南京。有四十二萬人口之多，全市面積之大，在我國城市中，首屈一指，而公園的地方，不過四五所，合計公園的面積與人口之比，不難算出是可憐之極了。

再看全國公園，據我初步統計研究的結果，不過百個左右，其中較多的公園，以江蘇爲第一，東三省次之，河北更次之，浙江又次之，其餘爲四川廣東雲南福建山東湖北，最少者爲其他諸省，而外人之在我國內設施者，已有十四個之多，以公園之分布說，中部爲第一，北部爲第二，南部爲第三。以全國公園之內容說，設施大多雷同，很少變化，且所設的茶社，餐館，照相館等，建築既不美觀，分量和配置，又不調和，例如成都之少城公園，山東之濟南公園，茶社林立，奉天公園，貨攤棋布，一入園中，便覺毫無秩序，人聲喧嘩，失卻公園的効能。以現有公園之歷史分析來說，在北部之東三省中，遼寧方面，有五個公園，本爲俄人所設，歐戰後，由我國收歸公有，河北方面，公園或名園，多爲皇家所改建，河南一省，雖在唐宋時代，名園很多，但後來政治中心移轉，中經不少變故，庭園就不多見了。中部江蘇公園，數目較多，實由於市面繁榮與人口地積需要，南部公園較少，大概是受文化上，交通上的影響罷。以私家庭園較有名的，亦不過八十多個，以數目分布來說，仍數上海爲第一，次爲杭州蘇州北平，餘則爲他省，其發達之關係，由于此一帶之地，多爲豪商巨富集中所居。

以都市的裝美來說，法日兩國，不但公園之比我國爲多，即其公園之計畫，有一定的系統，各地大小公園及廣場地，都有綠蔭道路聯絡，而道路的鋪裝整潔，廣道之十字中心，又有什麼紀念像呢，紀念塔呢，噴水池等裝置；他如公共便所之或埋地下，或以綠蔭掩蔽，電杆之埋沒地下，街燈，郵筒之美化，河溝之整理，旁岸之植樹，橋梁式樣之翻新，欄杆雕刻的裝飾，以及其材料與色彩大小配合，莫不注意調和與水陸相得益彰。

都市之建築，又各區劃井然，各種建築，都有其個性的表現，如公共建築中，官署，學校，醫院，圖書館，博物館，美術館，停車場，劇場，銀行，俱樂部，事務所，會社，，幾無不壯麗崇宏。即宗教建築，如教堂，禮拜堂，寺宇等亦表現莊嚴偉大，各代表其時代精神之背景，國民性的趨向，和該國文化的程度。最近商業建築之整潔化，工場建築之田園化，住宅建築之新村化，尤爲日新月異，一若巡遊全市，恍如置身於公園之中。返觀我國都市，全部既是沒有一定的計畫，自然建築也就高低不一，參差不齊，道路漫無統系，車馬與行人互撞，自是必然的結果。雖文化中心之北平建設較久，市街有彩飾的牌坊，雄大的城堡，以及宮殿的巍峨，但市民商店，住宅，大多陳腐失修，道路不治，晴天飛沙蔽目，雨天就泥濘滿處，要參觀北國的風物，徒供人憑弔罷了。今日新都的南京，建設開始萌芽，甚望當局對於此新興的京都，觀瞻所繫，應有整個創造計畫的決心，同時對於其他重要的都市，亦有改善的必要。不然，縱有幾個名園，點綴風物，在全國庭園的觀點上看來，仍不能發揮東方文化的美感來，徒使人覺得老大簡陋罷了。

第六章　結論

人生底目的，是企求過愉快的生活，自由的生活，和理想的生活，這已經是成了人們不學而知的事實了。

尤其是現代的人們，誰不願意把他們具有的諸器官，盡量的享受，使牠們節奏的，諧調的，流暢的來運用呢？

在他們勞動之後，誰不願意很快活的攜帶他們的子女，坐在汽車上，到公園裏去散步呢？或者在富有森林的場所和草原上去呼吸，運動呢？

誰不願意偕他們的情侶，去遠足旅行，陶醉於大自然的懷裏，唱甜密的歌，作歡欣的舞呢？

誰不願意在美麗的湖中，作笙歌的遨遊？在名山勝跡中，去探求靈異的妙感，在偉大的瀑布前，坐在旁邊的石墩上，濯足，長嘯，野宴呢？

又誰不樂意在一座幽美的庭院裏，偕着他們的妻子，兒女，坐在花棚豆架下面，對着疏星朗月，奏着諧和的音樂，靜默默的欣賞呢？更誰不樂意的在他們的庭院裏，推着他們小孩的搖籃，在淺草如茵上，迎着金黃色的斜陽，兜着圈子，玩來玩去呢？

……………………………………

然而在實際的生活上，我們看大多數的一般勞働家，從工廠回去，從田莊歸來，他們的家裏，那一個不是四壁狹窄？一間矮下的茅棚，要不是破敗殘缺，卽便是污穢不堪！而他們的享樂，不是賭博，便是淫蕩，他們子女的遊戲，不是赤足裸體的在田莊裏狂跳，便是面黃肌瘦的在家裏亂鬧。

總之他們的生活，鎮日裏與勞苦，危險，疾病，和親近不幸爲緣，死亡爲鄰。

至於生活較稍好一點的店員，學徒，和機關上的小職員，小學教師們，他們的家庭，環境，何嘗又有安富美好的過活呢？

我們又看以上所有一般人的居的住所，吃的地方，和工作環境，那有一點兒生之趣，美之感來呢！？

我們總結一個賬罷，這是由於歷代統治階級，自以爲得天獨厚，窮奢極慾，窩佔起來，和一般紳士階級的先生們，把一些「知足」，「樂天」，「安命」，種種理論的痲醉劑，浸淫于經典裏，灌輸于數千年來民衆的腦中，弄成一種簡陋，卑鄙，醜惡，和低級趣味，不長進民族的結果！

竭力美化民衆的生活，建設爲幸福和理想所照耀的未來，而同時也襯出現在一切可憎的醜惡，俾悲劇的感情，爭鬥的歡喜和勝利，同美的欣賞的觀點提高，都發達起來，打破一切宿命論，創造美麗的花園世界來，這是我們造園家和一般藝術家的使命！

附錄

公園與人生

在今日民窮財匱，百孔千瘡之中國，而欲談民衆精神上之享樂，毋乃昧於時勢，盲於需要，倒持輕重，忽於緩急，徒費詞乎？實則公園與人生之作用，直接間接之關係綦大，爲人類羣衆生活，不可缺少之設施也。

竊嘗攷之，周禮所載，文王之囿，方七十里，與民同樂，殆卽我國公園之嚆矢，隨唐而後，庭苑園囿，多爲皇家私人所有，庶民不敢與焉，歷代士紳，雖亦有草堂精舍，山房別墅之小築，究屬個人之享受，局部之設施，而且多偏重於建築方面，所可稽者，一六九○年，日爾皮翁氏Gerbllon及一七六三年，埃的來氏Attiret之筆記，謂我國於一七二年時之花園，已重樓疊閣，奥玄深邃，幾於園中有園，蜂窩簇立，至一千八百○六年，毀於兵燹者甚多，其佈置更複雜，且錯綜無定式，歐洲今日之風致式公園，蓋爲我國爲之先導也。惜乎至於今日，談及我國公園，益不講求，一般人仍視爲特殊階級之安樂鄉，社會流行之娛樂場，其內在之作用如何，多置不論，名實混淆，等量齊觀，似無關於國計民生者也。

然吾人一察歐美諸國，對於公園之設施爲何如乎？自一八九〇年至一九一九年，則美國國家公園，已成立者，有二十一所，合公共園總面積，由七，五三四哩至一二，一一三哩，幾等於比國一國之面積。即以華盛頓一埠言之，大小公園，共計佔地五，六〇〇畝。佔全市面積百分之十四，平均每七十八人，得享公園一畝。巴黎公園，共有三百三十二所，佔全市面積百分之二十六，柏林公園，大公園計有九所，佔地七百六十畝，小公園一百四十七所，佔地五百五十四畝，林場三所，佔地四十二畝，花園一所，佔地四十四畝。日本東京，自大地震後，亦有運河公園三所，大公園三所，小公園五十二所之設計。以經費論，單以美國爲例，公園行政，初成立時，年費由一百萬元，現增至四百六十餘萬元，國會且議以五千一百萬之鉅款，專供公園築路之用，少數則用于行政費，全國公園，合計每年約可收八十萬元劃入行政費。十五年間，到公園人數，由每年二十五萬人，現增至二百五十萬人。以種類論，有如次表：

特殊公園

溫泉公園	高山公園	動物園	道路公園
風洞公園	湖濱公園	植物園	郊外公園
火山公園	森林公園	運動公園	鉄路公園
大峽公園	水濱公園	兒童公園	其他

所在公園

國立公園	鄉立公園	公葬園	醫院花園
省立公園	私有公園	天文園	監獄院花園
縣立公園	皇家公園	學校園	養老院花園
市立公園	寺院公園	兵房花園	其他

可知各國政府之重視公園，及民衆需要，日益迫切，蓋可想見矣。惟於此有宜注意者

，歐美各國，其重視公園之點，究安在乎？推厥原由，公園對於人生，實含有三大建設：

心理建設

1.啓示創造　公園中有靜的自然，與動的裝飾，可發人以宇宙變化無窮之猛省，及創造之精神。吾人於公餘之暇，散步其間，或坐臥於泉石之上，覩大瀑布之奔流，銀白飛濺，覺怪石之雄峙，龍蟠虎踞，靡不令人眉飛色舞，精神爲之一振。

2.提高審美　綠草如茵，佳木葱蘢，兩岸垂楊，一彎流水，曲徑通幽，又是一村，所謂「行到水窮處，坐看雲起時」之感，不禁油然而生，此種欣欣向榮之情趣，恍如前途無量，頓覺生活充實，有使人向上努力之神往。

3.涵養性靈　鳥語花香，魚躍鳶飛，覩古潭之幽靜，聞空谷之足音，松濤雜和，相奏成曲，此自然之音樂，給人以共鳴之天籟，和平之神，大有我欲乘風歸去之慨。

4.孕育博愛　綠籬修整，花團錦簇，苑路芝草，淨潔如瑩，而襯紅勻綠，設色常新，淡妝濃抹，別饒風致，遨遊其中，幾如置身於廣寒宮裏，不知人間有天上事也。愛苗情種，遂增進個人自利利他之觀念，而減少消極和感傷之人生觀。

社會建設

1.維持秩序　覘一國之文明，視乎公園設施之多少，蓋公園者。實民衆自治能力之表徵也。有愛花惜樹之風尚，無形中可養成國民守秩序之習慣，觀於歐美及日本之公園，其人民之守公德，愛淸潔，幾無設警察之必要，以視我國之社會，漫無秩序，非怪外人有「狗與華人，禁止入園」之譏，此恥不雪，胡以立國？公園不設，民德奚有？

2.減少罪惡　我國社會，無論城市鄉村，一般民衆，少有正當娛樂，往往三五成羣，不蟻聚於賭窟，卽放浪於花柳，甚或醉酒吸烟，蹉日虛度，因而造成窮且困之廢人，作奸犯科，無所不爲，以上海漢口社會病態之統計觀之，其盜案之多，實屬令人可驚！設使多多添設大小公園，分布於各處，有美的裝景，可以引人入勝，留戀忘返，直接阻止無知遊民，有不良之嗜好，間接可以減少社會之罪惡，慈善之舉，孰有逾於此者？

3.保全健康　近代文明，都市更加發達，工廠櫛比，煙突如林，日盛一日，同時時症疫疾，交相拚作，而人口死亡率，亦繼長增高，例如報載漢口電云，十八年七月至十二月，漢市產生人口，總計一四四四，死亡人口，總計二六〇七，產生嬰孩，商家尤多，死亡病因，癆病爲最，法國斯喇氏調查歐洲大都市因肺病而死最少數之國家，多爲公園最發達之國家，可知公園對於市政之需要，刻不容緩。據美國公園及戶外藝術協會 American Park and outdoor Associatiom 所編之公園統計書中，謂市民二百人，需公園一英畝爲最低限度，則在我國之地廣人衆，公園數目之應宜增加，固無待言。蓋公園有完善之設備，如運動場，游泳池，彈子房等，供市民體格之鍛鍊，以及呼吸空氣之清新，匪但時疫藉此可以減少；卽一般國民之身體，賴以康健強壯，而工作能率，亦隨之敏速，民族精神，胥於是繫。

4. 預防災害　近世公園，對於市政之貢獻，尤爲顯著，卽將舊日之散在式公園，一變而爲聯絡式公園系統 Bouhuead System or Parkway System使市中所有公園，巧爲聯絡，向之單式馬路，車水馬龍，行人有驚心動魄，易遭意外生命之危險，而今改作複式，市道步道，判然有別，中闢草場，間植大樹，密葉濃蔭，既適於散步納涼，變險爲夷，又使市所擴大，衡廬相對之距離愈遠，火災之預防愈易。至於風災，水災居民於無形中，藉此亦不知減少若干也。

5. 普及社會教育機能　教育之重要，固盡人所知矣。際茲現代教育，多爲特殊階級所專有，求其在教育上機會平等，民衆化，社會化者，舍公園莫屬也。公園有植物園，動物園之分，別類分門，釐然有序，廣人見聞，有教無類，所謂多識於虫魚鳥獸草木之名，在此間取之不盡，用之不竭，然則公園，實一自然科學露天學校也。

6. 調劑都市功利主義　處現今資本主義之社會，都市之繁華，交通之便利，幅輳踵接，紛至沓來，而一種塵囂煩冗，光怪陸離之現象，頗使人有目眩神昏之感，加以爾詐我虞，每況愈下，整日奔馳，皆爲利往，一若百年之人生，究爲此肚皮運動而送終者。因之最近有田園都市之提倡，一改變都市之環境，調劑其功利主義之人生觀，俾覺於物質生活外，尚有精神生活，不至於卑劣，單調和乾燥也。

物質建設

1. 促進工商業發達　公園能利用特別名勝古蹟，或珍奇生物，招游遠客，間接可促進該地工商業之發達，遠之如法國之凡爾賽公園，美國之黃石公園，近之我國之北平頤和園，杭州之湖濱公園等，莫不有特殊之歷史，爲其背景，而使其遊歷之客，不絕於途，因而謀遊覽之便利，交通之講求，消息之靈通，居處之安適，飲食之豐富，種種需要，靡不供應咸宜，人口與經濟集中，工商業賴以發達焉。

2. 增高土地價值　一八五六年間，紐約市因建設中央公園，而收用土地，其受益之業主，担負費用全額百分之三十二，不滿二十年後，環繞該公園之土地，價値增至八倍之數，此種公園之設施，對於土地之經濟價値增高，在各國之都市，已由經驗而證實矣。

3. 表示文化程度　佈置公園，應具有藝術之手腕，如設計美觀，自必有偉大之建築，相當之添景，例如雕像，橋梁，噴水池，溫室，樓閣，塔，燈台，欄干，涼亭，涼棚等，無不與其他美術科學有關，人文進步，與此種相關之科學，同造形庭園，相得益彰，互爲增進，故公園之多少，亦卽表示該國或該地文化程度爲何如也。

結論

綜上各點言之，公園對於人生之作用，在建設上之價値，實關重要，毫無疑義，其爲市政教育之中心，亦非虛談。我國幅員廣大，人口衆多，全國公園之規劃，應宜從速着手進行，兼之名勝古蹟，所在皆是，發古幽情，光大文化，利用創作之點尤多，私家公園，簡陋頹敗，應宜改造之處，亦屬不少。茲値訓政伊始，當局諸公，苟能本總理三大建設之遺訓，在根本上求解決，使此頹廢柔弱之民族，變爲發奮有爲之强種，荒漠穢濁之社會，成爲錦繡如織之花都，貧窮散漫之國家，形成光華燦爛之山河，將見執世界第一之牛耳，舍我其誰與歸。（見拙著中央大學半月刊第二卷第八期）

參攷重要書目

庭園の造り方と庭木の知識　深山晃著
支那の風景と庭園　後藤朝太郎著
都市の美裝　黑田鵬心著
造庭園藝　童玉民著
庭園三要素之組織　吳銘己著
造園法　范肖岩著
都市與公園論　陳植著
樹木裝飾術　鄒盛文著
觀賞樹木　陳植著
藝術論　魯迅譯
美術概論　黃懺華著

中國庭園概觀

古今遊記叢鈔　勞亦安編

農民文學　謝六逸編

圓明園攷　程演生輯

西湖風景史　張其昀著（見人地學論叢第一集）

附註：

凡預備此書時曾經查考之書，多於本書之註脚中聲明，此外尚有爲本書間接之助者，其書頗多，不能在此一一聲明，謹誌謝意。

勘誤表

頁数	行数	誤	正
一	二	過多，	過多。
三	三	結果，	結果。
三	四	眞義，	眞義。
三	六	權階級的，	權階級的誰家庭院造別墅，
二	一	藝術是自然的模倣。	藝術是自然的模倣，
三	六	台	臺
六	一二	。傳達別人	，傳達別人
八	四	Fontaineblean	Fontainebleau
一六	六	柳明花暗又一村。	柳暗花明又一村。
一六	九	無論魏晉	無論魏晉，」

二三	二	示端。	示端
三八	一一	過横地。	過横地，
四二	九	焉。	焉。」
五一	三	想。	想。」
五九	一〇	栽	裁
六〇	一一	光，」	光。」
七四	三	彫刻	雕刻
七八	一三	氣韻，	氣韻(Rhythms)生動，
八三	五	雲峯夕照，	雷峯夕照，
九三	八	」句，	」之句，
九四	一〇	或作盆景，，	或作盆景，
九六	七	池沿	池沼
一三九	一三	中國庭園概觀	附錄　公園與人生

造園學概論

陳植 著

商務印書館
民國二十四年

大學叢書

造園學概論

陳植著

中華農學會叢書
商務印書館發行

自序

「造園」之名，余於拙著觀賞樹木，都市與公園論，及關於造園問題各種短篇論著中，屢與國人相見矣。不諳其辭源者，當亦以我爲日本用語之販者耳！抑知日人亦由我典籍中援用耶？斯典籍爲何？乃明季崇禎時計成氏所著之園冶是也。我國著名典籍，如古今圖書集成中，關於造園記載，別爲：苑囿，園林，山居三大端；至於亭、臺、樓、閣等各種點綴品，復各分別記述，蓋亦以無相當名詞可以含藏之也。竊念造園爲綜合學藝之一，內容複雜，體系繁多，在我學術衰落之邦，益宜鳩集同志，共起提倡，以濟其事。爰於十七年夏，邀集同志，組織中華造園學會，以圖國粹之復興，及學術之介紹。該會成立後，會中同仁，卽以造園叢書之限期完成相詔，余於都市與公園論脫稿後，卽開始從事於造園學概論之編著，蓋是種叢書中，尤以此著爲首要也。時以備員農部，公務較繁，某一時期，幾完全停止進行；嗣後復擇暇執筆，全稿於十九年冬，始草率告竣。稿既竣，復屢加損益，兢兢不敢問世。迨二十一年一月初旬，始獲校對完竣，寄請鄭心南先生代向商務印書館接洽；據復斯稿館方需要，不日卽可交付審查，以便承印。不謂未及數日，日人搆釁，滬戰暴發，而該館編譯所，卽東方圖書館之一部，適在閘北，以建築較宏，爲敵人轟擊目標，首遭燬滅，書籍稿件，俱成灰燼，而斯稿自亦不能倖免。戰事稍定，該館有善後辦事處之組織，爰卽馳書往詢，復函謂：「業已同遭國難！」

聞之不禁覩覵！然猶幸余時方執教於國立中央大學農學院，擔任造園課目，故尙有副稿留存，不然數載辛勞，亦將燬滅無遺，蓋亦幸矣！余在中大執教，雖卽以斯稿印爲講義，分發同學，然就中經修正而復增補者，爲量亦夥。同學以國內尙無是項專著，環請付梓，以備參考，而中華農學會復與商務印書館結有將會中叢書刊爲大學叢書之約；會中先進，囑卽以斯稿充數，無已，再加修正，聊以應命，然內容簡陋，尙待增益，匆促付梓，非所願也！屬稿時，承日本造園學大家，業師田村剛博士及前輩上原敬二博士多所指示，感荷無似。上原博士，復不遺在遠，遙惠序言（原文以附前稿，已付回祿。）胡展堂于右任戴季陶三先生賜款書眉，（于題以附前稿同付回祿。）尤爲光寵。書中插圖，爲江蘇省土地局同事，江君海鏡手繪，並識於此，用申謝悃！

陳植識。二三、二、八。

目次

第三編　造園各論

第一章　庭園……六五

第四編　結論

造園學概論

第一編　總論

第一章　造園學之意義

造園學云何？乃關於土地之美的處置，而爲系統的研究者也。其技術曰「造園術。」造園〔(Garden Making (英) Gartengestaltung (德)〕之爲學術的發達，不惟在我國爲新穎，即世界斯道發達諸邦，亦爲近數年來產物。造園之名，濫觴於明季崇禎時，計成氏所著之園治（一名巧奪天工）中。（序中有句云：古人百藝皆傳之於書，獨無傳造園者何？曰：園有異宜，無成法，不可得而傳也。）Landscape architecture 之名，則於英國孟松氏(Laing Meason) 一八二八年所著之意大利孟造園論(The Landscape Architecture of the Painters of Italy)始見之。以漢字成學術上正式名詞，則猶七八年來新由日人援用者也。嘗考史籍，關於園、囿、圃、苑、庭園、園林、苑囿、無不分別記載，蓋亦以無相當名詞，可以含藏之也。余年來對於此種用語，考慮久矣，竊亦謂除「造園」兩字外，含義無遠其廣者，故亦用之。至於「造庭園藝」，則以庭園，公園，以及各種裝景中，應用園藝（Horticulture or Gardening）者僅小部分，造園云云，故斷不能視爲園藝分類之一，而於園藝之上，以造庭兩字冠之，另成一學術上正式名詞，蓋可知矣。且考「庭」之字義，係階前之稱，以「庭」一字，難概其餘，故論字論義，俱難適用。憶疇昔日本造園學術萌芽之際，農林學者各具門戶，園藝學者，遂有「造庭園藝」名詞之倡，而造林學者，亦爲「風致造林」新稱之著，以相對壘，幾經討論，遂亦冰釋，蓋此兩個名詞，按諸事實，皆無立足餘地。日人之無造庭園藝，及風致造林專籍者，可爲明證。我國新刊造園書中，亦有以造庭園藝相標榜者，想亦襲用日本舊日名稱者也。查是造庭園藝書中所載，概爲庭園，敍詳述明，允稱佳作，惜以絕不適用之名稱冠之，致引起各方誤解不鮮，深盼有以更正之也。茲列舉中外造園之關係文字如次：

一、英國

Garden craft 庭園術。

Garden design 庭園設計。

Garden planning 庭園設計。

Garden making 造園。

Landscape gardening 風致造園。

二、美國

Landscape art 風致藝術。

Landscape engineering 風致土木，風致工事裝景。

Landscape architecture 風致建築。

Landscape design 風致設計，風致計劃，或風景設計，風景計劃。

Recreational engineering 休養土木，休養工事。

三、德國

Gartenge taltung 造園或庭園築造。

Garten kunst 庭園藝術或園藝。

Forstkunst 森林藝術。

四、日本

園造（ソノツクリ） 庭造（テイゾウ ニハツクリ） 作庭（サクテイ）

庭造 造庭 築庭

壺築（ツボツクリ） 庭築（ニハツキ） 假山製作

築山庭造（ツキヤマ）　庭園術　造園

五、中國

園　苑　園圃

囿　庭　園囿

圃　園林　苑囿

庭——以建築爲要素。

園——{果木 花木}

圃——（蔬菜）——以植物爲要素。

囿——{禽獸 林木 池水}——以動物爲要素。

苑——{禽獸 果木 蔬菜}——以風景爲要素。

（註）庭（說文）庭宮中也。（玉海）堂下至門，謂之庭。

園（說文）樹果爲園。（辭源）植蔬果花木之地，而有藩籬者也。

圃（說文）種菜爲圃。

囿（辭源）苑之有垣者，所以域禽獸也。（說文）苑有垣曰囿。（說文）有禽獸曰囿。（國語）囿有林池所以禦災也。

苑（辭源）畜養禽獸處也。古謂之囿，漢謂之苑。（唐六典）禁苑翠微宮龍山也。在大內宮城之北，北臨渭水，東距滻川，西盡故都城，禽獸蔬果，莫不毓焉。

造園含義廣汎，既如前述，故廣義之造園，以風致計劃，及風致工事最爲妥適，殆與我國昔日之「苑」相當。

（韓非子）秦大饑，應侯請曰：五苑之草，著蔬菜橡果棗栗，足以活民，請發之。

（長安志）唐禁苑在宮城之北，東西二十七里，南北二十里。

（續世說）隋煬帝大業元年，築西苑，周三百里，其內爲周十餘里，爲方丈蓬萊瀛洲諸山，高出水百餘丈，台觀宮殿，羅絡上下，向背如神。海北有龍鱗渠，縈紆注海。堂殿樓觀，窮極華麗。宮樹秋冬凋落，則剪綵爲花葉，綴於枝條，色渝則易以新者。沼內亦剪綵爲藻芰菱芡，乘輿遊幸，則去冰而布之。好以月夜，從宮女數千遊西苑，作清夜遊曲，於馬上奏之。

造園二字，日本本多靜六博士曾以「景園」名之，今已不復用矣。邇來美國對森林之保健享樂計劃，另作休養土木，或休養工事（Recreational engineering）之新語名之，以示與上述之風致計劃，或風致工事性質各別，其義蓋與我國昔日之囿相同。近世造園學者咸主各有特點，不相含混。至於都市計劃（City Planning, Town Planning）雖與造園有密切關係，然以事業廣汎，似與造園獨立爲便。

（孟子）文王之囿，方七十里，與民同之，芻蕘者往焉，雉兔者往焉。

（毛詩）王在靈囿麀鹿攸伏。

（毛詩註）囿所以養禽獸也，天子百里，諸侯四十里。

日本田村博士於其新著造園學概論中，於造園廣狹二義，敍述詳明，作表如次：

造園
- 狹義的造園（庭園公園）
- 廣義的造園——裝景（風致工事）

造園
- 狹義的造園（庭園公園）
- 廣義的造園
  - 風致工事（裝景）
  - 休養工事

查土地經營術中，以利用植物爲原則；而利用之道有二，一曰享樂，一曰實用。其以享樂爲目的者，美爲唯一生命，例如公園，庭園。以實用爲目的者，例如農林水產事業。其目的爲享樂而兼實用者，謂之風致工事（Landscape-engineering,Landversshonerkunts）例如海水浴場、溫泉場、狩獵場名勝、古蹟街道樹廣場田園都市公園、庭園、及一切裝景，以「美」爲唯一生命之數者，未有能離「美」而得倖存者也。

第二章　造園學於學術界之位置

土地與人生關係密切，固夫人而知之矣。其二者關係，而爲學術上研究者，謂之農學，或地產學。造園學既爲土地經營術中之一，故亦爲農學或地產學中之一部。今表解如次，以覘造園學在學術界中之位置。

農學	土地之構造	地質學（補助學科）
	土地之利用	地產力與經濟的利用
	土地之修飾	藉地產力以美化土地

目的	位置	材料	學科
農學 利用	山上	植物（木）	林學
	地面	植物（草） 動物	農學
	水中	植物 動物	水產學
修飾			造園學

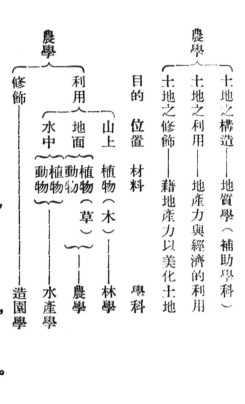

其地產力之利用事業可分爲山水及平坦地三種，既如前表。然造園之位置，三者均有，至於材料則除生物之動植物外，即鑛物之岩石泉水等無生物，亦爲造園之主要材料也。故造園爲綜合的技術。公園、庭園以及一切裝景之設計建築也。除林學（樹木）農學（園藝）水產（荷、菖蒲及其他各種水中動物之養殖）外，與美學、土木學、建築學等亦有密切之關係。故造園學乃一綜合之科學，此造園之研究所以爲綦難也。造園爲美化土地之技術，故

亦爲藝術之分派，然其意匠，與他種藝術異趣。蓋造園云者，於大地上利用自然材料，以滿足戶外之居住、休養、享樂等生活上實際的要求者也。故其設計至爲複雜，對於各種要素，須充分瞭解，始可從事，不然，未有不失敗者。若僅由建築家，或土木家，園藝家，森林家，而無造園素養者，以設計公園，及其他一切裝景，莫不弱點畢露者也。且綜合云者，亦非集合各種專家共事設計之謂，造園設計，惟造園專家始足以云斯。我國造園學近數年來，始見萌芽，故國中之具造園專門學識者，可謂鳳毛麟角，不可多得。比來公園及其他各種裝景以環境關係，需要甚殷，有以人才難覓，而委託農林專家設計經營者，遂致所有方案，不脫各種專業（若農林場等）而反忘其本旨，良可慨矣。

今日世界各國造園教育之最進步者，首推美國，專門以上學校達四十校，若哈佛(Harvard University)康南爾(Cornell University)密西幹（University of Michigan）麻州農科(Massachusetts Agricultural College)諸大學其著焉者也。哈佛大學歷史極久，設備完美，得學士(Bachelor)位者，於造園科，修業一年半後，授以造園碩士(M. L. A. Master in Landscape Architecture)，其增設都市計劃關係學程者，則授以 M. L. A. in City Planning 學位。所授學程爲造園原論，造園計劃論，風景論，造園地形學，建築計劃，圖案，自在畫，彫塑，及其他隨意學程。

東亞造園，雖以我國爲發祥最早，然比以學術發達者，當以日本爲著。本多靜六博士（日本庭園協會會長）及原熙博士（日本園藝學會會長）爲彼邦造園學者之泰斗，兩博士於東京帝國大學農學部農林兩學科中，分任造園學教授。新進造園學者，若田村剛，上原敬二，本鄉高德，以及永見健一，關口鍈太郎，大屋靈城，野間守人諸氏皆其門下士也。比除東京京都九州三帝國大學農學部農林兩科中皆有造園學學程外，東京美術專門學校，及東京帝國大學工學部建築學科，早稻田大學建築學科中皆有庭園學課目之設置。北海道帝國大學農學部林學科，則設森林美學課目。專門學校之設造園學學程者，則爲宇都宮鹿兒島岐阜諸高等農林學校林學科，及千葉高等園藝等校。教授時間每週類僅一個乃至三四小時，故僅能作大意之講述，至於專家之養成，則仍須有待於自修矣。民國十三年上原敬二博士出資創設東京高等造園學校於彼邦京師，分設本科與研究科兩部。本科招收中學畢業生，研究科招收高等專門學校畢業學生。羅致造園名士擔任教授，並自長校事（現由龍居松之助氏擔任）以利進行，爲日本養成造園專家之唯一學校。中等學校之教授造園學者，則有爲東京大阪府立之園藝學校。

我國造園教育至爲幼稚，民國十三年前江蘇省立第二農業學校（今改稱蘇州農業學校）園藝系中曾設庭園學及觀賞樹木兩種課目。各大學之設置造園學程者，則猶不多覯。自北伐完成後，著名都會相繼改市，將來都市計劃，勢在必行，造園人才，需要孔般，教育當軸，如能注意及斯，於大學農學院與工學院及專科學校之林科農科及建築科中，設置造園課目，俾應時需，抑亦儲才之一道歟？

第三章　造園學之體系

造園爲專門技術，自古已然，然爲系統的研究，而成一獨立學術則猶係近代產物。以其關係廣汎，內容複雜，故疇昔附於某種土地經營術中，根本欠合，邇以潮流所趨，文明各國莫不視爲重要專門學術之一，今示其造園學之體系如次：

造園學汎論
造園工學
造園材料學
造園建築學
風致園藝學
風致森林學
造園設計學
造園史

造園管理學

風景學

庭園學

公園學

都市計劃學

造園行政學

研究以上各種學科，務宜實地與學理並進，不可或忽，是以對於各種關係學科，應有相當瞭解。例如研究造園史，卽當於一般文化史，美術史，建築史等之概要，有所涉獵。研究造園材料，卽當於動、植、鑛及地質學等有所探討。對於造園之局部施工管理，卽當於建築土木機械，造林園藝學等有所素養。至於都市公園之設計，則又不可不於都市計劃，有充分之心得矣。

是以造園專家之養成，以各種學科之分歧，及個人性質之各別，故實際上遂復有各種專家之產生，所謂專門中尤有專門者也。例如意大利式庭園，概由造園家之接近建築學者設計之。英吉利式之園藝本位之庭園則概由造園家之有園藝傾向者設計之。德美兩國之森林公園，則概以造園家之愛好森林者設計之矣。造園學之有專門，猶醫學之有內、外、小兒、婦人等各分科也。

造園術爲綜合技術之一，既如前述，故其各部之設計施工也，有待於各種專門家者至夥。法國凡爾塞（Versailles）名園，固咸知爲勒諾特耳（Lenôtre）氏設計者也。然就中得力於建築家，彫塑家，土木家，及養樹家之臂助者，實不遑舉，得告斯大成者，蓋有由也。日本明治神宮內外苑之興建也，得力於農、林、建築、土木各方技術者亦夥，故造園術斷非造園專門家所能視爲占有物也。抑亦更有進者，造園中風致工事（或稱裝景）有使人類享用土地，悉加美化之勢，故爾後造園分野，益形擴充，凡事土地經營術者，不論農業家，山林家，畜牧家，都市經營家，水力事業家，土木家，於其事業進行上，應用造園智識者，將益切而不可或忽明矣。曩昔事業，皆爲道德律，自然律，經濟律所支配；爾後除此三者外，將更增一審美律。故造園事業將一躍而占文化生活中之重要位置矣。

第四章 造園之分類

造園之種類，普通依目的，所有位置，及材料，形式等各種關係分別如次：

一、依造園目的之分類：

1. 以觀賞爲主目的者，如庭園，公園等。
2. 以運動，休養，衛生爲主目的者：如野獸園，運動場，溫泉場，海水浴場等。

3. 以裝飾爲主目的者：如都市修飾，廣場名勝古蹟，橋梁行道樹等。

4. 以實用爲主目的者：如果樹園，藥草園，蔬菜園養樹園森林，養魚池等。

5. 以學術爲主目的者：如動物園，植物園，學校園，標本園，天然紀念物及史蹟等。

二、依造園所有者之分類：

1. 私人所有者：如庭園，及別莊，別墅等。

2. 宗教所有者：如寺院內之庭園，及寺院林，墓地，聖林等。

3. 公共所有者：如公園，廣場，及天然風景，動物園植物園等。

4. 帝國元首之所有者如御花園，離宮等。

三、依造園位置之分類：

1. 附屬於建築物者：如前庭，中庭，後庭，窗庭，屋頂花園等。

2. 設於高山者：如森林公園，國立公園，高山植物園等。

3. 設於水濱者如湖畔公園，海水浴場，水上遊園，游泳池，溫泉場等。

4. 設於平坦地者：如動物園，及市內之公園，植物園等。

四、依造園材料之分類：

1. 以動物爲主材料者；如狩獵園，野獸園養魚園，養蜂園等。
2. 以植物爲主材料者，如植物園，蔬菜園，藥草園等。
3. 以鑛物爲主材料者：如岩石園，泉水園，建築園等。

五、依造園形式之分類：

1. 建築式者：如法國式，羅馬式造園。
2. 風景式者：如中國式，日本式造園。

建築式(Architectural Style) 亦稱整形式(Formal S.)，規則式（Regular S.），幾何學式（Geometrical S.），人工式(Artistic S.)，人生式(Humanized S.)。

風景式(Landscape S.)亦稱不規則式(Irregular S.)，自然式(Natural S.)，其合二式構成者，謂之混合式(Mixed S.)。

六、依造園所在國之分類：

1. 東洋式：如中國式，日本式，朝鮮式，印度式等。
2. 西洋式：如英國式，法國式，意國式，德國式等。

第二編　造園史

第一章　中國造園史

第一節　黃帝以降迄周秦漢時代

夷考史乘，我國造園之歷史極古，園圃之可考者，以豨韋之囿，黃帝之圃爲濫觴。淮南子曰：崑崙有增城九重，其高萬一千里百一十四步二尺六寸，縣圃涼風樊桐在崑崙之中，是其蔬圃之地，浸之黃水。足徵地位優越，面積廣袤，爲我國大規模造園之始。山海經曰：槐江之間，惟帝之元圃，按元圃卽爲縣圃，卽黃帝之圃也。穆天子傳曰：舂山之澤，水淸出泉，溫和無風，飛鳥百獸之所飮，先王之所謂縣圃。蓋亦天然之溫泉場焉。

帝堯之世，設虞人以掌山澤，苑圃，田獵之事，是爲我國設置掌理苑圃專官之始。舜時以伯益佐禹治水有功，命爲虞官以掌上下草木鳥獸之職，蓋仍虞人之遺型也。且有虞氏之宮，湯武之室，與豨韋之囿，黃帝之圃，前後媲美，足徵帝堯之世，洪水未平，無暇享樂。抵舜之時，始注意於宮室之建築，造園藝術，由自然美而漸及於建築美，蓋當以斯爲始焉。

迨姬周文王之世，爲囿方七十里，芻蕘者往焉，雉兔者往焉，與民同之，開近世公園之濫觴。詩云：經始靈臺，經之，營之，庶民攻之，不日成之，經始勿亟，庶民子來。王在靈囿，麀鹿攸伏，麀鹿濯濯，白鳥翯翯。王在靈沼，於牣魚躍。文王以民力爲臺爲沼，而民歡樂之，謂其臺曰靈臺，謂其沼曰靈沼。圃中台池禽獸，無不具備，古代造園藝術精華畢呈於斯矣。考其官制，則有載師，以掌任土之法，如園廛郊甸漆林之類，及場人以掌場圃而樹之果蓏。孟子曰「今有場師，舍其梧檟，養其樲棘，則爲賤場師焉。」觀之，則場師云者，蓋卽今日之造園師，及庭園管理人也。爾外若鄭之原圃，秦之具囿，吳之梧桐園（在蘇州吳宮內）會景園（在浙江嘉興）等靡不馳名一時。戰國之世，諸侯殆皆有囿，（毛詩註：囿所以養禽獸也，天子百里，諸侯四十里。）齊宣王之囿，方四十里，可概其餘。周制設囿人，中士四人，下士八人，府二人，胥八人，徒八十人，掌囿遊之獸，禁牧百獸。洎秦滅六國，統一宇內後，在長安西築上林苑，並盡兀蜀山之木以建阿房之宮，杜牧阿房宮賦云：「覆壓三百餘里，隔離天日，驪山北構而西折，直走咸陽，二川溶溶，流入宮墻。五步一樓，十步一閣。廊腰縵迴，簷牙高啄。各抱地勢，鈎心鬬角。盤盤焉，囷囷焉，蜂房水渦，矗不知其幾千萬落。長橋臥波，未雲何龍。複道行空，不霽何虹。高低冥迷，不知西東。歌台暖響，春光融融。舞殿冷袖，風雨淒淒。一日之內，一宮之間，而氣候不齊」。規模宏麗，亘古罕見，可謂集我國昔日造園藝術之大成。不旋踵燬於楚人，不留遺蹟，後人憑吊靡由，誠我造園藝術史上之大損失焉。復爲馳道於天下，東窮燕齊，南極吳楚，江湖之上，瀕海畢至，道廣五十步，三丈而樹，厚築其外，隱以金椎，樹以青松。開我國列樹表道之先例，抑亦近世行道樹之嚆矢也。

漢高定鼎後，天下敉平。七年命蕭相國營未央宮，文帝築思賢園以享園林之樂。武帝將秦上林苑更增廣之，園袤三百里，離宮七十餘所，名花異卉珍禽奇獸無不具備。甘泉園周可五百四十里，宮殿台閣百餘所，鑿昆明，昆靈，手首，西波，蒯池諸池，以浮龍頭鷁首之舟，其悠游蓋可知矣。漢官典職曰：宮內苑聚土爲山十里九坂，種奇樹，育麋鹿麑麂，鳥獸百種，激上河水，銅龍吐水，銅仙人銜杯受水下注，天子下輦，游獵園中。是又開世界公園中噴水之先河矣。宣帝時築樂遊園，基地最高四望寬敞，茂陵富人袁廣漢藏鏹巨萬家僮八九百人，於北邙山下築園，東西四里，南北五里，激流水注其內，構石爲山高十餘丈，連延數里，養白鸚鵡，紫鴛鴦，牝牛，青兕，奇獸，怪禽委積其間，積沙爲洲嶼，激水爲波瀾，其中致江鷗海鶴孕雛產鷇，延蔓林地，奇樹異草，靡不具植，屋皆連屬，重閣脩廊，行之移晷，不能遍也。建築壯麗，開私人園林未有之前例，廣漢後罪誅，沒入爲官園，鳥獸草木移植上林苑中。爾外名園之可稽者，曰樊川園（一曰御宿），博望苑，黃山苑，果園，田園，鴻德苑，畢圭苑，靈昆苑，水衡禁苑，宜春下苑，西苑，顯陽苑，兔苑，不遑枚舉。漢亡，海內分裂，三國互爭，園林之可考者較鮮，魏文帝築銅爵園，明帝（名叡文帝之子）起景陽山於芳林園中。當時以京城內患園無水，傳元先生乃作翻車令童轉之灌水，蓋頗注意於園中添景也。讀曹丕銅爵園詩，足徵當日粉飾太平，愛好園林，頗悠然自得焉。

東吳建業盛極一時，左太冲吳都賦中曾詳記之。其略曰：「朱闕雙立，馳道如砥，樹以青槐，亙以綠水，玄蔭眈眈，清流亹亹。」當日市政脩明，遠勝今茲。園林之可考者，爲芳林苑，西苑，及落星苑，桂林苑。

第二節　晉及南北朝時代

司馬炎併吞蜀吳，掩有天下，復纂位自有，國號曰晉，設瓊圃園，靈芝園，石祠園，平樂苑，鹿子苑，桑梓苑，鳴鵠園，葡萄園，並改魏代遺園，香林爲華林園，以爲宴樂遊幸之所。簡文帝入華林園顧謂左右曰：會心處不在遠翳然林水，自有濠濮閒想覺鳥獸禽魚自來親人。斯時以中原多事，胡人亂華，元帝南渡後，仍本舊名置華林園於金陵台城北隅；華林云云蓋非洛陽舊物矣。台城外，並種橘樹，其宮牆內則種石榴，其殿廷及三台，三省悉列植柳樹，其宮南夾路出朱雀門悉種垂柳與槐也。齊謝朓入朝曲曰：「江南佳麗地金陵帝王州，逶迤帶綠水，迢遞起朱樓，飛甍夾馳道，垂楊蔭御溝。」此之謂也。都市修飾，蓋已燦然。

齊文惠太子所築玄圃在台城東七里，鍾山之麓，樓閣奇麗，妙極山水，造遊觀數百間，施諸機巧，宜須障蔽，須臾成立，若應毀撤應手遷徙。東昏侯（即蕭寶卷）以閱武堂爲芳樂苑，窮奇極麗，當暑種樹，朝種夕死，死而復種，卒無一生，於是徵求人家，望樹便取，毀撤牆屋，以移置大樹，合抱亦皆移掘，插葉繫花取玩，俄頃劖取細草，來植階庭，烈日之中至便焦燥紛紜往還無復已極。山石皆塗以采色，跨池水立紫閣諸樓。梁傳曰：「齊世青溪宮改爲芳林苑，天監（梁武帝年號）初賜南平王偉爲第。偉又加穿築，植嘉樹珍果，窮極雕麗，每與賓客遊其中，命從事中郎蕭子範爲之記。梁世藩邸之盛，無以過焉。」昭明太子亦性愛山水，常與朝士遊幸玄圃。厥後，湘東王（卽梁元帝）於子城中，造湘東苑，穿池構山，長數百丈，植蓮蒲，岸緣雜以奇木，其上有通陂閣，跨水爲之，建築點綴，盛稱一時。侯景之亂，建康殘毀，庾信哀江南賦云：「西望博望（亦苑名），北臨玄圃，月榭風合，池平樹古，」洵可歎也。爾外在宋有樂游苑，青林苑，上林苑，南苑。在齊有婁湖苑，新林苑，博望苑，靈邱苑，芳樂苑。在梁有蘭亭苑，江潭苑，建興苑，華林苑，上林苑，玄圃延香苑。幾經滄桑，遺蹟依稀，憑吊莫及，可慨也夫。

南朝名士，競尙風流，故斯時造園，幾爲極盛時代。觀乎江淹之梁王兔園賦，裴子野之遊華林苑賦，庾信之小園賦諸作，靡不布置有序，幽然可愛，園中各部計劃周詳，可以想見。

北朝匈奴，羯，鮮卑，氏，羌相繼稱帝，分據中原，世稱五胡之亂，在此百三十年中造園史蹟之可考者，後趙於石勒卽位後八年正月立桑梓苑於襄國。建武（卽石虎）十三年，納沙門吳進上言，使尙書張羣發近郡男女十六萬，車十萬乘，運土築華林苑及長牆於鄴，北廣長數十里。魏於天興　道武帝拓跋珪）二年春二月以所獲高車衆起鹿苑，因台北距長城，東包白登屬之西山，廣逾數十里。鑿渠引武川水注之苑中，疏爲三溝，分流宮城內外。泰常（明元帝拓跋嗣）六年發京師六千人築苑，起自舊苑，東包白登，周圍四十餘里。後燕慕容熙大築龍騰苑，廣袤十餘里，役徒二萬人，起景雲山於苑內，基廣五十步，峯高七十丈。又起逍遙宮，甘露殿，連房數百，觀閣相交，鑿天河渠，引水入宮，又爲其昭儀符氏，鑿曲光海，淸涼池。而北齊後主武平（卽高緯）四年，亦曾大興土木之功，於仙都苑穿池，築山樓殿間起，窮華極麗，當日北朝諸族，雖干戈擾攘，紛爭靡已，然苑囿規模不減承平，且復廣徵工役以事土木，民間疾苦，蓋亦甚矣。

庭園與佛教有密切關係，故古刹中，常有名園殘蹟，此造園學者，研究古園，故每於此中求之也。杜牧江南春詩曰：南朝四百八十寺，蓋極言當日寺觀之多也。諸寺建築偉大，以同泰寺爲最，同泰寺爲梁武帝所建，寺有浮屠九層，大殿六所，小殿及堂十餘所，東西般若台各三層，大師閣七層，璇璣殿外，積石爲山，蓋天儀激水，隨滴而轉，所鑄金像銀像皆極壯麗。至於環境之清淨，則以棲霞寺爲最。鏡潭月樹之奇，雲閣山房之妙，崖谷混入世之心，煙霞賞高蹈之域，其有懷眞慕義者，羣萃於此。同泰寺卽今南京雞鳴寺也。棲霞寺在棲霞山陽，接毗首都，風景清幽，仍爲勝迹。

第三節　隋唐時代

隋煬帝性極奢淫，大興土木，民窮財困，國祚不永，蓋爲主因，然於造園有足述者。天苑十六里，在昂畢南，東都苑隋曰：會通苑，又改爲芳華神都苑，周迴一百二十八里。煬帝大業元年，築西苑周一百里，其內爲周十餘里爲方丈蓬萊瀛洲諸山，高出水百餘丈。台觀宮殿，羅絡上下，向背如神。海北有龍鱗渠，縈紆注海，堂殿樓觀，窮極華麗。宮樹春秋凋落，則剪綵爲花葉，綴於枝條，色渝則易以新者。沼內亦剪綵爲藻芰菱芡，乘輿遊幸則去冰而布之。好以月夜從宮女數千遊西苑，作清夜遊曲，於馬上奏之。歸仁園，園以坊名，廣輪皆里餘，北有牡丹芍藥千株，中有竹百畝，河南城，方五十里中多大園池，而以此爲最。

唐代承隋亂之後，勵精圖治，國運昌隆，所建苑囿，有足述者，其禁苑，翠微宮，驪山也。在大內宮城之北，北臨渭水，東距滻川。西盡故都城，禽獸蔬果，莫不毓也。長安志曰：唐禁苑在宮城之北，東西二十七里，南北二十里，東接西湖水，西接長安故城，南連京城，北枕渭水，蓋一大規模之御花園也。神都苑周迴一百二十六里，東面七十里，南面三十九里，西面五十里，北面二十四里，面積尤爲廣袤。禁殿苑在宮城之北，苑中有四面監，分掌宮中種植及脩葺之事，並置苑總監都統，以負全職，蓋專掌苑囿之官吏也。爾外東都苑，及御苑，鹿苑，上苑各有相當規模，不遑備述。武曌僭竊帝號後，亦曾大興土木，廣建宮苑，萬安山之興泰宮其尤著者也。武三思起球場於苑中，爲近代園中設置運動場之始，惜分朋爲賭，志不在彼，不足爲後世法耳。

驪山之華清宮爲玄宗與貴妃遊憩之地，結構精美，莫可與京，爲後世開發溫泉之濫觴。

玄宗時有王維者，爲尚書右丞，肅宗時辭官，隱於藍田縣之輞川氏爲詩人，兼工丹青，曾在輞川，相地設台閣，作花園，配置孟城坳，華子崗，文杏館，斤竹嶺，鹿柴，木蘭柴，茱萸沜，宮槐陌，臨湖亭，南垞，欹湖，柳浪，欒家瀨，金屑泉，白石灘，北垞，竹里館，辛夷塢，漆園，椒園等景於其間。架圓月橋於橫川上，放鶴於南垞，飼鹿於山溪，浮舫於湖沼，彼之別墅，實全依所繪畫圖，一一製成，不啻一設計圖也。東坡稱：「摩詰詩中有畫，畫中有詩，」誠不愧有唐一代之有數造園學家也。白樂天亦爲詩人，而兼擅造園者也。其致友人書暢論廬山風景，其山中結構之精，誠後世別業佈景及森林公園之典型也。

函云：「僕去年秋，始遊廬山，到東西二林間香爐峰下，見雲水泉石，勝絕第一，愛不能捨，因置草堂。前有喬松千數株，脩竹千餘竿，青蘿爲牆垣，白石爲橋道，流水周於舍下，飛泉落於簷間，紅榴白蓮，羅生池砌，每一獨往，動彌旬日，平生所好，盡在其中，不惟忘歸，可以終老。」又云：『匡廬奇秀，甲天下山，山北峰曰香爐峰，峰北寺曰遺愛寺，界峰寺間，其境勝絕，又甲廬山。元和（憲宗年號）十一年秋，太原人白樂天見而愛之，若遠行客，過故鄉，戀戀不能去。因面峰腋寺作爲草堂。明年春，草堂成，三間兩柱，二室四牖，廣袤豐殺，一稱心力。洞北戶，來陰風，防徂暑也。敞南甍，納陽日，虞祁寒也。木斲而已，不加丹。牆圬而已，不加白。墄堦用石，冪窗用紙，竹簾紵幃，率稱是也。堂中設木榻四，素屏二，漆琴一張，儒，道，佛書各三兩卷。樂天既來爲主，仰觀山，俯聽泉，傍睨竹樹雲石，自辰及酉，應接不暇。俄而物誘氣隨，外適內和，一宿體寧，再宿心恬，三宿後頹然嗒然，不知其而然，自問其故，答曰：白居也。前有平地，廣輪十丈，中平台，半平地，台南有方池，倍平台。環池多山竹野卉，池中生白蓮白魚。又南，抵石澗矣。澗有古松老杉，大僅十圍，高不知幾百尺，脩柯戛雲，低枝拂潭，如幢豎，如蓋張，如龍蛇走。松下多灌叢蘿蔦，葉蔓駢織，承翳日月，光不到地，盛夏風氣如八九月時。下鋪白石，爲出入道。堂北五步，據層崖，積石嵌空，垤塊雜木，異草，蓋覆其上，綠蔭蒙蒙，朱實離離，不識其名，四時一色。又有飛泉，採茗就以烹燀，好事者見，可以永日。堂東有瀑布，水懸三尺，瀉堦隅，落石渠，昏曉如練色，夜中如環佩琴筑聲。堂西倚北崖右趾，以剖竹架空，引崖山泉，脈分線懸，自簷至砌，纍纍如貫珠，霏微如雨露，滴瀝飄灑，隨風遠去，其四傍耳目杖履可及者，春有錦繡谷「花」，夏有石門澗「雲」，秋有虎谿「月」，冬有爐峰「雪」，陰晴顯晦，昏旦含吐，千變萬狀，不可殫記，故云甲廬山也。」

李德裕之贊皇平泉莊周迴十里，建堂榭百餘所，天下奇花異草，珍松怪石，靡不畢致。並自著平泉山居草木疏記之。當日園苑之盛，可想見也。裴晉公（裴度）園，設計之精，迄今傳頌，園圃之勝，不能兼者六，務宏大者，少幽邃，人力勝者，少蒼古，多水泉者，艱眺望，惟此園兼之。園中有湖，湖中有堂，曰：百花洲，曰四井堂。其四達而當東西之谿者，桂堂也。截然出於湖之右者迎暉亭也。過橫池，披林莽，循曲徑而後得者，梅台知止庵也。自竹徑望之超然，登之翛然者，環翠亭也。渺渺重邃擅花卉之盛，而前據池亭之勝者，翠樾軒也。若夫百花酣，而白晝眩，青蘋動，而林蔭合，水靜而跳魚鳴，木落而羣峰出，雖四時不同，而景物皆好，園圃之勝。斯園誠兼之而無愧矣。唐制設立虞部，以司苑囿山澤之事，兼置司苑，以掌苑事，則造園官制，至是而漸帶分業化矣。

貞觀開元之間，公卿貴戚，列第於東都者，號千有餘邸，及其亂離，繼以五季之酷，其池塘竹樹，兵車蹂躪，廢而爲邱墟，高亭大樹，煙火焚燎，與唐共滅俱亡，而無餘處矣。故史者嘗謂：『園囿之興廢，爲洛陽盛衰之候。』足徵洛陽盛時之園囿，蓋擅唐時造園之大觀也。

第四節　宋元時代

五季滅亡，宋受天下。太祖乾德中，置瓊林苑於順天門大街，太宗太平興國中，復鑿金明池於苑北，導金水河注之，以教神衛虎翼水軍，習舟楫，因習水嬉。宜春苑本秦悼王園。玉津園則仍五代之舊也。當時並稱四園。芳林園在府城堌子門內，太宗居晉邸時，太祖賜其地為園，及即位，因號潛龍園。淳化三年，帝復廣其地，號奉眞園。仁宗天聖七年，改名芳林禁苑。徽宗政和後，多為村居野店，又聚珍禽野獸，麀鹿駕鵝禽鳥數百實其中。至宣和間，每秋風夜靜，禽獸之音四徹，宛若深山大澤陂野之間。政和初，復大興土木，築山號壽山艮嶽於禁城之東陬，詔宦者梁師成董其役。時有朱勔者，取浙中珍異花木竹石以進，號曰：花石綱，專置應奉局於平江，所費動以億萬計，凡六載而始落成，奇花異木珍禽異獸，莫不畢集，飛樓傑觀，雄緯瓌麗，極於斯矣。古代假山結構之精，以此為最。

洛陽名園，多因隋唐之舊，獨富鄭公（富弼）園無所因襲，景物最勝。遊此園者，自其第東出探春亭，四景堂則一堂勝概，可顧覽而得。鄭公還政歸第，謝絕賓客，燕息此園幾二十年，亭台花木，皆出其目營心匠，故透迤衡宜，闓爽深密，皆曲有奧思。文潞公（文彥博）東園，地薄東城，水渺瀰甚廣，汎舟遊者，如在江湖間也。淵映瀍水二堂，宛在水中，湘廬葯圃二堂，間列水石。潞公九十官太師，尚杖屨遊之。唐代古園之得以存留者，則有大字寺園（白樂天園）及湖園（裴晉公園），故均有聲於時。爾外若董氏之東西兩園，環溪，松島，劉氏園，叢春園，歸仁園，苗帥園，趙韓王園，李氏仁豐園，紫金台張氏園，水北胡氏園，呂文穆園及司馬溫公之獨樂園，靡不一時稱盛。

高宗南渡，初至金陵，置御園，八仙園，養種園。紹興十七年，又建玉津園於杭州南龍山之北。復以靈隱寺冷泉亭爲臨安勝景，去城旣遠，難於頻幸，乃於宮中鑿大池，續竹筒數里，引西湖水注之。其上叠石爲山，象飛來峰，宛然天成。爾外復有聚景，集芳及西竺御園諸園。

自遷都臨安後，宗室羣臣，靡不競爲園林之建置，蓋已咸求苟安，絕無進取志矣。南宋園林之可考者，卽就京畿已達三十餘所，他處猶不勝計。若眞珠園，南園，甘園，梅坡園，盧園，楊園，裴園，喬園，環碧園，劉氏園，秀邸新園，隱秀園，擇勝園，錢氏園，秀野園，雲洞園，總宜園，水月園等，皆臨安園林之著焉者也。

宋室偏安，中原陸沉，遼於南京（卽今河南歸德）置栗園。金之瓊林苑有橫翠殿寧德宮。西園有瑤光台及瓊華島，瑤光樓。鹿園在大通橋東，方廣十餘里，地平如掌，古松偃仰，高冢相錯。爾外復有小東，同樂，廣樂，熙春及東園後園諸園，不遑備記。

元代入據中原，享國日淺，御苑在隆福宮西，御苑西有翠殿花亭，球閣金殿。苑外重繞長廡，廡後出內牆，東連海以接厚載門。門上建高閣，東百步有觀台，台旁有雪柳萬株。南苑方一百六十里，苑有按鷹台，台旁有三海子。內苑，順帝制龍舟處焉。

松園在大都健德門外，建於延祐（仁宗年號）四年，以賜太保曲出，並備天子駐蹕之用。南瞻宮闕，雲氣鬱葱，北眺居庸，峰巒崒嵂，前包平原，卻依絕巘，山迴水際，誠畿中勝境也。他如東皐，及萬春園杏花園等結構亦極精美。

倪瓚字元鎭，號雲林，江蘇無錫人，善畫山水，常獨坐扁舟，混迹五湖三湘間。造園之造詣極高，世稱蘇州獅子林爲倪手蹟，假山之妙，舉世稱奇，實爲後世造園界之典型，彌可貴焉。逦自貝氏收買後，擅自增減，靡不惜之。

第五節 明清時代

明太祖定鼎金陵，規模宏大，宮闕壯麗，遠勝洛陽。自成祖北徙，寧爲陪都，士大夫都麗閒雅，潤色承平，故園林頗盛。或名公巨德，致仕家居，點綴林泉，從容遊讌，或文人墨客，觴咏間作，城西南杏花邨一帶，園之淵藪也。東園一名太傅園，壯麗爲諸園冠；入門雜植榆柳，餘皆麥隴，轉向右，爲心遠堂，爲月台，爲小蓬山，有峰巒洞壑亭榭之屬。兩柏異幹合抱，竹樹峭蒨。從左方竇而進，有一鑑堂，枕大池，丹橋迤邐，凡五六折，橋盡有亭，頗爲整潔。一水之外，皆平疇老樹。樹盡而萬雉層出，廣袤幾半里。西園一名鳳台園，去聚寶門（卽今中華門）二里，折徑以入，爲鳳游堂，前爲月台，有奇峰古樹。沼廣袤十餘丈，淸瑩可鑒。南岸有台可以遠望，高樹羅植，堪避烈日。北岸皆修竹，蜿蜒起伏，奇卉名果，錯雜繁茂。魏公南園在賜第之對街，堂五楹，頗壯麗。前有坐月台，有峰石雜卉之屬。右復爲堂三楹，四周皆廊，前滙一池，三方皆疊石。從左逶迤而下，則甲館脩亭與奇樹怪石，繡錯至爲幽邃。他如魏公西圃，錦衣東園，萬竹園，徐錦衣家園，金盤李園，徐九宅園，莫愁湖園，同春園，武定侯園，市隱園，武氏園，杞園，遯園等結構皆極精美，不遑備舉。

天脩（英宗年號）四年九月，新作西苑，苑中舊有太液池，池上有蓬萊山，山巔有廣寒殿，築於金人。西南小山之殿，規制尤巧，營自元代。就太液池東西作行殿三，池東向者，曰凝和。池東向蓬萊山者曰：迎翠。池西南向，以草繕之，而飾以堊者曰：太素。其名各如殿名。有亭六，軒一。東苑夾道皆嘉樹。殿後瑤台玉砌；奇石森聳，環植花卉。引泉爲方池，池上玉龍盤丈，噴水下注。殿後亦有石龍吐水相應。南苑方一百六十里，有按鷹台，台旁有三海子皆元之舊也。明代復闢四門，並繚以垣，永樂（成祖年號）定都以來歲時蒐獵於此。並新置上林苑，坡樂苑，隴苑，斑竹苑，藏春苑，盧洞苑，東間苑，淡苑於各地。

淸華園在都門西北十里之海淀，武淸侯李偉之別業也。內有別院，迤邐各極其致。爲樓百尺，對山瞰湖。堤長二十里。亭曰：花聚，芙蕖繞亭。池東百步，置斷石，石紋五色，狹者尺許，脩者百丈。西折爲閣，爲飛橋，爲山洞，西北爲水閣。疊石以激水，其形如簾，其聲如瀑。禽魚花木之盛，南中無以過也。他如勺園，梁園，槐園，亦皆頗負時譽。

崇禎元年計成氏所著園冶一書，共分三卷十章，記載詳備，頗適實用，爲世界造園學典籍中之最古者也。各國學者莫不珍之。朱舜水爲明季國學大師，以國亡，東走扶桑，除講學之外，復爲彼邦設計園林，東京小石川之後樂園即其手蹟也。是園參照西湖及廬山設計，布置精美，風景幽麗，在日本舊有庭園中，當推巨擘。比園砲兵工廠中，著者曾一度前往參觀，瞻仰之餘，愛不忍去，東鄰庭園，與我得相陶融而馴化者朱先生之力，不可沒焉。

明社既屋，滿淸入主，國都仍舊，文化中心漸形北徙。然以地勢平坦，鮮山水自然之美，是以北方固有園林，幾以鑿方池，架高橋爲定式，結構簡單，無可觀者。其足爲園林傑作，而臻藝術上乘者，蓋皆取材南中，自然景式者也。御花園爲明代後苑，位於寧坤門外。並將西苑更增葺之，爲唯一遊幸之所。苑中太液池，分爲北海，中海，南海三部。南海水色澄清，中多畫舫，道傍多假山，山上有五神自在觀。過印花門，爲雲繪樓。此外如清音閣，蕉雨軒，日知閣，春及軒，交蘆館，魚樂亭，流杯亭，八字柳，瀛台，均爲南海中勝景。出瀛台將往中海，先見清香亭，翊衞處，及豐澤園。中海有大圓鏡，純一齋，懷仁堂，移昌殿，延慶樓，紫光閣，集園，金鰲玉蝀橋，皆稱奇觀。北海中有白塔山，濠濮間，春雨林塘，畫舫齋，古柯，小玲瓏，先蠶壇，鏡清齋，畫峰室，枕巒亭，五龍亭，靜心齋。北京園林之在城內者，設計之精，以斯爲最。

聖祖聽政餘暇，遊憩於丹陵沜之涘，飲泉水而甘，爰就西直門外海淀之明戚李氏廢墅，節縮其址，築暢春園。熙春盛夏，時臨幸焉。圓明園，位於暢春園北里許，世宗藩邸賜園也。雍正三年，重加脩葺，設置朝署，避暑聽政於斯，歷朝遂以爲常。高宗嗣位，海宇殷闐，八方無事，每歲綿構，專飾園居。大駕南巡，流覽湖山風景之勝，圖畫以歸，若海寧安瀾園，江寧瞻園，錢塘小有天園，吳縣獅子林，皆仿其制，增置園中。列景四十，以四字額匾者，爲一勝區。一景之內，齋館無數，復東拓長春，西闢清漪，離宮別館，月榭風亭，屬之西山，所費不計億萬，元明以來，莫可與京。法教士王致誠，稱爲萬園之園，洵不誣也。

咸豐十年八月，英法以換約事起釁，陷天津，聯軍入北京，文宗避難熱河，九月五日（按即一八六〇年十月十八日）英將下令焚圓明園，火光燭天，歷一晝夜而琳宮玉宇，盡爲瓦礫矣。附近之長春，清漪諸園，亦同付一炬；誠世界造園藝術之大損失也。熱河避暑山莊（亦稱熱河離宮）肇建於康熙四十二年，分爲三十六景，高宗南巡，駕返後復大事擴充，故其佈景一部酷肖江南風光。其蓮池橋上三亭，與揚州五亭橋極相類似。其塔則襲杭州西湖六和塔名，然結構精美則遠過之。內建寺院甚多，四週皆圍石垣，其在萬樹園者共三十所，皆脫胎西藏諸寺形式者也。增置三十六景，共七十二景皆爲傑作。頤和園在西直門外約十八里。園踞萬壽山下，枕山臨湖，風光秀麗。光緒初，慈禧太后暨德宗夏日駐蹕於斯。昆明湖卽在萬壽山下，乾隆十六年導西山玉泉之水注之，廣爲疏濬，周三十里，卽舊稱西湖者是也。園中殿宇林立，琉璃耀目，我國近世造園之美無以過也。

乾隆之世，南京隨園之名，播於海內。袁枚以曠世奇才，所精心結撰者也。園在南京北門橋西二里之小倉山麓，占地百二十畝，四圍繞山，中開異境，樓台皆依山築之，如梯田狀。隨其高爲置江樓，隨其下爲置溪亭，隨其夾澗，以爲橋，隨其湍流爲之舟。春三月之牡丹，秋八月之桂花開時，遊人最夥，蓋乃當日南中園林中之佼佼者也。

西湖自古爲天然勝景，清聖祖，高宗先後幸臨，興復古蹟不少，更覺粲然改觀。不幸中經洪楊之役，又多化爲雲烟，圮爲瓦礫。近數十年來遜清中興名將有功於浙者，均建祠湖上。於是高人名士，巨商顯宦，遂競築園莊，別墅於其間，而地方官紳並籌專款，於湖濱設西湖工程局，置船雇舶，日事濬治，諸凡名勝，隨時修理，故今日西湖景色，得以維持不敝。湖光秀麗，風景清幽，誠仍不愧東亞造園界之大觀焉。若三潭印月，玉泉觀魚，西冷印社，花港觀魚等十景，則又西湖風景中之絕佳處焉。

蘇州有獅子林，留園，怡園，拙政園，滄浪亭，及西園，遂園，諸勝。揚州由天寧門外行宮，至平山堂不下十餘里，從前兩岸皆鹽商所築園亭，若九峰園，影園，閣園，馮園，員園，馬氏玲瓏山館，程氏篠園，鄭氏休園，大洪園，小洪園，李嘯邨賀園，江園，韓醉白韓園，西園，黃曉峰易園，東園，黃氏趣園，畢園，閔園，勺園，杏園，迴廊曲檻，連綿不斷，一時稱盛。洪楊亂後，全爲灰燼，十里平蕪，漁歌牧笛，令人感慨靡窮也。今存綠楊邨，瘦西湖，五亭橋，平山堂諸勝，蓋不及當日十一矣。

第六節　近代

辛亥革命，漢室重光，帝政告終，民國肇建，造園事業由封建思想之個人造園而漸及於民本主義之公共造園。是以公園數量，應運日增。北京之中央公園（由舊社稷社改建）城南公園（由先農壇改建）海王村公園（由琉璃廠改建）皆由舊日建築，改置者也。北平宮闕與頤和園等各種建築，均爲世界大觀，經政府相繼開放，以與民共樂，蓋皆一反昔日禁地森嚴之舊制矣。爾外各埠之設置公園者，杭州有西湖公園。濟南有商埠公園。南京有第一公園。青島有第一，第二，第三，第四，第五公園。安慶有菱湖公園。廣州有第

第二圖　北平北海之一部

一公園。卽鎭江，開封，蘇州，福州，成都，貴陽，揚州，常州，天津，保定，營口，通州，瀋陽等埠，亦莫不相繼設置，蓋亦十餘年來，市政前途之好現象也。

在華西人避暑之區域有四：一爲秦皇島之北戴河，一爲豫南信陽之雞公山，一爲江西廬山牯嶺，一爲浙江武康之莫干山，蓋皆森林之休養地也。

北伐完成後，漢口，上海，南京，杭州，北平，天津諸埠，相繼改市，新市既以美化爲要素，則公園之設置，當必激增而無已也。南京自奠都而還，除原有秀山（現改第一公園）鼓樓二公園外，已添置秦淮五洲等園。北平已將三海開放，改爲公園。杭州新設兒童遊戲場。廣州新闢動植物公園，白雲山公園，河南公園，西關公園，東湖公園，是又青天白日旗下，造園前途之好現象焉。

第二章　西洋造園史

第一節　上古時代

其一　埃及(Egypt)

西洋庭園，最古之記錄，當以埃及爲最，距今六千年前，文化已極一時之盛，藝術遺跡，至足驚人，徵之壁畫，彫刻，於西曆紀元三千年前之象徵的庭園已得依稀可考。埃及環境單純，形勢雄厚平坦地上有河流，有道路，一般庭園概呈矩形，繞以高垣，由尼羅河(Nile)引水築池，以備泛舟遊樂，及水禽棲息，與睡蓮蘆葦等栽植之需。道旁栽植篠懸木棗相思樹無花果椰子等列樹，整然有序，至爲可觀，兼以石材豐富，類於入口配列方尖塔（Obelisk），怪獸像(Sphines)，金字塔(Pyramid)等以爲裝飾，且於後庭設置葡萄園等，以增美觀。要之埃及爲幾何式造園，單純雄偉富於直線美者也，建築以石材爲主，有名且爲最古之忒爾愛莫納(Tellel Amorna)庭，即爲矩形之庭，中有方形之池，並以直線式路，與水相通。爾後埃及造園，於第十八王朝，亦極隆盛。在奧古斯德 (August) 時，所築之亞歷山大里亞(Alexandria)園，幾占全市四分之一，規模之宏，可想見矣。

其二　巴比倫(Babylon)及波斯(Persia)

東方君主諸邦，帝王政治發揮無遺，於風光明媚之地，類供宮苑御地之需，大興土木，美奐無倫，考之史乘，不可勝計。巴比倫以底格里斯 (Tigris) 河，有舟楫灌溉之便，故其文明，視他國獨早。塞密剌密斯(Semiramis)女王經營之空中庭園（又稱懸園）(Hanging garden) 爲世界著名不可思議七者之一，園建於西曆紀元前千三百年，乃於數層重複之平面上，爲一種尖塔狀層積者也。頂上有殿宇，有樹叢，有花園；遠眺之，似將庭園設置於空中者然。巴比倫之土地，爲沖積土，富於溼氣，故一般住宅類於高處築之，而該國立體的造園法，遂亦肇端於斯。當是時也，爲之主者，亦皆酷好園藝，對於珍草奇卉，不屑自海外重價購入，以栽植之。斜面之雜然栽植，蓋亦起因於斯。爾外若棗，石榴，薔薇，葡萄等類，用者亦夥。

波斯土地高燥，寒暑俱烈，彼處著稱之園有三，一即國王之狩獵園，爾外二者，均如空中庭然，利用天然地形，築於崖地之上，然後引山水爲飛瀑，栽奇葩以點綴，因地制宜，景色至都麗也。

第二節　中古時代

其一　希臘(Greek)

希臘突出於地中海之東部，海岸逶迤，崗陵起伏，風光極麗，且以氣候温暖，極適於植物之滋繁，益以各殖民地之珍奇花木，岩石之貢奉，故造園技術，遂益臻長足之進步。當時以採用小郡市制，對於公衆競技，益爲踴躍，故戶外運動，日漸發達，即以自然爲背景之跳舞音樂，亦至昌盛。且以國民對於哲理數學，酷好研究，故人工的庭園中，多保嚴正均齊之觀。復常以愛好樹蔭，清涼，芳香及安靜之念，於寺院學校之中，必有森林，列樹，園池之設。且爲裝飾計，復築堂宇，彫刻塑像，以增景色。列樹概以篠懸木與橄欖木爲之。個人庭園，類爲正方形，正多角形，及圓形等之呈正規式者。其中設置叢林，魚池，花壇，果樹，以資點綴。

當時庭園中之供奉者，爲阿富羅底(Aphrodite)帶奧奈薩斯(Dionysus)易諾豐(Yenophon)及其他和平仁愛諸神名詩人荷馬（Homer）氏，則祀水及林神，以詠讚其聖神之美。

庭園之以阿爾辛諾斯（Alcinous）來栖安（Lyceum）名者，乃當日之翹楚也。園於山地建之，供祀奧林畢克神（Olinpic）之殿堂，亦設於斯，周以蒼鬱茂林繞之，且間以優勝者之彫像爲飾，競技館周，亦以林木繞焉。

其二　羅馬（Roma）

羅馬，突出於地中海中部，呈長靴狀之半島也。以阿爾卑斯（Alps）山脈繞其北，及愛太納（Ateney）山脈峙其中，故溶岩，火山岩，火山灰等爲量特多，蓋皆火山性地也。石灰岩，大理石等，石材之產額，亦富。氣候溫暖，故槲，松，黃楊，月桂樹，柑橘等類之滋育亦繁。其石材及植物材料之自他處輸入，以供庭園之建築者，爲數亦夥。

羅馬政治，共經王政，共和，及帝政之三個時代。當帝政時代，併吞弱小，國運昌隆，頗極一時之盛。造園上亦集合各地之趣味，材料，建築，以競供庭園中裝飾之需，可謂集當日之大成。當日邸宅類，以室園之，而設庭園於其中，利用雨水水道，以爲噴水，流泉，其側復以盆栽植物，及大理石製之彫像飾之，故一般概呈幾何式嚴正之狀。迨國勢日降，國富日增，其宏麗遊園別莊之築，遂亦日向郊外營造，故其庭園之發達益著。後世勒內遜斯（Renaissance）之基，蓋卽肇端於斯。如此形式，卽所謂：郊外別莊（Villa-urbane）是也。當是時也，達官顯宦，豪富學者，及思想家等，於山麓及海岸勝地，競爲別墅庭園之築，及美果珍卉之植，爭爲風尙，頗極一時之盛。而園內復爲殿宇，及其他建築之經營，與繪畫，彫刻，及其他美術之裝飾，以施其造園上各種人工之妙技。於樹木類，更施以修剪（Trapiary-work）之術，而成圓錐圓筒及各種禽獸之形，整然一式，至足觀焉。此等庭園設計，類脫胎於諸哲學思想家及詩人之手，若來喀古士(Lycurgus)及西塞祿(Cicero)諸園皆其尤著者也。茲舉庭園之較著者如次：

（一）哈德良(Hadrin)王別莊，之在提服利(Tivoli)者，占地約一千零四十餘畝，當日庭園中之翹楚也。大學，（王爲普及哲學知識而設。）寺院，劇場，高塔，溫泉，繪書館，及彫刻堂等各種大建築，卽於宮殿周圍設之，將各地供奉之珍草佳木，分植諸建築間，且復以整齊之道路，列樹，分布園中，故益呈森嚴之感。如此榮華，今雖杳不可得，然憑弔遺跡，觀其彫刻，及各種殘痕，當日景象，仍可想像得之也。

（二）潑利尼(Junger Plinius)王，於羅馬西南五十里之奧期替亞(Ostia)灣頭，建置冬園，大門濱海，海風送香，芬芳宜人。

（三）距羅馬百五十哩之托斯康(Tascan)避暑地中之臺坡上，設置冬暖夏溫不可思議之館，周以奇麗之黃楊綠籬繞之。園中以篠懸木，紅豆杉，桑，無花果，月桂等，依列樹式植之。中心處，則以薔薇綴焉。地面各種花草，用製毛氈花壇，且爲益臻強調計，復以大理石之純白裝飾物若鉢，棹，像，及池緣等，分別散置其間。

（四）來喀古士(Lycurgus)庭園，在海岸之米遂奴(Micenum)丘上。丘陵岩石，空穹玲瓏，氣象萬千，形勢雄厚，罕與比倫。

當是時也，並有溫室之建，以備各處花卉之植，就中尤以薔薇爲重心。花木之由西里耶(Cilia)及卡塔哥

(Carthago)等各處輸入者，類斥鉅金以羅致之。當時玻璃之製造，尙未發達，故彫刻雲母，以備裝飾之需。

第三節 中世時代（黑暗時代）

羅馬帝國自君士坦丁(Constantin)大帝遷都立散丁(Ryzantine)後，遂成東西兩國，戰禍相尋，兵戈靡已，所謂歐洲之黑暗時代是也。藝術上遂受莫大之打擊。爲求個體之生命財產安寧計，一般住宅，咸趨於防禦工事之城塞化，於堅固之建築中僅栽極少之花卉藥草蔬菜，果樹，以資點綴。間有涼亭等之建置者，其周亦僅有盆栽之陳列而已。至若查理門氏(Karl Charleman)有志園藝，自置農園，努力於植物之栽培與分布，對於造園上極著貢獻，固爲例外者也。

在此混亂時代之較爲安全者，莫若僧侶，彼所居處雖爲郊外，然其安全，則轉在城市之上。僧院於城外，占廣大地積，院內類各建築庭園，栽植花卉。當時庭園，多仿羅馬風，矩形之短垣中，以二條大道直角交义，以十字形將全園分爲四分，其交义點，溜池及噴水之裝置設焉。道路兩側，列植篠懸木，並栽各種灌木，以爲強調材料。平地舖草（草地）以爲綠氈，花卉藥草，增植其間。就中若聖格列(St. Gallen)之庭，其較著者也。今所殘存者，仍以僧院之中庭爲夥，後世所稱，立散丁式(Ryzantine)是也。迨中世紀末，城塞建築，頗爲發達。哥替克(Gothic)式尖塔，曲線之高聳建築法，始於十三世紀，亙三百年間，繼續行之。造園法亦以之感受若干影響。迨羅馬滅亡後，分爲東西二系，東往則入土耳其而爲城塞式庭園。西往則發達於中部之法意二國，更西則入西班牙矣。

（一）西班牙自沙拉遜（Salesen）人統一宇內後，國運昌隆，學藝發達，而造園之術，進步隨之。格拉那達（Granada）附近之阿爾漢布拉（Alhanbra）宮，以赤塔聞於世，乃建於榆林蒼蒼中之山巔者也。中庭有二，皆爲整形，中引水以噴泉，周聚卉而爭妍，景色幽麗，不可備記。

（二）法國可稱爲城塞式庭園之發源地，十五世紀，巴黎之所造者，其周即繞以嚴整之綠籬，並殿以十字形之隧道及迷園等之設置。爾外各處庭園，亦均爲防禦而設置者也。革命後，社會秩序日益恢復，平民始有開豁住宅，及幽美庭園之製。

（三）意大利以薰沐於克拉雪克（Classic）古典的思想者至深，故哥替克式之影響，僅於北方稍稍受之。迨法國進步，始漸變化，園中方形之花卉果樹，及觀賞植物之栽植，爲數至夥。其周圍之以壁，而復繞以鳥蘿薔薇等蔓性植物，且復藉枸橘，薔薇，刺槐等植物之有刺者，以資防禦，園之一部，則鋪草引泉，以增景色，蓋亦仍流行城塞式者也。

第四節　文藝復興時代（Renaissance）

以戰禍相尋，棄古典式而取城塞之方式者，蓋於一時之黑暗時代行之。迨十五世紀，人心厭亂，宇內平和，而古典式遂復乘機復活，所謂勒內遜斯(Renaissance)之文藝復興，以意大利爲中心，而漸及於德法，且寖假蔓延於其他各國。惟不無稍有變化，各具特著之趣。

（一）意大利式(Italian style) 意大利關於羅馬文明之遺蹟較夥。東羅馬帝國滅亡後，文人及藝術家之往歸者極繁，就中大詩人若丹第(Dante)，佩脫拉克(Petrarca)，佛加泰奧(Vocatio)，藝術家如米開蘭基斯(Michelangels)，散地(Raffaells Santi)，文替(Leonardo da Vinti)相繼輩出，文化藝術，亦臻上乘。而庭園界之足資垂範後世者，其數亦繁，左列數者，其尤著者也。

（1）替善利之提愛斯太別莊園(Die Villa Deste bei Tibali)。

（2）阿多布藍地泥之法爾康尼利別莊園(Die Villa Faconieri bei Aldobrandini)。

（3）托爾洛尼之蒙掘各尼別莊園(Die Villa Mondragone bei Torlonia)。

（4）岡托發之帕坡園(Die Papa bei Gantorfo)。

（5）微塔部之蘭特別莊園(Die Villa Lande bei Vitabo)。

意大利國土地勢山陵起伏，氣候和暖，草木繁茂，低地平原，俱以溼潤過度，不適衛生，居住地點，概選高處，故所築庭園，以地勢關係，遂爲高臺式矣。且園中設置，不損視線，俾得巧取園外附近明媚之景，此即所謂「眺望園」是。樹木以纓絡柏，雪松，楮，及月桂樹等爲夥，善爲修剪，以植於居室周圍。主要建築，必有大門望樓涼廊，以爲中心。

其前設有相當面積之台坡，(Tecrace)以資眺望；台坡前側，地勢次第低降。其台階兩側，流水涓涓，引入地中，以爲噴泉。周圍大抵以綠籬，及列樹植之。道路類爲直線式，其以交义而形成之區分場所，中必以整形之花壇，及草地點綴之。中心廣場中，類裝置日規（日晷儀）及彫像等物，以資增景。

爾後意國造園，稍稍變化，疇昔方形區劃之花壇，泉池等，漸次改用矩形，並於隅角部分，施以各種模樣，曲線應用至斯益增，此種方式，卽所謂「巴洛克(Barock style)式」是也。其代表建築，例如法迪坎(Vatican)及波波里(Boboli)之庭是。噴水則有大砲之水發射，水風琴，水演劇等各種水細工。樹木類，亦仿各種動物以爲意匠。造園藝術，進步益著。惟對於水及植物，玩弄愈著，益背自然，故自眞正之藝術上觀之，實爲藝術墮落，毫無意義。對於造園眞具理解者，對之至爲反對。然當日奢侈者流，風靡一時，影響所至，波及鄰封，德、法、和蘭諸國，相率仿行。

（二）法蘭西式(French style)由意大利之勒內遜斯（Renaissance）式變化而成之巴洛克(Barock）式流入法境後，遂成一種特有之洛可可（Rococo）風。其用人工之處，以視前者，增加益著。庭園設置，類以平地爲夥，故門及牆垣，爲防備計，鐵製門格之應用極繁。

足稱法國式庭園之鼻祖者，爲勒諾特耳(Lenôtre)氏。氏西曆一千六百十三年，生於巴黎，初習丹青，繼事建築，旋復對於造園，別饒興趣，遠涉羅馬，潛心研究勒內遜斯(Renaissance)風。四十歲歸國，乃專事於意大利庭園之設計，步革爾斯(Bugels)及勞克斯(Laux)等著名庭園，蓋皆出自勒氏之手蹟者也。迨一千六百六十年路易十四世(Louis XIV)畢生大業之凡爾塞(Versailles)宮殿建築之設計重任，卽以勒氏當之，而其畢生藝技，遂亦於焉發揮矣。

當勒氏返國之始，初好爲純意大利式台坡園之設計，旋以經費及環境關係，遂亦稍稍變更，故其傾斜及水流速度，俱以平緩，以地勢關係，遂變遠景之高矚，爲前景之平眺。如此布置，極適於法人平地之習尙，勒氏聲譽，大噪一時。

法國式庭園，於房屋之前，必有廣場，以築花壇，其境界用鐵柵圍之，以便內外自由透視。於稍偏側處，設一小門以便出入。柵外更設大廣場，以備鋪植草地，及設置花壇之用。而房屋後側，則爲主要庭園之所在地也。台坡上有花壇，有噴水，有花鉢，有彫像，並以剪成半球形之樹木植之。台坡之坡面，築緩傾之石級，以資升降，並鋪草地或引流泉於其側。平地間雖大道直交，小徑斜貫，然其區劃，概爲直線，就中若花壇噴水，水盤，彫像等，卽分列於是。大道兩側，概有列樹，水渠先端栽植修剪成型之灌木，以爲裝飾，次之卽全爲森林式庭園矣。於其放射狀道路之要點，設以堂宇及紀念像，其傍設置長椅，以資小坐。爾外又有特設圓形，四角式，或三角諸形之草原，不植樹木；模仿林內廣場，以備園遊會場之用者。他如飼鳥園，及野獸園等之設置，不一而足。此種形式，其後百有餘年間，各國宮邸，頗流行之。

（三）荷蘭式(Dutch style)意大利風之庭園，流入荷蘭境內後，以荷蘭國土，富於池沼平原，故庭園形式，亦次第馴化。而利用池沼之池園(Pond garden)及窪園(Lower garden)於焉勃興。平地栽植之花卉，以石楠，杜鵑花等爲夥，且羣植球根及宿根植物，以資點綴。

（四）英國式(English style)　英國之有園藝，蓋自一世紀時之栽植花卉，及蔬菜始，迨三四紀時，則漸有葡萄之栽植。爾後十二世紀，亨利一世(Henry I)則有武德斯托克(Wood stock)宮庭之建。亨利三世，則有別莊之築。斯時倫敦市民，於住宅周圍，雖大小異致，然各有庭園之置。以愛好自然之思想，遂影響夫藝術之進展。其間雖以薔薇之亂，稍受頓挫，然抵十五世紀，更有溫座爾(Windsor)宮庭，及立斯西爾加斯太爾(Wrethhill Castle)穆利(Moorih)等庭園之置。類皆利用山水，中建殿宇，園中植以水松黃楊（修剪者）之屬，園周繞以生綠之籬，蓋靡不利用天然，以發揮景色者也。此所以丘陵島國之流行風景式(Landesape style)造園者歟。且以氣候溫暖，多溼之故，植物之生育極繁，永履青氈，常蔽綠蔭之英人思想，以環境化育，遂日趨於田園化矣。彼有名之培根(Lord Bacon)氏，以哲學家而絕主自然庭園，大詩人卜披（Alexander Pope）及愛迪生(Joseph Addison)等，亦盛唱野趣思想者，蓋有由來，非偶然也。

第五節　近世時代（十八九世紀）

英國愛好自然之高熱，次第表現於造園狩獵。十八世紀中葉之威廉肯德（Willian Kent）蘭西洛太布拉文(Lancelot Brown)漢普來勒普吞(Hamprey Repton)諸氏，皆設計風景式庭園(Landscape Gardening)中之佼佼者也。迨康伯(Willian Chamber)氏介紹中國式庭園後，國中庭園相率效尤，趨向一變，卽所謂山水化是。叩園(Kew Garden)卽爲彼在一千七百三十年時，會心之作，園中有塔，有橋，蓋皆脫胎中國者也。而所謂中英折衷式庭園，蓋卽肇端於斯。他如安托納(Marry Antonet)氏，復將中英折衷式庭園(Anglo-Chinese style)應用於法國特喇農(Trianon)苑。裴德福(Bedford)氏所築模爾園(Moor Park)亦慶成功。

爾後英國以建築上關係，復注意於規則的庭園；庭園之在學校，公所，及車站，墓地等各種建築前者，類屬規則，都市內廣場，用之亦夥。

迨十九世紀末葉，英國庭園之花壇，草地，漸具一種特徵。花壇園類置於視建築物稍低之處，善爲區劃，以資栽植，中復設置噴水，日規(日晷儀)花缽之屬，以增景色。花卉分配，每區一種，或依色彩，分別栽植，以保持美觀，不偏華麗爲度。至於奇卉之徵集，及綠茵之鋪植，亦爲當日英國所盛行者。草地以風土關係，雖經人畜踐踏，無損生育，野外運動若杖球(Golf)(卽高爾夫)木球(Cricket)捧球(Base-ball)網球(Tennis)等場，亦必以草地敷之，至若日規(Sun dial)及鴿舍(Pigeon house)之設置，亦極爲恆見者也。

十九世紀中，英國以名造園家著稱者，爲爵士潘克斯登(Sir Josef Paxton)季爾遜(Gilson)娶普(Kemp)羅傑(Rutger)諸氏。就中若潘克斯登以設計水晶宮(Crystal Palace)事，有聲於時。

公園之主要者，則有維多利亞（Victoria Park）布太西（Butter sea Park）非茲吞格（Finsteurg Park）騷司吳克（South work Park）諸園。

歐洲大陸，固極端注意技巧者也。迨一般不甚注意時，始漸次變化。十八世紀末葉，自流入英國自然式造園法後，頗受歡迎，而法國勒諾特耳氏之幾何式庭園，遂大受打擊，從事改造，無形中遂形成村都會小村落，城市山林，至足觀也。當日法國名園，首推侯爵計剌當（Marquis Girrandin）之別墅，及厄門農莊（Ermen n Villa）。厄門農莊為柏爾丁（Francesco Beltini）氏所設計，大都為英國風而間參中國及法國式者也。

迨十九世紀，巴黎改正市區後，卽有二三大公園之新設，都市美觀益臻上乘。其對於設計，富有貢獻者，為漢斯門（Hausmann）阿法德（Ad. Alphand），第辰伯（Parillet Deichamp's）安德烈（Ed André）四氏。造園事業，則類出自部羅奎（Bois de Bouloque），查丁（Allki Matisation Jardin）芬暹馬斯（Bois de Vincemaes），說蒙（Buttes Chaumont）等折衷式庭園，皆彼等手蹟中之利用森林湖水以形成者也。

德國之有自然式庭園，則自一千七百五十年建築許華裴（Schwäbber）園始。自一千七百五十八年，設立武羅茲（Wolutz）公園後，英國式庭園，流行更甚。然德人風尚，好有系統，對於事物之研究亦然，故對於庭園之過於自然者，不甚歡迎，而利用自然，較有組織之庭園公園乃乘機崛起。且就中尤努力於森林之科學的美化。若威廉四世（Frederik William）時，由楞湼（Lenne）氏經造之松蘇棲（Sans Souci）及沙羅登何夫（Charlottenhof）

離宮，類由廢墟改建，以築成羅馬風之高臺，籐棚，及花隧道者也。復興式庭園，則有林特何夫(Linderhof)及斯來斯亞謨(Schleissheim)離宮建築周圍，前築高臺，後引流水，通過大理石道，而爲噴泉，兩側設岩窟，繞藤蘿，爾外並有野獸園(Tier garten)及窪園(Unter garten)之置，景色幽麗，誠令人流連不忍去也。當是時也，庭園界之有名者，則有喜士斐特(Lorenz Hirschfeld)及畢加爾(Picaler)諸氏。喜氏係盛唱由美學以造園者，畢氏乃鼓吹並設計英國風景式庭園者也。德國都市庭園，受英國影響，既如前述，鄉間之所謂「農家庭園」(Bauern garden)者，係農家極簡單之庭園，以十字路區劃後，其中更分爲若干區，以資花卉灌木栽植之用。浸潤此風而爲之先驅者，則爲奧大利遼孫(Secession)之瓦格湼(Otto Wagner)氏。彼維也納之郵局，教堂，及海牙和平會之庭園，皆其代表作品也。一般平滑而富於直線，並於各局部施以僅少之技巧裝飾，爲其特徵。

若塞克爾(Frederick Ludwig Sekll)墨斯卡(Purkler Muskau)楞湼(Peter Jasef Lenné)邁爾(Guster Meyer)等氏乃德國之四大造園家也。

第六節　美國造園史

美國建國之歷史極暫，思想自由，故於庭園作品，皆有豁達雄偉之觀，雖亦有模倣歐洲，中國及日本諸風者，然其規模，殆尤過之。

美國庭園，由道寧(Andrew Jackson Downing)氏奬勵養樹育苗，以開其端。迨司各脫(James Scott)氏出，則風景式庭園，瀰漫於各地矣。其後造奧謨斯忒德(Frederick Law Olmsted)氏出，美國造園界，遂大放異彩，紐約市之中央(Central Park in New York)洛耶爾(Loyar Park in New York)及芝加哥之窩爾特發爾(Worldifair at Chicago)等公園，皆利用背景而出其手蹟者也。故美國風景式庭園，迄仍呼奧謨斯忒德式者(Olmsted style)，蓋有以也。且也愛護固有樹木，以從事於路傍之美化，策進園藝發展，以改造田園之景色，提倡森林美學，以發揮山水之幽麗，故美國造園無形中遂著長足之進步。後服克斯(Caloert Vaux)愛略脫(Charles Eliot)二氏，取各國庭園優點融化之，而美國風之新庭園，乃於是乎誕生。美國一般庭園之數，尤視公園遠勝，大公園之利用天然勝景之構成，降及近世為數益繁，其雄偉豪宕之風，昂然獨著，人謂如此現象，與國體國土不無關係，洵不謬也。

第七節　最近時代

風景式庭園之得以風靡全歐者，蓋以草原，水源，丘陵之利用較易，少數材料，即可蕆事，而易於簡單嘗試故也。惟其視為平易，對於新穎方式，即不欲多事追求，故其不無闕陷，難獲完璧者，蓋亦以之。例如英國式造園法，對於藝術的觀察，迄猶漠視，環境間調和，未予顧慮，故富於直線式之西洋建築，誠不免有失調和也。最近有所謂折衷式混合園者，即於建築物近傍之庭園，則取幾何圖式，距離稍遠時，則以風景式風致園築之，蓋亦所以設法調和者歟？

邇以科學昌明，交通日便，世界共通，材料之交換，衣服之接近，住宅之類似，食物之馴化，相互間，有日形接近而漸臻酷肖之勢。象徵的日本庭園，與浪漫之中國庭園，遂亦相互融合，而產生一種新式庭園。且以經濟上富力益厚之關係，規模亦以日漸擴大，共同庭園之發達，及大庭園大公園之築造，其背景皆以自然界之名山大川爲之者，其肇端蓋有由也。一方以國民之健康，及公衆之衞生等各種關係，都市計劃及社會政策方面，亦競爲造園之研究，而街道樹，兒童遊園地，小公園，及市外公園之設置，遂有風起雲湧之概。最近之國立公園，國營名勝，及天然史蹟保存等，則尤列爲國家事業，而益加注意者矣。

第三章　日本造園史

第一節　平安朝時代

日本自上古時代迄奈良朝間，造園史以年湮代遠，杳不可考，僅能於文獻中想像得之。自桓武天皇奠都平安後，即爲平安朝文化萌芽之始。大內宮闕，及殿宇等重要建築，俱仿唐制，同時並依周代靈圃，興建禁苑，即所謂「神

「泉苑」是也。歷代賞花，觀魚，放鷹，閱射俱在於斯，蓋乃當日文化發祥之策源地也。其中宮殿樓閣，以瀧殿，渡殿，尤爲宏麗。岡際池畔，樹木蔭翳，景色富麗，益臻大觀。爾後以烽火頻仍，毀於兵燹，皇室式微，荒涼益甚，至鎌倉時代，則地域益削，專供禱雨之所，且寖假而爲眞言宗之一寺，而支配於東寺下矣。平安舊型，今所存者，僅餘池之東北一部，京都林泉鼻祖，遺迹盡在於斯，彌可貴也。冷然院在京都堀川之西，乃嵯峨天皇之後院也。嵯峨院，爲嵯峨天皇之離宮，禪位引退後，即移居於斯；大覺寺，即由其改稱者也。爾外若淳和天皇之雲林寺，宇多天皇之亭子院，朱雀天皇之朱雀院，三條天皇之三條院，清和天皇之栗田院，及白河天皇之白河離宮，及惟喬親王之小野別業，龜山山莊，靡不有聲於時。

貴族庭園中以「寢殿造」爲當代大觀，徵集天下良材奇石，使役三千餘人，華美宏壯，一時無匹，藤原威權之盛，可以想見。落成後三十八年，燬於祝融。河原院爲右大臣源融公之私邸，地址在東六條，面積極廣，模仿陸奧千賀浦之鹽竈勝景築之，實爲日本模仿自然風景建築庭園之始；即今東本願寺之別墅是也。他如藤原良房良相之東京染殿，西京百花亭，基經之堀川院，道長之京極第，平清盛之蓬壺，藤原繼強之葛葉野別業（雙山山莊），藤原冬嗣之深草別墅，源融之宇治別業嵯峨棲霞館，平相國之福原別業，僧俊寬之鹿谷山莊，黃門定家之小倉山莊等，爲數實繁，不遑枚舉。

第二節　鎌倉時代

自源賴朝開府相州鎌倉，國勢一變，政移武門，重質樸，尚武功，奈良時代之唐風模仿，平安時代之日化藝術，驟形頓挫。以樸素之風尚，及禪宗之影響，閑雅幽邃之僧式庭園，遂乘機繼起。且附會於陰陽禁忌之說，築山，立石，墻垣，及枯山水等之方向大小，俱依佛家之說，以定取捨，方法別致，遂成鎌倉一朝之特徵。增圓僧正之圓方書，藤原良經公之作庭記等，皆載當代造園概況，而頗資學術上參考者也。

禁苑失修，荒廢益甚，除少數放任外，大多改爲寺院，貴族庭園之當日最負時譽者，爲藤原公任之北山別莊，卽今之號稱「西園寺」者是也。園內櫻花，栽植甚盛，後世金閣寺卽建於斯。寺院庭園，類由平安朝時代之離宮，及貴族庭園，繼承修理以改建者；新設者，幾不可多得。就中若立惠法師之庭園，則全依佛說築之，禪味畢呈，乃庭園中之幽邃可愛者也。

第三節　室町時代

此代庭園，初受鎌倉影響，旋以明代文化，茶道風尚，漸臻優美。迨後太平日久，益趨奢侈，以繪畫，生花，及茶湯之發達，乃釀成民衆庭園藝術之普及，日本造園史中之黃金時代也。當時若夢窗國師及相阿彌二氏，爲時代思潮之中心，蓋皆造園家之天才也。國師伊勢人，諱疎石，字多天皇之九世孫也。四歲喪母出家，就傳於甲斐國手鹽山之空河法師。性聰穎，過目無遺，天龍，西芳，鹿苑諸寺庭園，皆出國師手蹟，遺型獨存，不愧爲彼邦造園鼻祖也。相阿彌爲夢窗國師弟子，名眞相，號松雪齋，擅丹青，於繪術茶道，有獨到處，故其所造庭園，獨具心匠，自成一風。若西都慈照寺（銀閣）南禪寺之聽松院，大德寺之大仙院，淸水寺之成就院，青蓮院之方丈庭等，皆其手蹟，今仍無恙，日本朝野，彌珍惜之。

將軍之庭，自足利尊氏始，代有名苑，且於幕府中專設「庭奉行」及「庭者」等職，以掌管理庭園之務。足利義滿在三條室町之邸，方可四町，（一町合我國三十三丈八尺強）周繞溝澮，內部構造，一反鎌倉舊例。由鴨川引水，以栽植花木，時人稱爲「百花御所」，煊爛繽紛，一時稱盛。鹿苑寺在洛北衣笠山之麓，亦稱金閣寺，其庭園爲夢窗國師作品，中有水池一泓，名曰「鏡湖」，池中有三島，怪石嶙峋，珍奇可愛，蓋皆諸侯所獻者也。池南蔽蒼松，西障紅葉，房屋近側，竝遍蒔櫻花，淸趣益饒，蓋乃洛北之名園也。

八代義政之高倉第，其詳已不可考，今所知者，僅東亭以涼土稱，西亭以晴月鳴而已。

慈照寺之庭，亦以銀閣寺稱，洛東之一名園也。慈照寺原爲專雲院址，自文明十一年讓之義政，以爲隱棲之所。後乃從事於林泉之點綴，建樓閣以自擬於義滿之金閣，而以銀閣冠之，下爲潮音閣，上係心空殿，臨池照影，景色益饒。閣之北爲護國廟庭，均出相阿彌之手蹟者也。面積雖視金閣狹隘，然廣採石材，咸附雅名，妥爲配置，頗不示弱。本殿前白砂之平敷者，號銀砂灘，積成圓錐者，稱向月臺。如此庭園，殊不多覯，蓋從山水畫中之疏密法來，乃砂庭之一種也。東北方建東求堂，爲有四席半茶室之始，故今猶列於特列保護建築物類之一。林泉之尤勝者，則在銀閣與東求堂間。錦鏡湖，適於迴旋逍遙之需中浮白鶴島，仙人洲，架迎仙，臥錦，臥雲諸橋，相爲聯絡，以備流連徘徊之資。背景則有月待山麓之瀑，樹木以松類爲夥，池畔點植紅葉，躑躅，茶梅，紫薇，萩，櫻之屬，以增景色，假山樹型，善爲調和，以保統一。

龍安寺，在葛野郡衣笠村，舊德大寺公有之別莊也。迨讓於細川勝元後，遂爲禪寺。園內面積雖僅有百餘坪（一坪合我國〇．〇〇五三八畝），然敷白砂以擬海，用箒痕以象波，不用一木，分置十五個石，依五、二、三、二、三、相次順列，以示大海中島嶼突出之狀，如此排列日本謂之「虎渡子法」（虎ノ子渡シ）蓋酷肖中國傳記，虎母銜虎子以渡大河，三兒中一爲豹子，爲防止[illegible]子被噬，保護以渡者也。越練壁，爲疏落松林，其間可以遠矚東山，東寺塔，及淀川一帶平原，並得遙眺岩清水之男山八幡，蓋乃借景園也。

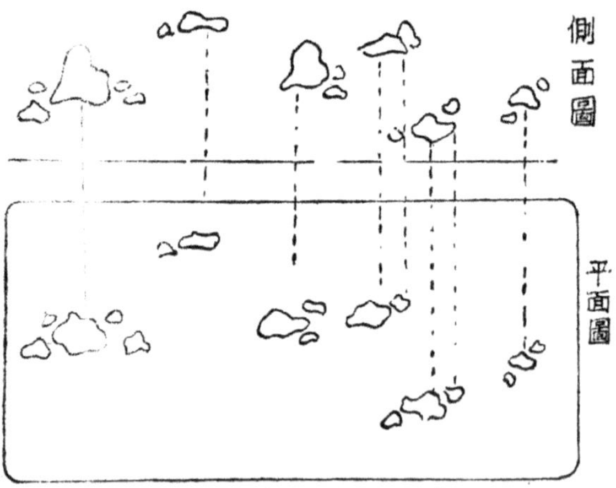

龍安寺庭園內之乕渡子法

第三圖

寺內庭園中之天龍寺乃足利尊氏爲祈後醍醐天皇之英靈冥福計，始於洛西嵯峨營置者也。殿宇林泉，則皆出自夢窗國師考案，利用秀麗之山水，並參以禪味，與宋畫以築成之方丈室，鑿池注水名曰「曹源池」池中浮島，引水爲瀑，並以岩石樹木，分列其間，景色瀟洒，引人入勝，庭以接瀬大堰（川名）渡月橋畔，及嵐山勝景，均可遠眺，此所以大自然之風景爲世稱頌者也。後以燬於兵燹，遺迹絕鮮，今所存者，僅得於山崖之構造及瀑布之出口等處見之耳。

西方寺在葛野郡松尾村；初爲聖德太子之別莊，行基菩薩所創建者也。爾後弘法大師，亦曾一度涉足於玆。當足利氏之始，夢窗國師兼任主持，以營林泉之勝，北負短岡南帶流溪，谷口面積，泰半屬焉。池作心字形，號黃金池，池中數島嶼間，以板橋相貫，西南積奇石而築山，西部引飛泉以入池，石山之青苔盈盈，池畔之垂枝依依，景色自然，不可殫述。後以應仁之亂，毀損無遺惜矣！

等持院在葛野郡衣笠村，爲足利氏之菩提寺，係夢窗國師所創建，足利氏十五代之木像，均安奉於此。其庭園於長祿元年，相阿彌依足利義政所好考案作之。芙蓉池，龍蟠池，左右並列，池周徧峙假山，廣植花木，山上茶亭，號清漣亭，爾後雖稍有變化，然遺迹無恙，今猶獨存。

大德寺在愛宕郡，大宮村，紫野，後醍醐天皇爲大燈國師創建之巨刹也。就中大仙院之庭，乃由相阿彌之手蹟成之。其短垣中，狹地內之東北隅，峙立不動，觀音等石，左右復以石積之。於距離稍遠處，更以立石及伏石配置之。石隙間，綴以矮性樹木，以增景色。其石隙間，類以珍石奇岩聯結之。若巨人手，龜甲，長船，虎頭，仙帽，明鏡，達摩，沈香，鞍馬，佛盤等名號，皆依岩石之形狀色澤，以分別命名者也。以無水故，藉仙臺石以代瀑，用白砂而狀波，蓋係石庭中之極理想化者。此種石庭，爲後世枯山水之典型，在日本造園史中，極占重要之位置者也。

爾外以茶人及禪僧之個人考案，所築小規模之草庵，所在多有。若駿河宇津山之喜見庵，攝津豬野峯之夢庵，江戶太田道灌之靜勝軒等，皆其著焉者也。

第四節　桃山時代

織田信長，平定諸雄，豐臣秀吉，築城於伏見桃山，豪宕華麗，成爲習尚，是爲安土桃山時代。爲期雖不足五十載，然於藝術史上，有足述者。蓋乃一破抄襲中國之舊風，以發揮日本個性之時代也。斯時以豪奢過甚，厭惡心生，故主閑雅幽邃之茶道，乘隙以興，馴致茶道茶庭及書院風之庭園，應運勃起。其法雖於面積偏小居室稠密處，得從容佈置，寫山居閒趣，於咫尺之間，有志之士，相起景從，不若疇昔林泉之佈置綦難，限於豪富者矣。日本造園，迄猶宗之。

千利休，泉州堺人，名宗易，字與四郎，利休其號也。幼時學茶道於紹鷗，工於技，對於茶器鑑定，頗著聲譽。旋出仕於織田信長，豐臣秀吉，於轉戰千里間，進其點茶之說，頗受知遇，以故咸以利休居士，拋筌齊稱之，尊爲集茶道大成之祖，備受一般景仰者也。當時各處茶庭，泰半出其手蹟，利用小地域，描寫大自然，爲其造園設計之獨到處。利休形石燈籠，即由其考案成之。晚年以逆秀吉之意，憤慨以死。享年七十四，葬於紫野之聚光院中。

小堀遠州近江人名政一，字作助，遠州其號也。初臣於豐臣秀吉，繼仕於德川家康，出守遠江。學點茶之法於吉田重能，並精活花之術，故尤擅於洒脫，造園之設計。京都諸離宮及高台寺，三寶院，涉成園，孤蓬庵，南禪寺，金地院，曼殊院等處庭園，皆其設計，頗博好評。晚年削髮，自號宗甫，卒於承保四年。

爾外若古田織部，細川三齋，金森宗和，織田有樂，千宗旦，僧玉淵，朝霧志摩之助皆茶界之名人，而又造園之大家也。

茲述當日庭園之概況如次：

（一）禁苑，小御所及常御殿之周均有林泉之設。小御所位在清涼殿之東北，地域雖不甚廣，前鑿池，池中有島，架五橋以相貫，後築山，山間植樹，色蒼翠而增色，蒔花池畔，春遊更爽，浮舟水上，秋月益明。常御殿東西兩側之御庭，引加茂之水，以作小川，南北分流，始注小御所之池。主要樹木爲梅，柳，櫻，橘，水濱則以燕子花，花菖蒲，爲夥，至於菊，牡丹，紫陽花等，庭中樹藝亦繁。

仙洞御所在京都市區，藤原時代之京極院清和院等所在地也。初豐臣秀吉欲以之爲正親町天皇之仙洞，（仙洞爲太上皇隱居之所）而不果，迨德川氏營後水尾天皇仙洞，於是其林泉更增葺之，後以火災地震變化不鮮，明治維新，大事整理，改稱離宮，東負山，中擁池，池水即由加茂中引注之，池中有蓬萊島及大小數島嶼，架長橋以與島中相通。池之北有瀑布，飛躍於嶙峋奇岩間，風景極佳。瀑布後側，殿以紅葉。池之西端，障以茶亭。南隅蔽以櫻木，並築醒花亭，悠然臺，於東北部，以備遠眺。

（二）離宮中，二條離宮，修學院離宮，桂離宮等，均有廣大幽邃之林泉，茲分別述之如次：

二條離宮其始係織田信長於永祿十二年爲足利義昭所築者也。信長自任庭奉行，徵購珍花奇石於各地，以爲之材。迨德川氏寬永元年，家光以之改爲武家造，並從而增築之，故面目從此一新。後經二度火災，泰半焚燬，今所存者，僅一小部耳！明治十七年，改爲離宮。庭園在大廳之西，有假山之勝。

修學院離宮，在比叡山南麓之修學院村，乃德川家康爲後水尾天皇所築者也。天皇常幸駕於斯。爾後於江戶時代，家綱，家齊，屢修葺之，鶯鴦，賞月，採菰，及試製陶器等各種遊樂記錄，所在多有。上中下三級，俱有茶室之置。上級茶屋東北負山，西南可以暢望貴船，衣笠，鞍馬諸勝。中級茶屋，卽爲丘林寺址，後水尾帝之宮室所在處也。優美建築，屹然獨存，杜鵑花等之修剪成型者，爲數極繁。下級茶屋，有藏六庵，壽月觀，富櫟樹。水之由音羽川注入者，稱遣水。後世光裕天皇行幸於斯。維新之際，一時廢頹，明治十六年，歸宮內省轄，大加修葺，改稱離宮。

桂離宮在葛野郡，下桂村，面積廣袤可一萬三千一百零七坪，桂川之西，本村之北，皆其所有地也。地面廣可二千零三十四坪，乃豐臣秀吉爲智仁親王所築者也。爾後更增葺之。小堀遠州畢生精神，盡瘁於斯。園地爲三角形，十之七分，均爲林泉所占。宮殿概在御殿之御輿寄前，卽所謂：「遠州眞之飛石」所在地也。御庭中有月波樓，松翠亭，賞花亭，笑意軒，園林堂，竹木亭等各種茶亭賞花觀月，至足樂也。芳草並茂，珍樹爭雄，日人稱之爲「洛西別境乾坤」洵不誣也。

（三）公卿權門庭園之可記者，爲豐臣秀吉之聚樂第，及伏見城之庭，前者經始於天正十二年，落成於十五年，大阪城內之大建築也。其中之飛雲閣，即爲庭園建築之一。蓋即近日移置西本願寺之滴翠園內者也。後者築於元祿三年。園中之奇石名木，及燈籠等各種材料靡不於各地採之。元和九年，燬於家康，當日遺物僅得於醍醐之三寶院，約略見之。

（四）寺院庭園所受戰爭，及興亡之影響較少，故迄猶留存者亦多，醍醐寺，三寶院，在山城國，宇治郡，醍醐村，眞言宗醍醐派之總寺也。豐臣秀吉，在伏見城時，恆賞花於斯。經小堀遠州，修葺殿堂，並增築林泉，風景益佳。園中佈置不同凡響，乃庭園中之佼佼者也。

涉成園，在京都，東六條，又稱枳殼邸，亦爲小堀遠州所設計，乃東本願寺之別莊也。東西一町，南北約二町，中有大池，可引加茂之水。南有咳枕居，北有侵雪橋，西有偶仙樓，風光明媚，處處宜人。

大德寺方丈之庭，爲小堀遠州設計庭園中最以借景著稱者也。雖面積極小，（僅二百餘坪）設備無幾，然牆外叡山翠色彌望，加茂長堤蒼松如帶，舉目而矚，如列几席，蓋皆不啻園中物也。近時園中已增植二三樹木，園外景色，得於樹間眺之，洵造園之天才，而示千古之風趣者也。

孤蓬庵之庭，在大德寺之西南隅，亦爲遠州手蹟，池中無水，而以松葉代之，以示枯山水之美，此其特徵。西南得遙望船岡（山名）南障蔚然長林，下有十三重石塔，古趣盎然，蓋由朝鮮得之。西方有茶室，曰忘筌，其茶庭與中潛方式亦爲可珍之作。飛石配置，工致莫倫，以朝鮮石製之洗水鉢，構造精美，亦足爲茶家規範，後世出雲藩主，松平不昧侯，開不昧流之茶道於斯。

高台寺在京都東山下，河原町德川氏關原戰後，創立之名刹也。林泉亦爲小堀遠州所作，東負山，北擁林，鑿池引水，廣集奇石。庭中以開山堂觀月亭等各種庭園建築，增進景色不淺，登小丘而聽松，繞蓮池以觀月，殊足以引遊子留連也。其東側山上之傘亭，時雨亭，皆風流茶室，而移之伏見桃山者，今均列爲特別保護建造物矣。

第五節　江戶時代

德川遷府江戶三百餘年，築林泉於邸第，營別業於勝跡，宇內敉平，華麗益極，且寖假波及民間，羣起景從，即彈丸之地，靡不有箱庭之築，全國披靡，蓋盛事焉。

惟此時造園事業，已由畫家，僧侶，移於實際經營造園材料之庭師，及擔任植樹事業者（日本稱：「橐駝師」，「植木屋」）手，以掌全部製圖及部分設計之事，或分工各施其特殊技術，庭園構造，益臻精妙。然其缺少統一性，並不易充分發揮一貫精神之病，亦在於斯。

藝術史上，分江戶時代爲兩個時期。第一期以元祿爲中心，其前後數十年間屬之。前此京都中心之造園，遂向江戶北遷，當時依造園天才，小堀遠州，運用匠心，新庭如湧，所謂：「江戶中心主義名園之勃興時期」是也。第二期以文化文政爲中心，其前後數十年屬之。當時依松平樂翁公之力，利用自然，廣爲造園，且參照中國庭園，從事於縮景庭園之作。對於江戶時代造庭法，影響最著者，則爲江戶之人文，及其自然環境。

江戶周圍地勢平坦，所謂：「武藏野」者是也。附近無高岳，鮮清流，造園用材產量旣罕，氣候激變，風雨疾暴，火山灰質土壤最易形成霜柱，此對於取材及管理保護上極著關係者也。以環境關係，故所築庭園面積，類極廣袤，庭園之以富士及筑波爲背景，品川灣爲前景者，所在皆是，蓋亦環境所使然也。

德川氏之初，漸與中國交通。迨明亡，遺臣朱舜水亡命東渡後，中國風庭園，流行益盛，且復獎勵宋儒及復古之學，古風因之復活，或予以改善，俾與時代相適合，風尙所趨，一時稱盛。益以封建制度之階級異致，於一般藝術，亦予上流下流之別。迨後，對於中國庭園，愛好益盛，而「文人庭」遂乘機以興，惟雄大驕奢之中，寓洒脫飄逸之致，蓋又造園中之獨樹一幟者也。

江戶時代之造園家，除小堀遠州外，若大德寺僧江月及金森宗和藤村寓軒，松平樂翁等，皆其佼佼者也。

（一）京都之庭園　江戶時代御苑及仙洞，御所，修學院離宮及其他各地名園之衰廢者類大加增葺，煥然一新。茲爲避免冗贅，計述其一二如次：

智恩院，在京都東山，爲淨土宗之總本山，德川氏始經營之。林泉，位於大方丈前之山崖，東負崇山，南控老樹，積奇石而爲山，蒔珍卉以爭豔，鑿池架橋，鋪石流泉，景色益勝。

清水寺，成就院方丈庭，相傳作自松永貞德，都林泉名所圖會中詳記之。石塔，石燈籠，密置樹間，臨池小堂，南洲，月照，密議於斯，今仍善爲保存。

爾外花園村，仁和寺之庭，於寬永中葉，由本阿彌光悅作之。粟田口，青蓮院之林泉，亦成於寬永中葉，乃山水式築山中之著者也。

（二）江戶之庭園　德川時代，政治中心，北移江戶，諸侯邸宅相率別營，將軍諸侯，寺院林泉，一時並起。江戶城本丸內苑亦稱：「將軍家御座所之御庭」及「柳營內苑。」其西部號：「山里御庭，」將軍世子所居之後苑也。大廣間，黑書院及白書院前，各有庭園，惟山水之築，僅爲樹木之疎植已耳。御座所之前園，及御小座敷之西園，則有櫨，櫻，連理，見盤四山，引玉川之水以爲瀑布，崗巒起伏，流水潺潺，景色益佳。

吹上苑面積十萬四千坪，德川家光，始修飾之。北有花圃，廣蒔羣芳，其中一亭，號「花畑御殿，」於後方之竹橋與半藏間乃清水觀音堂，馬場，茶屋，噴水，花壇，天文所等之所在地焉。

濱苑廣七萬餘坪，於寬永初年間，猶爲蘆葦叢生之低溼地耳。寬永四年，經淺野長澄修葺後，清水茶屋，觀音堂，中島茶屋，海中茶屋等各種建築設焉。採取富士之蓉峯及品川灣等風景，白砂間栽植赤松，姬小松等，以增景色。維新後，曾一時歸海軍省（卽海軍部）管轄，後由宮內省修葺，改爲離宮。

戶山園日本庭園中面積之最大者也。經始於寬文七年，元錄七年，始告落成。前後計二十七載，面積計十八萬坪，就中池面達二萬坪，玉圓峰，卽以池土築成者也。園中建築物有神祠十五，山亭，茶室無算，園中並列商鋪，百十三間，配置整然，以狀市集。林中豢小鳥，池內飼水鳧，浮舟其間，鄉村風趣，咸集眼底。安政年間以地震暴雨大火，毀損無遺。明治維新時，曾一度爲兵營，迺已大部改爲民居，一部改爲學校矣。

後樂園爲江戶時代名園之一，在今之小石川砲兵工廠內，東京名園中，當以此爲最；面積十五萬坪，初依德川賴房侯之創意築之，未告落成，而賴房侯薨，德川光國繼其遺志，請益於明遺臣朱舜水先生，而爲中國式庭園之點綴。本園之水，係由神田上水，卽井之頭池引入之。鑿池流瀑，運豆相之奇石，徵諸國之嘉木，而寫各地勝景，於池之周圍，故逍遙其間，不啻遍遊舉國勝迹也。入口唐門扁額，後樂園三字，卽由朱先生手揮者也。

涵德寺，建築甚宏，專備招待外賓之用。亭之西，架渡月橋，右有大堰川，酷肖西湖長堤景色，爾往於茂林中，有清水觀音堂，通天橋及八卦堂等各種建築，峰迴路轉，景色咸殊，誠令人留連而不忍捨也。自圈入炮兵工廠後，已爲禁地，不易入覽，余於民國十年秋，留學東京帝大時，隨造園學講師林學博士田村剛先生，曾一度入園遊覽，西子湖光，匡廬山色（山擬江西廬山築之）隱約眼前，面目如眞，中心似躍，不禁興何處鄉關之感也。迺以工廠煤烟，巨木日減，園中風光，遠不如昔。

蓬萊園與後樂園並稱於世，同爲江戶名園，其所有者，自始不變尤足珍奇。寬永初年，肥前平戶城主，松平鎮信，於淺草向柳泉原經營別邸，林泉設計之責囑小堀遠州及僧江月任之。面積三千餘坪，就中面積泰半爲方池所占，池周綴石，池水由隅田川灌入，以潮之進退，而異其盈虛，故人名之「鹽入之庭」。池中築蓬萊島，其間豢鶴鳧等各種水禽，逐水飛躍，景象自然，海濱景色不啻也。臨池之詠歸亭，突出水中，賞月良地，莫逾於斯。

浴恩園，在築地五之橋，面積五萬坪，寬永之世，德川家光賜稻葉丹波守之園地也。爾後復爲白河樂翁之別業。全園區劃大別爲上、中、下三段，而置五十一勝地於其間，春園，秋園，果園，集古園，攢勝園，竹園，蓮園等靡不各具特徵。爾外復選中國式之八景，十六景，三十二景以資點綴，即今海軍大學之所在地也。

第六節　明治大正時代

七百餘年間之武人政治，至慶應而告終，明治維新後，一破疇昔之閉關主義，而漸與外邦相交通，故文物軍備殖產之制，均以大變，惟園囿事業，以土地之地上使用日趨破壞，昔日名園尚能巍然獨存者，惟於小石川後樂園，松浦伯蓬萊園，及淺草寺等數處見之。至若尾張侯之樂樂園（士官學校）前田侯邸（東京帝國大學）戶山莊（戶山學校）田安家邸（近衛聯隊）浴恩園（海軍大學）則以托庇於官廳與學校之設置，而得幸保無恙者也。他如諸侯之邸園別業，則泰半湮沒無復存矣。明治四十五年間，園囿興廢事跡之較著者述之如次：

明治初年，以國事初定，對於園囿，不惟不甚注意，且復從事摧毀之者，不可勝數，雖久以林泉巨擘著稱之戶山莊，奉還後，亦一時開墾，淪爲農田，無何且將其一部改爲兵營，今且指爲戶山學校之建築地址，舊日勝跡，無復孑遺。大小諸藩，在江戶境內所有邸第，亦靡不泰半毀損，佳木爲薪，珍石四散，碎瓦頹垣，不忍憑臨，諸侯之園，若尾張侯，市谷上第之樂樂園，（今士官學校）水戶侯小石川之後樂園，（今砲兵工廠）加賀侯本鄉之大山水庭，（今東京帝國大學）安藝侯霞關之庭園，及一橋園田安府公之園，（今近衞聯隊）松平大學頭侯，大塚吹上上第內之古春園，松浦伯，淺草鳥越上第內之蓬萊園，增山侯八代洲河上第內之松秀園，奧州會津松平侯之中邸，潮入園（新橋車站之建築地）肥前島原藩主松平侯之三田中邸（慶應義塾之運動場）等，靡不先後改爲公署學校，及其他各種建築用地。毀山塡池，損壞無遺，誠庭園史蹟之大損失也。

諸侯庭園之遭遇，既如此，平民寺院庭園，蹂躪益甚。自寺產歸公後，寺院之經濟日困，次第荒蕪，若上野東叡山寬永寺，芝三緣山增山寺，星之山日枝神社，神田明神及深川富岡八幡宮等處，園池林泉，昔日盛時秀麗無倫，終以保護無術，損毀靡遺，惜矣！

小石川白山幕府之御樂園，改爲東京帝國大學植物園後，內部設備，益臻美備，新宿植物御苑，屬宮內省管轄，爲栽植御用蔬菜花卉之所，園積甚廣，布置亦周，著者十八年夏奉中華學藝社命，赴日出席學術協會，在東京勾留時，曾由明治神宮外苑技師田阪美德學士導往參觀，所謂「純日本式庭」，領略無遺，誠快事也。惟有禁令，祇許目賞，不准攝影，俾留鴻爪，以與閱者共賞，至爲遺憾。

當日庭園之新設者，以大久保利通侯之霞關裏庭，大隈重信侯之飯田町居邸，（今法國大使館）下總佐倉藩主，堀田侯之向島別業，七松園等爲著。至若田中不二磨氏之本鄉湯島之邸，則尤日本境內歐洲式庭園之嚆矢也。

明治維新後，文物制度，競尙歐化，一洗舊日惡習，注力於與民同樂之公園等，一般公共娛樂場所之設置。且於明治六年一月，發政施令以慫恿全國公共庭園之建築；庭園中興，見之法令，蓋肇於斯。以東叡山設置上野公園，爲日本公園創建之始，爾後芝淺草，常盤等公園，相繼成立，住吉，濱寺，金澤，栗林，諏訪等公園，接踵落成，迨岡山後樂園，熊本成趣園，實行開放後，舉國披靡，極一時之盛。

西南戰役後，海內敉平，新庭之建築，公園之增葺，積極從事，均不遺餘力，上野公園內竹臺之修飾，大藏省（卽財政部）內園池，及大河內氏今戶町桂林莊，岩崎氏之深川邸，大倉氏之向島別莊，芝公園之紅葉館庭等，皆其著焉者也。其在各縣者，則有上州館林之躑躅岡公園，羽前山形之千歲公園，及伊勢之津公園等之新建。

自明治中葉以土地租稅，賦課益增，個人庭園之面積，逐日減損，其爲大面積之建置者，惟於貴紳望族見之，而時勢所趨之芝庭，（卽草地庭）踵之以起。且視山水林泉價廉工省，故一轉瞬間，舉國披靡，所在皆有。益以地價之騰貴，人口之增加，世態之變遷等，各種關係，家屋建築，益趨驕奢，庭園面積，日見減削，所謂庭園，則僅以岩石樹木聊資點綴，殊不足云斯也。

至若伊勢內外宮神苑之建造，對於彼邦敬神思想，頗著影響。經始於明治二十一年九月，翌年九月始告工竣，小澤圭次郎畢世精力，盡瘁於斯，日本神社建築，凡其民族踵跡所至，無處無之，（青島，大連俱有日人建築之神社。）神社庭園，遂爲世界造園記錄中特種造園之一，蓋以思想及環境所形成，亦大有研究之價値者也。

明治神宮卽爲近日神社造園之大結晶，抑亦近世之大建築也，明治神宮分內外兩苑，內苑面積二十一萬八千九百零五坪，爲明治祭殿所在，樹木蔭翳，氣象森嚴，各種佈置爲日本式，共耗五百二十二萬元，景物深幽，令人肅然生敬。外苑面積十四萬七千三百三十二坪，本爲青山練兵場；內苑功竣，彼邦人民念明治勳業，功在不朽，因集資以爲外苑之置。計外苑前後共耗八百三十五萬三千二百八十一元，就中六百七十一萬餘元係由人民輸將，其毅力殊足多也。外苑佈置，俱爲歐化，設外苑管理署，以掌理之。每年維持費須十四乃至十五萬元，經費所需，苑中收入

第四圖 日本東京御濱離宮恩賜公園之一部

（如野球場等之使用費）可以自給。明治神宮係林學博士本多靜六，農學博士原熙，及建築學者工學博士伊東忠太三大大學者設計之大結晶也。而爲之佐者，亦皆當世巨子（若上原敬二，本鄉高德，田村剛，田阪美德等。）布置精美，不愧爲近世一大建築。著者十八年夏奉派赴日考察，以農學博士原熙先生介紹，得從容參觀，所獲甚夥，他日有暇，更擬另草明治神宮參觀記，以備我國總理陵園建築設計參考之需。

日本近數年來，造園事業，發展至速，不惟諸帝國大學農學部林學科農學科及工學部建築學科中，皆有造園學程之設，卽高等農林學校中亦莫不如是，林學博士上原敬二先生，且以私費設立東京高等造園學校以爲造園人才之化育，其熱心殊足多也。本多靜六博士，雖年邁退休，然對於庭園協會仍以全力赴之。田村剛博士，雖一足殘廢，然倚笻勉行，迅筆疾書，對於國立公園協會之進行（在內務省保健局中）及造園書籍之著述，精力益奮。原熙博士爲日本研究中國庭園之唯一宿儒，曾數度來華，參觀名勝，著者兩度追隨，獲益良多，邇年退休後，益致力學問，及社會事業，老而彌篤，欽佩無旣。此數子，皆爲日本造園學界中之名宿泰斗，用特介紹於本書讀者。

第三編　造園各論

第一章　庭園

第一節　庭園之意義及其分類

庭園(Court, Yard Garden)云云，非絕對嚴密與公園（Public Park, Public Garden）相對之用語，蓋庭園云者，乃於建築周圍之土地上，爲多量觀賞植物之栽植，及戶外休養娛樂設備者之總稱也。有以建築種類，而庭園之名稱亦以之各別者。住宅及別莊附屬之庭園，謂之：「私園。」普通未必盡附於建築而爲數家屬與俱樂部員之公有及附屬於學校，公會堂，病院等公共場所者，雖非一家族所私有，而其所有者又適與一家族相埒，故於私園之相對，稱曰：「公共庭園。」寺院境內除完全公開性質與公園相若者外，則亦可視爲庭園之一種也。私園依所有者家族之階級，約分爲上中下三等，然其類別亦有僅以面積爲標準者。都市中庭園基地之在三分乃至一畝者，爲中等庭園；逾之或不及者，則爲上等或下等庭園。其以建築分別者，則凡在建築物之前方，而與公道相接者爲：

「前庭，」前庭乃私園中之最具公共的性質者也。美國近數年來之將牆壁撤廢而以前庭完全開放者，至爲普通，不若他邦之於公道與前庭間，以圍牆隔別矣。其在建築物之兩側及後方者，爲「後園，」其在中間者爲「中庭，」我國舊式建築，前廳後堂，左右爲廂，排列井然，庭園之在堂與廂後者，爲後園，在堂前者爲中庭，在廳前者則爲前庭。

都市中寸土寸金，空地至不易得，爲節約地積計，歐美各國，有集數家族，以合設一公共庭園者。爾外若數層高樓內，數家族合居，有將庭園分割而各占一區者。至於上海之先施，永安，新新等各大公司之屋頂花園(Roof garden)則又庭園種類中之特殊者矣。我國書齋天井之花臺及其排列之盆栽，則亦可視爲窗庭(Window garden)之一種。

依庭園之材料及用途不同，又有花園(Flower garden)，菜園(Vegetable garden)，果園(Fruit garden)，薔薇園(Rose garden)，岩石園(Rock garden)，水園(Water garden)及運動場(Play

第五圖　杭州西湖之蔣莊

garden）遊園（Pleasure garden）等之別。

第二節　庭園設計之要點

人類生活上，衣食住行四大要素中，僅有家屋，居住問題，斷不足以稱完美解決。蓋不於住宅之採光，通風，防火及家庭之娛樂保健，教化諸問題，善爲考慮，則入室黯然，穢氣四溢，與囚居胡異；此庭園之建置，爲不容緩也。庭園之對象，既爲家庭，故其設計，當依家庭之大小職業之階級及趣味等要點，而在經濟可能範圍內，以最經濟最便利，最合理且最富興趣之方法，善爲設置之。故負庭園設計之責者，宜善體所有者意，諸須詳加考慮後，然後始予決定，不然一意孤行，未有不失敗者！或曰：常人對於庭園，既無知識，又鮮技能，胡足以語意見？曰：是不難，常人對於庭園，雖無相當知識與技能，然一經導誘，則其理想不難具體表示。設計者依其理想設計，則他日庭園落成，自能暢其所欲，不致時致不滿，屢思更改矣。蓋庭園與彫刻，迥異其趣，除觀賞外，復宜顧及實用，對於囑託者之希望，理想不可不盡量採納也。爾外若佈置庭園所需之主要材料，若植物，水石等自然材料，其取材既有便否，移用復多不適，故於其材料取處，及其庭園境內，均須充分調查。桌上設計，全出理想，如不加調查，則他日施工，窒礙殊多，實際上可謂毫無價值者也。茲依庭園設計之順序，列舉其要項如下：

甲、預備調查

（1）關於囑託者之調查

一、囑託者之生活狀況。二、囑託者之職業。三、囑託者之興趣。四、建築之目的。五、建築庭園之經費。（設計費，施工費管理費。）六、庭園完成之期間。

（2）關於園地之調查

一、面積。二、地形。（方位，與傾斜。）三、地況。（土質之肥瘠，疏密溼度。）四、氣候。（乾、溼、寒、援、風向。）五、自然物。（植物，岩石，水流。）六、建築物。

（3）關於周圍之調查

一、位置。二、鄰家。（階級，建築之種類，煤烟，陽光，風向，排水。）三、道路排水溝。四、附近之公共設備。（公園學校等。）五、材料之供給及價格。六、勞力之供給及價格。七、背景。

乙、全體之設計

（1）設計之準備

一、測量。（面積及高低測量。）二、製圖。（樹木，泉水，丘陵，岩石，道路，均須記入。）

（2）設計之實施

一、宅地之選定。二、住宅與庭園之調和。三、形式之選定。四、區劃。五、製圖。六、施工之順序。七、經費之預算。

丙、管理之設計

一、管理法之擬定。二、管理費之預算。

第三節　宅地之選定及住宅與庭園之調和

宅地之選擇，對於交通及眺望之便否，宜加考慮固矣。然其最重要者，尤在氣候，地況，及周圍之狀況。我國舊日堪輿家，風水之說，當亦不離夫以上諸點；明乎斯，則與國民舊思想，固不甚抵觸也。

（一）位置　每以住宅位置之不同，而氣候之差別以著。例如各宅地之在山上或山中者，與在湖濱或平坦地者，溫度，濕度，陽光，風向，雖在接毗地點，完全不同。故於寒風及夕陽之方向，宜植以疏林，以爲屏障。長江下游諸縣住宅，除出入口外，三側類以竹林植之，竹影搖窗，風景自然，誠我國鄉居住宅之典型也。我國住宅方向，類以南向爲原則，不得已則用東向，其西北兩方者，以寒風及夕陽關係務設法避免之。山居而在山中者，其住宅方向，例與山口平行，在山上者，類在山之東南兩側，蓋所以屏絕朔風，而飽浴陽光者也。

（二）地況　地形不惟與住宅有密切之關係，且足影響庭園之形式，故地形之富於變化者，則住宅建築時，基地之需土工者較多，卽建築之經費亦增也。再富於變化之地形，適於風景式庭園之設計，平坦之地形，適於建築式庭園之設計。地表上之岩石，樹木，水池，泉水等之存置，關係庭園之佈景者亦鉅。庭園中惟恐材料之缺乏，如有岩石等各種造園材料之存置時，務須設法保存，善爲利用之。土質以壤土爲最適，粘土既不適於樹木花卉之栽植，且掃除不易，排水不良，殊非庭園基地所宜用也。如表土爲壤土，或砂土，而心土爲粘土，或砂礫質時，則亦不適於大木之栽植。故於住宅之選定時，地況之觀察，爲不可忽焉。事實上難得理想中土地時，須依土地改良法，設法改良之。

（三）環境　住宅周圍之有兵營，工廠之設置，及火災，暴風，洪水，盜賊等危險者，均應設法避免，環境不良，關係衛生，教化，公安者至鉅，孟母三遷，豈獲已哉？住宅庭園之建築，與交通之便否，關係亦深，重山中建築，以交通阻滯，運輸不易，建築費用，每在都市中一二倍上。除紀念建築，地點一定，未易變更者外，爲節省經濟計，當事者，務宜善爲趨避之。

庭園與住宅關係密切，既如前述。庭園既不能離建築而存在，兩者之美觀，必相互調和，始得充分發揮而無憾。凡住宅與庭園，庭園與四圍之風景，四圍之風景與住宅間，三者之調和，實庭園設計上之要則也。故我人設計庭園，不惟自室內望之，令人怡然，即住宅建築自庭園望之，亦具同感者，庭園住宅間調和之條件備矣。故庭園之設計也，須視建築物而異其形式，例如建築物爲洋式時，則庭園之形式亦宜採西洋之建築式，庭園之爲中國式者，則建築形式，亦宜採中國式者，始得相稱。嘗見蘇州獅子林庭園，近由鉅商購置後，新構洋式建築於其中，入園驟見，頓覺格格，對此勝迹，深致惋惜。

第四節　庭園形式之選定

庭園形式，可大別爲建築式與風景式兩種，既如前述。其取舍之標準，須視周圍之情況，以決定之。普通設計之標準有三：模倣自然，而同時採取實用主義者，造園之寫實主義（Naturalism）也。不完全尊重自然，而酌量加入設計者之理想，以表現自然與理想之圓滿調和者，造園之理想主義（Idealism）也。視庭園爲建築物之裝飾，以所有者之實用，而制限自然者，造園之因襲主義（亦稱馴化主義）(Conventionalism)也。以上所述，乃風景式庭園之三主義也。建築式造園，則異於是，內容由植物材料，建築材料之美的形式，及所有者之實用主義構成之；蓋即因襲主義之庭園，而由實用及形式方面發達而成者也。庭園形式繁多，既如前述，然庭園設計，既係綜合藝術，構造建築，復宜注意實用，故周圍情況，以及地形，材料，風景等，自然環境，與住宅建築物之實用目的，皆爲庭園形式取舍之要則，設計者當善爲考慮，而予以主意者也。

建築式(Architectural style)與風景式(Landscape style)庭園上兩種形式，在歐美各國之兩派學者，爭論甚烈。最近折衷派，有倡建築物周圍，採建築式，而於距離稍遠之處，取風景式之說，以爲調停；然兩派仍各走極端，誹謗依然也。普通地形，無甚變化，背景鮮可利用，且無樹木岩石之處，宜採建築式，反之，則宜用風景式設計之。惟於主要建築物之性質，及所有者之希望，亦應參酌處理，以冀適用。

平面建築式庭園，法國式庭園屬之，在相當面積時，頗爲美觀，然逾之，則未免失之單調矣。德國農家之直線式庭園(Bauern garden)及近年歐美之中等住宅，類採用之建築式庭園，面積之稍廣者，須有彫刻，噴水，溜池，紀念

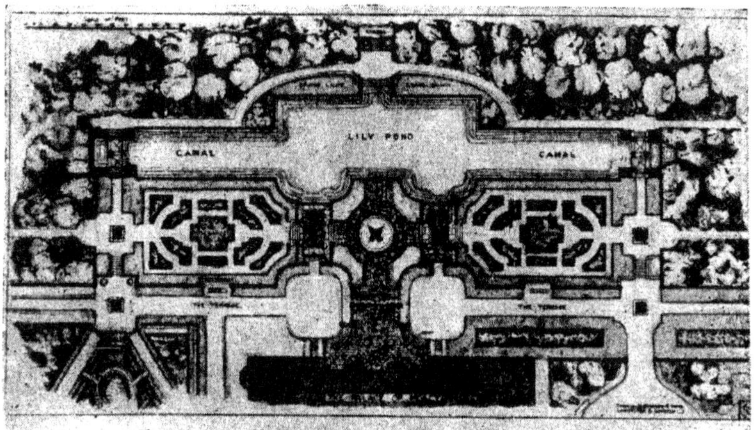

FIG. 250.—PLAN OF THE CANAL AT THE PALACE OF PEACE

第六圖 建築式庭園之設計圖

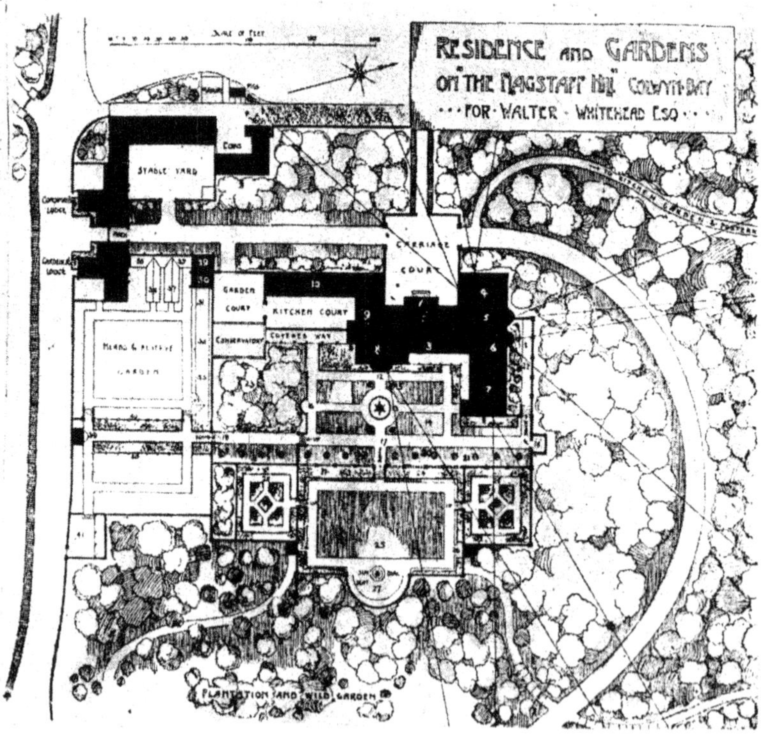

第七圖 混合式庭園與住宅之設計圖

碑，涼亭塔日規蔭棚，温室，石階，長椅等人工美術工藝品，以點綴之。蓋建築式庭園中非斯無以引起美觀也。唯其工藝品之數量較夥，故其設計及維持之費用亦鉅，建築式庭園之屬於立體者，則設計及維持之費用益著矣。建築式庭園恆利用房屋之周圍，及各建築物中間空地設置之，故其外觀務須與建築物之形式相調和，俾庭園建築相得益彰。

風景式庭園，富於變化，佈置自然，一反建築式單調寂寞之敝。我國風景式庭園之歷史極早，歐，美，日本諸邦之風景式庭園，靡不發祥於斯。歐美之有風景式庭園，蓋卽濫觴於十八世紀，盛行於英國之中英折衷式庭園(Anglo-Chinese-style garden) 爾後自柏爾丁 (Francesco Beltini) 氏之設計庭園，於法國風中復參以中英折衷式後，風景式庭園更望風披靡，一時稱盛。則風景式庭園，無寧謂爲中國式庭園之爲較適也。因襲式庭園（Conventional garden) 限於狹小區域內採用之。近年來新倡之中西折衷式庭園，蓋卽屬之。理想的庭園，創自我國，能於狹小地積內，表現雄麗景式，爲其特色。我國之假山庭園，及日本之築山庭園，蓋卽屬之。而北平之頤和園內之昆明湖及熱河離宮，類模倣杭州西湖及揚州瘦西湖之風景築之，則又縮景園中之較大者矣。寫實的庭園，其尺度宜與實景相若，故適於大規模庭園之建築；與周圍自然，最易調和，此式在小規模之庭中，亦採用之。

建築式與風景式庭園之特徵，既如前述，惟僅用建築式，不免失之單調，僅用風景式不免失之寂寞，故爲調和園景計，似以兩式並用爲適，以濟其窮。庭園之兩式並用者，謂之混合式 (Mixed style) 庭園。混合式庭園普通採用者爲：

一、風景式庭園中，將建築式約略加入。

二、建築式庭園之傍，以風景式庭園聯絡之，

風景式庭園中，以毛氈花壇（Carpet bed）及種種景物配列之，足濟風景式寂寞之敝。茲將其所應注意事項，分列如次：

一、注意透視線。

二、廣漠原野間之花壇，及整形景物，不宜顯露。

三、有損周圍風光之人工建築物，務以樹木遮蔽。

四、兩式相混宜緩，接合不宜過驟。

第五節　庭園之區劃

關於大體設計之種種預備，調查完了後，設計者卽可從事於圖上之設計。設計之第一步，各部之區劃是矣。庭園之區劃有類於居屋之分間，居屋之若者爲寢室，若者爲客廳，若者爲廚房，一猶庭園之宜若者爲前庭，若者爲後庭也。庭園各部分，美及實用，合理之配置，及其各種局部之細分，乃庭園設計重要工作中之尤者也。

庭園恆以房屋之位置，而左右其區劃，小庭園中之前庭主庭，後庭之配置，全視房屋之分間，以決定者也。爾外若門，及井等建設物之配置，不惟與房屋之分間有密切之關係，且同時復爲庭園之一局部。故住家與庭園之設計，同由一個人擔任，爲設計之最理想者。不然對於房屋之配置，亦宜參酌造園家意見，以決定之。然則某預定地積內，住宅究宜如何配置耶？論斯，卽當注意於住宅與庭園之關係，及其所宜調查之各點。若住宅入口與公道之關係，陽光與通風之關係，地形及地上物之關係，庭園與附屬建築物之關係，及家屋之門房，食堂，寢室，客廳，廚房等之位置，及與以上各部關聯之入口，前庭，主庭，後庭之配置等，皆所當注意者也。外門房，接毘入口前庭設也。食堂以設於主庭，或前庭之內爲最有利。寢室之部分，雖極重要，然與庭園無甚關係，蓋於洋式建築，類置樓上，故其位置之選定，無須如何措意也。一般洋式建築之入口，以在住宅之北側爲最佳，而以西側爲次之。夫如是，主庭始可於陽光普照之東南兩側設之，蓋乃方位中之最優者也。都市住宅，以不能如郊外住

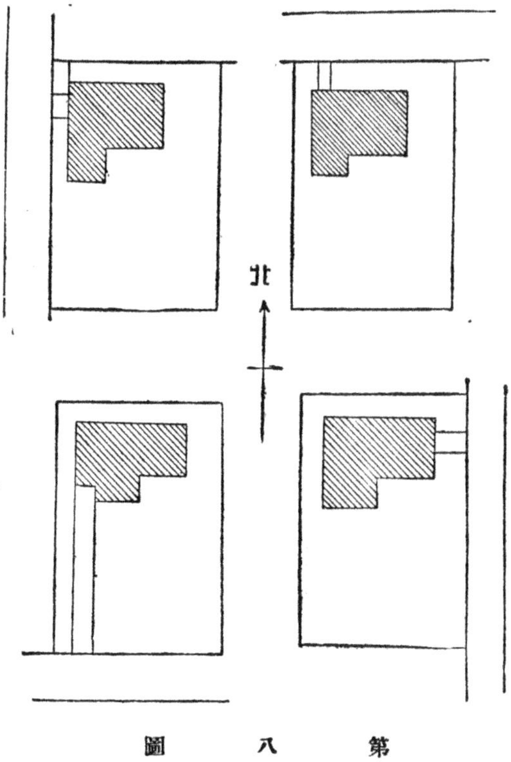

第八圖

宅之自由選擇，故其各部之配置，務宜益加注意為要。上圖所示即為以主道關係，於最優位置，設置主庭並配置大門及前庭之例。

主庭務以設於優良位置為原則。故其面積務廣取之，甬道以直而短者為宜，前庭宜狹，其與他庭隔離者尤佳。惟美國住宅之向公道建築者，多設寬大前庭，且有將食堂客廳，向前庭設置者。其主張家庭生活中心者，對於前庭本位之庭園，頗非難之。歐洲德荷諸國除少數例外外，皆有反對前庭本位之趨向。

建築物之位置，決定後，庭園之前庭，後庭，即可區分。後庭為一家族共同觀賞之庭園，其種類亦繁，凡招待賓客之運動場，及實用主義之菜園，花園，岩石園，林園(Wild garden)等皆其類也。且以地位，故有設置中庭，及屋頂庭園者；此種庭園之種類及其區劃，則依住宅之位置，及所有者之階級異致，未可概論者矣。庭園區劃之本旨，蓋在設計者之理想，所有者之要求，及其土地之自然狀況，三者相互間之善為調和。故設計者，須將所有者之希望，及土地之條件，詳加考慮，然後於可能範圍內，參以個人理想設計之。不然，徒擲金錢，對於實用既無濟，美觀上亦未有不失敗者。

庭園之區劃，有類居屋之分間，既如前述，區劃之先，宜權其輕重，默予順次，將最優位置，為首要部分設置之處，然後漸及於其次要者。其面積稍大者，於其各部分之重要程度，及其面積與位置之確定與否，須充分吟味。例如花園，果園，林園之面積，可大可小，網球場則面積一定。花壇則宜有充分陽光。此數者，各有特質，宜善為設計，未可任意配置明矣。

第六節　庭園之部分及其聯絡

現代要求之庭園，除普通之前庭，主庭，使庭外，若實用而兼娛樂用之花園，菜園，果園，及兒童之遊戲場，網球場等之戶外運動場，市街住宅建築，及牆壁間之中庭，鋼骨建築物，利用屋頂建置之屋頂庭園面積較大時廣袤之草地，及由自然風景之森林，池沼所形成之林園等各部分之需要亦殷。爲實用上統一及聯絡上便利計，實有園路之必要存焉。茲就各種庭園之部分，簡單說明如次。

其一　主庭

與起坐間(Living room)及食堂(Dining room)相對之庭園，謂之主庭。(Main garden)主庭爲家族共同觀賞之庭園，最足發揮家族之特徵者也。主庭與起坐間食堂最相密接；或綠蔭之下，讀書談笑，或棹椅橫陳，闔家團聚，爲戶外室之利用，最頻繁者。故其位置，宜於庭園中最優部分設置之。設置主庭之處，務宜利用背景，至於陽光亦當充分注意。

爲主庭中心者，爲草地，草地乃戶外室之綠茵也。台坡階段，與草地直接，園路宜環繞之，切避橫貫草地之一部。在不損美觀範圍內，酌植蔭樹，以備盛暑納涼之需。綠蔭樹，對於草地，得增立體的美，其適合與否，左右主庭景觀者實鉅，故其所植，無論美觀，實用，均須充分注意也。

爲增加此部之鮮明，及四季之變化計，當以花壇，境栽等，環繞草地周圍，並於其外側，增植修剪枝葉之綠籬，俾與他部相區隔。於背景後側，栽植樹木，益增強感，俾呈主庭獨占之概。

爲主庭機能益臻完美計，宜將園舍及坐椅設於主庭一隅，有時且有特設休憩所，池泉，噴泉，壁泉等以益增景觀者。

其二　前庭

前庭(Fore court, Front yard) 爲由喧囂都市，跨入和樂家庭之門戶。其景色至足爲家族個性，及趣味之表現。且前庭接毘公道，常以都市審美，有受法定建築線之制限者。地積之過狹，而未能設置前庭者，恆於門房前設置花架，以資常春藤等植物之纏繞，及花鉢等之架置者。爾外有以主庭代前庭用者，亦有以前庭爲庭園之本位者，東南兩側之與公道接毘者，其庭園設計類如是也。前庭面積，大抵以全體面積爲比例，都市中住宅及小住宅中，主庭無充分面積，設置可能者，務於最小限度內縮小之。前庭之設於北及西側者，設置前庭法中之最經濟者也。

邇來上等家庭，類有汽車之置備，以是車房，迴車道，及車道之設置，俱爲必要。爲汽車迴旋便利計，其半徑須有二丈五尺，故前庭中之設置汽車迴車道者，其寬至少須在五丈左右。爲節約地積減免犧牲計，可設左右兩門，前庭內闢半圓車道，俾汽車可由一口駛入，一口駛出，則地積用量，可以減半。其僅設一門者，則可築Y字形車道，以便汽車廻轉地積用量視前法益省矣。前庭之絕無餘地者，可將車房直接公道築之；車房全長丈許，進身倍之。故前庭之寬須在二丈以上，有將房屋之一部，或其側面，以供車房之利用者，是在當事及設計者之善爲配置矣。

前庭之意匠，不惟宜與建築調和，同時且應注意公道，及其環境。四季景觀，務須無多變化。晒物場，及儲藏室之有礙觀瞻者，以前庭與公道接毘，務須於隱蔭處設之。其與便庭聯絡及設於便門近處者最佳。

大門與牆垣之意匠，亦爲前庭設計上之最重要者。其高以與目高無甚出入者爲尚。各國住宅四周，類以低矮之土堤，石垣，綠籬，或鐵柵圈之。美國且有將圍牆廢止者。我國都市住宅，除比屋而居，無圍牆之必要外，其在居家稍疏之處，類以磚牆，及雪柳，枸橘等耐刈植物所製之綠籬繞之。外人住宅前庭，類於北側築之。我國邇年來自洋式住宅盛行後，頗有仿行之者。北側以陽光微弱，不適樹木生活，故於樹種之選擇，亦宜加注意也。

其三　便庭

便庭(Service yard)與廚房相聯，乃日常生活上最重要，且最宜清潔者也。廚房附近，最易不潔，且以用水頻繁，易致陰溼，故其地面，務以洋灰或柏油等鋪之。於其排水工事尤應注意。洗濯場，及晒物場，即附設於斯。便庭類設於屋之北或西側，且地面隘狹，極易陷於乾燥無味。其除用以防塵及蔽蔭者外，可勿多量植樹，外壁可以纏繞性植物，常春藤，凌霄花等植之。爾外若鉢，瓶，壺等，皆爲有益之飾物，與庭園他部以花垣或盆栽隔之，以示各別。

其四　中庭

中庭(Court, Hof; Patio)環繞於建築物中，面積較小，通風採光，亦較困難，故在夏季較爲涼爽。中庭濫觴於埃及，英吉利，西班牙，伊大利諸邦，頗多設置之。我國廳堂前所設庭園，蓋亦屬也。以環境關係，使用材料，每多制限，栽植植物，以常綠耐陰者爲夥。爾外或以盆栽陳設，以資裝飾。池面類以磚石平鋪，水之利用便利處，可設噴水，壁泉，以增景觀。

其五　屋頂庭園

屋頂庭園(Roof garden)亦稱屋頂花園。都市中，人烟稠密之區，及商業繁盛之處，不惟無餘地，供庭園之建築，卽中庭之設置，亦以建築過高而不適。故都市中建築堅固，而防火完美者，屋頂之庭園尙矣。

屋頂庭園，採光通風，雖極充分，土地利用，則殊困難，樹木之稍大者，類於大型之木桶中植之。屋頂庭園，對於涼亭，及花架之需要，至般屋上陽光充足，極適於兒童遊戲場之設置。上海之先施，永安，新新三公司，及大世界等遊藝場，均有屋頂庭園之設置者也。惟以遊戲場附設其間，喧噪過甚，殊不足以招致上等遊客之流連，爲可憾耳。且所植花木，亦僅限於盆栽，生氣寂然，以視各先進國之壅土栽植，宛如平坦地者，相去遠矣。

其六　實用園

實用園云云，菜園，果園，花園之類屬焉。上述各部，區劃就緒後，尙有餘地，可以利用時，務設置之。實用園之設置地點，須擇日射充分之處，其在便庭附近者，利用較爲便利，主庭之後方側方，皆其設置適地也。實用園，對於主庭，不惟足供背景，兼可延長軸線，故在邊境及其軸線先端，如以園舍涼亭，及綠門等飾物設之，頗有增進園景之效。其地如視主庭略低，與主庭間用石階相貫，則景物尤覺清雅也。

實用園形式整齊，故其設計亦較簡單，有於園之中心設置泉水，繞以花卉，並圍植蔬菜於其四側而周圍及園路兩側植以果樹者；蓋乃實用園中之混合園也。果樹可用綠道街樹等各種形式栽植，以增景色，由葡萄構成之花架，可另於園之一隅設之。鷄舍及肥料用舍，則亦應注意裝飾，俾便利用，爲使於注水計，水池及其類似設置，亦爲必要。如地點適當而處理得宜者，殊於美觀有裨也。園地狹小，而無實用園之設置可能者，應以果樹中較美觀者，就主庭植之以備觀賞之用；抑亦經濟而兼美觀者也。

其七　運動場

庭園之有充分面積者，應依家族之需要，而爲各種運動及遊戲場所之設置。兒童所需，面積較小，尤爲必要。就中除兒童運動及遊戲所需之滑臺，鐵槓，砂場，鞦韆，浪木等各種設置外，尚有餘地可資利用時，則足供成年子女之玩賞，兼資社交上利用之網球場，亦爲家庭運動所必需而不可或缺者也。

兒童遊戲用地，面積須有三十乃至六十方尺，地點應擇房屋近旁主婦耳目所及之處設之。周以綠籬圍繞，俾另成一區；在此區域，日射亦爲必要。惟爲避免驕陽逼人計，須於場之一隅，栽植蔭樹，以備休憩之需。水與土之接近既爲兒童天性之所好，抑且保健衛生上之有效者也。

網球場之位置，可於略離房屋之低地設之，地勢傾斜時可築成臺坡，而以涼亭花架等點綴之。不惟景色得資增益，抑亦更衣休憩所必需也。長軸以南北向者爲佳。南北兩側，如能栽植茂林，以資庇蔭，尤切實用。惟網球場面積一定，並爲防止逸球計，四周之鐵絲網，亦爲必要者；皆區劃時所應注意者也。歐美各國，且於庭園中，有設置游泳池，並利用大草地，以爲投球場（Bowling green）者。

其八　林園

庭園之地積廣袤者，於房屋附近，設置各部庭園之外，爲增進自然風景計，當有林園（Wild garden）之設置。林園設計，純取天然之森林，原野，及湖沼等一切自景色，與普通庭園，迥異其趣。宅旁林，蓋亦林園之一部也。林園對於主庭，及其他各部，具有背景之重要功能，故宜作通景線（Vista line）俾便眺望之需。其面積之較大者，林園中復有網球場，及以實用爲目的之果園，菜園，花園，及温室，風車，農舍等各種設置，以增自然景色者。

第七節　庭園中之局部設施

庭園各部，區劃既竣，爲增進景物，而供觀賞計，其局部設施，乃庭園中之不可缺者。局部設施，依其構成材料，可分爲自然材料，與加工材料兩種。玆分別略述如次：

一、植樹

樹木依葉狀有針闊之別，依樹性有陰陽之殊，依樹高有喬灌之違。樹木之種類既別，斯栽植之方式互異。建築式庭園中，則類依行列，綠籬，隧道等各種形式。自然式庭園中，則類依森林及原野等各種形式。應植之樹種及地點，應於設計圖中分別記入；其距離，尤須注意縮尺，以備施工時，得以按圖栽植。所需種類，數量，亦須於設計書中詳爲記入。樹木栽植，應注意其特著之色彩，形態，善爲配置之。

二、花壇

花壇 (Flower bed) 爲建築式庭園中重要設施之一。花壇種類，可大別爲花叢花壇 (Cluster bedding)，與模樣花壇 (Mosaic bedding) 兩種。其植多數花卉，俾成一羣或一叢，以發揮立體美者，謂之花叢花壇。其以積土，或草皮劃爲種種形式，列植小灌木，或矮性草花於其間，以發揮平面美者，謂之模樣花壇。惟花壇設計，須注意於色彩，形態，與建築及環境之調和，俾園景益呈無限之美。至於花卉，復須多多預備，以便交換栽植之需。

三、草地

草地 (Lawn) 亦稱草坪，草皮在庭園設施中，極占重要位置。草地用草，種類甚多，應擇蔓性多節，堪耐修剪者植之。其挺然蓬生者，殊於美觀有損也。歐美恆以數種，或數十種混合植之。其繁殖方法，可分爲播種，分根，及分株三種。西洋之耐寒性草種，多以播種繁殖，播種時期，春秋咸宜。播種之先，宜將土地翻起耙勻，並略施堆肥於其間。播種既竣，覆土噴水於其上。發芽後，仍應頻加灌溉，以便發育。分根法亦稱播根法，蓋用草根撒布地上，以待發芽者也。法將草根自草地掘起，切爲三四寸長，均勻撒布，並予覆土，注水其上，爲植草法中之最經濟者。分株法，乃由他處切取栽植者也。普通稱曰：「舖草」，係我國庭園草地繁殖之最流行者。切草之法爲便於舖植，及運輸計，每塊以長一尺，寬六寸，厚半寸者爲適。先將土地耙平，上敷細土，接毘或中空或相距二三寸依次舖植；用鍬背轆轤鎮壓，並灌溉之，其春植者，成活極易也。

四、花架

花架（Pergola）亦稱花棚，涼棚，綠廊，用以纏繞蔓性植物，而資蔭蔽日光，以備休憩者也。其位置，應於家屋，涼亭之四周，及園路之兩側設之。相隔丈許處，並立木柱兩行，並縱橫架列竹木於其上，即簡單之花架是也。其較精美者，則恆以大理石，花崗石，水泥，磚等各種材料，作成廻廊，以備花木纏繞之用。花架之下，配以坐椅，並用飛石，舖石或砂礫敷之，以增景色，而資休息。其纏繞用蔓性植物，則爲薔薇，木香，紫藤，白藤，葡萄，凌霄，牽牛之屬。

第九圖

五、涼亭

涼亭 (Pavilion, Summer house) 亦稱綠亭。除供庭園裝飾用外，復可備休息及眺望之需，雖形狀材料，不相一致，惟其色彩，構造須與環境相適。其位置類於丘陵頂巔，或花壇之中央與一隅設之。涼亭除用磚石製成者外，如欲富於野趣，則亭頂可用茅草樹皮，亭柱可用連皮樹榦製之。形狀有四角，六角，八角等各種式樣。其規模較大而設許多座席者，特稱"pavilion"。我國涼亭，類無牆壁，西洋式者，恆僅一面開放，三面皆以牆圍。其最簡單者，亭蓋作傘狀，中央僅立一柱。庭園之較小者，規模以小型者為宜。涼亭周圍，亦有栽植樹木，俾隱約林間，別呈自然之美者。

六、日規

日規 (Sundial) 為建築式庭園中之重要飾物，西洋造園家，頗好用之。設置地點，類在園之中心，或園路交叉之處。其製造材料，大別為植物與石材兩種。其應用植物者，普通栽植薔薇，棣棠等灌木性植物，或松柏類常綠樹木於花壇中央以示日蔭，而植矮性植物於其周圍，其間並劃十二數字，以備表示時間之用，此乃日規中之大型者也。大庭園中，最適用之。其應用石材者，普通於高約三四尺之石臺上，置平盤，刻以時間，並附指針：平盤以石版，或青銅製成，平盤形狀，四角，六角，圓形，皆可應用。

七、飾瓶

飾瓶 (Vase) 云云，乃以石，鉛，或陶器，青銅，所製之古代水壺，酒壺，香爐，酒杯，及瓶，罐，置於石座之上，並施彫刻於其周圍，或獨陳於道路之終點交點，或並列於欄杆之上部，與階級之兩側，以供裝飾者也。有於其上部盛以陶製花盆，而供栽植花卉用者；所謂「花瓶」(Flower vase)是也。花卉之栽於花瓶中者，應擇色彩濃厚，四時常綠者植之；灌木中之黃楊，杜鵑，龍柏，矮檜，及花卉中之鳳梨，龍舌蘭，仙人掌等，其適類也。

花箱(Flower box)以木製成，四角或多角形，用供灌木或草花栽植，而備庭園入口及室內窗側之裝飾者也。其所栽植物則以棕櫚，棕竹，椰子，雪松，柑橘，桃葉珊瑚，龍柏等，較爲美觀。

八、長椅

庭園內長椅(Bench)以暴露樹下及草地爲原則；故其質料，務以堅實耐久爲要素。製椅材料，可分木，石，鐵三種，其置草地上者，以能移動者爲宜。

九、花框

花框(Trellis)亦稱花格，用木製成，呈格子狀，及其他各種形式，以供牆壁，及門窗周圍，與花架兩側裝飾之用，而備蔓性植物纏繞者也。

十、階級

洋式庭園園基之爲傾斜地者，階級(Step)之設置，爲不可缺，各級之高及寬度，以升降不覺疲乏爲度。並爲增進景色計，得依其高低長短，變更方向築之，或用其他裝飾品，以濟其單調。傾斜地於階級之外，並予舖草蒔花者，則景色尤佳，所謂「臺坡園」(Terrace garden)是，亦庭園佈置之有效者也。

第二章　都市公園

第一節　都市公園之意義及其效用

都市公園(City park, Municipal park (英) Stadt park (德))爲都市生活上之重要設施，其計劃之步驟，設計之方法，已詳述於拙著都市與公園論中，故茲不贅。溯自北伐勝利，長江克復後，上海，南京，相繼改市，且以環境關係，市府組織，益稱完美，惟於公園建設，則除南京爲首都所在，較爲急進外，上海方面除由納稅華人會要求將租界公園免除舊禁，容納國人外，尚未聞有何種設施也。環察國內各市政府，對於公園事業根本不予重視。東西文明各國，著名都市，類有公園局，或公園科之設置。我國除南京市政府，設立公園管理處，以統制全市公園事業外，恐上海，北平，天津各市中，一時尚難有公園獨立系統之設置也。然則，我國市政當局，對於公園事業，其尚有幾許疑慮乎？請述公園之效用如次：

一、關於衛生者　據法國統計學家李斯拉氏(Lisler)調查歐洲主要都市之結果曰「肺結核死亡率之最小者，當以公園及自由空地（Open space）最多之國爲著。」蓋園積廣袤，空氣新鮮，公園樹木，有濾過煤烟之作用。故東西文明諸邦，都市無論巨細，幾莫不競置公園，且有漸策都市於田園化，俾適合於市民衛生者；未有如我國之漫不注意，或竟全付闕如者也。

二、關於教化者　公園不僅足以補助學生學校教育之不足，且無形中薰陶市民道德，其功亦偉。蓋公務之暇，瀏覽景物，大足恢復疲勞，消遣時間，我知入園遊覽者，當有顧物生情，（若偉人之銅像，及足供觀感之景物等。）漸移默化者矣。我國都市居民中除躭於賭博，徵逐酒食外，未知尚有正當娛樂，否市民道德之墮落，缺乏公園，實爲一大原因也。

三、關於保安者　公園關於保安之效力至大，當日本大正十三年九月一日，（即民國十三年九月一日。）東京地震，而繼以大火時，市民之避入公園中，而幸免一死者，不可勝計，故該國人民，於東都復興時，有擴充全市公園面積之請求。（據日本關東戒嚴司令部調查報告：當時災民之避入各公園者，約計十八萬人。）（見日本庭園雜誌帝都震災號）且公園尤可隔離市屋，阻止火災之延燒，返觀我國都市，不禁爲市民深憂！

第二節　都市公園之分類

公園可依其位置，及性質，大別爲都市公園，（市內公園）與天然公園，（又稱郊外公園，自然公園）兩種。都市公園，更可分爲休養公園，中央公園，娛樂公園，隙地公園，道路公園等數種。除天然公園，另章詳述外，專論都市公園之分類如次：

（一）休養公園（Recreational park） 所以供市民生活上之休養及慰藉者也。運動場係供青年及兒童之專用，而休養公園則爲中年以上之男女，及家族之利用而設置。至郊外之森林公園，（Forest park）乃休養公園中之面積較大者也。市內之休養公園，其位置在住宅區域中，以利用者之階級不同，其內部之設備亦自各別。日本內務省都市計劃局公園分類中所謂近鄰公園（Neighbourhood park）是也。田村剛博士名之曰界隈公園，日本界隈之義，蓋卽鄰接市民之意也。近鄰公園云者：以公餘食後，三十分或一小時間之休養，以運動筋肉，慰藉市民之心神爲主旨。此種公園，面積以在四五畝左右爲適中。設計要點，宜與公園道路（Boulevard）間，善爲聯絡，以便誘致市民。其位置以擇地形之變化較多，或接近森林及池沼者爲宜。形式概取自然，周圍宜以樹木密蔽，俾與都市之繁囂相隔，道路亦以曲線者爲適。局部設備，以市民之階級，互有差別。若噴水池，綠蔭樹，草地，花壇，長椅，涼亭等，均爲普通必要之設置。爾外若音樂亭，飼養舍，及運動場等，亦有酌量設置者。近鄰公園，普通依其附近居住之市民階級，分爲上中下三等；下等近鄰公園，乃貧民區及借住區中之設置也。在貧民區中，有益之休養娛樂，極爲重要。然以程度關係，其設計要旨，務取簡單，局部設備，務採耐久，普通內部絕鮮設置，綠蔭樹林中，設散步道，置長椅足矣。所植樹木，應擇樹體高大，且不易受他種機械危害者爲宜。具美麗花果者，萬不可用。灌木易遭蹂躪，亦不宜栽植。花墻四周，應繞以柵，（普通呈弧形，以鐵或竹材製之。）而防不測。園中宜豢養猿猴等各種愛嬌動物，便所，電燈，尤爲必要。下等近鄰公園，普通與小運動場，聯絡設置，間以草地，互隔各不相犯可矣。中等近鄰公園，則視前者得稍有秩序及規則之區劃。栽植樹木，除實用的綠蔭外，觀賞用之灌木花卉，亦當充分栽植，温室，噴水池，網球場，花架，音樂亭及小規模之動植物園，均可於適當範園內酌量設置之。就中亦有附設運動場者。上等近鄰公園，則以附近居民，類於私邸中休養遊樂之設置俱備，故其局部設備，與上述二者，亦以稍異；除温室，噴水，動植物園外，各種裝飾品，亦應多多設置，此種公園，以材料特多，故其配列，亦易流於不統一性，此簡明之區劃，所以爲必要也。

（二）中央公園（Central park） 世界各國，任何都市中，類有足以代表或紀念都市之道路，我國首都南京市新建之中山大道，即其類也。爲公園系統(Park system)之統一，及裝

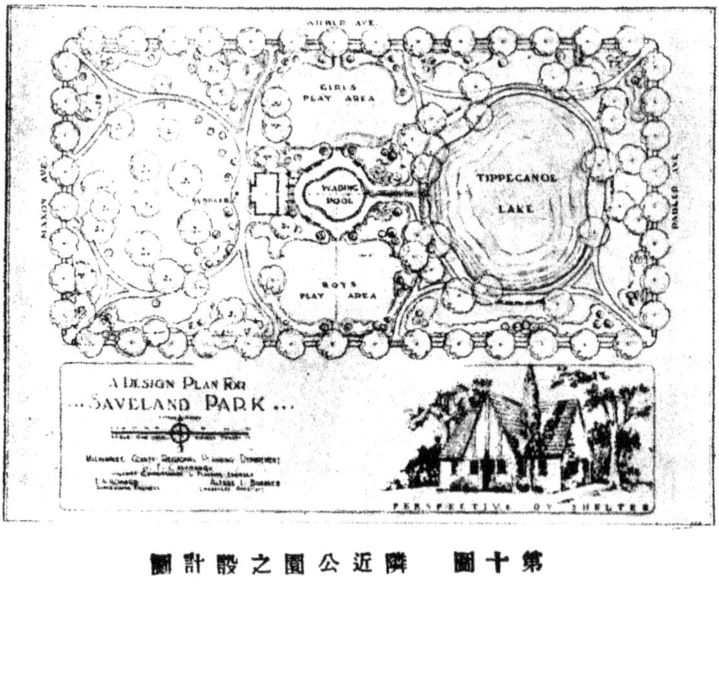

第十圖 鄰近公園之設計圖

飾之代表及紀念計，俱有中央公園之設置。美國紐約之中央公園(Central park)，德國柏林之動物公園（Tiergarten）英國倫敦之海特公園(Hyde park)，日本東京之日比谷公園，大阪之天王寺公園，即其例也。公園面積，依都市之大小及人口之多少爲比例。都市人口，在五十萬以上者，則中央公園標準面積，當在五百畝以上。公園位置，以在都市之中心爲原則，蓋卽市政府，公會堂，以及各種公署之所在地，而爲全市各方面之焦點者也。中央公園，宜具個性，以發揚都市之精神及特色。故其形式概取建築式，以配列各種設備，就中尤以紀念廣場及集會場所爲中心。且以之爲公園中樞，以區劃全園。故中央公園概爲輻射線式，公園入口，宜與交通機關，善爲聯絡，並多多設置，以便利遊覽。利用人數，及誘致區域(Effective-area)胥於是乎決焉。若我國各處公園之僅立一門，以資出入者，蓋尚未於公園之原則深思之也。

局部設備，除公會堂，市立圖書館，美術博物館，物產陳列館等各種都市經營之建築物外，臨時之博覽會，演講會等，及適於各種集合之廣場，亦爲必要。至於運動場，及紀念人物之碑碣塑像，亦皆中央公園之重要設施也。

（三）娛樂公園(Pleasure ground)　娛樂公園所以集合戲館，及各種遊戲場，飲食店於適當地點，以形成者也。娛樂公園，雖不必盡設於住宅區域中，然於市民能徒步可達處，當適當分布之。園內公衆道路，至少須在二條以上，俾得緩和危險，及防止喧雜。車馬以不通過園內爲原則。中央設較大之廣場；廣場中除栽植綠蔭樹外，並宜設置休憩所，避難所，便所，電話，長椅，避雨所等，以利市民。我國各都市娛樂場，類散置各處，保安取締，及營業上窒礙殊多，甚非經濟及審美之道也。上海，永安，先施，新新三大公司之屋頂花園，電影場，劇場，飲食店，設備至爲完美，且間有庭園之佈置，足爲娛樂公園類似之例，惜爲立體式而非平面式，應有之設施，未能一一置備，且位置過高，危險頗多，殊不足爲娛樂公園法也。

（四）隙地公園（亦稱餘地公園）（Left over area） 利用都市中低溼地，傾斜地，河岸等，及以市區區劃形成之不規則的土地，難於建築房屋，而以之建設公園者也。此種土地，普通所有面積，不甚廣大，

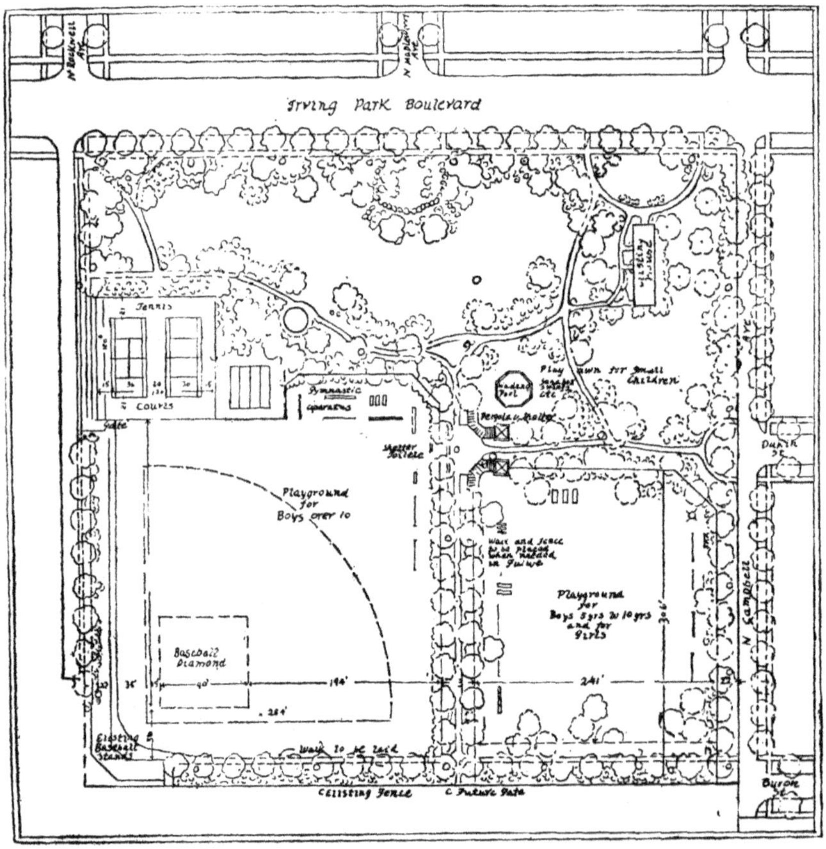

第十一圖 兒童公園兼隣近公園之設計圖

設置運動場，及其他休養設備，咸感困難，故此種公園，僅供道路之裝飾及都市之紀念而已。然以接近街道，旋踵卽是，利用至便，亦都市中有力設備也。其設計宜注意外觀，如面積較廣，則可置備銅像紀念碑，涼亭，長椅，小池等各種重要設施。周圍宜密植樹木，中央應設廣大之砂地，草地，其至小者，亦應設置長椅，涼亭，以供市民休憩之用。至若花壇及其他常需管理撫育者，則不宜於此種公園中設置也。

（五）途中公園（亦稱經由公園）(Pass-through park)

設於街道之交叉點，乃一交通廣場之變體也。普通公園中，例禁汽車之通過，然途中公園，爲謀交通便利計，亦有許可汽車通過者。惟許汽車通過者，應另築步道。此種公園之路側，應栽植列樹，與各種灌木。至若長椅，電燈，涼亭，便所，自動電話，亦皆爲重要之設置。環境優良時，且可裝設噴水池。草地之不易維持者，可以砂地代用之。花壇之必須設置者，花草配列，亦應力避精細，蓋以途中公園中，秩序較難維持故也。

第十二圖 青島安徽路途中公園之一部

第三節　都市公園設計之原則

都市公園設計之原則，可大別爲實用的，與美觀的兩種。左列諸要點，乃實用的原則之所應注意者也。

一、適合　公園設計，對於一定土地及環境之適合，爲實用上之必要條件。例如鑿池濬渠，築亭鋪草，皆應利用地形，適當配置者也。他如公園之區劃，當與周圍之河川，道路及建築相調和，各種建築物，若涼亭橋梁之配置，亦應與利用目的相吻合，所謂各種設計，均宜適合於實用者也。

二、區劃　公園設計，除調查測量製圖等準備工作外，實際設計之第一步，即爲區劃。蓋公園之局部，各有其特殊之目的，故欲充分發揮其效能，不可不有嚴密之區劃。公園區劃，以道路爲基線，是以道路設計之適否，公園命運之消長繫焉。鎮江伯先公園（舊稱烈士趙聲公園）之設計，著者依其目的及環境關係，共分爲草地，紀念，森林，園藝四區；其區劃理由具載於設計書中，閱者可參讀也。（都市與公園論及中央大學農學院出版之農學雜誌第二號中均載之。）

三、聯絡　公園與各局部間，既有相當之區劃，以發揮其個性，同時各局部間，務須互相聯絡，俾全體形成整個系統。故局部聯絡，爲公園之要件，蓋亦即公園之特色也。爲公園中各局部聯絡計，連貫全園之環遊道路，爲設計上重要設施。其他各運動場之附近，涼亭，及長椅等物之設置，爲實用上聯絡計，設計時，均應在在注意者也。

四、主副性　凡實用物，於主目的以外，必有副目的，惟於主副二者間，須有明瞭之區別。例如公園道路中，聯絡重要局部之幹線，與其他支線間，其路面之寬度，及鋪築之方法，皆當分別主副，不可混淆者也。

五、境界　公園與其周圍應有適當境界，俾免園外惡氣之侵入，兼資都市雜沓之間隔。其設備或植綠籬或築園牆，均視其位置，及環境而異。

六、便利　公園爲公衆所用之庭園，故其設置，務以適於公衆利用爲尙。當設計之先，對於市民之休養時間，休息方法，運動時間，及社會上各種習慣，均應詳爲調查，以便設計時，善爲配置。

七、民衆性　公園設施中最重要者，爲普通家庭中設備所難得者，如廣大之運動場，噴水池，音樂亭等之設置，至爲重要。

公園設計時如能依照上列原則，善爲考慮，則所設計之公園，類能充分利用，可無抨擊餘地矣。茲更舉其美觀的原則如次：

一、調和與對比　公園設備，與周圍在在有密切之關係。其色彩形狀與周圍無甚軒輊者謂之「調和」(Harmony)其突然變異令人發生特種觀覽者，謂之「對比」(Contrast)調和與對比，非性質相殊，乃程度之互差耳，例如公園與周圍對照二者間，有共通之點，亦有特異之處。如前者勝於後者，則成調和；後者勝於前者，則爲對比，此所謂公園與周圍間之調和與對比是也。大公園之設計，於內部之調和對比，務宜善爲注意，適量配合之。

二、寬大　都市生活中，最感痛苦者，卽爲廣大景色之不足。故公園設計上，務宜予遊人以寬大之感，以濟都市生活之憾。公園中如無廣袤之水面及草地，則入園遊覽，輒覺生氣索然，公園效能斷不能發揮裕如也。惟公園之寬大云者，絕非利用廣袤面積，始能形成之謂，乃用種種方法，以表示者也。如簡單其構造，制限其材料，或隱蔽其局部等，均足增進遊人以寬大之感。是在設計者，善爲注意之耳。

三、比例　比例，爲公園設計之美觀的原則中之最重要者；凡物體外觀之大小，均依比例而左右之。例如假山築亭，水池架橋，均當大小相稱，不然外觀上頓呈不調矣。故公園中道路，樹木，及各種建築物之大小，均應注意比例，善爲配置之。

四、個性　一個都市中，公園之數量甚多，所有諸公園，切避雷同，以發揮其個性之特質。故公園設計者，亦應不拘習慣；注意創作，蓋公園設計之創作，卽公園個性之所由生也。

五、韻律　公園景色有以進行而呈相當之變化者；此種變化，謂之：「韻律」美的韻律，於公園設計上，至爲重要。歐陽修醉翁亭記「峰廻路轉，有亭翼然臨於泉上者，醉翁亭也。」何，卽所以表示韻律之美者也。

六、自然美　公園形式雖有建築與風景之別，然公園形式之爲建築式者，亦當注意風景，俾市民業餘得享自然景色也。查我國各處現有公園中，建築物爲量過多，幾爲舉國通病，茶肆食館，喧囂終宵，嘗見瀋陽西邊門外所有公園，賣舖櫛比，有類市場，殊爲著者所不取，深盼有以注意之也。

第四節　都市公園設計之實施

公園設計(Park design)云者：乃於一定範圍內之土地上，計劃公園，而爲相當之設備者也，然公園與庭園，異其趣致，故負設計之責者，無論技術如何熟練，對於土地情況之調查，及公衆要求之審察，仍不可忽。蓋公園設計，極宜審愼從事，斷不可僅憑圖面，任意計畫者也，茲舉調查項目之要點如次：

一、所在地　公園預定地之所在地點。

二、管理者　管理者，普通爲國家，省，縣，都市，及各種團體個人等。

三、土地之所有者　土地所有者，普通屬於國有，公有，私有，而公園預定地，周圍之所有者，亦須詳爲調查，俾便必要時，備價購入。

四、面積　公園預定地之面積，須詳爲測量，製爲圖面，俾便設計時精確計畫。境界狀況，亦應同時調查。

五、海拔地勢地質土壤　海拔高低，足以支配植物之種類，地勢峻緩，足以左右工程之難易，地質土壤，與植物生長，更有關係，故設計前，均須詳爲調查，俾便適順選用。

六、氣候　最高最低溫度溼氣之變化，降雨量，風向，風速，及暴風之季節，方向，強度等，均須詳爲調查，俾便設計時各種計畫之趨避。

七、風致　公園預定地原有風致之優劣，數量，狀況，均須詳爲調查，俾便設計時之取捨增損，尤應注意背景。(Back ground)。

八、史蹟天然紀念物　史蹟，及天然紀念物，亦爲公園中重要因子。設計前，須詳爲調查，並於實測圖中，精確標識，俾便施工時，益予修葺，以誌紀念，而壯觀瞻。

九、公園所在地之都市計劃　公園計劃，佔都市計劃中重要位置，故於公園設計前，應善爲注意，俾得交相適應。

十、附近名勝地　公園附近名勝地之距離，種類，特點，均須詳爲調查，俾便公園系統上之聯絡。

十一、公園使用者　公園使用者之種類，人數，時期，方法，時間，均須詳爲調查，俾便公園面積，景色，佈置，設備種類，及開放時間等之決定。

十二、公園之主目的　娛樂，保健，教化，等各種主要目的，亦宜詳加探詢，以便公園內部設計之決定。

十三、公園內外之交通機關　交通便否，足以支配遊覽人數之多寡。故設計前亦宜詳爲調查，俾便設計時趨避之需。

十四、工人供給之狀況　工人供給便否，足以支配建築費之多寡。

十五、公園設計築造管理等費用之預算　以資決定所需各種經費之參考。

十六、公園與地方風俗經濟之關係　以備決定公園個性，及經費數額之參考。

十七、公園之人爲與天然的危害　以備管理保護上預防制止方法之取捨，及設計施工之趨避。

十八、附近之樹木花草及庭石(Garden stone)水流等各種造園材料供給之狀況　以定配材之便否及所需經費之多寡。

以上各項調查之詳簡，依公園之種類，大小而異致固矣。然各種調查事項，公園成立後，俱爲有用材料，故其調查，務當不厭求詳，而臻精密爲要。調查事項中之須測量繪圖者爲位置圖，及地況圖。位置圖之縮尺，普通用五萬分之一，乃至千分之一。地況圖，普通用二萬分之一，乃至五十分之一。公園預定地之爲山嶺者，地況圖中，務將同高線精密繪入。爾外如有建築物時，須繪平面立體兩圖，其縮尺爲六百分之一。預備之調

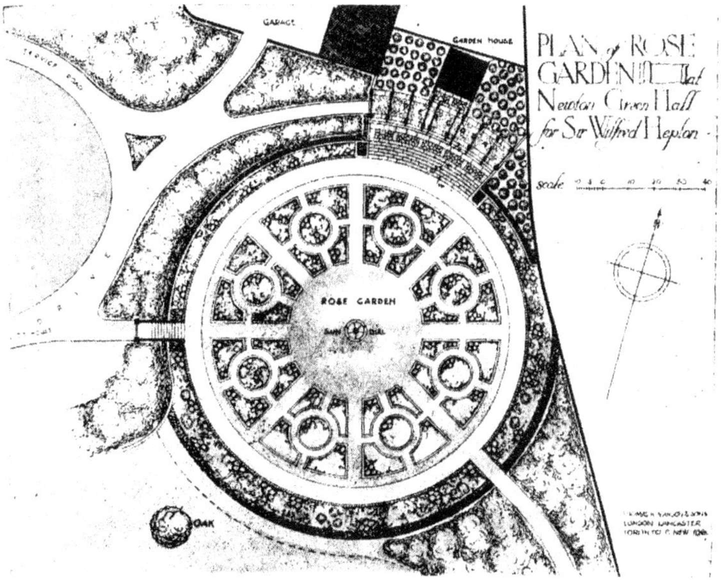

第十三圖　薔薇園之設計圖

查旣竣，始可漸入於設計之本業。玆述其設計上大體之順序如次：

一、設計之根本方針　凡一公園之設計，預備調查告竣後，根本之理想以生，此種根本之理想，即所謂：「根本之方針」是也。根本方針，蓋所以支配全體之設計法則者也。普通公園設計之根本方針云者，概先從公園形式之選定入手。

二、位置與區域之選定　公園位置，普通依照公園系統決定之。然就中不乏有爲天然條件所支配者。例如依都市計劃產生之街市交叉點，終止點，及三角空地等之可供公園利用者甚夥。然以地位複雜，每與理想不易吻合，遇是種情形時，當與他處土地交換，或與鄰地併合，以冀達到目的。

三、公園形式之選定　公園設計之根本方針，其最重要者，即爲形式之選定。公園形式，亦猶庭園，各國異致，惟公園形式以國民生活，及國土情狀，著異其趣，此公園復與庭園絕殊者也。公園形式可大別爲建築式（Architectural style）與風景式（Landscape style）兩種。建築式云者，其材料及各局部，概具規則性，而爲人工的或建築的形式。其立體之建築，類有台坡噴水，及階段等之設置。休養地隙地公園，及公所前庭，均適用之。平面之建築式，類爲平地之公園；園中概有花壇，草地，列樹，及噴水等設置。都市中裝飾廣場，途中公園等，均適用之。就兩種形式而共同研究之，俱有直線式與曲線式之別。都市之小公園，類取直線式。隙地公園，中央裝飾廣場，及公所前庭等，有用曲線式者。惟曲線直線，應依道路，栽植，及建築線等，善爲配置之。一公園中，類同時應用，絕非嚴密區別者也。

風景式云者，其設計上所用之線，類皆接近自然，地形之有變化，而面積較大之處，若市外之休養公園，森林公園，例採用之。風景式公園，邇頗盛行於德美等國。至若英國之田園都市（Garden city）則又風景式中之特著者也。公園形式之選定，當注意於地況，位置，面積，及公園之目的，經費之預算，若貿然從事，則得免失敗者鮮矣。

四、全部之區劃　公園之區域，及形式決定後，即可從事於公園內部之設計。惟關於各部之區劃，須具充分之知識。例如網球，棒球等場之面積，以及噴水，水池之構造，設計者，如不能完全瞭解，則公園之區劃，未有不失敗者。公園各局部之種類及大體之形式決定後，則公園之區劃已告粗具矣。公園之區劃，應依各局部之目的，擇最適之地位配置之。然後聯絡全部，而成一統一性之公園。公園區劃爲設計工作中之最複雜者，大體決定後，復應於圖上精密修正之。公園區劃，爲公園運命所繫，故設計時，務宜於審美及實用方面，善爲考慮之也。

五、局部之配置　公園之形式，既經選定，則局部之配置即可着手。惟局部之配置，須先將公園之設備決定後，始能從事。配置之要則，乃依局部之種類及其要求，予以最適之位置，並於全部之設計間，便其互相聯絡，俾適於實用及審美者也。局部配置之原理，雖極簡單，然非有熟練之技術，不易得宜。局部之配置決定後，宜依公園之大小，應用千二百分之一乃至百分之一之縮圖，繪示其設計之大要，俾便施工。局部配置既成，最後始着手於各局部之設計。當設計各局部時，其各局部之材料，構造等各種問題，宜從全體着想，不可僅限於一局部，此設計者所最宜注意者也。其局部之設備雖極完美，而從全體觀察，無甚價值者，即未能注意於上述要點，而有失全體之統一者也。局部設計，與建築土木栽植等各種問題，皆有相互關係，故普通除詳細之平面圖外，有需側面圖，及斷面圖，透視圖者。其縮尺類用百分之一或千分之一，且有用原物大者。

六、施工之設計　公園施工概自整地入手。整地告竣，即可從事於土地之區劃及道路溝池之土工。其次爲房屋之建築及大樹之移植。最後始爲草地與各種地被物之舖置，及灌木類之栽植。說明土木建築以及栽植等各種施工方法之平面施工圖，至爲必要。普通公園之施工，類依以上所述之順序進行之。其公園之爲大規模者，自開工以迄落成，所有工程每繼續數年或十數年後，始能竣事，故施工順序，因亦稍異。植物與建築物，無關係者，務宜先爲栽植，俾得早日扶疏成蔭，蔚然大觀也。

七、經費之預算　欲完成公園設計，經費預算，實爲要圖。惟公園設計之需長期間，而規模較爲宏大者，材料人工以及各種費用，以時以地，頗多變化。樹木及其他觀賞用各種植物，易遭暴風，蟲病，每需補植，欲求精密預算，實非易事。對於公園經費，須有伸縮性，而免拘束難行爲要。

爾外公園於長年月間對於自然變化之處理，及設計落成後，應如何維持等各種問題。均應於設計書中，詳爲記入，所謂管理之設計是也。故管理設計，亦爲公園設計之一部；而預備調查，爲基本設計，及管理設計之準備工作也。

第五節　都市公園計劃

都市公園，於都市生活中至爲必要，既如前述；然一都市中，公園之個數，面積，位置，當視都市之面積，及人口，以適當分配之。故公園計劃，與都市計劃，同爲改造都市之重要事業。即欲完成關係都市內外之交通系統，及上水下水系統時，即不可不於公園，樹立一種系統也。

公園系統(Park system)云者，即一都市內外之公園，與將來所擬增設之公園間，相爲聯絡之系統的計劃也。換言之，凡關於各種公園之分布，並相互間聯絡之組織，即爲公園系統。故當計劃一個公園時，當先研究全體之公園系統，以決定其種類，位置，及面積區劃，斷不容其單獨之處理。若我國各都市公園之任意將寺院，及其廢地改建者，則去公園系統之旨遠矣。

公園與公園間，以公園道路(Promenade, Boulevard, Park way)相聯絡之事蹟甚早，恐與公園之濫觴，殆無軒輊。然與都市計劃相關聯，依市民之利用上着想，而爲適當之分布，則猶近世中發達者也。古來都市之公園，殆皆爲偶發的發達，倫敦，巴黎，柏林之主要公園，皆由私用及公有地而爲公園之設施者也。巴黎主要公園中之在市內者，其成因，類爲偶發；即其舉國著稱之賞埃利塞公園道路(Boulevard Champs Elysee)亦隨都市之發達，撤廢古城，以其遺跡改建，故其爲環狀路線，亦非預定者也。巴黎都市公園系統，形成同心圓形，秩序整然，至爲合理，驟視之，若有所謂精密之計劃者在。抑知皆以偶發之結果形成者耶？反之，由都市中心，作放射狀，以爲公園系統之發展者，亦至自然。合理之計劃，新都市之創建，及都市之擴張計劃上，至適用之。我國近數年來，城郭之以撤廢聞者，接踵而起，其遺址多未能爲合理的利用；巴黎公園道路，及德國城址公園(Schloss park)之計劃，深望有以借鏡之也。美國

東京市公園配置圖

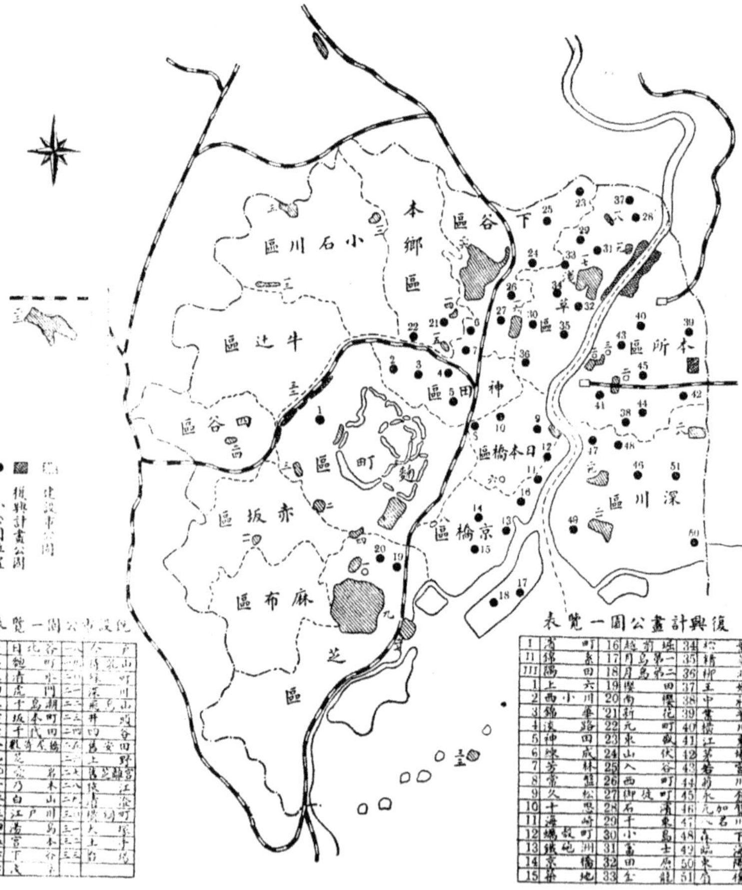

既設市公園一覽表

一	日比谷	一八	今戶
二	麴町	一九	待乳山
三	清水	二〇	綠町
四	虎門	二一	深川
五	千鳥淵	二二	飛鳥山
六	坂本町	二三	[illegible]
七	千代田	二四	[illegible]
八	數寄屋橋	二五	舊安田
九	芝	二六	上野
一〇	[illegible]	二七	舊芝離宮
一一	乃木	二八	猿江
一二	白山	二九	[illegible]
一三	江戶川	三〇	[illegible]
一四	湯島	三一	大塚
一五	宮本	三二	[illegible]
一六	下谷	三三	[illegible]
一七	[illegible]		

復興計畫公園一覽表

I	濱町	16	越前堀	34	[illegible]
II	錦糸	17	月島第一	35	[illegible]
III	隅田	18	月島第二	36	柳北
1	上六	19	櫻田	37	玉姬
2	西小川	20	南櫻	38	中和
3	錦華	21	新花	39	業平
4	淡路	22	元町	40	橫川
5	神田	23	[illegible]	41	江東
6	練成	24	山伏	42	[illegible]
7	芳林	25	入谷	43	若宮
8	常盤	26	西町	44	[illegible]
9	久松	27	御徒町	45	[illegible]
10	十思	28	石濱	46	元加賀
11	[illegible]	29	千束	47	八名川
12	蠣殼町	30	小島	48	森下
13	鐵砲洲	31	富士	49	[illegible]
14	京橋	32	田原	50	[illegible]
15	築地	33	金龍	51	[illegible]

第十四圖

紐約及舊金山等各市內，五千畝以上之大中心公園，當日設計，類依土地之自然趨勢，雖非偶發，然與全體計劃無甚關係，對於今後之都市計劃，斷難適用，故與偶發似無稍異。嘗考堪薩斯（Kansas）公園系統之成因，當西曆一八九三年時，市雖極小，然公園系統（有三二五・四五英畝之公園，與九・八五哩之公園道路。）已燦然具備，早臻大成矣。迨一九〇九年，市益擴大，且設斯沃潑公園（Swope park）於市外，規模益宏，一九一五年，益加擴充，而斯園地址，又為市內，迨後公園道路日益延長，約可百英里，公園分布，亦遂臻完美矣。據之，斯沃潑公園之成因，亦為偶發，特頗適合於全體之公園系統計劃耳。芝加哥（Chicago）等市，亦莫不如是。

公園系統，非僅限於一都市也。即鄰接之數都市間，亦可相互糾合，集成一種共同之公園系統。即於國立公園，縣立公園，與附近之名勝古蹟，溫泉場，海水浴場，及避暑地等，亦靡不可構成一種地方的或國家的公園系統。美國各地間鐵路，電車，汽車，汽船之交通網，遍布靡遺，舉國版圖，不啻一整個系統。噫！蓋亦盛矣。以大都市為中心，聯合近郊諸都市，以構成共同之公園系統者，以美國波士頓（Boston）大區域公園系統，為其濫觴。一八九三年馬薩諸塞州（Massachusetts）且於大公園區域，制立法律，選定委員，以計劃並經營該區域內三十八都市各住民休養地，及森林公園地間，以公園道路，互相聯絡之。爾外大規模之公園系統，為數極繁，不遑枚舉，蓋誠風景立國之典型也。

美國造園大家道寧藍氏（Charles Dawning Lay）對於人口十萬之都市中理想的公園之種類及面積，作左列之主張：

天然林野	七〇〇英畝
自然式公園	四〇〇英畝
小公園（十個）	二五〇英畝
運動場（五十個）	一〇〇英畝
廣場及其他	五〇英畝
合計	一五〇〇英畝

嘗考各國著名都市之公園面積，歐美各國平均爲都市面積之六・三二%。美國波士頓(Boston)爲一三%，華盛頓爲一四%，則尤各都市中之較著者也。市民每一人占有公園面積，歐美各大都市平均約爲〇・〇一畝。波士頓則〇・〇三畝，杜塞爾多夫(Düsseldorf)則爲〇・〇四畝，華盛頓則爲〇・〇九畝矣。公園面積若依理想論之，則與全面積比，應在十分之一以上。市民一人，則須有〇・一畝左右也。都市中公園面積，以種種關係，固不能盡如造園家意一一實現；然將全市面積中保留百分之五六以爲公園地用，則實爲最低限度，而誠不可再減者也。且市內以地形而形成之河川池沼及森林地，如以環境關係，不能爲公園之利用時，亦當設法使其發揮與公園同一效用，以裨益公衆衛生，則固市政學家所當注意者也。

公園經費，市民一人所占數量，亦爲公園計劃之重要條件。美國波士頓每市民一人約爲二元，芝加哥爲四元，明尼亞波利斯(Minneapolis)則爲六元二角三分，日本東京則尙不及四分也。公園中應有之種種運動設備，美國諸都市於公園局外，且有設置運動局者，彼全國二百都市之運動場經費平均市民一人約在一元以上，公園面積及其經費之數量，都市公園計劃之完否所由決也。爾外若公園之位置，及公園之分布，已詳於拙著都市與公園論中，故茲不贅。

第六節　都市公園中之局部設施

公園與庭園，以性質不同，故其局部設施，亦復互殊。除庭園局部設施，於公園中得以共通者外，復舉公園局部之所應設施者如次：

一、道路　公園中道路，亦稱園路，乃完全利用全部設施之媒介物也。卽其道路，且有兼具公園性質者。園路路面，以便於行走，堅固耐久，不損美觀爲原則。園路普通分爲四級：其最寬者，爲修飾廣道，大抵於入口內外設之，蓋用以與幹路相聯絡者也。植樹帶，彫像，及長椅等，皆爲修飾廣道之重要設施。路面寬約十一乃至十八公尺。其次爲幹道，備環遊全園之用，寬在十一公尺以內。又次爲支道，寬爲幹路三分之二，而約在七公尺左右。最小者，爲小路，寬在二公尺左右。甚有僅備二人並行用者。其傾斜度，幹道爲二十分之一，支路爲十五分之一。路面寬度，爲美觀及交通上便利計，自以一貫者爲佳。惟必要時，亦得酌量變通，以期與環境相適應。

二、水景　公園中自然美，水景與山野縮景各占其半，故公園中如無水以資點綴，則入園遊覽，頓感生氣寂然也。公園中水景之應用者，約分爲池，瀑布，噴水，壁泉，水流等數種。

a. 池　水池(Pool or Pond)爲水景中之最普通者。水池形式，亦可分爲自然式與建築式兩種。池面之較廣者，以自然式爲尙，池面之較小者，以建築式爲宜。池於公園之裝景，極占重要地位，除用供觀賞外，復可備各項利用。池之爲自然式者，如在池之一側望之，有令人發生如臨湖海沼澤之感。池之爲自然式者除砂礫質之地盤外，爲便於掃除及保安計，應設以適當之池底。汚泥之淤積，藻苔之滋生，乃公園中之所引爲大戒者也。池之過深者，至爲危險，普通以二尺乃至四尺五寸爲適中，且必要時，應有將水全部排洩之設置。池緣用材，在水平面下者，木石均無不可；水平面上者，以自然石築之，較爲適宜。歐美各國，類舖以草皮，植以樹木，用石材者，轉不易觀。池之爲小面積者，例於花壇廣場之中央及建築物之前景設之。廣大之公園中，不甚適用。水池之設噴水像或栽植觀賞用水生植物者，則覺生趣益增矣。

b. 瀑布　水景中氣象之最雄壯者，厥爲瀑布。瀑布（Waterfall）瀑布可分爲直落與傳落兩種。瀑布設置之最感困難者，爲水量水源，於一定時間，輸送之水量，爲瀑布設置之先，所應充分考慮者也。蓋此項問題，解決後，瀑布之寬及高度，始獲決定也。水少時，以傳落爲得；水多時，以直落爲宜。法貯水於石櫃中，石櫃上蓋以石板，俾水由石孔中緩緩流出。其位置過高，則水流可分數段流下，各段並設法略予變化，則景色益佳矣。

c.噴水　噴水(Fountain)水景設施中，藝術化之最著者也。噴水爲廣場，花壇中心，及建築物前景之主要設施。噴水以利用水之壓力爲原則，故除水量外，務宜注意相當之壓力。蓄水之池，亦爲噴水之重要設施；池之半徑，視噴水高度，以爲增減。如設較高噴水，於較狹之水池中，則風力稍強，水氣紛飛，殊非誘致遊客所宜用也。公園入口之裝置噴水者，如偶不經心，則道路恆溼，有礙通行，設計之時，尤應注意。噴水高如視水池半徑略小，則美觀實用，均極適宜。噴水之配以彫像者，乃公園配景中之有力者也。

d.壁泉　壁泉(Wall fountain)爲石級台坡及池之一端，與園路終點，重要配景之一。壁泉以所需面積甚小，且水量不若噴水瀑布之多，水壓不若噴水之強。故乃庭園或公園配景中之較易設置者也。壁泉分爲壁體，水盤，與吐水口三部。壁體之主要部分，呈方形，或長方形，中心部以混凝土製成，而舖石材或瓷磚於壁面。水盤在壁體下部，呈方形，長方形，弧形，或多角形，材料與壁體同。吐水口，形式恆模仿各種動物頭部，用石材或青銅製成之。

三、運動場　公園效用，除休養身心外，關係市民之保健者亦深。爲增進人民之健康計，運動之設施，所以爲必要也。公園中之運動設施，可大別爲成人與兒童二類。茲分別如次：

1.成人之運動設施　成人之運動設施之較著者，爲網球場，棒球場，足球場，競走場，游泳池，及其他各種競技之設備。

a. 競走場　競走場 (Track field) 亦稱跑道，普通以橢圓形者爲最美；不惟轉角之處，絕無不便，且復可供短跑之用。跑道一周之長，小學校普通爲一百五十乃至二百公尺；中學校普通爲二百乃至三百公尺。其供競技用者，以四百公尺最爲適用。跑道之寬約爲十八公尺。公園中競技場之內部，應舖以草地；外部應植以樹木，俾增景色。跳遠，跳高，撐高跳，鐵槍，鐵餅，鐵球等各種運動，普通即於跑道內舉行之，所謂「田賽」是也。

競走場

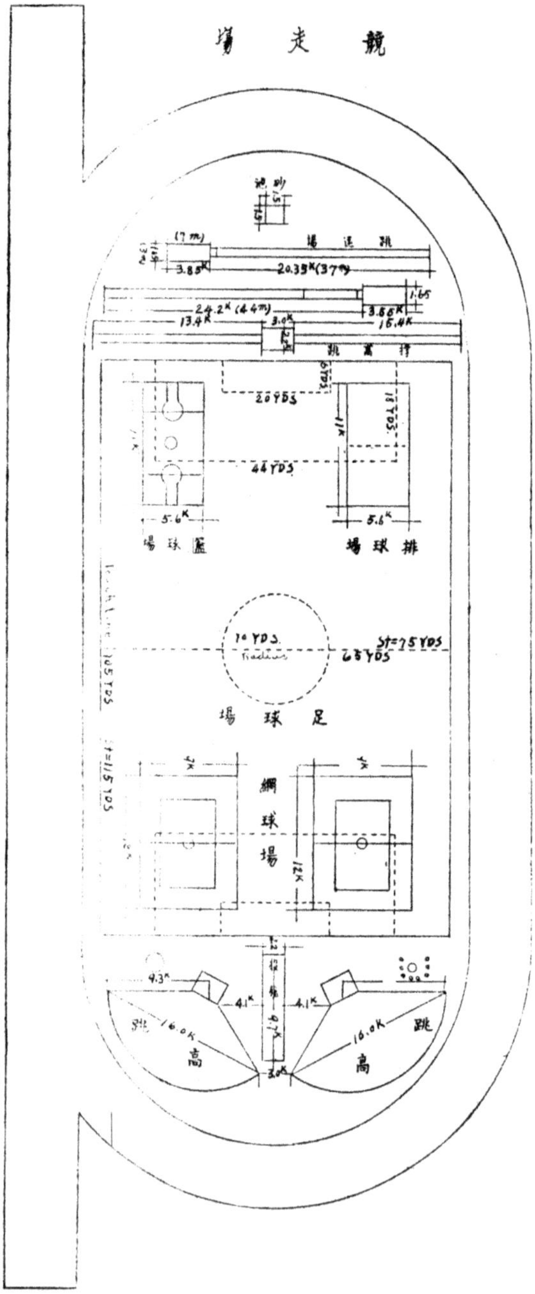

第十五圖

b. 網球場　網球場(Tennis court)普通擇無強風吹襲，視其他地盤稍低，而排水好良之地點設之。方向以南北向者爲最宜。球場周圍，應植以樹木，以避風力，而資點綴。場面普通以黃砂，水泥，或柏油鋪之，然亦有爲草地者，所謂「草地網球」是也。硬球而供雙人用者，場長七十八呎，寬三十六呎，其供二人用（單網球）者，則僅長四十二呎，寬二十七呎之內框足矣。球場邊線，兩側應各留二十四尺之餘地，底線兩側，應各留十二尺之餘地。

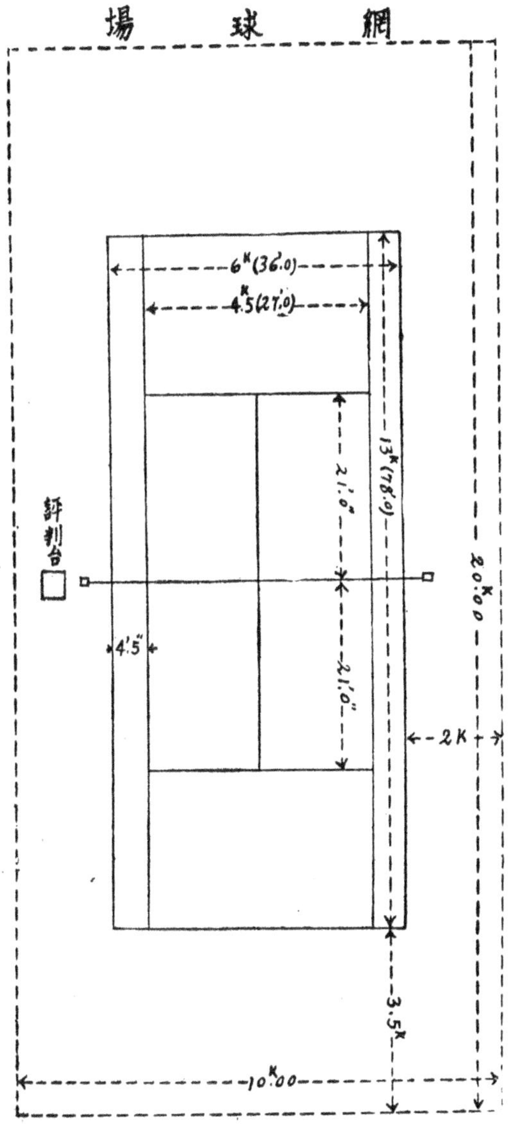

第十六圖

c. 足球場　足球場 (Foot ball field) 普通長一百十乃至一百二十碼，寬七十乃至八十碼，有為地積經濟，即於跑道內設之者。

足球場

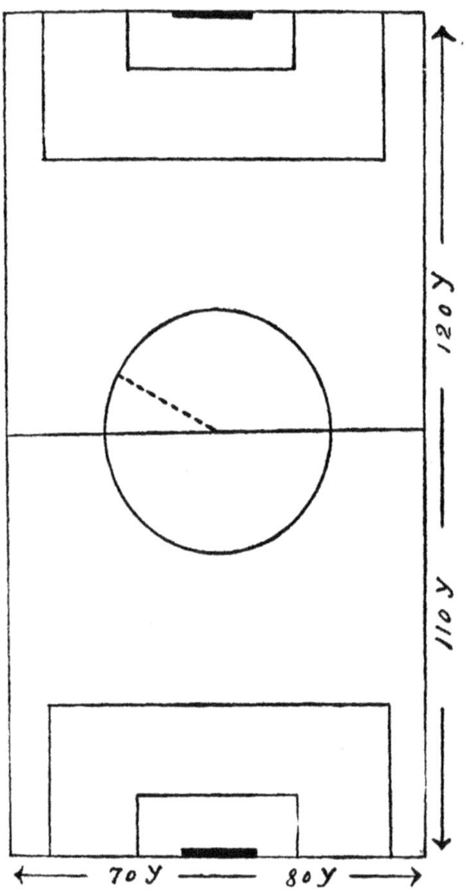

第十七圖

d. 籃球場　籃球場 (Basket ball) 在美國本為室內之競技，然在我國室內外均有行之者。其場普通長為六十乃至九十四呎，寬三十五乃至五十呎。

e. 排球場　排球(Volley ball)爲最適於中年以上之競技，雙方各以九人爲一組。球場面積，據遠東運動會所訂規程，以長八十呎，寬四十呎爲標準。惟其面積仍得依照年齡酌量損益，小學校長五十呎，寬十五呎，初級中學或女子學校長六十呎，寬三十呎者，較切實用。高級中校以上，則依標準面積。

f. 游泳池　游泳池(Swimming pool)之供競技用者，其形狀應取長

籃球場

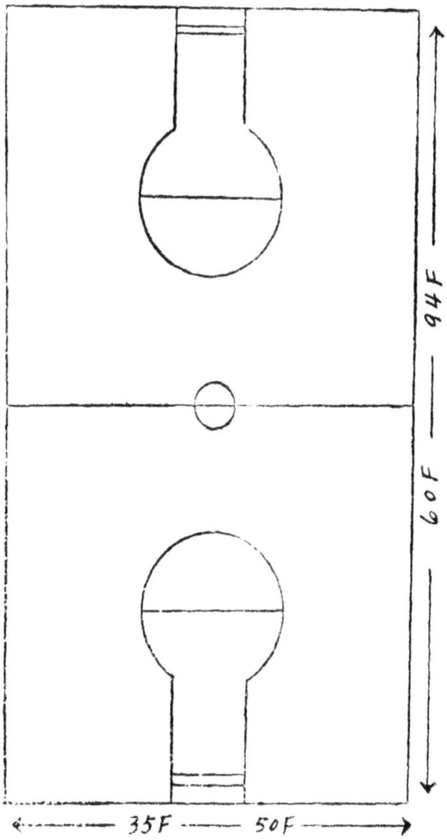

十八圖

排球場

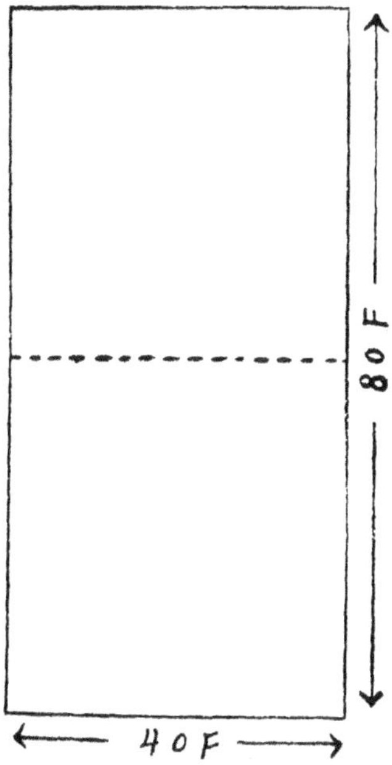

第十九圖

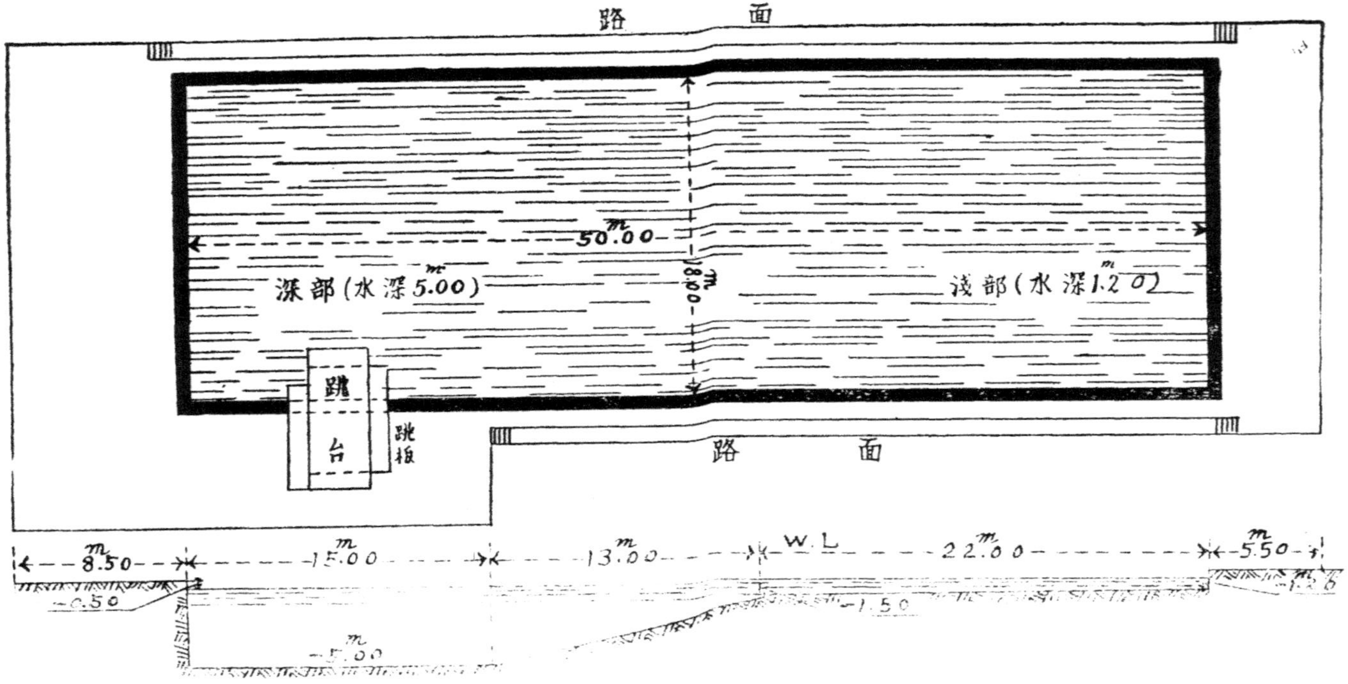
路面
路面
深部(水深5.00m)
淺部(水深1.20m)
50.00m
18.00m
跳台
跳板
8.50m
15.00m
13.00m
W.L
22.00m
5.50m
-0.50
-5.00m
-1.50

第二十圖

方形者。其面積，據萬國運動會之規定，長一百公尺，寬二十公尺，深五公尺。普通公園中，爲節省地積計，長二十五乃至五十公尺，寬十六乃至二十公尺者，已足供普通競技用矣。給水普通利用自來水，必要時，有引入河或池中水者。排水口，設於池之四隅池之附近，應以灌木植之。其復供夜間利用者，電燈之設置，亦爲必要。

2. 兒童之運動設施　兒童之運動設施爲小公園設施中之最重要者。普通公園中，關於兒童運動之設施，另擇適當地位，設置之。

a. 砂箱　砂箱（Sand box）亦稱砂池。兒童性好玩沙，嘗見兒童成羣，玩弄泥砂，絕不厭倦，蓋其明證。故砂箱，亦爲兒童遊戲重要設備之一。砂箱大小不一，形狀長方或圓形均可。長方形者，普通用木材製成，圓形者，亦有以磚或混凝土（三合土）製成者。箱中滿貯砂粒，並另置小桶，小鏟，小勺，木塊，以及其他玩具於其中，以供兒童遊戲之用。砂箱之設置地點，務擇於日蔭處設之。必要時應築花架於其上，以備庇蔭之需。

b. 浪椅　兒童天性好動，故浪椅（Chair swing）最適兒童遊戲之用。浪椅用材，鐵木均可。其形式有僅供一人坐者，有供二人以上坐者。高度以兒童之年齡，互有差等。一人坐者，柱高八尺乃至一丈三尺，二人坐者，視前者略低，普通六尺乃至一丈。

c. 滑台　滑台（Slide）亦稱滑板，以木或鐵質製成；然就中以木製者，較爲適用。其滑板角度，以不超過三十五度爲度。就中距離較長者，傾斜尤宜稍緩，傾斜過急者，務以避去爲要。爲防止兒童滑下時，身體搖動計，滑板之寬，不宜過大，普通應在二尺以內。兩緣高約三寸左右。兒童人數較多時，有以二或三板合製爲一台者。公園原爲傾斜地者，可就地勢築之。滑台高普通約五尺許，滑台之側，亦應以蔭樹植之。

d.單槓　單槓高約四五尺，不惟供兒童擺動之需，復可備校正姿勢之用。槓用直徑寸許之鐵或木質製成，有於一直線上，並列數柱，兩柱間分別上下各架一槓，以備任意選用者。

e.浪木　植木架於兩側，而釣圓木於其下，依圓木之震動，而供兒童之遊戲者也。圓木之上，配置各種動物之頭狀模型，以備多數兒童之騎乘者，尤好用之。

f.吊環　吊環，普通爲鐵製之圓環，用繩懸於樹枝或橫槓上，供兒童之遊戲者也。

公園之面積較小者，可將各種設施，設法集合一處，

第二十一圖　上海虹口公園內之游泳池

所謂「聯合器械」是也。

四、建築物　公園中建築物若市民公會堂，音樂亭，野外劇場，露天電影場，及其他公衆休養建築，皆爲公園中之重要設施。

a. 音樂堂　亦稱音樂亭，或音樂台。公園中之音樂堂，可大別爲二種：一稱音樂演奏壇（Bandstand）有圓形，八角形，間有於六角或四角之壇上，設有僅有屋頂之奏樂處也。其簡單者，有不設屋頂，而以帳幕代之者。壇之標準面積，直徑約爲二十四呎，乃至三十六呎。壇高約四五呎。屋頂高約爲十五呎乃至十八呎。壇中空，天花板恆爲穹窿狀，俾便音響之共鳴。此項建築，應就廣場或草地之中央，或其一隅設之。其四周或其一側，應置以多量之長椅，以資聽衆坐憩之用。歐美之音樂堂，類應用之。一稱野外劇場式音樂堂（Music pavilion）其形式爲半圓形之高型半穹窿式建築物，寬四十乃至七十二呎，深二十四乃至三十六呎。壇亦中空，間亦有僅有後壁而無屋頂者。聽衆席，卽於相對方向，依半圓形排列之。

b. 事務所　事務所，爲執行公園中事務之處，故務於入口之附近設之。其以偏於一隅，而感不便時，則應擇主道附近之適當地點設置之。事務所，有僅供職員辦公，或兼備職員住居者。其形式，務與公園調和爲要。

c. 便所　公園中便所，完全爲實用之必要設施，雖與其他建築僅爲公園之裝景者，迥異其趣。惟其建築，仍以不損公園景色爲原則。其地點，以遊衆集合場所之附近爲最適。周圍以常綠樹木植之，資以隱蔽。材料以磚，瓦，或石材爲宜。木製者，雖富於野趣，然以易於汚穢，不能耐久，應避用之。內部構造，應有水沖機之設置，普通分爲男女兩部，分別各設入口以便利用。女子便所之能單獨設置者尤佳。

d. 温室　温室（Green house）以目的不同，有觀賞温室，與栽培温室之別。公園中宜雙方並建之。蓋將內部栽植，公開展覽，以備民衆之觀賞外，花草幼苗之培養，及畏寒花木之越冬，誠亦不可或缺也。故其外觀構造，須與環境相調和外，室內栽植，務擇熱帶產及畏寒性植物中之珍奇與美麗者陳列之。公園中温室，復有供冬日之休憩用者，則其中啜茗及休憩室之設置，亦爲不可忽者。温室之僅於室旁裝置玻璃，以吸收日光，而不用人工加熱者，謂之「冷室」（cool house）。用人工供給温度，以備熱帶植物之培養用者，謂之「暖室」（Stove house or Hot house）。其將温室中已開花者僅於開花期間，陳列此室，以供觀賞用者，謂之「保育室」（Conservatory），若依形式別之，則可

第二十二圖　南京總理陵園內之音樂臺

分爲平頂温室(Span roof house)與圓頂温室(Curvilinear house)兩種。而平頂温室中，復可分爲鞍形頂温室(Even span roof house)，單面頂温室(Half span or lean to house)，與四分之三頂温室(Three quarter span house on uneven span house)三種。鞍形温室之兩側屋頂，具同一之斜度與長度。凡欲求室內寬大者，以用此式爲宜。圓頂温室，外觀美麗，適於公園點綴之用。

e.飲食店　公園中飲食店，亦爲引致遊客重要設施之一。我國公園中，幾靡不有茶肆酒樓之設置；且占地極廣，喧囂雜沓，頗足爲園中風光及秩序之累。爲維持園景計，園中飲食店之設置地點，務擇僻靜處設之。公園之面積較小者，建築地基尤忌過大，如於綠蔭之下，酌量設置，桌椅，以備遊客啜茗果腹之需，最爲適宜。

爾外若博物館，公會堂，圖書館，紀念堂等各種建築，以佔地較大，需款較多，除面積較大之中央公園外，決非一般公園中所能有矣。

五、橋　橋乃渡水之所必需者也。惟公園中所架橋梁，除實用之外，復著觀賞之效；故其材料，地點，形式，色彩，均以能增進園景爲唯一要素。與環境不相調和者，務宜避去爲要。

六、彫像　古今之偉人，英雄，名士之造像，亦爲公園中重要配景之一。惟造像與觀者視線之角度，最宜注意，其仰角爲十八乃至四十五度者，可以使人充分瞻仰；就中尤以二十七度最爲適宜。故設計時，對於觀者之立點，應視造像之高度，以左右之。像座用石材製之，周繞鐵鏈，以資防範，而增景色。造像周圍之築整式之花壇及栽植樹木者，則氣象益臻雄偉矣。

七、園燈　市民日中之以職務羈身者，爲休養身心計，遊園時間，則有待於公餘之夜間。公園之備民衆夜間利用者，則園燈之設置，爲不可忽也。春秋兩季之花壇，及夏季之水濱，及由入口以達主景部分之通路，園燈之設置，至爲必要。園燈大別爲電氣，與煤氣（Gas）兩種。燈桿普通以木或鐵製，其能卽於樹榦上裝置者，尤裨景色。燈桿色彩，以褐或綠色爲佳，蓋與樹木得以調和也。

八、動物舍　公園中動物之飼養，除增進園景外，裨益民衆之教育者亦鉅。若猴、鹿、孔雀、雉、鵝、吐綬鷄、鶴、鴨、鷄、鷺、鴛鴦等禽獸，皆爲公園中飼豢適當動物之一。猴舍外圍，普通以鐵絲製成，內部除用供寢處之木屋外，攀援用之鞦韆架亦極爲重要。禽舍亦以鐵絲製成，舍內應築山舖石，或植樹引流，以增自然景色。家禽類之不加囿禁，或僅於池之四周用柵阻其他去者，裨益園景益多矣。

第三章　天然公園

第一節　天然公園之意義

公園之爲大規模經營者，爲天然公園(Natural park)。天然公園中，以森林爲形成因子，而面積在數百或數千或數萬畝者，爲森林公園（Forest park）。其面積在數萬畝數十萬畝，或數百萬畝；其形成因子繁多，不僅限於森林，而足供盛夏之避暑，隆冬之滑冰，及遠足，田獵，並學術上之種種參證者，爲國立公園（National park）。蓋國立公園之本義，乃所以將一定區域內之風景，永久保存，以備公衆之享用者也。國立公園之事業有二：一爲風景之保存，一爲風景之啓發，二者缺一，國立公園之本義遂失。

野外休養地之肇端，蓋基於今人厭惡都市生活之過於機械，應往郊外天然勝地，資以休養之要求，而產生者也。野外休養地云何？溫泉場，海水浴場，避暑地，露營地，釣魚地，登山地等是矣。此項地點，以保存天然狀況，維持原始環境爲原則。蓋亦保存天然勝景之本則也。論其性質，既適於公有，故其設施，應適於共享；共享之道，公園是矣。惟此種公園，以天然風景爲基調，非若都市公園之全依人工構成者然，此之謂「天然公園」。其在都市附近者，亦可歸於都市公園系統中處理之；其離都市過遠，而適於多數之地方人士利用者，則可由省縣經營而以省立或縣立天然公園之名稱冠之。爲便利公衆利用計，乃有交通機關及各種之設施，此蓋天然公園之特徵也。至天然公園中，風景爲全國罕有，且具足以誘致全國國民，及國際遊客之偉大價值者，僅由一地方經營，以各種關係，不足以充分發揮其本能，須進而永歸國家保存，而善爲啓發之。此蓋公園國營之所由起，而國立公園名稱之所由興也。

國立公園，以具有國民的興味爲特徵，以風景之保存，及開發爲事業，故復與性質相若之國家紀念物（National monument) 及天然保存區域 (Naturs-chutzgebiet) 異趣。蓋國家紀念物，以保存歷史上，科學上，各種物件，而免除其毀損爲目的而國立公園，則除以上之目的外，復有便利公衆享用之完全設施。天然保存區域，以絕對保存天然固有之狀態爲目的，不若國立公園之於保存天然狀態外，復有各種公園的設施，以便利民衆者也。

故論國立公園性質，包羅極廣，不惟森林公園，天然紀念物，天然保護區域，及各種野外休養地，皆當列爲國立公園成因之一；即其他系統上，發生關係之經濟保安風致等各種森林名勝古蹟，皆爲重要因子之一。論者不察，誤以森林公園，及其他名稱，以冠風景之具有國立公園資格者，此蓋不可以不明辨也。

國立公園，爲未經人工破壞之天然風景地，既如前述；然國立公園云者，不惟以保證人類原始的享樂，爲必要原則；復須保存國土原始的狀態，以資國民教化上，及學術上之臂助，此所謂國立公園之二重使命是也。原始風景之經破壞者，即須舉行造林，及砂防工事，俾樹木滋茂，漸復舊觀，然後始可從事於國立公園之經始。歐西之意大利，以舊有風景破壞已夥，對於國立公園之創建，遂不得不注全力於此種工作。我國則以林政久弛，荒涼尤甚，故爲開發風景計，尤不得不注全力以注意之也。

國立公園之風景，實具代表一國風景之價值，不惟足以誘致國民，且可賴以招徠國賓。故其設施，即當處處周詳，以適於民衆之休養享樂。既不應自爲制限，而減其效率，復不當任意計劃，以損其美觀。惟爲國立公園之障礙者，即爲土地之所有問題。美國與加拿大以國立公園區內，所有土地，概爲國有，故不惟進行極爲順利，事業亦稱發達。

我國風景幽麗，不在瑞士日本之下，惜以交通不便，未經開發，故著稱於世者，僅爲浙江之西湖，莫干，江西之廬山，河南之鷄公等，僅少數處；不知水之勝西湖，山之勝莫干，廬山，及鷄公者，何不知凡幾也！瑞士以風景立國，每年國際旅客收入，占全國歲入最要位置。加拿大旅客收入，亦占該國產業第三地位。日本林業發達，風光秀美，在東亞各國中首屈一指。每年由我國及俄，美，歐洲，南洋往者，動以三四萬計，消費金額約有四千萬元。彼國對於國立公園事業，政府民間，均注全力提倡，年來事業發展，益臻長足進步。如國立公園事業，果能依照計劃實施，則不惟足以增加國際旅客之數目，且可延長遊人留連之日期，故於外客經濟之收入，定可遞增而未有已也。

爾外若更就間接之利益言；以森林繁茂，得以實現各種保安作用。以交通頻繁，得以增進地方經濟，避免盜匪嘯聚。以事業發達，得以提高土地價値，增加人民職業。他如農工商各種事業

第二十三圖　美國凡庫非英國灣之女子新式游泳池

之發展，以環境關係，其影響且有不可勝言者在。綜此以觀，則國立公園之設置，其目的固不僅限於享樂，對於經濟尤有無限利益，而不可蔑視，宜近世各國朝野視爲要圖，踴躍從事，舉國若狂矣！

第二節　天然公園之交通系統

交通之於勝地，一猶鑰匙之於寶庫，蓋珍寶在庫，如無鑰匙以爲之啓，則無異如璞在山，鑑賞靡由。風景亦然，如無交通以爲之佐，則山川修阻，跋涉維艱，而以致盛名不彰，勝跡常堙者也。天然公園之交通組織，可分爲水、陸、電三大系統，分述如次：

甲、陸上交通　公園中，建築道路，在小面積處，應故意曲折，引人入勝，使延長時間，在大面積處，應路幅寬坦，車馬直駛，俾縮短時間爲原則。天然公園，面積廣袤，故其車道，以能通行汽車爲要義。山勢之廣大高峻，徒步不易曠覽，而須有待於代步者，登山道之路面傾斜，亦應以通行汽車爲原則。步道修築，多多益善，路面寬度，不必一定，較寬之處，能二人並行足矣。此蓋維持天然景色，所當注意者也。汽車道寬，以三丈爲度。步道狹者，三四尺，寬者五六尺，或七八尺，隨地勢，善爲修築可矣。其景色較佳處，務宜不憚環繞，俾使飽挹勝景，所謂「曲徑通幽」旨哉斯言。其地位幽邃，幹道不易通過者，應築支路通之；並於幹道之旁，特樹標識，令人注意。支路之寬，二尺至四尺足矣。且登山道路，應避率直平坦，而採逶迤蜿曲，所謂「峯迴路轉」山色迎人，蓋景色隨異，一破單調寂寞之弊者也。

公園區域內各種名勝古蹟，別莊，運動場及露營場間，務以道路，善爲聯絡，且務使此種道路得不絕迴繞，飽挹山光，所謂環遊道路是也。其寬度達三丈許者，爲大環遊道。其備局部風景之與大環遊道之聯絡用者，爲中環遊道。其寬六尺乃至一丈二尺足矣。爾外其僅備一局部之聯絡用者，則三尺乃至六尺足矣。所謂小環遊道是也。天然公園附近之有鐵道通過者，務將大環遊道延長，以與車站聯絡，則遊客自火車下車後，可輕駕遨遊矣。日本於名勝與鐵路車站間，皆有電車，且各將時間銜接，以送迎遊客，重山雖阻，瞬息卽達，則尤益稱便利矣。火車環遊劵之廉價，搭乘期之寬限，皆足爲誘引遊客之一法。嘗憶十八年夏赴日旅行，適逢彼邦國立公園協會，於東京三越吳服店中所設國立公園展覽會開幕之盛，其陳列風景，點綴之美，說明之詳，有令人如入寶山，遽歎觀止之感。我國每年秋季，滬杭鐵路局，有開駛觀潮專車之舉，其意極善，可取法也。

乙、水上交通　公園區域之爲水鄉（如太湖西湖）或孤島（如鎮江之焦山）者，如欲飽挹湖光山翠，非舟遊不克濟事。其備名勝局部之遊覽者，馬達汽油船(Motor boat)最爲適宜。其備他埠旅客之招致者，務須與各種船舶公司，善爲聯絡，如能定期開駛遊覽特班，尤爲便利。

丙、電氣交通　電氣交通，可分爲電報電話二種。天然公園，面積廣汎，交通上如無電氣以爲之佐，則音信難通，消息停滯，殊非誘引遊人多事留連之道。電報應於各中心區域設一分局。電話則由關係省區之建設廳，或建設局，將原有長途電話，設法延長，或另行裝置，則千里傳情，不啻一室晤對，公私接洽，益臻便利矣。

第三節　風致林之管理及經營

考森林利益，除經濟保安二大效用外，關係重要，足與以上二種鼎足而三者：爲享樂林。鬱幽美，令人留連，怡然忘返者，皆森林美感，足以誘引之也。森林之專以風景美爲主要目的者：爲風致林（或風景林）（Landschafts wald; Landscape forest）或享樂林（Lust wald）或公園林（Park wald; Park forest）森林之爲風致林者，其樹種及作業之選定，絕與普通以經濟爲目的之施業林（Wirtschafts wald, Management forest）異致。其貿然栽植者，不惟無裨景觀，抑且有汚勝蹟，去風致林之本義遠矣。

天然公園區域內之已有原生林（Urward, Virgin forest）或人工林之存在者，應善爲保護，以備增進景色之助。其爲原野及尙未立木之處，除將適當部分，留供建築及運動場等設置外，俱應從事造林。造林樹種之選定，雖與普通施業林同其標準，然樹種之選，當於土宜之外，注意美觀。萬頃蒼松中，以嬌紅欲醉之楓葉（Acer spp.）雜之，則色彩頓變，煊豔奪目，景象益新矣。讀古人「萬綠叢中一點紅」詩，風景如畫，令人神往，寥寥七字，描寫若生，洵妙手也。風致林以混交林爲原則。其以環境支配，若林相過劣之地，非栽植某一樹種，（若松類）難冀成林者外，環遊道兩側之五六丈間，務以調和風景之樹種植之。岩際之松，溪畔之楓，均爲增進景觀有力之樹種，極須加意維護者也。

風致造林，樹木種類之適於上木之選者，針葉樹類，則爲公孫樹，馬尾松，杉，圓柏，鐵杉，羅漢松，金錢松，白松，海松，短葉松，魚鱗松，柳杉，纓珞柏，冷杉，側柏，落葉松等。闊葉樹類，則爲楊梅，白楊，白樺，鵝耳櫪，見風乾，水青岡，櫧，柯，栗，櫟，櫸，榆，泰山木，鵝掌楸，連香樹，昆欄樹，楠木，檫，交讓木，烏柏，槭，櫨，楓，七葉樹，無患子，龍眼，荔枝，楸，泡桐，梓，竹等。爲維持地力，增進景觀計，上木之下，復當有下木之栽植。樹種之用供下木之選者，當擇樹種之爲灌木性及呈藤蔓狀者。杜鵑花，山茶，金絲桃，芙蓉，海桐，繡球，山梅花，南天竺，瑞香，胡頽子，石榴，八角金盤，四照花，桃葉珊瑚，金銀木，枸杞，莢蒾，錦帶花，連翹，夾竹桃，丁香，紫藤，凌霄，箬竹，其適類也。風致林，切忌單調，其爲混交林者，樹種配合，當依照樹木之色彩，形態，內容諸美，善爲調和之，則風景之美，必有相得益彰者在。拙著觀賞樹木學中述之較詳，閱者可參讀也。沿環遊道之兩側森林，尤須諸相齊備，俾呈自然之美，其供局部特徵之發揮用者，則造林樹類，卽應側重一種，俾呈特具之景。蘇州天平之楓，鄧尉之梅，莫不膾炙人口，春秋二季，士女如雲，皆具相當吸引遊人之力，

第二十四圖 杭州西湖理安寺之楠木風景林

天然公園，不可忽也。

第四節　天然公園中之局部設施

天然公園，面積廣袤，風景自然，爲吸引遊人，俾便留連計，食、住、行、樂之各種設備，爲不容緩矣！茲擇要述之如次：

一、飲食店　飲食店之較優美者，類集中於繁華地點，鄉間以顧客稀少房屋損毀，四顧狼藉，不足駐足，好潔之士，寧忍飢渴，不敢輕涉者，蓋比然也。飲食店之在天然公園中設置者，建築宜美，雖小無損，陳設宜潔，雖簡無妨。各國天然公園中飲食店之簡單者，恆僅以布張之而遂其露營(Camp)生活者，夏日之飲冰室可取法也。飲食店之數量愈多愈妙，唯其形式設備，應受公園監視，以期趨於整齊。

二、旅館　旅行中遊子所最感困難者，除關山修阻，跋涉爲艱外，以窮鄉僻壤，投宿無術，爲最感痛苦。樹林深處，四顧寂然，夕陽在山，無處覓宿，不獲已，惟有權於荒榛蔓草中，渡此長夜，風吹露凌，蓋亦苦矣！故某一區域，自指爲天然公園後，旅宿之建築，爲不容緩也。成立之初，遊人較寡，企業家恆不欲貿然投資，故重要地點，應由公家出資經營，或遷招商承辦，於相當年限內，略予津貼，以補助之。經營之始，如不過事舖張，力求簡樸，蓋亦事之易舉者也。

三、游泳場　公園區域中，水之淺平清潔者，極適於游泳場之建置。沿岸遍植蔭樹，安置長椅，以爲泳罷休息之所。比東西各國，對於提倡游泳，不別男女，咸加注意，公園游泳池中，常男女健兒，交相競逐，我國男女囿於積習，界限極嚴，故以擇適當地點，設置女子游泳場數個，以資提倡，較爲適宜。

四、天然森林植物園　天然公園，幅員遼寬，森林植物，種類極繁，樹木蔭翳，林相天然，所有樹種，學術上極有研究，及保存之價值，應擇尤指定爲天然保存區域，絕對保存其固有狀態，則固不啻一大天然森林植物園也。其已由人工摧殘，漸委荒蕪者，應採購各種樹種分別栽植。

五、天然動物園　國立公園中，除絕對禁止狩獵外，復應選擇相當地點，以備天然動物園設置之需。所有禽獸，分豢園中，以資學術上之各種研究；其居處可就岩石等各種天然地點，以爲之穴，而示其天然棲息之態。魚類，則於動物園中，設一水族館，或小規模之魚池，養殖之。境內所有各種禽獸，務須加意保護，不可任意殘賊，以增天然之美。

六、運動場　國立公園中，極適於各級學生，年暑兩假，避寒消夏之所。且近世各國風尙林間學校，日益發達，暑中學生，爲數益繁：故運動場之設置，爲不可緩。大小運動場，應多多設置，兒童運動場，規模至小，設備極簡，尤宜多設，以備需用。

七、停車場　公園發達，與日俱進，車馬雜沓，交通頻繁，如不指定地點，俾資停息，殊與園中秩序治安，發生障礙。天然公園，面積廣大，道路遙遠，故停車場所，亦應多設。公園遊覽指南圖，及各種牌示，可卽於停車場側附設之。

八、名勝古蹟指示牌　公園區域內所有古蹟，應於道旁樹立牌示，略記事蹟，明示遐邇，俾便憑弔。聞於保護名勝古蹟，內政部已有明文，嘗見老樹名木被人任意採伐，至爲痛心。園中名勝古蹟，應由負責人員編著詳誌，以備歷史及其他學術上各種參考之需。

九、博物館　爲集中園內所有材料，而供學術上研究計，則須有待於博物館之建置；博物館能附設於就近學校中尤佳，蓋經濟管理上，可交受其益也。

十、涼亭　涼亭之設，不惟足以增進風景，實際上爲用亦大。除山中應擇要建築，以資憑弔外，湖濱道旁，亦應於相當距離內，建築一個，以備遊人休息之所。古以驛道交通時，盛行此制，所謂「長亭短亭」，蓋卽指此。憶登太湖東洞庭，莫釐峯時，途過棲雲亭，得以稍憩，遊屐較瀕之處，此制仍有遺存也。

十一、長椅　長途旅行，疲乏較易，應於路側，設置長椅，以供休息之需。路旁長椅，可以樹幹圓材，中截爲之，長丈餘，徑尺許者，可剖爲二，下置二足，椅面稍加鉋平，卽可藏事。爾外無須加工，俾存天然之美。其道路之緣崖築成者，卽可就岩石爲之，略加修琢可矣。

十二、橋梁　山中溪澗之較鉅者，車馬所經，俱須架橋，其備汽車通過者，所用材料，尤宜堅實。惟橋欄用材，以用樹幹之連皮者爲之，最爲適宜，蓋所以示天然，而適環境者也。

爾外設備，爲園中之重大建築者，莫公園辦事處。若其他各種設備，爲數極繁，茲以限於篇幅，不遑枚舉。各種設施，要以適合天然美爲原則，不悖斯道，多多設置，皆有造於景觀者也。

第四章　植物園

第一節　植物園之意義

植物園(Botanic garden, Botanical garden)乃臚列各種植物，聚植一處，以供學術上之研究及考證者也。近世植物園，以歐美各國，最稱發達，然其肇端，以西曆一二〇〇年頃。意大利山格倫諾寺(San galanno)僧侶所設之藥物園爲濫觴；規模雖小，然當日必要之藥用植物，蒐集靡遺，蓋已具特種植物園之雛形矣。爾後該國類是之設置益夥，自十六世紀中葉，爲研究植物之分類，及生態計，藥物園遂一變而爲學術上之植物園矣。植物分類學之基礎，蓋肇於斯。德、奥、英、法、瑞典等國，亦以時尚所趨，次第設立，且以植物學者之輩出，植物分類學研究之結果，瑞典烏不沙拉(Upsala)植物園，於林納氏(Linné)監督之下，益臻發達。當日各大植物園，若英國之叩園(Kew garden)初僅係宮庭中一菜園耳！迨一八一四年，由呼克爾(Sir W. Hooker)氏接任園長後，經其銳意計畫，及努力經營之結果，其面積由十五英畝漸增至二百八十八英畝，遂一躍而爲世界植物名園之一，蓋其規模之宏大，建築之壯麗，決非普通植物園所能望其項背者也。延及今世，此種事業之進步，尤非疇昔過渡時代所可比擬。除前述之叩園外，巴黎植物園，柏林植物園，維也納植物園，設備周詳，皆相伯仲。若爪哇波衣登曹格植物園（Botanic garden Buitenzorg, Java）星加浦植物園，馬尼拉植物園，及錫蘭撥拉登納植物園（Royal Botanic garden Peradeny Ceylon）皆熱帶植物園中之佼佼者也。就中地積廣大，設備完美，（實驗室，標本室，圖書室。）且尤以爪哇之波植物園爲最。樹木專門之植物園，簡稱曰「樹木園」（Arboretum; Baumgarten）世界樹木園，以美國波士頓哈佛大學之愛諾爾特樹木園（Arnold Arboretum）最爲完美；我國樹木種類之經栽植者，爲數亦繁，蓋世界樹木學者，產出之淵源也。高山植物園，性質又殊；阿爾卑斯高山植物園及挪威植物園，皆設於高山之上，然亦有設於平地者，瑞士日內瓦（Geneva）湖畔者，其著者也。他如天然植物園，則以地位優美，且於學術歷史上，占重要地位者爲之，所謂：「天然保存區域」是也。余於國立太湖公園計畫中，亦以浙江孝豐縣境之天目山爲該國立公園中天然植物園地點之選。天然植物園，不惟範圍廣大，非以上各種植物園所可並論，且形式自然，景色幽美，尤非全由人工構成者所可比倫者也。

植物園，已爲近代都市中，必須之設備，蓋不僅足導都市於自然化已也，對於學術上，實負重大之使命。故學術昌明諸邦，不惟各大學理學院，農學院，農林專科及中學校，農林試驗場中，皆有相當規模植物園之設置。即大小都市中，亦靡不皆然。入園遊覽，花笑葉舞，胸襟豁然，誠令人流連，而不忍去也。返顧我國除香港由英人經營之植物園，有相當盛譽外，竟絕無而不得覯，甚矣；何學術之落伍，一至斯極耶？比南京中山陵園已有設置大規模植物園之議，深望早日完成為我植物學界一雪此恥也！

第二節　植物園之分類

植物園，復可依目的，地域，及所有，管理等各種關係，分為數種，茲分別述之如次：

甲、依目的之分類　植物依其配置之形式，得達其各種之目的，茲擇要分述如下。

（一）以研究植物為目的者　分類植物園，基於學術之體系及分類之本旨，依照科屬種類，而排列栽植者也。整然有序，宛如天然狀態，陳列之所，故自外觀及風致上觀之，可謂植物園之最劣等者。普通大學及專供植物學教材應用之學校園中，恆採用之。德國柏林之達連植物園（Königlicher Botanischer Garten in Dahlem）之一部，及日本東京帝國大學農學部植物園，即為此型，中央大學農學院之樹木園，及浙江大學農學院之植物園，亦依此式構成者也。

（二）以觀賞為目的者　植物園中，配植各種植物，除供學術上研究外，復可備遊人之觀賞，蓋所以示造園實際之利用者也。其栽植方法，依種類，樹型，羣狀，景觀等，善為配植之，不若前述者之全依科屬順次栽植者然。例如英國之叩園，美國之愛諾爾特樹木園，日本東京帝國大學小石川植物園是。

（三）以實際利用爲目的者　植物各部分，實際上足供我人日常之利用。（藥用，農業用，林業用，工業用等）然爲研究其供用部分之性質，及成分計，於其各種植物，實有分別配植之必要，且爲灌輸一般民衆植物知識計，抑亦事業之重要者也。如此設置，恆於專科學校，及各種性質之試驗場中見之。例如林業教育，及試驗場所之標本林，樹木園，參考林，及標本苗圃，農業教育，及試驗場所之稻麥等各種作物分類試驗場；園藝試驗場之果樹，蔬菜花卉各種園藝植物分類種藝場，及其他藥草園，牧草園，皆其類也。如此分類，故又有「利用植物園」之稱。

（四）以發揮植物之風致美爲目的者　其全以植物姿態，構成風致者，日本東京高等造園學校校長上原敬二博士特以「植物公園」（Botanical park）之名稱冠之。此種植物園，與第二項所述者，又復不同，蓋植物公園云者，乃網羅各種植物，依其姿態，天性，與環境，善爲適應，俾單獨構成一種公園者也。故花壇實啻以花卉爲本位之植物公園也。樹木之羣狀栽植，足以表現其特具內容及風致之美。如以各種樹類，植爲綠籬，列樹，皆得利用栽植，以示奇觀，而爲一種植物公園。

乙、依地域之分類　植物以受氣候，及環境支配，其分佈狀態，各呈天然之美。其天然景觀，推移狀態之考察，乃研究植物生態學，與發生學之所必要者也，選定是種區域，以備設置植物園用者，所謂：「天然植物研究所」是也。保護林，原生林，淡水植物群落，高山植物園等，其適例也。

植物繁生區域之爲天然群落及區系者，事實上不易多覯；高山植物，淡水植物，水邊植物，海岸植物，高原植物，沙漠植物，原生林等，庶幾近之。故恆以之定爲保護林及天然保護區域之選。

熱帶植物園中以爪哇之波衣登曹格植物園，印度卡爾太（Calcutta Royal Botanic Garden）植物園等最爲著稱。英國叩園及美國芝加哥（Chicago）市公園中關於植物栽培，皆有極大建築。雖栽培困難如好濕之椰子，羊齒，喜燥之仙人掌等，靡不善爲適應加意培養。爾外各種設備，所在多有，不遑枚舉。

丙、依所有及管理者之分類　依所有及管理者之異致，可分爲國立植物園，省立植物園，縣市鄉立植物園，學校附屬植物園，私立植物園，研究所植物園等。

第三節　植物園設計之實例

世界植物園之著稱於世者，數逾三百，而我國竟不獲其一，誠學術界之大恥也！中山先生逝世，遵照遺命，以南京鍾山爲安葬地點後，一方既從事於陵墓工程之營始，一方復着手於陵墓區域內風景之佈置，十八年初，即有大規模植物園設計之議。經專家勘察，決定以明孝陵全部，東至吳王墳，西迄前湖一帶，爲設置區域，面積計三千餘畝。就中有山坡，有平原，有沼澤，爲培植各種植物最適之地。且其地形，四周高起，中心平廣，自成一區；在前湖東北，得遠眺陵墓，風景壯麗，莫可與京。蓋乃背景中之含有深意者也。東南抵城牆，交通至爲便利，將來佈置完成，抑亦學術而兼遊覽性質之植物園也。用將設計全文附錄如次，以備參考。外國人名地名之已見前文而譯音不相符合者，概予改正，以示劃一。

緣起

中國植物種類之繁賾，世莫與京，據植物學家統計，中國所有樹木種類比北半球全溫帶所有樹木種類爲多，北美除墨西哥外，僅有闊葉樹一百六十五屬，而中國獨有二百六十屬。英國皇家植物園（按即邱園）中栽植世界灌木三百餘屬，每屬中多者有數十百種，可謂搜集極博；而中國灌木種類，占其屬之大半。歐美名園以栽植中國花木爲豪貴，故多方採集，數十年來，各國先後派員至華採集，攜歸栽植研究者，接踵於道。威爾遜(E. H. Wilson)之於蜀，洛克(J. F. Rock)之於滇，亨利 (Augustine Henry) 之於鄂，安思 (J. Hers) 之於豫，美國農部植物局時派人來華採集蔬果花木名種以歸，其他牧師教授各在其傳教區域，採集名種，發現有價值之植物者，不勝枚舉。且中國植物種類，至多佳種，果木如橘，檸檬，香橼，桃子，杏子，銀杏等，皆爲中國原產。花卉如菊，杜鵑，山茶，櫻草，牡丹，鐵線蓮等，亦初生於中土。昔年美國植物進種專家洛夫教授偶遊西北，見糜子，小麥種類子多且佳，爲美國多年改良而不易得者，在中國隨地見之，天賦之厚，不能充分利用，良可惜也。

研究植物學之起點，皆昉於醫藥，中國則權輿於神農，歐西則開始於希臘之阿立士多德，故在中國農書中，本草之纂述最多，漢魏以來，代有作者，明李時珍記載尤廣。本草綱目所錄，草、穀、菜、果、木五部，凡一千九百十八種。遜清吳其濬編著植物名實圖考，列植物一千七百十四種，其長編列八百三十八種，圖說精詳，經世之巨著也。雖視歐美科學法之分類，考究不免譾陋，然以一手一足之烈，於全國浸淫於文藝之世，而獨注力於實用之學，其用心勤且勞，實足矜式。本草綱目，載木本植物二百七十二種，名實圖考，載木本植物四百七十八種，其種類固甚少，然在今日中國境內，除香港植物園外，求有巨數樹木，彙植一地，可供我人之研究者，尚未之聞也。

世界各國現有植物園約三百四十餘所，歐洲最多，大者數百英畝，小者數十英畝，英之皇家植物園，南洋荷屬之波衣登曹格植物園，美國之阿諾爾特樹木園其尤著者也。英國皇家植物園種有植物二萬四千餘種，波衣登曹格植物園種有植物一萬餘種，阿諾爾特樹木園種有樹木約六千餘種，其貢獻於世者甚大。植物園建設之目的，厥在增進植物智識，及研究各種利用之方，如農藝、森林、工藝、醫藥等科學之進步，與植物學互為消長，人生衣食住行，隨時隨地，皆仰植物為原料，棉、麻、米麥、蔬果、竹木等生產之多寡良窳，關係國計民生，至大且切。桑，我國之原產也，意、法、日本倣而效之，青出於藍矣。茶，我國出口之大宗也；今印度，錫蘭等處，遍地種植矣。數年前我國桐油，運銷至美，年值二千餘萬元，今美國創導種植，其產額且足自給，我川湘等省，又將大受損失矣。至若食糧則不足自給，木料則全賴日、美，及南洋羣島之輸入，以農學不振，致經濟恐慌，隨以發生，危乎殆哉！

孫總理之言曰「外國的長處，在科學，我們要學外國，是要迎頭趕上去，便可以減去兩百年的光陰。我們到了今日地位，如果還是睡覺，不去奮鬪，不知到恢復國家地位，以後便要亡國滅種。」其言痛絕！夫科學之種類甚多，植

物學爲科學中極重要者，其性質雖偏重純粹科學，但以研究植物學，而推及於農學，俾增加生產，改進民生，其效用至大，今爲紀念

總理起見，在其陵園之西南部，劃地三千餘畝，有山阜平地水澤之處，闢爲植物園一所。隨地勢之高下燥濕，劃分喬木灌木應用植物，水生植物等區。延請植物學家園藝學家，工作其間，廣採中國原有植物，並集世界各國名種，繁殖其中，以便學者之研究，都人士之遊覽，俾

總理之精神，如花木之欣欣向榮，植物園之歷史，與人類同其久長，惟茲事體大，國內尙屬創舉，且其範圍視各國現有植物園尤爲廣大，將來建設之進程，及所需之經費，全賴我海內外同胞匡正資助焉！

計劃

宗旨　一、搜集及保存國產草木本植物。

二、輸入外國產有價值之植物種類。

三、作植物分類形態解剖，及生理生態繁殖之研究

四、供學校學生實地考察。

五、引起一般民衆，對於自然美，及植物學之興趣，幷明瞭植物偉大之效用，及對於人生之重要。

六、爲城市民衆，怡養性情之所，

分區　園內應分以下各區。（區之分佈另詳地圖。）

一、植物分類區　按照植物天演順序而排列之。使一般對於植物演進之程序，可以一目瞭然，並供各學校學生實地觀察之用。

二、樹木區　搜集國內外樹木，齊植於一處，考察其生長情形，與土地氣候之關係，幷研究其各處用途。

三、松柏區　搜集國內外松柏植物，齊植一處，自成一景，以供研究之用。

四、灌木區　搜集國內外各種灌木，以供研究及觀賞之用。

五、水生及沼澤植物區　搜集各種水生植物，植於相宜之處，以供分類，形態，及生態上之研究。

六、杜鵑區　此爲本國特產花木之一，種類之多，甲於全球，特成一區，以示國產植物之優越。

七、薔薇區　此種植物之美觀，久爲人所稱道，且國產亦多，故特設此區，且可以增加景色，以吸集遊人。

八、牡丹區　牡丹芍藥爲國產名種，應廣爲搜羅以供觀賞。

九、藤本植物區　此類植物，自成性習上之一類，應分一區以植之，以研究其分類形體等。

十、竹林區　國產種類頗富，用途亦廣，宜分區栽植，以供研究，藉增風景。

十一、天生植物區　國產天生植物之區域特鮮，應特設此區，嚴加保護，俟其自然發達，以示植物天然生長之情狀，且供各學校學生之考察。

十二、熱帶植物區　熱帶植物，既富且美，爲温帶人民所鮮見。故特造大温室以植之，以供科學之研究，及人民之觀察。

十三、沙漠植物區　沙漠植物，爲國人所少見，故在大温室內，闢一區以供研究之用。

十四、羊齒植物區　此類植物，國產頗富，產於熱帶之種類，尤爲難見，故彙植於大温室，以供研究及觀賞之用。

十五、蘭花區　國人之愛花者，皆嗜蘭。然蘭科爲植物最大科中之一，除國人所愛之蘭花種類外，蘭之可愛者，實指不勝屈。故植之大温室內，使愛蘭者，得以擴充眼界，並供研究之用。

十六、應用植物區

甲、菓木區　搜羅國內外名貴之品，齊植一處，以示人功改良植物品種之功效。

乙、工藝植物區　搜羅關於工藝用之植物，以供留意工藝者之參考。

丙、藥用植物區　搜集各種藥用植物於一處，以供研究材料之需。

十七、繁殖區　包括苗圃，温室，繁殖植物，以供各區種植之用。

十八、雜種花木區　空地中栽植各種花木，以增進風景。

進行概況

植物園進行概況，可分爲：

一、設計。

二、種苗之徵集。

三、管理及種苗之培育。

四、人才訓練及經費之籌措。

一、設計

植物園之籌備，開始於民國十八年初，由傅煥光先生會商陳宗一先生，勘定明孝陵全部，東至吳王墳，西迄前湖一帶地，其中有山坡，有平原，有沼澤，爲植物生長最宜之地。且地形四周高而中平廣，自成區域。由前湖東北望總理墓，風景壯麗，東南抵城牆，交通便利，將來佈置成就，可謂兼有公園性質之植物園也。

勘地既定，又邀錢雨農、秦仁昌二先生，詳細觀察，并爲設計。承錢秦二君，根據陵園實測地圖，及地形高下，劃分爲：植物分類區，樹木區，松柏區，灌木區，水生及沼澤植物區等十一區，并加說明。旋經譯成英文，以便與國外植物園交換種苗。

草圖擬就後，由陵園技師章君瑜先生，依據庭園設計原理，繪成計劃圖，各區設景佈置，均利用天然地形，及道路，建築池塘，樹木，竹林等。圖中均標誌明白，用供實地佈置之需。

二、種苗之採集

種苗採集，爲植物園最大工作；自民國十八年開始籌備以來，即從事徵集種子，並向國內外著名種苗公司，定購種子，或託人代辦，或與世界各大植物園或農林機關，交換，前後共計收到種子二千餘號，其中至多異號同種者，因其來源不同，依次列入號數，同時又與中國科學社，中央研究院等合作，每年派員赴國內各省山林之區，從事採集，俾得多量種苗。現有花木種苗，可分爲兩類。

甲、陵園原有花木種類　此項包括造林場歷年來培植之樹木，奉安時各地贈送之花木，及陵園森林園藝二部數年來徵集之花木，計有：

一、森林樹木　六十餘種。

一、花木及觀賞樹木　一百十餘類，內重要品種，有：

牡丹品種，七十種。　梅花品種，六十種。　櫻花品種，十六種。　月季品種，一百五十種。　紫藤品種，十種。

一、球根花卉，十九種。　內重要品種有：

水仙品種，十一種。　風信子品種，十種。　鬱金香品種，二十五種。　花洎芙蘭品種，十種。　大理花品種，一百五十餘種。　美人蕉品種，二十種。　唐菖蒲品種，三十一種。

一、宿根花卉，二十八類。　內重要品種，有：

菊花品種，六百餘種。芍藥品種，一百二十種。金魚草品種，十二種。花菖蒲品種，二百種。

一、一二年生花草五十八類。內重要品種，有：

香豌豆品種，十八種。

一、溫室植物一百類。內重要品種，有：

仙人掌及多肉植物，一百種。入臘紅品種，四十二種。

乙、向世界各地，徵集及購置者。

一、英國　五百六十三種

一、美國　一百七十三種

一、法國　十二種

一、德國　十種

一、印度（喜馬拉耶山高山植物）　四百三十三種

一、澳洲　五十種

一、日本　一百零四種

一、臺灣　三種

一、挪威　三種
一、英屬南斐洲　五種
一、荷屬爪哇　二十五種
一、捷克，葡萄牙，檀香山等處　十餘種
一、本國各省　一百六十種
一、種苗之由四川，浙江，江蘇等處採集，而尚未分類者，約二千株。

三、管理及種苗之培植

甲、管理　植物園辦公處，既設於明孝陵內；對於庭園之整理清潔，亦須顧及，故除培植苗木外，須派工整理掃除，以壯觀瞻，而增遊人之興趣，至用人方面，因經費困難，祇有技師二人，助理二人，工頭一人，長工二十人，短工臨時酌雇，計已開闢苗圃二十畝，盆播及盆栽地一畝半，温室一所（三間）將來苗木增多，逐漸擴充。

乙、種苗之培植　種苗之培植，爲一種精密之工作，各種種子之數量，多寡不一，有祇有一二粒者，有數量雖多，但收到時，已經過時，失其發芽力者。欲於少量之種子，冀其各個發芽良好，頗不易得。故凡稀貴之種子，均用盆播與床播二種，以保障其發芽。盆播均放在不透水之蔭棚內，待其發芽生長，再行分盆換泥，或移植於床地，或留一部分，用花盆栽植，保障其種類之生存，手續繁複，較之培植造林樹苗，費工之多不啻倍蓰。現有移植苗約八千餘株。

四、人才訓練及經費之籌措

本園原有人才，各有專司，現雖由唐技師迪先，章技師君瑜暫爲兼辦；但植物園，係特殊工作，於發揚國家文化，大有關係，故於十九年秋，派技士葉培忠，赴英國愛丁堡大學，及皇家植物園，實地研究，增進其智識能力，以增加回園後服務上之效力。一面擬再添聘植物專家一人，俾充實植物園之內部。至於經費，經常方面，由陵園管理委員會支出，承江蘇省政府捐款六千元，遺族學校捐款二千元，已辦成薔薇科花木區一區。又承僑胞捐款二萬元，在該區中，建一陳列館。此後事業逐步進展，應須經費，預算全部需洋一百萬元，全恃各省政府，及國內熱心人士，鑒於紀念植物園事業之重要，提倡捐募，分期進行，有的款則不出數年，紀念植物園，可以籌備完成。

第五章　公墓

第一節　公墓之意義

墓地(Cemetery; Friedhof)爲人生飾終大典，自不宜失之草率，然亦不應過於舖張。查我國葬法，向取放任，然青塚彌望，佔地過廣，足妨農田之生產，白骨狼藉，穢氣蒸騰，有礙民衆之衞生，若不善爲設法，予以制限，更越百年，則隴畝盡變荒塋，沃壤皆成冢窟，民食前途，將有不堪勝言者！在制限之法，公墓尙矣。公墓之設，都市尤爲必要。蓋都市繁華，寸土寸金，安自得地以慰亡者，勢必取之四郊，然而四郊之地，非我有也，於是積年累月，以求之，然而不可必也。況貧乏者，求生且不易，又安得重價以購地哉？然則縱之厝之以待之乎？是又烏乎可！夫地下勺水之細，路旁一芥之微，尙恐有妨衞生，奈何任彼龐然大物，臭腐以終古乎？於是營市政者，於計畫之始，莫不有公墓之設。栽樹木以增風景，誌行列以明所歸，不惟足以淸潔市廛，增加耕地，且復綠蔭豐碑，永供憑弔，其足以紀念先人者，蓋更深且遠矣！故外人對於公墓之設，恆與公園設計同其周密，且或逕以「墓地公園」或「墓園」(Cemetery park)稱之，非若我國之視墓地爲幽境，不輕涉足者然。比自內政部頒布公墓條例後，舉國上下，靡不視爲要圖，各公私機關，且恆有以公墓之設計見詢者，茲擇要述之如次：

第二節　公墓基地之選定

公墓計畫之首宜注意者，即爲位置問題。其距住宅區域最小限度，各國法律類有規定，在日本法律中，規定爲：六十間，（每間八尺合我國五尺六寸八分強。）我國公墓條例第一條關於距離規定，並未明白註明，惟查現在都市，以人口繁密，市廛發達，公墓地點，不特市內不易探覓，即近郊亦難購置，勢非求之於相隔較遠之處不可。爲適合近世公墓條件計下列諸點，皆爲公墓基地選定時所當注意者也。

一、地形之利用　應注意地形地勢，位置，交通，地質，及周圍之狀况，水源，風致，氣候，火葬場等之位置，而爲最經濟之利用。

二、都市間之距離　公墓與都市間之距離，以一小時行程爲最大限度。

三、面積　道路，廣場，建築基地，修飾栽植地等所需面積，約爲全墓七分之一。墓地所需總面積，應注意每年住民死亡率，以備三十年間之應用。各國每穴面積平均爲三十二方尺，上海長安公墓，規定每穴長一丈二尺，寬八尺，卽九十六方尺，視各國平均面積，適三倍之也。其他公墓，大致相若。

四、地勢　爲求屍體之速腐，並防惡臭之流散計，適於高原及丘陵爲之。此種地點，如以造園之藝術施之，不難適於利用也。

五、風致　公園化，風致化，爲近代公墓之唯一要求。風致云云，不僅限於人工裝景，對於就近之天然景色，尤當注意。

六、環境　交通問題，尤應注意。

七、土質　土葬墓地，爲便於屍體之分解計，土質以疏鬆多孔者爲尙。蓋空氣水分，俱可充分供給也。礫土，砂土，次之，細砂，黏土，則以分解最遲，故爲最下。潮濕之地，至易鹼化，應埋陶管，或用盛土法，俾利排水。

八、水　公墓既以造園之藝術佈置，水於美觀，實用，需量甚宏，故於墓地水源，亦應加之意也。

九、植物　植物之於墓地，亦占相當重要位置，蓋佈置園景，需量極宏也。且植物，可促進屍體之分解。

第三節　墓地之區劃

公墓基地，面積雖同，然以形狀異致，其收容能力，頗有伸縮。選擇墓地時，務取形狀之面積較小而效力最大者設置之。墓地計劃於中心地區之設置，主要建築物之配置，路網計劃，各墓區劃，休養設備，及各種之修飾，應按照地形善爲選定之。蓋墓地區劃，一似都市計劃之區域制也。

公墓基地以統一及美觀爲原則，且務使最便利，並取最平等方式使用之墓地內之重要地區，除以事務所，祭場，休息室，賣花場等或納骨堂，紀念碑，彫像等修飾品爲中心分別區劃外，就中復依宗教年齡，及雜葬墓，選擇墓，家族墓等使用目的，更予善爲分別之。此種區劃方式，全依地形，及地勢決定之。他若路網之設定，亦極重要；蓋路網分佈，足以影響全墓形式。墓地之爲建築風景，及混合等各種形式，路網之分布，實有重大之關係也。

一、建築式

建築式亦稱幾何學式，支配於自然之地勢者絕鮮，幾純依人工處理之。就中復可分爲規則，與不規則兩種：

甲、規則式　規則式云者，乃依整形以分劃者也。就中復可分爲棊盤式，放射環狀式，及混合式三種。

1.碁盤式　則全部純以直線道路，直角區劃後，每區劃更依碁盤式區劃之。碁盤式內之一區劃，卽一穴也。此種區劃形式對等審美觀念尙未發達時，恆採用之。雖排列整齊，景色單調；然其位置所在，探索極便，爲其特徵。

2.放射環狀式　乃今日公墓形式中之最新穎者；法自中心地點，至周圍之最短距離處二點間，引一放射狀直線，以爲經，而作數條同心環狀線以繞此中心點，而爲此放射狀道路之緯。故此種墓形，不啻一具有中樞之有機體也。自審美上觀之，絕無單調寂寞之虞；蓋乃墓地中之最進步者。

3.混合式　乃折衷於碁盤，及放射環狀兩式者也。法於放射環狀中，依碁盤式區劃之，或於碁盤式中，引以放射線。土地區劃，大體呈矩形，蓋乃墓地區劃方式中之最經濟，而又最便利者。

乙、不規則式　形式雖不甚規則，然就中仍以建築之分子爲夥。其同高線式，則基於同高線之配列，以區劃之；蓋乃丘陵墓地之理想的形式也。

二、風景式

風景式，亦稱自然式，非若建築式之全依人工處理，而適應地勢，以設計者也。自墓地之本義言：自以此式爲最優，其地勢之爲小丘陵，及左右之具細流池沼者，尤佳。曲徑通幽，清流環繞，茂林蔭蔽，香草芬芳，蓋誠幽冥中之天國也。

三、混合式

混合式，折衷於建築與風景兩式間，一般最好用之。平坦地時，則用建築式，丘陵地時，則用風景式，俾各依地勢，以顯其特著之美。建築式中究宜如何採用，則亦視地況環境，以為轉移。

第四節 公墓中之局部設施

一、道路 墓地內道路，不惟實用上關係至大，其計劃適否，影響於全墓之審美亦鉅。比自汽車交通盛行而還，故其車道之設置應以汽車道為標準，以構製之。左列諸點，皆墓地道路設計時，所宜注意者也。

（一）靜的美觀之採取。即注意某景觀，在某一地點暢望時之道路設置。

（二）動的美觀之採取。即景觀以移動而異致，引人入勝之道路設置。

（三）適於實用。即最利便，最愉快之道路設置。

（四）適於造園裝飾之道路設置。

普通路面寬度，至少須在四尺以上，其在六尺乃至十二尺間者，最為適當。車馬道，以能並行汽車二輛為度，故其寬度當在二十尺以上。其在轉角之處，尤須放寬。山路之須通行車馬者，傾斜度，過急之處，務避去之。曲線道路，足增遊與墓地內，可多設也。

二、栽植　墓地栽植關係至切，故其栽植之方式種類，務宜善爲選擇，俾示公園之美。墓地正門，足予謁墓者，以第一印象，故其附近栽植，宜於肅靜之中，參以壯嚴景象，其過陰鬱者，易陷寂寞，太豔麗者，有失輕佻，均非墓地入口所宜用也。

幹路兩側，應植列樹二三條，以示雄偉之致。交叉點附近，則應植綠陰，裝置壁泉，以供休息之需。小廣場，則應植美麗之灌木，以爲背景，栽鮮豔之草花，以資點綴。建築物四周，亦應適量栽植，以備蔽蔭。

樹木種類，不宜過多，其配植方式，以羣狀叢植爲宜。茲述其主要樹種如次：

（一）喬木

1. 常綠喬木

松　榧　鐵杉　魚鱗松　羅漢松　雪松（喜馬拉耶杉）　扇骨木　棕櫚　蘇鐵　竹　櫧　厚皮香　交讓木　泰山木　桂　婆羅樹　女貞

2. 落葉喬木

金錢松　公孫樹　梧桐　朴　七葉樹　合歡木　厚朴　辛夷　木蘭　篠懸木（法國梧桐）　欅　榆　榔榆　紫薇　柳　槭

（二）灌木

1. 常綠灌木

茶　紅豆杉　黃楊　子孫柏　梔子　瑞香　假檜　八角金盤　桃葉珊瑚　南天竹　夾竹桃

枸榾　黃爪龍樹

2. 落葉灌木

棣棠　繡球　蠟梅　錦帶花　薔薇　玫瑰

植樹時，當覶道路之種類寬度，及其周圍狀況，各擇適當樹類栽植之。墓之周圍，當植以灌木，並時予修剪之。各墓間，能舖草地，俾泯境界者，尤佳。

三、建築　公葬墓地，各種建築，雖可自由取捨，不必限於定型。然一切建築，總宜不違簡樸，莊嚴幽靜，爲要則。就中如事務所，祭場，招待所，賣花場，農具室，引導所，守墓所，便所，及納骨堂等，設計時，尤須善爲聯絡。各種建築之集中於入口附近者，不惟便於管理，且易聯絡，設計者，須注意也。玆舉建築物之主要者如次：

1. 事務所　事務所以接近正門爲要則。必要時，可於正門外建之。

2. 祭場　祭場，宜與事務所接近。祭場前方，尤宜與車道，廣場相向。

3. 招待所　招待所，應置於事務所與祭場之間。其前側，除應有壁泉，及花壇等之設置外，尤宜裝置自來水管，以供洗手，及飲料之需。

4. 温室　爲廉價供給鮮花計，墓地內應有花卉之栽培。爲供給四時各種花卉計，除室外栽培外，復應有建置温室之必要。温室效用，不惟足資花卉之供給已也，其足資遊人之觀賞，及慰藉者亦鉅。温室位置，可擇事務所附近隙地築之；補植用花草樹木之苗圃，可就温室近旁設之。

5. 賣花場　可於温室附近設之。

6. 引導所　設於正門附近，最爲便利。

7. 休息所　宜闢事務所之一部爲之。爲防不測計，須有安眠，及救急之設備。

8. 農具室　爲便於利用計，應於苗圃地之附近設之。

9. 便所　便所設置之所，應擇蹤迹較頻，人目難及之處爲之。便所四周，當栽植適當樹木，以備遮蔽之需；內部設備，尤宜注意清潔。

10. 涼亭　道路之交叉點，及終點附近，並具自然風景之河道，及池塘附近，皆有設置涼亭之必要。

11. 納骨堂　納骨堂，亦稱「塔院，」爲墓地建築之最重要者，應就墓地之中央設之。納骨堂分地上式，與地下式二種。地上式，於鋼骨三合土製成之洞屋內，設龕數層於其側，以備骨壺納入之需。並就中央設立祭壇，以供擺花香之用。地下式，築於地下，其內部形式，與地上式同，設石級以資升降。外觀上固與墓無異也。我國寺院中，僧侶飾終之塔院，且有兩式合用者。我國葬式，除僧侶習用火葬外，一般沿用土葬，爲土地經濟，及提倡衛生計，實有改用火葬之必要。納骨堂，乃火葬用之佳構也。

四、彫刻及其他飾物　墓地內隙地，路角，蔭下，及叢植樹木之處，飾以文豪，詩人，學者，或美術家，藝術家，政治家等塑像，水濱豎以紀念碑碣，對於墓地修飾，效力甚著，他如台坡，噴水，石級等，於墓地之美化，亦具密切之關係。茲分別述之如次：

1. 台坡　墓地地形之不甚平坦者，爲增進美觀計，應有台坡之設置。台坡表面草地，飛石，及其他鑛物材料之點綴，皆有增進墓地美化之效。

2. 水　水於園景，足增生氣，如噴泉，壁泉，荷花池，人工瀑布等，皆墓地中有效之佈景也。

3. 石級　石級尺寸，依照實地情況，自由伸縮，其數量過少時，尤應增加其寬度。

五、墓　單位之墓，亦有依照種類，分別區劃者，若我重視家族制度之邦，依照家族區劃，最爲適宜。歐美各國，除家族墓及雜葬墓外，有將牧師及基督教徒之墓另行區劃者。普通可分爲家族墓（亦稱世襲墓）雜葬墓，（亦稱列墓）及選擇墓三種。

雜葬墓，每墓距離至少須隔四尺，各墓相向排列之。選擇墓，乃特選幹路，或支路兩側土地以築成者也。其能繞以短垣區劃之雜葬墓，尤爲理想之作。

附錄內政部公墓條例

第一條　各市縣政府，應於市村附近，選擇適宜地點，設立公共墓地。

第二條　私人或私人團體，設立公共墓地者，須呈經市縣政府之許可。

第三條　公墓須設於土性高燥地方，并須於左列各地保持相當之距離。

一、工廠，學校，及各公共處所。

二、住戶。

三、飲水井，及上下水道。

四、鐵路，大道。

五、河塘，溝渠距離限度，由各市縣政府，斟酌當地情形定之。

第四條　公共墓地，須劃分地段，建築公路，栽植花木並於其周圍建築堅固圍牆。

第五條　公共墓地之圖案，及墓與碑碣之式樣，由市縣政府定之。

第六條　各墓面積，及深度，由市縣政府，斟酌當地情形，及土質定之。

第七條　各墓之距離，左右不得過六尺，前後不得過七尺。欲於墓之四周，建設垣圍者，其垣圍所佔地面，不得超過前項距離二分之一。

第八條　公共墓地，得劃分收費區，與免費區兩種。但收費區面積，不得超過全墓地三分之一。收費區，徵收地價，應按面積計算，其價額，由市縣政府定之。

第九條　公共墓地，由市縣設立者，須由市縣政府按墓編號，派員管理。由私人或私人團體呈請設立者，須由呈請人，編號管理。管理規則，由市縣政府擬定，但須呈報該管民政廳備案。

第十條　葬者之姓名，籍貫，及歿葬年月日，須刊載之於墓碑。墓碑如有損壞，管理人，須通知墓主自行修理，通知後，逾年仍不修理，認爲有妨礙時，得撤除之。

第十一條　各墓除由墓主自往掃除外，每年秋冬間，應由管理人掃除一次。

第十二條　墓及墓碑，幷墓地所植花木，不得踐踏折毀。公墓地內，不得狩獵及放牧牲畜。

第十三條　凡公墓非墓主自願，並呈准市縣政府，不得起掘。

第十四條　公墓由私人或私人團體設立者，關於第五條，第六條，第八條第二項，第九條第二項規定各事項，須由原呈請人，呈經該管市縣政府核定之。

第十五條　各特別市，地方設立公共墓地，由特別市政府准用本條例，各規定行之。

第十六條　本條例自公布日施行。

第六章　都市美

第一節　都市美之意義

都市美(City beautiful)乃複雜之綜合美也，美可分爲自然，與人工兩種；而都市美，則二者兼而有之。都市之自然美以公園爲主；而河流，及街道之列樹等屬也。人工美以藝術美爲主，其他之人工美屬也。藝術美，除以建築美爲主外，復有彫刻，工藝，及繪圖之美。都市美，即由以上各種之美，所綜合以形成者也。美復可別爲動與靜的兩種。都市美雖大抵爲靜的美，然仍復有動的美。建築，紀念像，橋梁，公園等，皆靜的美中之重要者也。車馬之驅馳，草木之振動，以及人行，水流，又復爲動的美矣。美復有空間與時間之殊。都市美，大體屬於空間美，建築，紀念像，橋梁，皆空間美也。然當其動時，即爲時間美矣。要之，靜的美，同時即爲動的美，動的美同時亦即爲靜的美也。

關於都市美之觀察，除以上所述自然美與人工美，靜的美與動的美，及空間美與時間美等三種外，復分爲大體與局部，形態與內容，形態與色彩，及位置配置，與要素之觀察等數種。

美觀，實用，性質互殊，固若風馬牛不相及也。例如建築中住宅，倉庫，皆以實用爲主，而不美觀；大宗之工藝品亦然，若欲發揮其美，即不免與實用相背馳，美觀實用，性質之互殊，有如是者。然亦絕不可以一概論也。美觀實用二者完全一致最適於實用，亦有同時即爲最美觀者。若住宅然，其最切於實用者，同時即爲最美觀者也。居住之安適，蓋即合於美觀之明證也。若就都市觀之，下水，電燈，電話，電車等，固一般所視爲實用問題者也。建築，公園，噴水，固一般所視爲美觀問題者也。驟視之，若兩相背馳者然；抑知下水之埋於地下，由衛生上言之，即適於實用，亦即合於美觀；電柱之埋於地下，由避風上觀之，自適於實用，亦即合於美觀耶？建築足供種種之實用，固矣，然占都市美之主要部分者，亦即公共之建築也。公園，噴水，足以增進都市之美觀，固矣，然爲市民健康之增進計，蓋亦設施之必需者也。要之，都市中各種設施，美觀實用，皆宜兼顧；故都市美中，兩者實相含並蓄，而不可須臾離也。

第二節　都市美與位置之關係

都市之位置，關係都市美者，至重且鉅，都市標準位置，普通分爲左列五種：

一、平原　在平原之中央，及其一端。

二、山　都市之建於山上者極鮮，一般在其中腹，或山麓，或圍於山間，山國之都市，大抵如此。

三、河　由河流所通貫者，例如我國之南京（秦淮河，）日本之東京，歐洲之倫敦，巴黎。

四、海　都市之接近海面者，例如我國之青島，天津。

五、湖　都市之具有湖流者，例如我國之南京，（後湖）濟南（大明湖，）杭州（西湖，）瑞士之日內瓦。

以上五種，除各別具有外，亦有數者俱備者，我國首都之南京其一例也。中山先生在實業計畫中云：『南京爲中國故都，在北京之前，而其位置，乃一美善之地區；其地有高山，有深水，有平原，此三種天工，鍾毓一處，在世界中之大都市，誠難覓如此佳境也。』都市美與平原，山川，湖海之形質，有密切之關係，如爲重山濁流，則雖有山川而不美也。由都市美言之：其理想之位置，以南臨海，北負山，中貫淸流，而復爲平原之一端者，最爲優美，惟此種條件，除將來新建都市，須審愼勘定外，對於既成都市，決非問題之重大者矣。

第三節　都市美與配置之關係

都市之位置，決定後，始可從事於內部之配置，即所謂都市計劃（City planning）是也。其都市計畫，與都市美，關係尤著者，爲交通系統（Street system），與區域制度（District system）。

交通系統亦稱街道系統，大別爲不規則式與規則式兩種。前者一任其自然，故其系統毫無規則，後者極盡人工，故其系統頗有秩序，近代都市即由規則式以計劃者也。規則式交通系統，復有種種形式，茲舉其較著者如次：

一、格子式或碁盤目式（Gridiron or Chessboard system）　以直線作直角之交錯者也。我國舊式之都市，及新經計劃之首都，日本之京都，奈良與札幌，美國之紐約，均爲此式。

二、環狀式與圓圈式(Ring system)　以市心(Civic center)爲中心順次作成若干圓周者也，德國各都市類用此式。

三、放射式或輻射式(Radial system)　以市心爲中心，向各方作放射線，以分散者也。都市之較大者，可作多數中心，向各方作放射線，以分散而相互聯絡之。法國巴黎其適例也。

四、混合式(Compound system)　由以上三式中之兩式混合以形成者也。就中由格子與放射兩式混合者，尤夥。美國華盛頓其適例也。蓋格子式之改良，一般類加以放射式也。

以上數式中，格子式於小都市中，尙無不適，然在大都市中，即感不便矣。此紐約市之交通系統，有加入放射式之必要也。環狀式與放射式之僅有一中心者，以統一於一個中心，在大都市間，亦感不便，故多置中心，以作放射式，並於其間，復以格子式加入者，乃理想之交通系統也。公園間，務以道路善爲聯絡之，此所謂公園系統(Park system)是也。公園系統，與交通系統，實具密切之關係，故公園系統，亦可分爲以上數種。

都市之區域制度，亦稱分區制度，普通分爲三種制度以處理之。其關於用途之限制者，曰用途區域。(Use district)高度之限制者，曰高度區域。(Height district)一定面積內建築物密度之限制者，曰面積區域(Area district)區域制度，各國皆有明文規定，用途區域，普通分爲以下數種。

一、行政區域(Political district)　乃專供行政機關之建築地也。南京之明故宮舊址，即其類也。

二、商業區域 (Commercial district) 乃經營商業，及建築商店之區域也。然就中復有依商業之性質分別設置者。據首都計畫南京之商業區，分爲小商業，(即零售小商店等。)大商業，（即戲院旅館百貨商店等）批發躉棧商業等三區。

三、工業區域 (Industrial district) 即設置工場之區域也。復依工業性質，分別設置之。據首都計畫南京之工業區，分爲普通工業，與笨重滋擾工業兩區。工業區宜與其他繁華區域，具有相當距離，幷須位於水陸交通便利之地。

四、住宅區域 (Residential district) 乃都市中住宅之密集區域也。庭園及其空地，應有相當之面積，復依住宅之性質種類，分別設置之。據首都計畫南京之住宅區，分爲一家住宅，多家住宅，與公寓三種。

五、美觀區域 (Fine-sight district) 亦稱公園區，(Parks district) 乃公園及其他都市裝景之集中區域也。

除以上五種區域外，關於戲院電影院之集中，復有所謂遊樂區域 (Pleasure district) 者。美觀區域中，普通以行政區域爲主，他如住宅，商業，遊樂等三種區域，亦有與之相含竝設者。

高度區域云云，即於某一區域內，其建築物，最高不得超過某種程度之規定是也。此項規定，仍以用途區域爲標準，分爲住宅區域，與非住宅區域兩種。據日本市街地建築物施行法之規定，建築物在住宅區域內，最高不得超過六十五呎，或前街寬度一倍又四分之一。在非住宅區域內者，不得超過一百呎，或前街一倍又二分之一。建築物高度之規定，不惟與日光保安，有密切之關係已也，即於都市美觀，影響亦鉅。

面積區域云云，即於某一區域內，其建築物所占之面積，最多不得超過某種程度是也。據日本都市計畫施行法之規定，無論住宅區域與非住宅區域，其建築物之供居住用者，建築面積，不得超過所有面積十分之六以上。商業區域內之建築物，其建築用地，不得超過所有面積十分之八以上。在住宅區域與商業區域以外之建築用地，不得超過所有面積十分之七以上。建築外所餘面積，即所謂自由空地（Open space）是也。自由空地，乃供庭園之設置者也。

第四節　都市美之要素

構成都市美之要素甚夥，建築，紀念像，橋梁，街道，及其附屬物，溝渠，公園，招牌，運輸交通設備，燈火等，其著者也。茲分別述之如次：

其一　建築

建築在都市美構成要素中，論質論量，均爲極重要者；蓋都市美之大體，即以建築構成者也。都市中建築，可分四點觀察之。

一、種類

a. 公共建築　各軍政機關，學校，博物館，美術館，戲院，圖書館，郵局，車站，俱樂部，公會堂，及其他公共機關等，各種建築屬也。

b. 商店建築　公司，銀行，及其他小商店等，各種建築屬也。

c. 宗教建築　佛教之寺院，儒教之聖廟，道教之道院，耶教之教堂等，各種宗教建築，在都市中，呈獨立之美，現代都市中，對於此種建築，其銳氣雖遠遜疇昔，然在舊都市中，確爲美觀之重要要素也。

d. 工場建築　各種工場建築，於其美觀類等閑視之；然仍不失爲都市美要素之一。

e. 住宅建築　都市中住宅以體積較小，對於都市美尙鮮極著之關係；然於住宅區域中，爲美觀之最重要者。

f. 紀念建築　凱旋門，紀念塔等，具有紀念性質之彫刻的建築物，在都市中，最擅獨立之美。美術館，學校，及圖書館等之具紀念性質者，亦可列於紀念建築之中。

以上各種建築中，對於都市美之爲重要因子者，尤以公共建築，與商店建築爲著。蓋宗教建築，與紀念建築，皆獨立而呈其特殊之美，不若公共建築，與商店建築之集合而爲建築羣也。保調和而破單調，爲建築羣之要則，爲保持其調和計，關於建築之高大，形式，應善爲考慮，蓋過於統一，即易流於單調也。

二、材料與構造　材料與構造，與美觀雖無直接關係，然亦足以左右形式與表現，故與美觀實有間接之關係也。建築可分爲木造，磚瓦造，石造及鋼骨三合土造等數種，從美觀及耐火上言之，自以鋼骨三合土造者爲最優。

三、形式　形式爲美觀上重要問題，抑亦困難問題也。蓋都市建築，究以何種形式爲最美，雖不可以一概論，然務以調和與統一爲要則。

其二　紀念像

紀念像，論量雖鮮，然以其爲純粹之彫刻，故極著美觀之價值。紀念像之於都市，一似人生裝飾之寶石，論量雖小，然光輝燦爛，斷非一般飾物所能望其項背者也。

一、位置　紀念像類就街道之一角，廣場之中央，建築之前部，及公園內，設置之。位置爲紀念像之第一要件，如位置不當，則其像無論如何雄美精工，未有不失敗者。紀念像，與背景亦著密切之關係。

二、材料　紀念像之材料，以青銅與大理石爲主，由背景上言之，以大理石爲較優，蓋紀念像，類以蒼翠之樹木爲背景，故青銅不如大理石遠矣。

三、體積　爲增進都市之美觀計，紀念像應有相當之體積。

四、台座　台座爲紀念像之附屬物，對於紀念像之美觀，極著深切之關係。台座之大小，視紀念像，以爲增減，台座周圍之裝飾，亦宜注意。

其三　橋梁

橋梁亦可視爲街道之一部，蓋乃水上之街道也。橋梁以建築式之分子爲多，倫敦之劍橋(Cambridge)於橋之兩端建塔，乃橋與建築之相結合者也。水濱建築，益增美觀，橋下爲水，相得益彰。

一、位置　橋梁架於河流之上，以便交通固矣。然以河流之種類，與其架設之位置各別，美觀之程度亦殊。主要道路之橋梁最著美觀之價值。

二、材料與色彩　橋梁如依材料區別之，可分爲木橋，石橋，鐵橋，鋼骨三合土橋等數種。木橋具野趣，田野與公園中恆用之。都市中橋梁，爲耐用計，則以石橋，鐵橋，鋼骨三合土橋爲尚。其較大者尤以鐵橋爲宜。色彩，復以所用材料而互殊。木，石，鐵者，恆用本色，不加塗染，三合土者，恆用磚石嵌之。

三、形狀　橋梁形狀，爲橋梁美觀上條件之最重要者。其形狀，以橋脚及橋身而異致，橋身有爲弧形者，有爲直線形者。橋之較大者，用備吊橋之鐵骨結合，或爲曲線之櫛形，或爲直線之山形。其欄杆之形式，對於橋梁美觀，極著密切之關係。聞日本東京，地震後，其復興計畫所建之橋梁形狀，摹仿全世界各國之著名橋梁築之，故東京，不啻世界橋梁形狀之陳列館也。

其四　街道

建築以街道區分而成一範圍，在此範圍內之建築物，與其左右前後範圍間，應於變化之中，適量調和，俾全市建築，得呈調和之致。在此一範圍內之建築物，所謂「建築羣」是也。而街道設置之建築物，尤應發揮其各別充分之美。

一、路寬　街道以寬度各別，得分爲各種等級：倫敦市以一百四十呎爲廣道，一百呎爲一等路，八十呎爲二等道，六十呎爲三等道，五十乃至四十呎爲四等道。茲舉世界各都市著名之街道之路寬如次：

巴黎	賞埃利塞路(Boulevard Champs Elysee)	二五〇呎
東京	東京車站前	二四〇呎
柏林	烏太登林登路(Unter den Linden)	一九〇呎
維也納	圓路(Ring strasse)	一八五呎
華盛頓	賓夕法尼亞路(Pennsylvania avenue)	一六〇呎
柏林	柏爾阿弄斯路(Belle-Alliance)	一六〇呎
廣州	白雲路	一五〇呎
倫敦	花脫呼爾路(White hall)	一四五——一二〇呎
東京	日比谷與神田橋間	一二〇呎

南京道路斷面圖

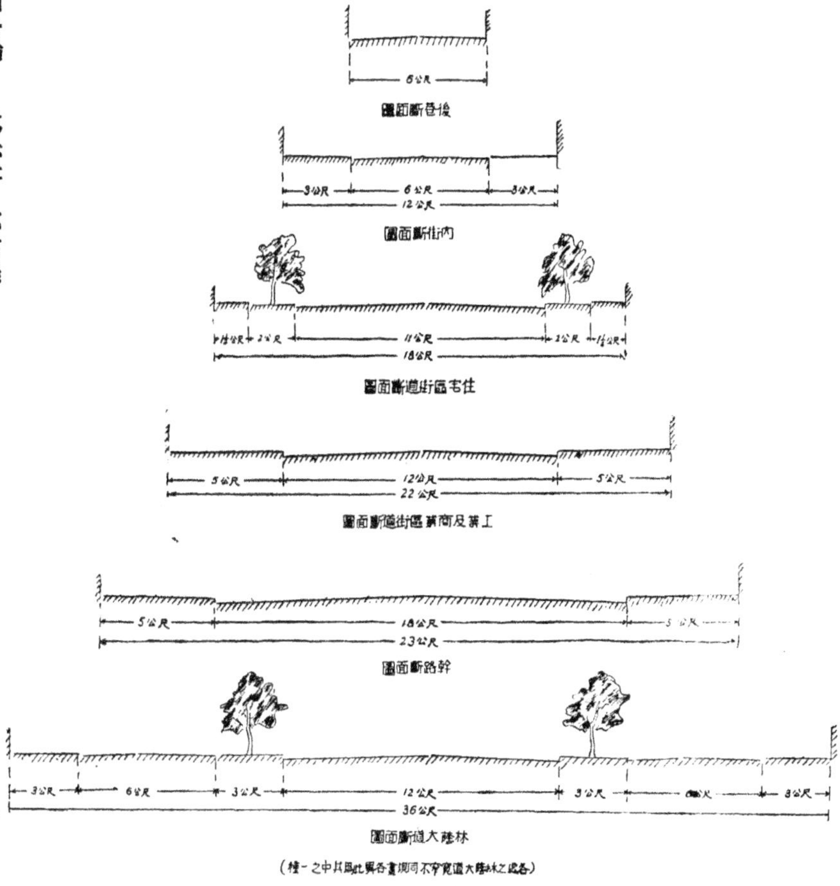

第二十五圖

南京　林蔭大道一一八呎

二、車道與步道　街道寬度之在六十呎左右者，即可爲車道與步道之區分。其通行電車者，電車軌，即可於車道中設置之。故路寬六十呎許者，其區分法，即以中央爲電車軌道，其左右爲車道，左右兩端爲步道（人行道）是也。其路之稍寬者，電車道，可於路之一側設之。其更寬者，將步道於中央設之。街道中央之設置步道者，乃街路區分之最新式者。公園入口之街道，及公園間聯絡用之街道，遊步道(Promenade)之設置，爲不可缺。叢植樹木之植樹帶（Planting belt）等距離列植之列樹，（行道樹）(Alley tree) 舖植草坪之草地帶，(Lawn belt)及帶狀庭園之街道園，(Street garden) 皆爲遊步道中之局部設施。步道與車道間，皆應栽植列樹，步道之在中央者，其左右仍應有列樹之栽植。

三、路面舖蓋　路面舖蓋，對於都市觀美，亦著密切關係，普通街道，以舖蓋材料，分爲柏油路，木塊路，與舖石路等數種。以氣候互殊，各有優劣。

四、廣場　街道交叉之焦點，爲交通上便利，及安全計，應有相當面積廣場(Square; Platz)之設置。故廣場云云，乃街道與公園之混合物也。於都市美，極占重要之位置。廣場中或立彫像，或裝噴水，或植樹木，或築花壇，以美化之。故廣場不惟爲街道之焦點，抑亦都市美之小中心也。廣場不僅設於十字路中，街道之六出或八出而爲放射狀之配置者，此種設置，尤爲必要。

矣。

其五　街道附屬物

街道附屬物，其量雖小，然對於都市美極著密切之關係。除行道樹爲自然美外，其他多數小建築，卽屬人工美者。

一、列樹　街道列樹，亦稱行道樹，（Avenue tree）乃街道附屬物中，關係都市美者之最著者也。列樹之樹種旣各異致，配植之方法又復互殊；車道與步道間，普通栽植二列，然亦有爲四列者。街道列樹，與公園雖同爲自然美之重要因子，然街道列樹，占地旣小，且復散布，不若公園之占大地，而集中也。惟其散布，故其自然美得分布於都市全部，亦爲公園所不可及者。街道列樹之性質，及其種類，詳於拙着觀賞樹木學中，故玆不贅。

二、噴水　噴水爲動的都市美之一，十字路中，最美之飾物也。噴水口上，恆附以各種彫刻。噴水之美，四時咸宜，暑中尤適。

三、電柱　電柱爲電報，電燈，電話，電車，所用之柱之總稱；除電車所用者外，均應埋於地下，以維都市之美。其不獲已而須設於地上者，亦宜注意美觀。

四、路燈　都市照明，亦爲現代都市美觀之要素，蓋現代文明都市之夜，務宜光耀如晝，以示都市夜間之美，此照明問題之所以視爲近代都市中重要問題也。路燈乃都市照明中之最主要者也。路燈形式，務以美觀爲要。

五、郵筒　論郵筒，其形雖小，然對於都市美，亦具相當之效力。我國郵政，以綠色爲代表色，日本郵筒，均爲紅色，如能多多設置，亦無異都市之點綴品也。

六、便所　便所乃都市中不容或缺之重要小建築也。便所，以地下式，半地下式者，最爲美觀。地上式者，務宜避去爲要，其周圍並以樹木植之，以增美觀。

七、崗亭　警察所用之崗亭，亦爲都市中之重要小建築，其形式材料，務以不損美觀爲尙。我國各都市，所用崗亭，均以木製，既簡且陋，自不足以云美也。

爾外若公共自動電話亭及廣告牌，公共汽車停車場，標識等，均與都市美，有相當關係，其形式，材料，務宜注意。

其六　河流

水於都市美，具有特殊機能，就中以河流，爲量較夥，故其關係，以視湖海，尤爲切要；所謂「水都之美」河流之功，不可沒也。水邊建築，景色尤宜，有河流，則必有橋梁，有橋梁，則美感益增矣。

一、種類　都市中河流，可分爲溝渠，運河，及城河等數種。城河爲封建時代遺物，附屬城垣之外，具特殊之美。河流兩岸之施護岸工事者，尤覺美觀。

二、寬度　河流寬度，雖非逮某種程度以上，不足云美，然其過狹者，要不能充分發揮美性也。故須具相當寬度，水以清爲美，濁者雖廣，不美，細流之澄清可鑑者，確具相當之美。

三、兩岸狀態　除水之清濁外，兩岸狀態與美觀亦具深切關係。河岸之設置細長公園，或遊步道，或美麗建築物者，最爲美觀。紐約白龍克斯河公園道路（Bronx River Parkway）及首都計畫中之南京秦淮河兩岸之林蔭大道，皆其類也。

其七　公園

都市公園，爲都市自然美中之最重要者，其分布聯絡等，已於各論第二章中述之，茲復擇要述之如次：

一、位置　公園位置，有市內市外之別，與都市美有直接關係者，爲市內公園。公園之在市外，而爲近郊者，次之。遠隔之國立公園，則幾無直接關係之足云矣。市內公園中，亦以位置而左右其都市之美，其在中央或接近中央者，乃公園系統之中心，抑亦都市美之中心也。

二、分量　依公園面積，得分公園爲大、中、小三種。大公園以市內大面積地，不易獲得，故類於市外設之。中小兩種，雖不易分別，然在百畝以上，三百五十畝以內者，皆爲中公園，不及百畝者，皆列於小公園之內。對於都市美，關係最著者，爲中公園，而以小公園次之。最大面積之國立公園，與都市美，則可謂毫無關係者矣。

三、配置與聯絡　大、中、小各種公園之適當配置，與聯絡，以達公園之目的，並發揮其機能，爲增進都市美之一大要素。各公園間，務以公園道路聯絡之，其全體之適當配置，即所謂「公園系統」是也。對於都市計劃上，亦爲重要問題。

四、目的　公園之一般目的，爲市民之保健，災害之防止，及都市美之增進固矣。其具特殊目的，而以兒童爲主者，曰兒童公園。運動爲主者，曰運動公園。以娛樂爲主者，曰娛樂公園。與就普通公園中之一部，以備兒童運動，及娛樂等之設備者，不無異致也。

五、特點　如上所述，各種公園，各具其特點固矣。然以其構成之材料言：各有其特具之點，例如公園中，有以草坪爲主者，有以花壇爲主者，有以森林爲主者，有以山爲主者，有以水爲主者；而樹木中，復有以某一種爲主者。大公園與中公園中，普通具有各種材料，以發揮其各種材料特殊之美。小公園中，則僅能如大中兩種公園中之一部分，以發揮其材料之特殊美耳。且春、夏、秋三季之特點，在大中公園中，僅爲部分之美，在小公園中，則爲一園之特點矣。

其八　招牌及廣告

第二十六圖　美國亞柏撻加爾格勒紀念公園中公共圖書館與花壇之一部

招牌，廣告類皆附屬於建築物，以設置者也。然廣告有單獨建塔，或置於電柱上，或電車內等之人目易及處者，故均與都市美，有深切之關係。

一、平面與立體　招牌及廣告之附屬於建築物者，大抵屬於平面；其爲廣告塔者，屬於立體。

二、材料與色彩　招牌材料，以木或金屬者爲夥。廣告雖亦有以木製者，然終不若紙質之較多也。以都市美之關係言：材料不如色彩之重要，蓋以各種色彩，最足引人注意故也。惟色彩之刺激過甚者，最易陷於醜劣，斯亦應注意，而不可忽者。

三、文字與繪畫　招牌與廣告之表示，有僅用文字者，有僅用繪畫者，有文字與繪畫並用者。其用文字者，以圖案字爲最佳，所謂「美術文字」是也。繪畫以寫生式與圖案式者爲最佳。

四、窗飾　窗飾爲建築之一部，商店建築中，俱利用之。以其接毗街道，故不惟最易引人注意，且於都市美觀，亦具重大影響；故其設計，務宜注意美觀。

其九　運輸及交通設備

運輸及交通設備，形體雖小，然對於都市動的美，頗具效能。例如都市中，有電車千輛，如不絕移動，宛如數千輛汽車以行駛益速，故都市中，如有赤色汽車萬輛，疾馳過市，則不啻全市亦化矣也。

一、火車　火車在都市中，以爲量較少，故對於都市美，無甚關係。

二、電車　電車爲都市內運輸交通設備之主幹，故其色彩，與都市美極著密切之關係。其塗染色料，以耐久爲要素；青、綠、藍等，不甚濃厚者，頗有增進都市美觀之效。

三、汽車　汽車色彩，以黑色爲普通，白色，乳色，青色，及橄欖色者，亦無不可。公共汽車，車身較大，並行駛於主要街道間，故影響於都市美者，亦鉅。

爾外若人力車，爲我國都市中最普通之交通用具，不惟車身破陋，且車夫汚穢襤褸，不堪言狀，殊足爲都市美觀之玷。

其十　燈火

夜間都市美，以燈火爲要素，現代之都市生活，夜間之利用益頻，故都市美之於夜間，有相當重視之必要。夜間生活，有待於燈火之照明，此都市照明之所以爲現代都市之一大問題也。

一、材料　燈火以電氣，煤氣，石油等，爲材料，現代都市，則電氣占十之八九，煤氣則僅供補助用耳，石油及其他材料，用者漸少。

二、屋燈　以光線較弱，對於都市美，極少影響。

三、店燈　商店以接近街道，其店內及窗飾之燈，對於都市美，有相當影響。繁華市廛，光耀如晝，絕無路燈之必要矣。

四、路燈　路燈爲街道之附屬物，已述如前，其目的，在夜間照明，故得示都市夜間之美。其形狀，光度，與都市美，皆有密切關係。

五、橋燈　橋梁主柱，類有燈火之裝置，除實用外，頗有增進橋梁美觀之效，乃示都市夜間美之重要設施也。

六、園燈　公園及廣場內，爲便於夜間利用計，均有設置燈火之必要，夏季之公園利用，類在夜間，故園燈設置，在夏季尤爲必要。

七、廣告　廣告性質，在引起人目注意，故夜間，亦有設置燈火之必要。其不絕點滅，及具各種色彩者，皆有效之廣告術也，對於都市美，亦具密切關係。

第四編　結論

第一章　國內造園近況

第一節　都市公園

自北伐勝利，革命成功而還，各大都會，次第改市，市政建設，進步極速，而都市公園，亦應運日增，誠我國數年來造園近況中之好現象也。茲就數年來，各地報紙，及市政公報等雜誌中所見者，擇要節錄如次，以資參考。

其一　南京

南京自古十爲國都，本爲重鎮，宇內統一，國都南遷後，形勢愈重要。首都市政當局，爲加緊造園工作計，於民國十七年冬，特設公園管理處以進行之。迨十九年春，始以經費支絀，裁撤歸併教育局中，僅存一股，組織欠當，發展益難，殊可惜也！迨魏道明氏繼任市長，又復恢復，雖經費銳減，發展不易，然有此專處，聊勝於無，南京現有公園，爲：第一，五洲，鼓樓，秦淮，白露洲，莫愁湖等六處，除第一與鼓樓兩處爲舊設者外，俱爲新建。新建四公園中，尤以五洲公園爲精華所在，其新訂計畫有足述者，節錄如次，以覘一斑。

（一）美洲（按即老洲）（甲）收買民地　該洲自民國十七年開闢公園而還，東西北三面，雖已粗具規模，惟東南一側，大宗土地，尚為私人所有，未能興工改造。荒蕪零落，頗損觀瞻，且於公園全體計劃，多所阻礙：今擬將全部收買，以完成整個公園計劃。（乙）開闢中間花壇及兩旁應有佈置　該洲民地，收買以後，即將中間花壇，繼續向南延長，直至洲邊為止。兩旁竹林，酌量去留，擬在西側，築一兒童遊戲場，東側則就原有洋房，加以佈置。（丙）建築民族紀念塔　該園開始建築，為日尚淺，其中最感不足者，則為美術建築物：而美術建築物，實為公園之精彩點綴，擬在花壇中央，建一雄壯之民族紀念塔，仿照巴黎盧森堡公園（Jardin des Luxembourg）之五洲民族塔形式，建一塔座，上立五種種族代表人物，共負地球一個，劃清洲界，以亞洲當南。（丁）建築八角亭及拱橋　該洲東南，有一小島，擬於島上，建築中國式八角亭一座，縱橫二丈。原有通島土堤，擬即拆去，代以磚築拱橋，並於小島周圍，用太湖石，疊成邊際，島上佈置，全依中國式。

（二）非洲（按即趾洲）　收買民地　五洲公園居民，以非洲為最少，故土地徵收，戶口安插，較為簡易。且該洲環洲馬路，及洲內橫路，早已完成，工作故亦較便。該洲刻擬仍照原有計劃，闢作植物園。園內建自然科學博物館八座，以為研究科學之需，惟此種事業，有關高等教育，故同時應與學術機關，若中央研究院，各大學，及熱心科學事業者，共同辦理，較易實現。

（三）亞洲（按卽長洲） 整理梅嶺 亞洲西部，按原有計劃，本已劃歸南洋僑胞，投資建築蔡烈士像，及南洋館之用；惟此種計劃，一時尙難實現，故擬暫將十七年所闢之中部梅嶺，重加整理，以資點綴。

（四）曾公堤 添置休憩亭四座，此堤於十七年十月間，開闢完工，除路面尙未舖敷石子外，已將全部加寬，車馬往來，可自太平門直達園中；惟此堤全長計五六里，徒步遊園者，如無休憩設備，每値烈日當空，雨雪載途之際，至感不便，故擬建築休憩亭四座，以便遊人。

（五）其他 加寬玄武門外馬路並架橋以利交通 玄武門外，現有堤埂，路寬僅及兩丈，出入公園，此路實爲要道，故不得不將路面加寬，以便交通，而壯觀瞻。此路路寬，擬放至十丈，全路分爲車道，步道，草地等數帶，幷於湖邊建築欄杆，草地上，列植樹木。

首都建設委員會，鑒於首都工商業日趨繁榮，人烟亦漸稠密，市廛囂煩，空氣汚濁，影響市民衛生，良匪淺鮮，除大面積公園，另有規定外，特計劃小公園二十三處，業經勘定（1）堆草巷（2）江蘇革命博物館（3）淮清橋，（4）東八府塘（5）綾莊巷（6）狗皮巷（7）雙樂園（8）娃娃橋（9）王府塘（10）羊皮巷（11）大悲巷，（12）石婆婆巷，（13）慈悲社，（14）成賢街，（15）大石橋，（16）陰陰營，（17）大方巷，（18）馬家巷（19）兵工署後，（20）警衞團東，（21）蔡家巷，（22）英領署北，（23）陸家山等各處，爲設置地點。關於經費籌措，則擬有兩種辦法。（一）帶徵房捐附加辦法，首都住戶八萬餘戶，擬於房捐項下，每戶每月平均加徵小公園建設費附加五角，繼續徵收十六個月，每月以四萬元計，可共收七十二萬元，卽足敷需要之數。（二）放領徵收賸餘土地辦法。於小公園應徵地畝附近，徵收一部分賸餘土地，其面積應與小公園之面積相等，依徵收價格之二倍，標賣之，則收支適可相符，庶本計劃需要之款，有所自出。惟此項徵地價格，尙待該會擬定云。

按照首都之公園及林蔭大道計畫，南京將來公園之在城內者，約六·四五方公里，城外者約四九·九二方公里，共計五六·三七方公里，佔全境面積千分之六十六，以人口達二百萬計，平均每人約占二十八又十分之二方公尺也。林蔭大道（Park Way）共長四十七又十分之六方公里云。南京現有公園狀況，另詳於本編第二章中，故茲不贅。

其二　北平

歷代建都，北平最久，苑囿園林之精，名勝古蹟之繁，宇內都市，莫可與京。自國都南遷後，以環境關係，工商事業，日就衰頹，政府人民，有鑒及斯，乃汲汲於北平繁榮之計議；而指導整理北平市文化委員會，於是乎誕生。查該會簡章，該會直隸於國民政府，所有北平市古蹟風景，及明陵湯山西山風景區等處，無論直屬國民政府或市政府管轄範圍，其一切保存佈置，並其他處發展工藝，招致遊賓等事宜，均由該會指導該市積極整理，或創辦之。如能積極進行，殊有裨於北平造園事業也。市工務局，現擬於內城，外城，設置兒童公園九處，以備兒童遊戲之需，一俟勘定地點，卽擬興工建築云。北平除舊有中央，海王村，城南三公園。除將中央公園，改稱爲：中山公園外，復闢三海爲北海，與中南海二公園。最近並於中南海公園中，設置游泳池一所，全面積占地十二畝，池長五十公尺，寬十八公尺，底爲斜坡式，深自一公尺，至三公尺，游賽道十條，旁設有日光浴場池，南設一跳臺，跳板上下各一，池上設有電燈，佈置至爲齊備，一切費用，共計二十萬元，蓋乃國中有數之游泳池也。

其三　上海

上海雖爲東亞巨埠，然工商事業，泰半俱爲外人所操縱，國人殊無甚勢力也。全埠公園，約五六處。其較大者，若法租界顧家宅公園（亦稱法國公園）占地約一百五十餘畝。萬航渡公園（亦稱極司非而公園或兆豐花園。）占地約二百九十畝。虹口公園（俗稱新公園）占地二百六十五畝。然皆爲英法工部局出資經營，向禁國人遊覽，幾經納稅市民，嚴重交涉，辱國禁例，始獲解除，蓋亦幸矣！租界內各公園開放後，以禁例初解，國人入園，至爲踴躍，觀下記公共租界工部局長哈波（Harper）氏之談話，亦足覘上海市民，

第二十七圖　北平頤和園之一部

對於公園需要之一斑也。比上海市中心區域建設委員會，有鑒於上海市民，對於公園及運動場之需要，乃於十九年七月二日第十七次常會中，決議於淞滬路翔殷路之轉角處，設立完美之公園及運動場各一處。查該處目前交通已極便利，全面積約有四百餘畝，故殊足敷大規模之設計也。

哈氏對於租界公園開放後之情形，有所發表，略謂：

（一）公共租界內之公園，如虹口，黃浦灘，及萬航渡（俗稱梵王渡）等，俱已開放，惟在威賽路（匯山公園）及南洋路（兒童遊息場）者，祇許西人遊憩，威賽路之孩童公園，亦祇許西童入內。

（二）華童入園，如有父母或保母同往，無庸納費。虹口崑山路之崑山花園，中西兒童皆可入園遊戲，成年者不准前往。

（三）自開放以來，各方前往工部局購買長年票者，已有一萬八千張之多；逆料年終時，可超過二萬張以上。

第二十八圖　上海法國公園之一部

（四）每日入園遊憩者，多寡相差殊甚，如陰曆之端午日，萬航渡公園，有遊客一萬零五千零二人，虹口公園有遊客四千八百零三人，黃浦灘公園最多，竟達一萬六千四百三十六人。陽曆六月二十六日，陰雨連綿，游客頓減，萬航渡公園，祇有遊客一百十六人，虹口公園有遊客一百四十四人，黃浦灘公園有四百七十五人。六月份以上三公園之遊客，西人共四千零五十五人，華人共一萬三千八百九十四人，中西遊客，合計共有一萬七千九百四十九人。

（五）華人之入公園者，自開放以來，秩序甚佳，園中所有樹木及花卉等，華人均能遵守公德，無或攀折，中西遊客，亦能保守「客氣」態度，絕未發生衝突：惟華人中尚有少數人隨意涕吐，爲遺憾耳！

（六）公園既經開放，遊客陡增，園中坐位及廁所等，工部局俱擬添置，以備遊客利用，甚望華人踴躍購買長年票，以備挹注。

其四　廣州

廣州爲革命策源地，市政經營，最稱完美，邇來除將原有之中央，海珠，越秀，東山等四公園，大事擴充外；並復於白雲山，河南，西關，動物，東湖等五公園，積極增闢，茲將各公園之增闢計劃，略述如次：

（一）白雲山公園　白雲景物，馳譽百粵，由來已久，層巒高峻，岩壑幽奇。自環山馬路，着手興築後，山中勝地，如能仁古寺蒲澗簾泉等處，莫不佈置一新。邇中山大學復闢農場於斯，林木葱蘢，景色益增。爾後如能悉心規劃，大加建設，園中必當更有可觀者在。本園初步計劃，擬與中大農場，依照公園設計，共同負責辦理之。本園環山馬路，現已築成，及行將築成者；爲姑嫂山至能仁寺馬路，及白雲山後山馬路等，長凡數千尺。山上各小路，及各處名勝，亦擬同時修築，以便遊覽；所需費用，約計三萬元。兩年內可全部完成云。

（二）河南公園　河南海幢寺爲五大叢林之一，昔時梵宇琳宮，均稱勝地，今雖零落，景物猶存，且地點適中，園林粗具，以之闢爲公園，當可保存古跡，供人遊憩，誠一舉而兩善備也。自廣州市政府工務局，與當地軍民協商後，拆寺闢園之議，備受贊同，比且自動設立公園促成會，以利進行，並願籌集款項，補助費用，市民對於公園需要之般，可概見矣！本園建築工程，擬分兩期辦理，第一期，將原有設置，先爲分別去留，然後斟酌損益，略加添改；此期工程完竣後，則園中景物，規模粗具矣！第二期擬將園內各種建築，悉仿日本寺院公園設計，華林寺之仰塔，亦將遷置於斯。

（三）西關公園　西關爲廣州富庶之區，商業至爲繁盛，市廛櫛比，人口繁多；邇來馬路廣闢，交通利便，繁盛情形，尤倍疇昔。惟公共遊樂場所，尚付闕如。茲特就荔灣地點，設置公園，以彌其憾。查荔灣爲南漢昌華宮舊址，兩岸風景，幽然如畫，每當月上燈初，紅男綠女，紛至沓來，一葉輕舟，隨波上下，如此情景，實不亞於歇浦江頭，秦淮河畔也。獨惜該處河道淺窄，兩岸樹木，杈枒雜出，稍欠美觀，且常蜑艇停舶，不免大煞風景。改良之法，該處河道，亟應展寬濬深，并將挖出河泥，塡高堤岸，欠整樹木亟加修剪，然後增植花木，改築園路，（另闢林蔭大道一條）禁舶糞艇，增加橋梁，再於附近隙地，增闢遊樂及游泳場所，以供遊憩，則此園景色，必殊可觀也。

（四）動物公園　舊法領署，古木參天，綠蔭遍地，前擬留供市政府合署建築之需；現以合署地址，改用中央公園後段，該署全部，已由市政府決定，撥作動物公園設置之用。此園陳設，擬搜集珍禽奇獸，及粵中各種特別水產，羅列其中，遊園者不特藉以增進知識，怡悅性情，即於全市教育及觀瞻上，裨益匪鮮也。全園建築經費，核定為四萬四千餘元；其建設計劃，略述如次：

法領署長約一千一百呎，寬約三百六十呎，除後半部用供省立圖書館建築地址外，餘均闢作動物公園之用。園地雖不甚廣，惟曲折幽邃，與幾何式之中央公園，迥然不同。其入門處，中為大道，兩旁為飛禽陳列室，中豢孔雀，雉雞之屬。由中道而進，為噴水池，池為長方形，池邊為草地，周以石欄護之。噴水池附近為木臺，周繞短欄，略加石櫈，以備遊人休憩之需。越平臺，道左右歧，由左入為猛獸陳列室，有大鐵籠四，分豢虎、豹之屬；再進為大假山，其中樹林蔭翳，風景自然，誠廣州唯一消暑地也。由右入，則為小獸陳列室，猴、狸之屬分豢於斯。由此右轉，路復三歧，其一通出園之側門，一通音樂亭。亭為八角式，市政府音樂隊奏樂於斯。在此三路交叉處，有鐵籠一，鶯、燕、畫眉、相思等鳴禽豢焉。園中百年古木，悉仍其舊，道路修築，一準地勢。此園自十九年四月興工建築以來，園內道路已成十九，園場水池平臺次第完竣，涼亭石欄，鳥獸籠等，亦可不日觀成。

（五）東湖公園　廣州雖為濱江之區，然水面之可供遊覽者，荔灣而外，誠未多覯。廣州市政府，擬將大沙頭二沙頭及海心沙三島連以新堤，并將三島北邊，水道之東西兩端，各堵石壩，設置水閘，以資宣洩。此數堤壩築成後，舊日大頭河至海心沙之北邊水道，便可形成一人造大湖，即所謂「東湖」是也。各島間，就地佈置，遍設樓臺，現有之大沙頭飛行場二沙頭頤養園，均可分別保存。且環湖植樹，廣爲點綴，則斯園景物，不難獨樹一幟也。益以市東各住宅區適當入園要衝，此園既廣，遊人自衆，故市東住宅區之繁榮，正可相爲促進也。

（六）賽馬場　廣州市賽馬場預定地點，在石牌多墳岡一帶，場爲橢圓形，東端稍狹，長徑二千三百三十呎，短徑八百七十呎，面積約一萬八千四百五十方丈。

（七）游泳場　廣州市游泳場，雖早有東山沙河口精武水上游藝會之設置，然以地積窄小，位偏水濁，不足供市民學生之應用；故比更決於市西荔枝灣南石頭及魚珠礮臺附近三處，各設較大之游泳場一所。荔灣景色幽麗，已如前述，近且築有多寶馬路，與市內馬路直接連貫，往來至便。南石頭游泳場，在河南西岸，該處中流有島，天王綏定二礮台並峙其中。河南路興築完成後，交通當益便也。魚珠地當黃埔北岸，水面遼寬，清冽可鑑，自中山路告竣後，遊人倍增，蓋亦不可多得之游泳場也。

爾外如仲凱公園及河南七星岡公園，均已着手興築。查仲凱公園，在本市之東，地當中山路要衝，廣可數十畝，新奇植物，搜羅至夥，乃一南國之植物園也。至七星岡公園，則在河南黃埔涌南岸新村前之七星岡附近，岡巒疊翠，映帶溪流，夾岸柳蔭，風景宜人，亦一可貴之園林也。

其五　瀋陽

遼垣公園，向無完美組織，小河沿之也園，小西邊門外之公園，喧囂塵擾，實無公園之價值，現擬計劃，決定於大小北邊門外之間，新開河迤北，闢爲中華公園。至該公園建設計劃，擬依全國地形分區，凡全國河道，山嶺，都會之位置，及商港，軍港，關塞之險要名勝，古蹟，物產之羅列，一一表現無遺。其居住區之甲部地勢，枕昭陵帶新河，左屏北塔右接大學，闢爲田園都市，至爲適宜。

其六　杭州

杭州山水秀麗冠絕東南，自市政府成立後，市政建設進行極速，造園計劃，新猷滋多。公園之業經整理者，爲湖濱、第二、第三、第四、第五公園等。已推廣者，爲中山公園。正在興工建築者，爲湖濱第六公園。擬籌款建築者，爲上城公園。湖濱第六公園，規模尤極宏大。中山公園，爲西湖風景之集中點，徒以不加整頓，任其荒棄，茶寮酒館，寺廟宅第，佔據一空，湖山風光，至爲減色。該省省政府議決推廣後，將孤山全部，劃歸公園範圍，並添造支路，及環湖馬路，面目一新，爲西子增色不鮮也。

西湖風景，譽滿全球，一般資本家，挾其資財，爭於湖濱占一席地，陸地購買之不足，復任意豎植木樁；侵占湖面，長此以往，西湖面積勢將日縮，自然風景無復能存。自省政府限令市政府，將湖內各莊，所佔湖面之私立木樁，勒令拔去後，湖光得資維護匪淺也。沿湖馬路，東南北三面，業已完成，僅餘裏湖一面，未曾修築，深感不便。自省政府限期修成後，環湖交通益稱便利矣。湖濱公園北端之盛姓空地，突入湖中，建園最宜，經省政府議決收歸公有，供建置公園之用。

其七　鎮江

自北伐統一，奠都南京後，江蘇省會，遂有遷移之必要，鎮江即今日江蘇之新省會也。江蘇省會自實行遷鎮後，對於省會之建設，即有省會建設委員會之組織。省政府改組後，以省庫支絀，縮小規模，歸併建設廳中，易稱省會建設工程處，對於公園計劃，於全市六區域（園林，舊市，商業，住宅，市廛，行政六區。）中，特指定金焦兩山及北固山一帶為園林區域，以備就此範圍，將所有名勝古蹟，刻意修建，並增建公園，而為全市風景集中之地。現有之伯先公園（即趙聲公園）每日遊人動在數千；省會為一省之政治焦點，僅此一園，實不足應付時需也。

其八　長沙

長沙為湖南省會，自拆城以後，市政改良，日見進步，關於造園工

第二十九圖　杭州西湖中山公園之入口

作，最近如完成天心閣公園，建築革命紀念公園，長沙第一[illegible]行，不遺餘力。比市政府籌備處，對於全市進展，已有具體計劃，關於公園設施，復擬定四處。在北者，爲[illegible]公園，在東者爲閻家湖一帶，名市東公園，在南者，爲雨花亭，名市南公園。文化區內，在湖南大學之後，就麓山天然景色，更事點綴者，爲市西公園，經省政府審議結果，除以上計劃外，復擬增設廣場，並於各區交界，厚植森林，酌設河岸公園，（按卽林蔭大道）開闢水陸洲公園。聞年來長沙市政有長足進步，觀之益足徵信，不禁拭目俟之！

第二節　天然公園

我國幅員廣袤，各省勝地所在多有，稍加點綴，益臻秀麗；而天然公園之雛形，具矣。江西之牯嶺，河南之雞公山，浙江之莫干山，河北之北戴河，在昔類爲荒山僻壤，自經外人銳意經營，皆稱勝地，屋宇櫛比，樹林蔭翳，每當盛暑，遊踪相望，佈置井然，悉稱人意，蓋皆我國境內有數之天然公園也。民國十八年秋，農鑛部林政會議中，有以太湖建爲森林公園之議，當經一致表決，部中當局，僉以發揚風景，與提倡林業，有密切之關係，因卽派員前往，吳縣東西洞庭兩山，及無錫黿頭渚一帶，實地勘察，以備實施，著者與也。返京復命後，謬承不棄，以公園之設計相責，自愧淺陋，深恐勿勝，奉命之餘，至惶然也！嘗考太湖形勢，水鄉爲多，論其質量，似與僅以森林爲形成因子之森林公園異趣，而與各國競尚之國立公園相合，因稍變更原議，擴充範圍，而以國立太湖公園之名稱冠之。計劃既成，部中當局，卽函徵江浙兩省政府同意，以備由中央地方政府通力合作，完此偉業，不禁跂予望之！此國立公園在我國之新記錄也，比聞湖南省政府，對於衡山風景已議設衡山管理處經營之。衡山面積形勢，亦足當國立公園之選，今經地方政府出資經營，不數年後，辦理成績，必有斐然可觀者在，誠國人注意名勝之一曙光也。茲略述各天然公園之近狀如次：

其一　西湖

西湖不惟爲杭州勝地，抑亦全國名區，湖周三十餘里，三面環山，谿谷縷注，空明皎潔，圓瑩若鏡，長堤亘帶，羣巘星羅，各盡妙藏，而四時朝暮雨暘明晦，皆擅奇觀。其南北羣山，遠自天目飛舞而來，峥嶸圍抱，洞壑幽奇，流泉清韻，煙雲草木，攬之不窮，登高極目，遠吞江漱，平挹湖光，氣象萬千，超然塵外，蓋乃國中天然公園之典型也。西湖景色，除豔稱之西湖十景外，爾外勝迹，所在多有，茲以限於篇幅，僅述其十景如次：

（一）蘇堤春曉　宋元祐間，郡守蘇軾，築堤湖上，自南山抵北山，横斷湖面，中通六橋，曰：映波，鎖瀾，望仙，壓堤，東浦，跨虹，夾岸桃柳，芬芳可愛，春時晨光初啓，宿霧乍收，羣芳綴樹，飛英蘸波，紛披掩映，如列錦繡。

（二）柳浪聞鶯　宋時清波湧金二門間，爲聚景園，園有柳浪橋，緣堤植柳，北接亭子灣，卽古柳州是也。清聖祖題碑，在湧金門南，當夫暮春三月，垂柳千絲，風飄如浪，流鶯百轉，韵奏如簧。

（三）花港觀魚　蘇堤望仙橋下之水，曰：花港，其[illegible]爲宋内侍，盧允昇別墅，鑿池甃石，引水蓄魚，遊人雲集，夙稱勝觀。今建亭於花港之南，當三台山出入[illegible]清可鑑人，安鱗迎沫，咸若其性。碑亭在碑之北，輔以高軒，繞以曲廊，疊石玲瓏，花徑透迤，爲湖南絕勝。

（四）曲院風荷　九里松行春橋南，爲宋時麯院，其地多荷，舊稱麯院荷風。清康熙三十八年，別構亭於跨虹橋北，改稱曲院風荷，引流疊石，盤曲可觀。

（五）雙峰插雲　南高，北高兩峰，相去約十里，層巒疊嶂，奇峯列峙，而兩峯尤以高稱，山勢峻急，能興雲雨，故其上常浮奇雲，峯超雲表，時露雙尖，望之如鍤，故宋人名之；雙峯鍤雲。清聖祖易稱雙峯插雲。構亭於行春橋畔，適當雙峯正中，春秋佳日，憑欄遠眺，宛如天門雙闕，拔地撐霄，洵奇觀也。

（六）三潭印月　湖中舊有三潭，深不可測，今迷其處，又有三塔，宋蘇軾濬復西湖所設，或謂塔下即古潭也。明宏治間，塔毀，萬曆間，即塔故址，取葑沼作埂，爲放生池，池外湖面，仍置三小塔，以襲三潭舊名，月光穿塔竇而出，分影爲三，故有三潭印月之稱，清聖祖時於池北，構置崇閣，度平橋三曲而入，空明朗映，儼若湖中之湖。

第三十圖　杭州西湖孤山全景

（七）平湖秋月　在孤山東南麓，虛堂曲榭，三面臨水，全湖萬態，一覽無遺。前爲石臺，旁翼水軒，曲欄畫檻，蟬聯金碧，當夫淸秋氣爽，皓魄中天，水月交輝，空明如鏡，登臨延眺，幾疑置身瓊樓玉宇，非復人世間矣！

（八）南屏曉鐘　南屏山在淨慈寺右，正對蘇堤，山多空谷，寺鐘初動，山谷皆應，聲浪傳空，逾時始巳，鐘於明洪武時集銅二萬餘斤重鑄，以是南屏鐘聲，與他刹不同。

（九）斷橋殘雪　自錢塘門外至孤山下，有白沙堤焉。堤上雜植花木，故又名：十錦塘。斷橋爲白堤第一橋，介前後兩湖間，凡探梅孤山，蠟屐過此，輒在春寒未消，葛領東西，樓臺上下，悉似瓊鋪玉砌，晶瑩朗澈，誠奇觀也。

（十）雷峯夕照　淨慈寺北有山自九曜峯來，逶迤起伏，爲南屏支脈者，曰雷峯，吳越王妃黃氏建塔峯巔，明季被焜，僅存外壁，磚作火色，藤蘿牽引，如調丹靑，頂上古樹枒杈，寒鴉是棲，每當夕陽返照，雖赤城霞起，無以過也。民國十四年九月二十五日下午二時，塔底鬆動，黃埃漫空，千古勝跡，崩於一霎，西湖十景，遂缺其一。

西湖範圍遼闊，勝跡靡窮，按之舊志，可分孤山，南山，吳山，西溪四路。攬勝尋幽，循是以求。西湖名勝，屈指難數，除西湖十景外，錢塘八景（六橋烟柳，九里雲松，靈石樵歌，孤山霽雪，北關夜市，葛領朝暾，浙江秋濤，冷泉猿嘯。）亦爲歷代豔稱，至若南北高峰，與五雲之高聳，龍井虎跑之山泉，理安寺外之九溪十八澗，烟霞，石屋，紫雲之古洞，靈隱天竺之奇峰，及大叢林韜光雲棲之竹徑，吳山之寺廟，亦莫不風光宜人，留連難捨。其他靈峯，仙姑，鳳凰山之間，勝跡瀰望，尤難屈指，是在善遊者之探賞耳。西湖景色，四時不同，朝夕異致。大抵裏湖以淸幽勝，外湖以華麗勝，孤山與北岸諸祠宇，墳墓橋堤，園墅，每多毗連，尤爲遊人所必至也。關於西湖風景，記載至夥，欲窺全豹者，幸參閱之！

其二　莫干山

莫干山介浙江，武康，吳興，安吉，三縣之交，而偏於武康，故屬武康治。山之廣袤，東北三十里，南北二十五里，周一百里，高出海岸線二千二百五十尺，乃溪埭諸山之最高者也。盛暑之季，惟日中較熱，然亦不逾華氏八十餘度。晨夕則在七十度以下，可御袷衣。加以山中竹泉特多，到處綠竹滃滃，清流涓涓，涼爽青翠，夐絕塵寰，以故東南逭暑人士，多樂趨之，歲徃僦居者，約數百家，裹糧遊歷者，恆數千人，間有終歲居山不去者。山距杭州百餘里，汽車行二小時可達，距上海約四百里，長途汽車與火車啣接，八小時可達。比自京杭公路完成，益臻便利，蓋由京乘汽車至三橋埠再轉入莫干山支路，亦不過十數小時也。

考莫干山以避暑見稱，尙在有清光緒中葉，當時西教士以其氣候之涼爽，景物之宜人，每値盛夏，相率入山，向山間居民僦屋數椽，以逭酷暑。嗣後外僑，聞耗亦紛紛接踵前往，迨光緒二十四年西人伊文思首藉教會名義，購地一方，是爲西人在山購地之始。斯時以入山避暑者，爲數益繁，遂有避暑會之創，以辦理各種公益事項。厥後西人住者日增，置產益廣，會中權勢，亦以漸大，山中工商事業，幾靡不受其管轄，並在三橋埠設立避暑會公所，以照料入山消夏之人。官廳屢擬收回，談判終無結果。民國五年，始在山設警維持公安，迨十七年五月，浙江省政府乃就山設立管理局，局長卽以武康縣長兼任，直隸民政廳，總理全山一切事務。並於翌年五月，劃定東北至天池寺東至劍池下東南至牌坊，南至老冰廠，西南至趙家山，西至青草塘，西北至莫干嶺，北至花坑山腰為管理區域。自管理局成立後，平治道路，添設路燈，廣植林木，整理風景，辦理公共衛生，裝設長途電話，開闢全山汽車道，籌建電燈廠等各種事業，靡不積極進行，不遺餘力。據最近報載：除各種事業已次第完成外，電燈機件，業經裝妥，不日可以通電。全山汽車道路，亦擬擇要先行修築。從此夕陽西下，萬盞齊明，全山繞遊，瞬息可達，山中氣象，當更煥然一新也！

山上風景，若劍池，雙瀑布，銅官，石燕，美人石，桃花石，磨劍石，仙人松，銅官十景，天池十二景，均名勝也。登山之路有二：一新，一舊。舊路險阻而較近，新徑平坦而稍遠。自杭來山之路有二：一由餘杭，上柏，武康至三橋埠，為陸路，有長途汽車。一由拱宸、武林、頭德清至三橋埠為水路。有滬杭甬路局特備之汽油船，約行四小時可達。由三橋埠登山，尚有山程二十五里，最近聞滬杭甬路局，已與浙江省公路局商定聯運辦法：自滬上午九時之特別快車抵杭後，即有汽車在城站守候，於下午二時十五分開行，直放庾村，換乘籐轎上山，大約下午六七時可抵山巔，則入山交通，益形便利矣。

山中所闢馬路及土石大路，共二十六條；故入山遊覽之健步者，絕無跋涉之苦，不然，以籐輿代步，價亦不昂，至便利也。山中僦居，除自建山齋，或假他人別業外，厥惟旅舍；莫干山今日仍以鐵路飯店，最稱宏大，蓋為滬杭甬路局所經營，資力充足，設備較周，凡會客室，休息室，浴室，理髮室，飲酒室，彈子房，球場，兒童娛樂場之屬，莫不美奐美輪，並自備發電機，裝置電燈，開映電影，以娛嘉賓，故中外入山人士，泰半寓居於斯。

其三　牯嶺

牯嶺亦稱牯牛嶺，有石如牛首，故名。在廬山中心，而略偏西北，據廬山志云：其地號稱「長衡」地平長且廣，高出平地三千六百尺，烏龍潭在其北，聖沼，蓮花，雙劍諸峯，在其東北，屋脊嶺在其東，吳王砦在其南，嶺狀雄峻，如人箕踞而睨，泉水甘美，風景清絕，夏不苦熱，居之最宜。自外人開闢租界後，經營締造，衡宇櫛比，避暑來遊，仕女雲集，浸浸乎成一世外桃源矣！租界內分中谷，東谷，長谷及俄租界盧林地四區。長谷以下沿溪，築成砂路，長約里許，綠蔭蔽日，東接市街，西通西谷，路之高下，砌以石級，溪流所至，通以橋梁，租界內外合組自治機關，以處理一切事務，國人建築，除市集外，西式房屋，合計百餘所。比小天池設有天一公司蓮谷之陽，蘆林之東，均有設置新村之議。黃龍寺三逸鄉各設農林局，造林場，西谷亦有公園之創設，對於牯嶺風景亦漸引起注意矣。

論廬山天然景物，一曰雲，二曰泉，三曰峯。廬山雲氣，倏忽起滅，山色因之頃刻變化，而天池之雲海，五老峯之海綿（見查慎行廬山遊記）尤覺奇麗。廬山流泉，隨地湧出，林間崖畔，時帶泉聲，如香爐雙瀑，玉淵，及三疊泉等，尤為奇觀。廬山九十九峯，橫亙四出，岡重嶺複，壁峭巖奇，雖片石孤岑，皆挾煙雲之氣。山周三百里，景物奇特，不可殫記，牯嶺特其一小部耳！如以牯嶺為中心，次第擴充，或逕由中央與地方政府協力經營之，則廬山不難形成為一國立公園也。曩日教育部擬先於適當地點，設一國立森林專科學校，囑余代為計劃，設置地點，余力主廬山，聞已議決於第一年內，儘先籌辦，果能早見實施，則用其餘力代為經營，廬山景色，必有相得益彰者在。

第三十一圖　浙江天目山之風景

今之往牯嶺者，大率取道九江。九江與外界交通：水則長江輪船，逐日過境，下水赴滬，約行二日半，水上赴漢，約十三四小時。陸則南潯鐵路，繞廬山之西，直達南昌，空則滬漢線飛機西行赴漢皋，東行赴京滬，俱在九江停留。故水陸交通，至爲便捷。抵九江後，可自江邊招待處，乘匡廬公司汽車直達蓮花洞，抵牯嶺，計程僅十八里耳！有山輿可以代步。山中食宿視莫干山，北戴河，俱爲低廉，就中尤以小天池之天池別墅，更爲精雅。

遊牯嶺可分西北，東北，東南，及西南四路。西北路，自牯嶺西行，至黃龍寺，天池寺，大林寺等處，所經爲牯嶺，金竹坪，黃龍坪，神龍宮，天池寺，文殊臺，捨身崖，白鹿昇仙臺，御碑亭，佛手岩，石門洞，錦繡谷，大林寺諸勝，爲程須一日。東北路，自牯嶺經東西林寺，蓮花洞，馬尾水而歸，亦須一日。所經有西林寺，遠公塔，東林寺，婆娘塔，蓮花峯，蓮花洞，馬尾水，周元公墓諸勝。東南路，自牯嶺，越女兒城，遊三疊泉，海會寺，白鹿洞等處，可即於寺中借宿。所經爲女兒城，蓮谷，恩德嶺，滴水岩，大月山，三疊泉，觀鷹嘴，九疊屏，玉川門，五老峰，白石寺，木瓜洞，海會寺，華嚴寺，白鹿洞，碼頭鎮諸勝。西南路，遊棲賢寺，萬杉寺，秀峰寺，歸宗寺，温泉等處；路程較遠，應分二日。若由牯嶺出發，可出含鄱口，遙望漢陽，太乙諸峰。所經爲含鄱口，歡喜亭，白龍潭，太乙峰，犂頭尖，三峽澗，玉淵，三峽橋，金井，招飲泉，棲賢寺，萬杉寺，青玉峽，雙劍峰，香爐峰，虎山，簡寂觀，黃岩寺，歸宗寺，右軍墨池，鐵塔，栗里，温泉（自此西經柴桑橋，可至德安或馬廻嶺。）諸勝。若僅遊廬山，爲節省時間計，可先搭南潯路車至德安，乘肩輿經柴桑橋温泉而宿歸宗寺。翌晨經萬杉棲賢二寺，繞道白鹿洞，而達海會寺。再翌日乃遊三疊泉，五老峰，而赴牯嶺。則廬山南部諸勝，於此三日間，可以暢遊矣。第四日，遊天池寺，神龍宮，至黃龍寺，而回牯嶺。第五日便可遊錦繡谷，及東林西林二寺，至蓮花洞而返九江。

其四　雞公山

雞公山在河南信陽縣南，與湖北應山縣接壤，山頂卽豫、鄂兩省分界處也。當大別山之脈，風景至佳。先有西人以教會名義，在山巔建造樓房，以備夏日避暑之需；日積月累，拓地漸多，凡九百餘畝，僑居豫、鄂、西人，非基督教徒，亦皆前往避暑，蕞爾區域，遂有人滿之患。淸張之洞督鄂時，以該處位置重要，外人不能任意建築，力爭數載，始克贖回，後遂作爲公產，任人賃居，現歸江漢關監督管理，山巔洋樓棋布，約百數十所，並設有郵政支局，山口置巡警數名，以任保衞稽查之責。山中銀行，旅館，食堂，浴池，俱備，濃綠蔽空，野芳夾道，每當盛暑，淸涼宜人，誠避暑佳處也。

自漢口大智門，至新店，計三百四十八里，可搭平漢車以往，自新店上山，僅十二里耳！上山可坐山輿，一小時可達。

其五　北戴河

北戴河爲榆河（一名溼榆河，俗稱富河。）出海處，山明水秀，風景絕佳，在河北臨榆縣西南七十里，距海關南，六十九里。地濱渤海，爲北寧鐵路所經，沿岸十餘里，建有消夏別墅無數，夏日天氣，視平津爲涼，以華氏表測之，亭午在八十度左右，晨暮僅有六十餘度，天氣涼爽，風景自然，蓋一極良之海濱休養地也。海濱到處，均可就浴，林壑幽美，至適久居。海灘又有網球場，影戲院，及其他遊戲場所，以供遊人娛樂之用。自治事業，有公益會，醫院，係由國人經營之。至若石嶺會改良會、衞生會，夏令會，教堂等，則係由西人所經營者也。有市集，郵局、公園，旅館，食堂，浴池等各種設備，極適於遊人留連之需。附近聯峯山，尖山，南天門山，金山嘴，仙人洞，蓮花石，湯泉，背牛頂等，皆爲勝蹟。海濱諸山，槲類至繁，森然成林，老幹懸崖，扶疏可愛，松杉夾道，野芳幽香，人行其間，淸涼忘熱，抑又海濱之森林公園也。北戴河有碧海，溫泉，森林，三者兼具，在修養地中，尤爲難得。

北戴河海濱，與外界交通，厥惟北寧鐵路，及其海濱支路。每歲五月初至十月杪，爲支路通車時期，每日往還北戴河站，與海濱間各以四次爲度，與幹路客車相啣接。若自滬前往，可搭海輪，至天津或秦皇島轉乘北寧車，爲程僅三四日耳！市內交通，則海濱一帶，馬路相貫，惟禁行汽車，以策安全。當年盛行之籐椅山輿，近亦絕跡，目下用以代步者，僅驢與人力車耳！

北戴河海濱，自西山至金山嘴，十餘里間，皆宜海水浴。北戴河潮汛，據西籍記載，每日以十七小時與七小時相間潮滿，與他處之每十二小時潮平一次者，迥異，故於海水浴尤爲便利。每當夕陽西下，海潮未生，避暑士女，三五成羣，就浴海濱，攘皓腕，奮輕軀，容與中流，載沉載浮，淸風徐來，暑意盡消，置身其間，瑤島晶宮，不啻也。他若垂釣海澨，跨衞登高，策杖觀潮，輕舸浮海，亦均長夏之中，足資消遣者也。國人不慣海水浴者，附近復有溫泉，可資沐浴。溫泉中以湯泉爲最著，距北戴河約五十五里，附乘柳江煤礦車，至土莊步行，騎驢一小時可達，泉在山巔，溫泉寺外，旁築小屋數楹，引泉爲二池，水含硫質，可療膚疾，山間林壑，亦至幽邃。

其六　衡山

五嶽中，南嶽衡山爲我國名勝之一，岩壑山林之美，梵宮琳宇之奇，久已馳稱宇內，邇來國內外人士之往遊者，益復相望於途，唯以距市較遠，保管難週，樹林日即凋落，宮觀半就傾頽，長此以往，荒廢堪虞。茲者長（沙）衡（陽）汽車路，業已完成，路繞山麓，交通便利，今後遊人，必更增多。該省政府主席何健氏於十九年四月十日，舉行長衡路開車典禮，赴衡參加時，卽於十一日，順道往遊衡山，約同各國領事，及全體黨省委員，周覽各地，僉以山景雄奇，嘖嘖贊賞，祇以僅具形勢，而無建設，引爲遺憾。遂由何氏令飭民政廳長，妥擬建設衡山計劃，籌擬之餘，當以關於森林培植，道路建築，古蹟保管，以及宮觀修復，公安維護，均須專設機關，統籌計劃，因仿江西廬山，浙江莫干山等處，設立管理局例，組設湖南衡山管理處，負責規劃一切，幷擬訂湖南衡山管理處暫行組織章程十三條，提出十八日，省政府委員會通過，由民政廳委任處長，着手籌備，限於二年完成；從此長江上游，又增一遊憩勝地矣。茲將衡山管理處組織章程附錄如次：

第一條　本處直隸於湖南省政府民政廳，執行管理衡山一切行政，及建設事宜。

第二條　本處管理區域，以省令定之。

第三條　本處設處長一人，由民政廳委任之，綜理全處事務，幷監督南嶽市公安分局，及森林局。

第四條　本處設置左列各課。

第一課　掌理庶務，及保管古物，古蹟，及監督寺廟事項。

第二課　掌理建設工程，并公安衞生事項。

第五條　各課置課長一人，課員一人，至三人，并事務員若干人。其辦事細則，另定之。

第六條　本處因事業之必要，得設技士及森林警察等。其警察規則，另定之。

第七條　課長，技士，由處長遴選，呈請民政廳委任。課員，事務員，由處長委任，呈報民政廳備案。

第八條　本處因繕寫文件，得雇用書記若干人。

第九條　本處經費，由省款開支，其預算由民政廳編定，提出省務會議，決定之。

第十條　本處一切收入，概歸省有，由處呈繳民政廳轉解省庫。

第十一條　本處如因建設事業，需用經費，須由處詳敍理由，擬具預算，呈請民政廳，轉呈省政府核定。

第十二條　本章程如有未盡事宜，由民政廳提案修改之。

第十三條　本章程由省政府委員會議決，公布施行。

其七　太湖

太湖介江浙間，湖面相傳周五百里，東西二百里，南北一百二十里，廣三萬六千頃，湖中島嶼棋布，湖周羣山林立，風景如畫，美不勝記。據鑑賞家云：太湖景色，可謂放大之西湖；論天然美，島嶼之參差似海，湖水之澄碧勝江，山勢之嵯峨，港汊之曲折，巖壑之深幽，怪石之玲瓏，氣勢之雄偉，風光之明媚，杭州之西湖，弗如也。惜以交通不便，流寇猖獗，遊人裹足，如璞在山，如玉在櫝，遂不爲世人所注意；不然太湖之名，當久駕西湖上，無待今人之啓發矣。太湖面積廣袤，勝跡繁多，不遑殫述，茲述其較著者如左：

（甲）湖中　湖中島嶼，以馬蹟及東西洞庭二山爲最。東洞庭山屬吳縣，一名：胥母，亦稱：莫釐，或僅簡稱曰：東山。東山去東山市約四里，爲茅峯禪院，更里許爲棲雲亭，亭之西，有古屋數椽，法海寺之殿址也。更約二里，爲莫釐峯俗號：大夫頂，有一寺曰：慈雲庵，舉目四眺，不惟全山在望，卽湖中羣山咸陳几席，是乃東山絕峯也。由棲雲亭東下，爲雨花禪院，樹林深處，臺閣軒敞，嘗憶該院聯中有句云：「春風柳岸夏岫雲峯秋正歸帆冬留積雪。」山中景物，誠極四時之佳境矣。越山而北，約三里許，爲古雪禪院，（亦稱：古雪居。）院前爲枕流閣，閣在叢樹中，佔地極幽，蓋亦納涼佳處也。該山林木頗有暖國氣象，楊梅樟樹觸目皆然，常綠樹木，葱然可愛，久在京畿附近環山跋涉而初履斯土者，鮮有不驚駭欲絕者！蓋該山林相，與南京迥異矣！樹林分布自麓至巓，山麓爲橘，其上爲枇杷，更上爲楊梅，最上爲馬尾松，令人望之，瞭然可辨。樹種有楊梅、馬尾松、楓、槲櫟、櫟、茶、樟、山胡椒、冬青、女貞、栗、銀杏、胡枝子、櫸、榔榆、黃連木、杉、杜鵑花、化香樹、竹、朴、鼠李、白蠟條、桃、梅等類，就中常綠樹種繁多，隆冬積雪，掩映益麗，與木葉盡脫，四顧蕭然者，迥然不同；森林美之足以增裨風景，有如是者！

西洞庭山，俗稱：西山，在太湖中，山之邃者：包山，奇者：石公，靈而秀者：林屋，高者：縹緲峯，險而幽者：大小龍渚石蛇；西洞庭，蓋其總稱。包山一作苞山，今稱包山，蓋以四面皆水得名。或曰：句容鮑靚，昔曾居之，故亦號：鮑山。山高七十丈。石公山之登山處，有石特立，道旁題曰：石門，過門百餘步石崖漸聳高四五丈，下凹爲洞，洞頂有摩崖曰：歸雲洞，洞深二丈許，高略遜之，中供大士像，係就山石琢成，擊石作鐘磬聲，遠聽畢肖，彌足珍寶。石公禪院倚山臨水，清幽可愛，院東有一線天，其上爲圓柏純林，中無雜樹，淩風獨茂，蓋亦林學上極饒研究價値者也。山麓樟之幼樹極富，且有自殘根萌蘖者，惜藤蔓修阻，荆棘載途，不獲任意登臨；不然，造林學，及造園學上，必大有足以佐證者在。緣麓行，有大平石可容數百人，他日游泳，或浴場建設佳處也。怪石極多，太湖石，尤以此處最爲玲瓏。林屋洞去鎮夏市甚邇，按越絕書云：「吳王命靈威丈人入此洞七十日而返。」深邃蓋不可測。其口今已漸爲鐘乳石所掩閉。洞外亂石如犀象牛羊，起伏蹲臥者，曰：齊物觀。高起千尺，蒼然壁立者，曰：曲岩洞，亦景物之可珍者也。登縹緲峰巔，全湖在望，湖中第一高峯也。西山樹木種類，與東山泰半相若，惟在東山遍覓不得之櫧之幼樹，恆可於櫟及楊梅林下見之，且老樟橘園，所見益繁，論林相優美，尤在東山之上，他日更加修治，則於風景上，裨益多矣。

馬蹟山，屬武進縣，亦爲太湖大山之一。有官長山，秦履山，分水嶺，象山，龜山，覆舟山，萬安山，花欄山，小靈山，畫山，棧山，小胥山，馬鞍山，蛇點山，芝山，火山嶺，六堒山，鵓鴣，桃塢嶺諸峯，湖山之勝，斯境最幽。（見鈕慶馬蹟山賦。）寨前灣之祥符寺，唐貞觀中將軍杭惲捨山爲之；爲山中古蹟之一，古貌盎然，至足珍也。山後居民，生計較裕，故果樹森林，遠勝山前。聞馬蹟林相，本與西山相若，民國二三年間，湖水爲災，禾黍被沒，山民爲求生計，爰伐大樹求售，林相頓失舊觀。樹種與東西兩山相若，就中仍以松爲較夥，楊梅，柿，栗，石榴等，各種果樹，一似林木，參差不齊，同呈衰殘之象。

（乙）湖周　太湖四周，羣山如笏，林壑幽美，峯巒深秀，益難盡記；舉其較著者如次：

（一）吳江　吳江地勢，遍境池沼，與濱湖各縣，迥然不同，然該處魚業發達，所有沼澤，皆利用以爲魚池，鳶飛魚躍，天然勝景，增裨亦多，他日國立太湖公園中，亦可經營二三，俾增遊興。

（二）吳縣　橫山四面皆橫，故名，又稱踞湖山，以山臨太湖，若箕踞也。有五塢，有九嶺，嶺各有墩，墩各中空，相傳吳王夫差藏軍於斯。香山與胥山對峙，吳王曾種香於此，故以香名。其下有採香涇，與靈巖山通。玄墓山在米堆山之北，乃鄧尉山之西南側也。鄧尉山，山多梅樹，花時如雪，風景極佳，崖壁「香雪海」三字，爲淸康熙中巡撫宋犖所鐫，乃探梅者必遊之地。離湖稍遠處，有天平山，山多奇石，山半之白雲泉，味極甘美，吳中第一水也。其後羣石林立，名「萬笏朝天」，山麓多槭（俗稱楓）入秋燦熳，遍山如錦，亦爲湖濱勝景之一。

（三）無錫　湖濱諸山，在無錫境者，有廟山，廟山之西南爲竹山，竹山三面突出於湖，長林怪石，勝冠諸山。下有劣觜石，跨立水次，廣倍虎邱千人石，（蘇州）湖水浴場佳處也。康山在竹山北，吳塘門之南，與湖中米山相對，上有通仙亭，軍將山亦稱軍帳山，南唐時，屯兵於此，以備吳越，故名。山下有甲仗塢，而其上，有眞武廟，山半曰成性寺，旁有龍湫；按軍將爲錫邑湖濱第一高山，湖中行舟，以之爲識。充山亦稱沖山，有巨石突出，俯瞰湖流者，曰：鼋頭渚，其上有亭臺之勝。渚山南自吳塘來，起伏相接，至是而斷；其斷處，曰：獨山門。青山在惠山西南，九隴凹結處，突起一峯。峯勢南向，璨山前屏，章山右峙，中開半面，遙見湖光。舜山一名歷山，上有舜田，舜井，西與柯山相連，峯巒遙望，故有合稱爲：舜柯山者。柯山有斗城，相傳爲越時范蠡所築。鷄龍山與青龍山相連。華藏山以華藏寺得名。東臨太湖，山頂稱蓮花峯，下有青山嶺，小嶺，墖子嶺，山前舊有雲海亭（亦名望湖亭。）遙望洞庭，夫椒歷歷上畫。鷄龍山下，比經紳商經營，風景益佳，公園，旅館，別墅，次第成立。其稍遠處之南橫山，山麓有巨楓二，相傳爲宋時物，大可圍四人，枝生芸香，不惟爲一縣之珍，抑亦國之寶也。其距湖稍遠，而風景較佳者爲錫山，惠山。錫山爲無錫主山，山南有小石池，圓廓若盆，竅通山腹，大旱不涸，俗稱「仙人洗面池」是也。下有八仙石，童子石，前有月子蕩；蕩下澗水，匯二泉，支流入梁溪。其巔有龍光塔，旁有望遠亭。錫山之西，爲惠山，其峯有九，自東迤邐而西，下爲九塢。第一爲白石塢，卽號稱天下第二泉所在地焉。右爲：春申澗，次曰：桃花塢。三曰：擔鉤塢。四曰：王家塢。五曰：宋塢，有獅子石，涼棚石，鏡光石，天公足跡石。六曰：馬鞍塢，其峯居九隴之中。七曰：望公塢，峯最高；上有石門，有水簾洞，中開一隙，兩門翼然，飛瀑濺激，俗稱：珠簾泉是也。八曰：仙人塢，石穴幽邃，深不可窺。九曰：火叉塢，亭臺之勝，亦視他山爲多。蓋錫人遊覽之中心地也。

（四）武進　虎牚山，在下埠山南，插入太湖，距馬蹟山可十餘里。峯巒隱映，倒景入湖，如隔一塹。自虎牚至百瀆港，沿湖皆山，山名無考，居民俱以百瀆山稱之。百瀆山之間，湖濱有梅堂，梅岩，陳墓，許墓諸山。

（五）宜興　竹山與夫椒山相對，距山一二百步，湖中有石磯，微露水面，其下有暗趾接山，行舟此間，必繞避之。竹山以西湖岸皆灘，至蘭港後，始復有山，其山曰：蘭山。麓周二十五里，二山連亙，南曰大蘭，北曰小蘭，吳郡志謂之石蘭山。山有石麓入湖五里，隨水盈縮，以爲隱現，名曰蘭座磯，行舟不戒，每罹其險。

（六）長興　長興擅山水之秀，唐宋以來，列爲望縣，南連故鄣，北界義興，疊巘層巒，霏藍翕黛，雖未可與嵩華比峻，台蕩爭奇，然烟雲之秀潤，林壑之清幽，南中勝地，不易得也。香山亦名：香蘭山，以產生蘭蕙故名，天然公園中，得此芳草，洵可珍寶。鷩山在香山之下，亦爲沿湖大山之一，其名山距湖稍遠者，爲：顧渚山，卞山。（一名弁山。）顧渚山爲產茶名區，唐置貢茶院於此；院側有清風樓，茶生明月峽者，尤爲絕品。卞山高三百丈，周一百四十里，其側有霸王磨劍石，俗傳昔項羽磨劍於此。洞山高三十五丈，周五里，有石洞高一丈五尺，深三丈許，有水洞臨澗口，怪石玲瓏，長林蓊翳，水石交擊，冷然有聲。由合溪乘竹桴而上，逶迤峭蒨間，誠桃源不啻矣。長興羣山連綿，不勝殫記。林產物以竹、茶爲大宗，林壑幽美，遠在上述諸縣之上。

（七）吳興　吳興古稱山水窟，卞山之麓，稱：小梅山，卽吳興境也。（卞山爲吳興、長興兩縣所共有。）吳興湖濱諸山，仍以卞山爲中心；卞山峻極，夏有積雪。鳳凰山在其東盡處也。鳳翅山在鳳凰山右，玲瓏山在卞山之陰，嵌空奇峻，與錢塘之南屏，靈隱之薌林，約略相似。去玲瓏二里許，爲小玲瓏，有石竅三，燈行可入，洞中有泉下滴，懸崖繡壁，洵奇觀也。

赴太湖遊覽，水陸交通，就目下情形，陸路自上海往，可搭京滬車至蘇州下車。自南京往，可搭京滬車在無錫下車。水路則有錫湖班（無錫湖州間）西山班（西洞庭山與蘇州間）東山班，（東洞庭山與蘇州間）及上海班（通行上海）往來各地，至爲便利。若照著者所擬之國立太湖公園計劃，則有陸上，水上，電氣三種交通設備，用汽車繞遊全湖，爲時十一小時，即可蕆事，聞環湖大道，已由江浙兩省政府議決建築，全長約八百餘里，寬度九公尺，蘇省境內之宜吳段因路線較長且無錫蘇州至吳江間又復水道分歧，應築橋梁，爲數至多，所需經費，合土基，橋梁，涵間，路面等一切工程計算，至少須二百萬元，現值省庫支絀之秋，籌此鉅款，極感困難。適建設廳有發行蘇省建設公債之議，遂將此項經費，列入公債用途項下，並酌定其數額，爲一百九十七萬五千元，於第二期募集公債項內支用。已由省政府，及立法院通過。至浙境之湖潯段，因路線僅及宜吳段四分之一，故估計經費三四十萬元，即可敷用。浙江省政府，亦已商定籌款具體辦法，蘇省公路局早經派員測勘，並由建設廳訓令經由各縣建設局長，在該公債尚未募集，蘇境內宜吳段環湖大道，築路經費，未有辦法以前，暫由各地方款項中移用，按照建設廳所定計劃，先將各縣內之橋梁開工建築，俾該路得以早觀厥成，則該路當可於最短期間內完成也。環湖大道，爲國立太湖公園之重要工程，環湖大道完成，則太湖公園之建築工程，完成過半矣。

據國立太湖公園計劃書云：當此國庫支絀之秋，擬將造林築路等各種事業，與地方合作辦理，每年經費，中央所出至少須在二十萬元以上。關於事業進行，於交通較便之無錫境內，濱湖一帶，設一國立太湖公園管理局，（設會總務設計施工管理四科。）負責經營之。此項計劃已由前農鑛部易部長致書江浙兩省政府主席，徵得同意矣。

其八　興城温泉

北寧鐵路興城車站迤南七里，有温泉焉。泉眼三處，相距各十餘丈，水質清澈，無色無臭，最高温度，爲一百零一度，非引之入池，不能入浴，該泉起自何代，杳不可考，就碑碣記載證之，則在有明萬曆年間，該泉已有聖泉之名，爲朝野人士所重視，清初益臻鼎盛，匾額之屬，廟中迄猶懸之，即所謂：「温泉寺」是也。蒙古人，慕此盛名，不遠千里，來此就浴，謂之：「坐湯。」蒙古人終歲不浴，以此水傳係聖水，浴之得佛默佑，可療百症，留住數月，施捨無算。關內外蒙之來此就浴者，歲以七八萬計，其吸引魔力之鉅，可想見也！該泉近經化驗結果，可治腸胃，骨節，婦女各症。民國十七年間，由常蔭槐氏，收歸官有，從事於泉眼之改造，及浴室之修建，歷三年工竣，計耗十餘萬元；均由北寧路局支撥，樓房七八十間，美奐無倫。旋北寧局長，高紀毅氏，以該處工程，初步雖已完竣，然各部設備，仍未盡善，且該處僻處關外，非有大規模之經營，決不足以招致遊客；故於二十年春，特聘工程師魏梯鍋（德人）園藝家米爾啓（拉丁人）二氏，繼續經營，數月以還，計劃工程，次第實行。該泉上次建築佔地十萬英方尺，浴室所佔，僅爲七分之一。邇復就近購地三百餘畝，用供北寧路苗圃之需，且復遍植花木，爲温泉增色不鮮。浴室之外，增築温泉旅社一所，普通浴室百餘間，使用第二泉眼之水。游泳池一所，使用第三泉眼之水。（定名爲北寧路興城温泉療養院。）爾外如警察所，商店，市場，網球場，運動場等，亦各次第增建。園中鑿地以爲池，池後疊石而成山，各部佈置，悉仿歐美，花木映帶，綠草如茵，遊目騁懷，可謂極視聽之娛。原有之温泉寺正殿二座，仍予保留，並修飾一新。該處距海濱，爲程僅八里許。海濱有地名釣魚臺者，沙平水淺，左右兩側，均有山峽，以爲屏障，海靜如鏡，絕無怒濤，故其價值，與北戴河相埒；惟面積略較小耳。路局已計劃開發，俾與温泉相得益彰。釣魚臺與葫蘆島港灣相距亦邇，擬築一馬路，以資聯絡，將大港灣發達後，興城一帶，實一良好之住宅區也。温泉與釣魚臺及葫蘆島之馬路，業經路局測竣興工，從此華北人士，又增一遊憩地矣。

其九　青島海水浴場

青島本一海瀕荒陬耳，經德人經營後，建築宏麗，市政修明，遂有「東方小柏林」之稱，歐戰之役，改歸日本統治，事業建設，銳進無已，關於市民休養上之設置，若公園運動場等，莫不繼承德人計劃，次第設置。就中尤以海水浴場，譽滿宇內，膾炙人口，每逢盛夏，中外人士，來此避暑者，相望於途。自我國收回後，對於青島建設，迄未稍懈，關於海水浴場，共闢有四五處，其中尤以匯泉浴場之地勢，最稱佳勝，平沙輕柔，綠波瀲漣，巒影翠黛，屏列如畫，洵麗景也。世人所交稱之：東亞第一海水浴場，即在於斯。在此築木屋數間，排爲三列，髹以彩色，遠眺如鴿箱臚列，來浴者，可納資租賃，作更衣之所（大者佔地約一分餘，更衣室休憩室及廊（Veranda）等俱備；小者爲五尺見方之木製小屋，中設木橋及板隔之脫衣場。）租金夏季三個月，共十元乃至十五元，可以閉鎖，供家族之用。砂灘上復有音樂亭，公共便所，及淡水等之設置，以便浴者隨時應用。德人統治時代，各處來此避暑者，約一千六百餘人，市內旅館不足，益以民間住宅以貸用之。（民國六年，日人統治）浴客之攜汽車俱來者，可六百餘人，所有旅館，每年四月底，被定一空，海水浴場平灘十丈，水深及背，洵佳處也。海上有跳臺，救生船，救命圈等各種設置。海岸及脫衣場等處，均不准任意飲食，另置啤酒（Bear）室一軒於砂灘之後，故海灘上至爲清潔。青島海水溫度較底，不適於長期之游泳，爲其缺點。我國海岸線甚長，如能於南部諸省擇優設置，則可吸收南方大部人士也。

風景之開發，對於國家及國民經濟，關係至爲密切，瑞士立國，全恃風景，其明證也。近數年來，東西文明各國，對於森林及國立公園之建置，莫不各注全力以注意之，其成效優越，可預卜也！下列新聞，係一顯著之事實，而足值我人注意者也。

世界新聞社新聞云：現在國際間，交通益便，出外遊歷，爲數日多，各國莫不引招致外賓，以吸收其遊資爲務。美國富甲天下，其旅行人數尤爲繁庶，每年旅費之用於他國者，不下數十萬萬元。異邦之被遊歷者，祇須開放名山勝地，招致遊人，便可坐收鉅利。法國商部，特設旅行局，以掌遊人管理，招待，指導之職。據該局統計：民國十七年，夏季中，美國遊歐人士，所用金額，共計美金二萬五千七百萬元。其職業之分數如左：

遊人種別	人數比例	每人所耗	所耗總數
富豪及奢侈者	二%	五〇〇〇元	一〇〇〇〇元
資財殷實者	一八%	一七六〇元	三一五〇〇元

有較優職業者	四四%	八五〇元	三七四〇〇元
經商者	八%	一五〇〇元	一二〇〇〇元
爲教師學生雇員者	二八%	四二五元	一九〇〇元

依上表平均每百人計耗十萬二千八百元。是年夏季遊歐美人，共有二十五萬名，所用金額，即爲二萬五千七百萬元。法國除民營商業大有所獲外，政府收入爲量亦鉅。蓋以各旅館收入，政府須徵收總稅百分之十五，餐館營業收入超過某種程度時，亦須繳納稅金至於烟，酒，汽水，影戲等各種稅金，及鐵路輪船等各項收入益難勝數。遊客入境時，政府徵收之驗照稅，十六年時共得三千六百三十萬三千法郎。其著名之白郎克山(Mt. Blanc)遊客登臨時，亦各收費，一年內得二萬五千萬法郎云。

我國幅員遼寬，各省名山大澤，不勝枚舉，略經開發，即成勝蹟，其足以招致國賓，吸收外資者，當遠在各國之上。內政部所擬保存名勝古蹟古物條例，對於我國名勝古蹟之保存，具有重大之關係，今並記之，以備參考。

附內政部保存名勝古蹟古物條例。

第一條　凡在中華民國領土內，所有名勝，古蹟，古物之保存，除法令別有規定外，依本條例行之。

第二條　本條例所稱名勝，古蹟，古物，分類如左：

（甲）名勝古蹟

（一）湖山類　如山川，名湖，及一切山林，池，沼，有關地方風景之屬。
（二）建築類　如古代名城，關塞，堤堰，橋梁，壇廟，園囿，寺觀，樓臺，亭塔及一切古建築之屬。
（三）遺蹟類　如古代陵墓，壁壘，岩洞，磯石，井泉及一切古勝蹟之屬。

（乙）古物

（一）碑碣類　如碑碣，坊表，摩崖，造像，及一切古石刻板片之屬。
（二）金石類　如鐘鼎，泉刀，寶玉，印璽，及一切古金石之屬。
（三）陶器類　如陶磁，各器及磚瓦，土模之屬。
（四）植物類　如秦松漢柏，及一切古植物之屬。
（五）文玩類　如書帖，圖畫及一切古代文玩之屬。
（六）武裝類　如刀，劍，戈，矛，鎜，鎧，及一切古代武裝之屬。
（七）服飾品　如鏡，匳，簪，珥，冠，裳，錦，繡，及一切古裝飾品之屬。
（八）雕刻類　如佛像，雕物，及一切鏤刻之屬。
（九）禮器類　如古代禮器，樂器之屬。
（十）雜物類　如農工用具，及一切不屬於各類之物。

第三條　各省區民政廳，應飭市縣政府，將轄境內所有名勝，古蹟，古物，依照部定調查表式，逐一詳確查填呈，由該管省區政府，轉函內政部備查。

第四條　各市縣政府，於轄境內所有名勝，古蹟，古物，應分別情形，依照左列方法，妥爲保護。

（一）湖山風景之屬，非於必要時，不得任意變更，致損本來面目。

（二）古代陵寢墳墓，應於附近種植樹株，圍繞周廓，或建立標誌，禁止樵牧。其他有關名勝之遺蹟，及古代建築，應商同地方團體籌貲隨時修葺。其有足資歷史考證，或漸就湮沒，遺蹟僅存者，宜樹碑記，以備查考。

（三）歷代碑板，造像，畫壁，摩崖之屬，應責成地方團體，或其他適當之人，認眞保護，不得任意搨摹，毀壞，或私相售運。凡可拓印者，無論完全殘缺，一律拓印二份，直接郵寄內政部備查。仍將所拓寄之種類，數目，分別呈報該管長官。

（四）古代植物之屬，應責成所在地，適當團體，或個人，加意防護，嚴禁剪伐。

（五）其他金石，陶器，雕刻等各類古物應調查收集，就地籌設陳列所，或就公共場所，附入陳列，並嚴定管理規則，俾免散失。

第五條　各市縣政府，得斟酌地方情形，組織名勝，古蹟，古物保存會，妥擬辦法，呈經該管民政廳核定，轉呈內政部備案。

第六條　各市縣政府，爲保存轄境內名勝，古蹟，古物，得於不抵觸現行法令範圍內，發布單行規則。

第七條　凡名勝，古蹟應永遠保存之。但依土地徵收法，應徵收時，由市縣政府，呈經民政廳，轉呈內政部核辦。

第八條　名勝，古蹟，古物因保護疏忽，致毀損或消滅時，各該市縣政府，負責人員，應受懲戒處分。

第九條　對於名勝，古蹟，古物有毀損，盜竊，詐欺，或侵占等行爲者，依照刑法所規定最高之刑處斷。

第十條　特別市轄境內，所有名勝，古蹟，古物，準用本條例各規定，由特別市政府，調查，保存，并函報內政部備查。

第十一條　本條例自公布日施行。

第三節　都市計劃

都市計劃（City planning）爲近代都市建設計劃中之最重要者。惟都市計劃之進行，又須先事都市區域之分劃，蓋種種計劃，須待區劃完竣後，始能次第決定也。都市建設，以美化爲要則，故都市之造園計劃，實占都市計劃中重要位置；其以公園單獨區劃者，其所計劃，尤須詳密。我國市政，自北伐完成後，重要都會，相繼改市，地域區劃，次第決定，他日造園設施，想各有相當建樹也。玆述著要各都市之分區如次：

其一　南京

南京建設計劃，係由首都建設委員會設計，幾經討論。除將行政區域，經國府會議議決，由紫金山移至明故宮舊址外，爾外各區，概照原定計劃通過。全市分爲公園，住宅，商業，工業四種區域。而住宅區，復依一家住宅，多家住宅，及公寓三種性質，分爲第一，第二第三三種住宅區。商業區，復依小商業（即零售小商店等。）大商業（即戲院，旅館，百貨商店等。）及批發，躉棧等各種商業，分爲第一，第二兩種商業區。工業區復依普通，及笨重，滋擾，各種工業，分爲第一第二兩種工業區。公園區，並不限於一地，散置各處，以備市民，業餘共享之需。關於各區建築規劃極嚴，玆將首都分區條例草案中，關於公園區，住宅區之規定，附錄如次：

第三條　公園區

（甲）所有公園區之土地，應由市收府，於本條例公布後，以公平之價格收買之。其價格，由市土地局規定。

（乙）在公園區內，所有私人房屋，或產業，及將蓋造，或更改之房屋，不得爲下列各項以外之使用；且須得設計委員會之許可。

（1）不連屬之房屋，其性質爲臨時者。

（2）圖書館，博物院。

（3）公園，游戲場，體育場，飛機場，及自來水之水塘，水井，水塔，及濾水池等。

（4）敷設火車路軌，但不得建築儲車場。

（5）農田，菓園，菜圃。

（丙）在公園區內所有居住用之房屋，不得高過一層，或三公尺。其全部或一部分，非爲居住之用者，不得蓋至兩層以上，或不得高過六公尺。層數，或高度之限制。各擇其取締最嚴者。

第四條　第一住宅區

（甲）在第一住宅區內，所有新建或改造之屋宇，或地方，除作下列一種或數種使用外，不得作別種使用。

（1）公園區內特准使用之一。

（2）不相連住宅。

（3）學校，廟宇，教堂。

（4）公園，游戲場，運動場，自來水之水塘，水井，水塔，濾水池。

（5）火車搭客車站。

（6）電話分所，但須無公衆辦事室，修理室，儲藏室，或貨倉在內者。

（7）容載不過二輛汽車之車房，且係私人所用者。

（乙）在第一住宅區內，屋宇高度，不得逾三層樓，或十一公尺，或所在街之寬度。就中取其最低之一項，以爲限制。

（丙）在第一住宅區內，每地段面積，最少須有五百四十方公尺（卽五千八百一十二方英尺）。其最窄之寬度，須有十八公尺（卽五十九英尺）。

（丁）在第一住宅區內旁院寬度，最少須有二公尺。兩旁院寬度之和，最少須有五公尺。

（戊）在第一住宅區內，後院之深度，最少須有八公尺。

（己）在第一住宅區內，前院之深度，最少須有七公尺。

（庚）在第一住宅區內，屋宇，及附屋之總面積，不得超過該地段面積十分之四。

第五條　第二住宅區

（甲）在第二住宅區內，所有新建，或改造之屋宇，或地方，除作下列之一種，或數種使用外，不得作別種使用。

（1）公園區，特許使用之一。及第一住宅區內，所許可之各項使用。

（2）平排住宅，或聯居住宅。

（3）旅館。

（4）私立俱樂部。

（5）公共會所。

（6）私人汽車房，祇可容在該地段每家一汽車之數，且該汽車係作附用者。

（乙）在第二住宅區內，屋宇高度逾四層樓或十四公尺，或所在街之寬度，就中取其最低之一項，以爲限制。

（丙）在第二住宅區內，每地段面積，最少須有三百五十方公尺（即三千七百六十九方英尺）。其最窄之寬度，須有十一公尺。

（丁）在第二住宅區內，屋宇無須建旁院；欲建者聽。惟有旁院之住宅，其旁院寬度，不得少過一公尺。其有旁院，而非住宅之屋宇，如旁院寬度，不逾該屋高度之八分一或一公尺，或兩旁院寬度之和，不及四公尺者，須有天井，如本條例第十二條所規定者。

（戊）在第二住宅區內，後院之深度，最少須有七公尺。

（己）在第二住宅區內，前院之深度，最少須有六公尺。

（庚）在第二住宅區內，有旁院之屋宇，及其附屋之總面積，不得超過該地段面積百分之四十五。如無旁院者，不得超過該地段面積百分之五十五。

第六條　第三住宅區

（甲）在第三住宅區內，所有新建或改造之屋宇，或地方除作下列之一種，或數種使用外。不得作別種使用。

（1）公園區特許使用之一，及第一，或第二住宅區內，所許可之各項使用。

（2）私立會所，或慈善機關。

（3）醫院，或療養院而非治療癲狂，神經衰弱，傳染症，或烟酒癖者。

（乙）在第三住宅區內，屋宇高度，不得逾四層樓或十四公尺，或所在街之寬度。就中取其最低之一項，以爲限制。

（丙）在第三住宅區內，每地段面積，最少須有二百方公尺。其最窄之寬度，須有八公尺。

（丁）在第三住宅區內，屋宇無須建旁院，欲建者聽。惟有旁院之住宅，其旁院寬度，不得少過一公尺。其有旁院，而非住宅之屋宇，如旁院寬度，不逾該屋高度之八分一，或一公尺者，須有天井，如本條例第十二條所規定者。

（戊）在第三住宅區內，後院之深度，最少須有七公尺。

（己）在第三住宅區內，前院之深度最少須有三公尺。

（庚）在第三住宅區內有旁院之屋宇，及其附屋之總面積，不得超過該地段面積十分之五。如無旁院者。不得超過該地段面積十分之六。

其二　上海

上海市政府，爲適應該市目前需要起見，特就市內比較繁華之處，卽江灣以南，北新涇以東，直達浦濱一帶地域。先行區劃如次：

（一）工業區　查吳淞江兩岸，除入浦附近，已形成商業區外，其自北浙江路，及派克路以西，至萬航渡（卽梵王渡）一帶中貫河流，北連鐵道，按公共租界工部局所擬計劃，亦嘗以此爲工業區域。又高昌廟附近，浦江以北鐵道以南之情形，亦復相同，對於原料貨物之運輸，均極便利，劃作工業區域，最爲適宜。此外楊樹浦方面，自匯山碼頭以東，目前工廠林立，地臨黃浦，交通稱便，仍擬留供爲工業區設置之需。

（二）商業區　查本市商業中心，就現狀而論，實在公共租界之中部，法租界之東部，與城廂附近一帶，均擬劃爲商業區域，以仍其舊。將來陸家浜路整理完竣，必成滬南交通幹道，附近商業，當有相當發展，擬將該路以南日暉路以東，滬杭路以北之地域，亦劃供爲商業區用，以資擴充。

（三）居住區　工業區，煤煙汚穢，商業區，喧囂雜遝，皆不宜於居住。查租界之西部，及其毗連之地，與新西區一帶，地曠人稀，去市廛較遠，空氣新鮮，擬闢爲居住區域，以專供建築行政機關，學校，別墅，及高等住宅之用。各區毗連之處，均擬以園林樹木相互間隔，不惟界限得以顯明，即於市民衛生，亦有相當裨益焉。

其三　廣州

廣州市內，居民衆庶，五方雜處，繁盛之區，舖戶林立，犬牙交錯，凌亂無章，而市肆之喧囂，煤烟之薰擾，街道之擁塞，管治之困難，在在均足爲道路建設之大礙。吾人苟欲路政循序改進，則分區制度之推行，爲必要也。廣州市關於分區制度之推行，應取漸進方法，其區域宜從警界外着手，蓋情勢所使然也。茲將該市關於舊市區之改造，及新市區之設計計劃，略述如次：

舊市區之改造　廣州警界內全境，現擬暫行保留，爲混合區設置之需。祇於界外多設住宅區，利用租金低廉，居住安適之優點，以促進市民之集合。同時並將住宅區與舊市區之交通幹路，修築完善，俾利往返，則市民之遷居市外者，必將成爲自然趨勢也。商店與住戶分立後，市內之工業上一切製作所，亦應另設一工業區以容納之。則舊市區內，除市行政中心區域外，不難形成純粹之商業區也。

新市區之設計　新市區云云，蓋本市警界外之區域也。查新市區之開闢，其一切計劃，不受任何建設之束縛，措置之間，自易爲力，故當規劃之始，亟須運用明睿遠大之眼光，及深切精密之考慮，再參合成例，編爲計劃，然後實施，始克有濟。其要點略如下述：

一、本市東北多山，發展不易，故東北方面，祇宜供作林場，遊樂，及消暑寓所建築之用。

二、正西之羊牯沙及增步附近一帶地段，則宜劃作經營公共實業及平民居住之區。該處設有自來水廠，玻璃廠等，將來電力廠，煤氣廠，水泥廠等一切工廠可移設也。本區境內亦得為工業區之建設工廠附近應多設平民住宅，俾供工人居住之用。

三、東面除東山，馬棚，竹絲，松岡，上下墳頭等岡，已闢作住宅區外，其數岡以東地段，以距舊市區中心已遠，以言建設，尚非其時。故擬暫為保留，藉供他日市區擴充之用。

四、由黃沙過石圍塘之省河鐵橋，實為溝通粵省公路幹線，及聯絡廣三，廣韶，兩路之重要建設。省河鐵橋，及花地涌數小橋完成之後，則西南方面之石圍塘，花地，大尾等島，均可闢作純粹之工業區也。蓋以是處在市區之西，且西風絕少，以之建設工廠，可免煤烟薰擾之虞。且涌道分歧，成一天然之運河系統，水運至便，實最適於工業區域之建設。花地，花材一帶，工人衆多，手工業現極發達，地價低廉，工人住宅，解決亦易。

五、正南則為河南大島，地方遼寬，地點適中，以之建設商港，商業，政治，住宅等區域，均能容納無礙。其位置之重要，固不讓河北專美也。

六、河南與市內繁盛地區最為接近。且居民密度，不亞河北，水道交通，尤稱便利。其濱江區域，均為設置商港之優良地點。故宜劃作商港建設之區，所有一切商港工程設備，船舶修造，及批發躉棧等商業，以及其他與商港營業有關之商店，概可於此區中設置之。

在港區後方，及河南士敏士廠以東之地段，擬劃供商業區建設之需。士敏士廠以西之地段，現尙偏僻，故祇宜暫作居住之用。草芳南面之松岡得勝岡等處，他勢高爽面積廣袤，業經定爲市政府合署之建築地址即所謂「市政中心區域」是也。在此市政中心區域之中，所有黨部，博物館，美術館，圖書館等，以及行政機關之公共建築物均設於斯。照此計劃，則河南，河北，兩商業區之繁盛區域，甚爲密邇交通至便。至本市市政中心之新區域，與河北中央公園，最近與建之市府合署，南北並峙，遙遙相對，將來連以寬可百呎之大道，貫以珠江大鐵橋，氣象巍峨，交通繁盛對於全市建設生色不少。

其四　漢口

漢口，位居全國商業中心。查目前本市重心，實爲外人掌握之租界，爲本市前途發展計，須統籌全局，移轉重心，故除逐漸改良舊市區街道外，並積極開闢民族，民權，及其他通後湖之幹道。再以橫幹線之中山，中正，沿江等路，交貫之，俾後湖隙地，漸趨開發，庶全市中心，向北移轉，俾成完美之市。市政府本此宗旨，詳察該市天然形勢，參酌已成局面，及將來趨勢，劃爲工業，商業，住宅，高等教育，及市行政中心等區。

（一）工業區　本區須擇市內水陸交通之處設之，以利原料出品起卸之便；且宜位列下風，俾商業，住宅兩區，不受煤煙之害。本市襄河上游，宗關一帶，及揚子江下游，諶家磯附近，原有磚廠，石灰廠，麪粉廠，香烟廠，肥皂廠，造紙廠等重要工業。水有江河之便，陸有鐵路之利，根據原有事實，故仍劃爲工業區域。宗關一帶，沿襄河者，爲第一工業區。日租界以下，諶家磯附近，沿大江者，爲第二工業區。

（二）商業區　商業區須在交通便利之處，依據自然趨勢，及已成市面，以規定之。故本市江漢路以西舊市區，及中正路一帶，均定爲商業區域。

（三）住宅區　本區須在園林幽秀，清潔不繁之地，與工業區，不宜接毗，以防喧囂。本市就已往事實，及將來趨勢，擬劃舊特區日租界及模範區一帶，爲第一住宅區。張公堤一帶，爲第二住宅區。

（四）小工商業區　查都市中之藉小工商業謀生者，爲數極多，且因工業區與住宅區，不能直接毗連，及工商業區附近無廉價房屋之故，小本經營及職工之從事工業者，居住問題，極感困難，故擬於第二住宅區之南，工業區與商業區以北，劃一小工商業區，以容納小工商業，兼建簡單住宅，地位至爲適宜。

（五）高等教育區　高等教育區，乃建築專門以上學校之區域也。本市爲我國中部最大都市，將來工商業，日臻發達後，人口益夥，居戶繁庶，求高等教育者，自亦激增，本市特就第二住宅區內，張公堤南，姑嫂樹以西，黃家大灣之東，劃爲高等教育區用，蓋取其地方幽靜，環境適宜也。

（六）市行政中心區　市行政中心區，乃一市之集中點也。此集中點，決定後，都市之發展，方有一定之中心。本市因地勢關係，並爲將來易於發展計，特在商業區內，中山公園以西，華商跑馬場附近，劃一部分，爲本市行政中心區域。將來市政府各機關，暨重要公共建築物，均將建築於此。

按漢口市政府，以經費支絀，不易發展，已由政府明令縮小範圍，市政府僅設三科，改屬湖北省政府統轄，未知所有事業，仍能按照計劃次第實現否！

其五　鎮江

江蘇省會建設之整個計劃，早由省會建設委員會擬就；對於城市之分區計劃，爲便利將來擴充計，佔地甚廣，將全市分爲實施區，準備區，與特別區三種。茲將最切要之實施區內分區辦法，略述於下：

（一）園林區　金焦兩山，及北固山一帶，係本市有名勝蹟，四方人士之道出鎮江者，必遊覽焉。以此劃爲園林區域，刻意修建，廣植樹木，不獨足以保存勝蹟，且可增進全市景色。

（二）舊市區　西門外，係舊有商業區域，抑亦鎮江全市精華之所在地也。惟街道湫隘，建築簡陋，茲已擬定計劃，次第改良。

（三）商業區　以北固山東西之濱江地段，劃爲商業區域；將來沿江一帶，碼頭行列，堆棧毗連，建築公司商號開闢，縱橫路線，並以一等幹路，與南北兩火車站相聯絡，藉收全市平均發展之效。

（四）住宅區　省會實施區域之西南部份。環境清幽，交通便利，論其性質，其東西與兩大商業區相接壤，南北與行政市廛二區相毗連者，皆具適於建築住宅之特殊情形，故足當住宅區域之選。

（五）市廛區　以省會實施區域之東南部分，劃爲市廛區。因其地位適中，又介於兩住宅區之間，且一端復接近南車站，小量貨物之運輸，與商業區之聯絡，均有相當之便利。

（六）行政區　本計劃行政區之規定，以對外之交通言；水道有長江之便，陸地有南北幹路直達南車站。以對內之交通言：幹路四通八達，收全市平均發展之效。位居高崗，形勢扼要。北接園林區，前濱大江，金焦在望，北固雄偉，鐵甕麗都，彌足增色。

其六　長沙

長沙新市區之規劃，業經市政籌備處，分別勘定，呈請建設廳，提交省務會議，核定公布。考其區域劃分，仍將舊城之南，定爲住宅區，舊城東北，卽湖蹟渡，至新馬頭之間，定爲工業區。北至新河，南至妙高峯，西至河岸，東至五里牌，幷舊市區包括在內，定爲商業區。湘江西岸，岳麓山附近，定爲文化區。行政區，則以商業區內之四十九標，五十標一帶，較爲適中，現有行政機關，將來得按財力情形，隨時遷入。工業區之北，瀏河以南之高地，爲平民住宅區。

第四節　公墓

公墓，爲近代都市中重要設施。既如前述。我國年來，以各處之市政急進，公墓之建置日夥。自公墓條例公佈後，且寖假而波及農村，蓋亦衞生及農業前途之一福音也！

其一　南京

南京市，籌劃建築大營盤及紅山公墓，已歷一年有餘，嗣因工程浩大，迄未見諸實施。茲大營盤公墓之一切設計圖案，及預算案已完全擬就，經社會，衞生工務三局會同呈請市政府鑒核批准施行，以期早日完成。聞該公墓須經費七八萬元，可容萬穴，一俟完成，所有市內墓塚，將一律遷入云。

其二　上海

上海華洋雜處，商賈輻輳，寸土寸金，營葬地域，購覓尤難，故公墓之設，以視他埠，更爲發達。公墓之著稱者，爲：中國（在滬閔長途汽車路，點家站）萬年，永安，諸公墓，類皆地點高燥，交通便利，營葬之家，故樂就之。比聞市政府工務局，於江灣一帶，將有大規模公墓之設置云。

其三　廣州

廣州公墓，決定在牛面岡，龍船岡，馬鞍山三處營建。查該三處面積廣闊，位置適宜，交通便利，實爲建築公墓適當地點。雖馬鞍山稍嫌荒遠，惟番花公路，經過該山數里外之村落，由村至山，原有大道，稍加修築，便成康衢，並無艱阻難行也。

其四　杭州

杭州公墓地點，已由市政府勘定慈雲嶺西及淨心亭高處兩處，共計面積二百二十餘畝，約可共葬一萬四千六百柩。業經測丈，計劃就緒。

其五　鎮江

鎮江，自爲省會後，對於四郊荒塚，由省會建設委員會決議遷移他處無主者由公家擇地建設公墓，以備遷葬之用。公墓地點，鎮江縣政府，已擇定丹徒鄉王家大山，長樂鄉，馬步山，焦東鄉，虎頭山等三處，各佔地約四十畝。並定虎頭山爲一等墓，王家山馬步山爲二等墓，業已分別計劃，從事建築矣。

第二章　南京都市美增進之必要

南京形勢險要，甲於東南，自古迄今，十爲國都。辛亥革命，滿廷傾覆後，國人以燕京久爲帝室所在，環境惡劣，且地位交通遠遜金陵，咸主乘此時機，卽將首都南遷，翌年元旦，先總理中山先生受國人愛戴，被舉爲首任元首，

第三十二圖　上海靜安寺路公墓之一部及其祭堂

蒞寧就職時，萬人空巷，歡呼雷動，爲南京空前盛舉。當斯時也，遷都之議，莫不私慶倖成。孰謂清帝遜位，南北統一，孫公辭職後，袁氏私屬爪牙變亂，堅執己意；遷都南京之議，一似曇花，無復孑存。不然，洪憲稱帝，及溥儀復辟之怪劇，可斷其必無國家治績或已早上正軌，不致再演二次以後之革命，思之蓋亦痛矣！

南京自民國十六年克復定都而還。政府以首都市政之重要，已專設市政府，以從事於首都市政之改進。七年以來，凡百設施，靡不積極進行，首都前途，何幸如之。惟南京範圍過大，荒涼過甚，故此七年來所有設施，一時仍難令人注目，至於「都市美」則更視爲緩圖，無人注意矣。南京舊日繁華區域，除下關外，皆在鼓樓以南，抵三山街大功坊（按係新建之中華路）夫子廟一帶，則行人如織，市廛櫛比，幾爲全城精華所在。城北一帶，則除一部菜畦麥隴，爲園藝及農作之經營地外，餘皆碎瓦頹垣，荒榛斷梗，一仍昔日蕭條耳！城北景象凄涼，自無審美之足云，城南道路狹小，咸興行路之大難。至於清涼，莫愁，雞鳴，等古蹟，或以衰敗已久，僅供遷客之題咏，或以管理無術，但引俗子之登臨。即新建公園數目過鮮，或地位偏僻，或建築欠適，去市民充分利用之適度尚遠，故論今日南京之都市，尚不足以云「美」也。然美爲都市之生命，其爲首都者，尤須努力改進，以便追蹤世界各國名城，若巴黎，倫敦，華盛頓者，幸勿故步自封，以示弱於人也！

第一節　南京昔日之園林

南京夙擅園林之勝，洪、楊、亂後，泰半焚燬，瓦礫載途，瘡痍滿目，疇昔勝迹，無復存焉。玆舉典籍之可稽，而較著者，如次：蓋亦他日建造新都之一助焉。

南京附郭勝景，以鍾山（即紫金山）莫愁湖，玄武湖，及幕府，牛首諸山爲最。鍾山本少林木，東晉之世，令諸州刺史罷職還者，入山栽松，下逮元、明，翠色彌望。明時楠木，生長甚茂，斯時大廈用材，胥仰給焉。鄭和南航所需，悉以資之。考楠木生於暖帶，今江蘇境內，僅於句容之寶華山中見之。然以頻年濫伐，亦希罕不易多覯；據之，足徵昔日鍾山森林之葱蘢也。讀元胡炳文鍾山遊記：「山夾路松蔭，至八九里，清風時來，寒濤吼空，斯須寂然如故。」及王荊公遊鍾山詩「終日看山不厭山，買山終待老山間，山花落盡山常在，山水空流山自閒。」鍾阜勝迹，如在目前，撫今追昔，不禁興滄桑之感矣！

名園之可考者，在吳有芳林苑，西苑，及落星樓，桂林苑。在晉有華林園。在宋有樂游苑，青林苑，上林苑，南苑，華林園。於元嘉間，更新廣之，在齊有元圃，芳林苑，婁湖苑，新林苑，博望苑，靈邱苑，芳樂苑。在梁有蘭亭苑，江潭苑，建興苑，華林苑，上林苑，玄圃，延香園。在南唐有北苑，金陵苑，金波園。在南宋有御苑，八仙臺，養種園。以幾經滄桑，皆遺跡依稀，不能實指其處矣。明代燕王北遷，寧爲陪都，繁華都麗，不減疇昔，士大夫選勝探幽，率在鳳台左右。至若王侯子弟，紗帽隱囊，招集賓朋，風流跌宕，則徐甲之錦衣之西園，實爲其冠。隔弄爲鳳臺園，萬竹園。其在仙鶴街者，爲徐元超公子大隱園。此皆魏公府之別業也。雖齊王孫之同春園（在今沙灣。）儼若附庸矣。至於名公巨德，閒宦退居，點綴林泉，從容遊讌，則有張莊節公海石園，何公露鳳嬉園，許長卿新舊二園，張孚之佚園，王爾祝園，吳本如園，湯熙台園，（在杏花村口。）許無射園，（在蕭公廟東。）張保御園。而顧太初遯園與諸弟子分置之園，卽參錯於其中。又如文人墨客，各占勝區，月夕花晨，觴詠間作，則吳孔璋卜味齋，李象先諸園，亦未肯多讓也。明社雖墟，未遭兵火，苔紋草色，履迹可尋。踵而築之者，又有鄧氏青嶰堂，陶氏冰雪窩，吳岐祥上舍怡園，割青依綠，猶不甚衰。有清乾隆之世，隨園之名播於海內，袁枚以曠世奇才，所精心結撰者也。園在小倉山麓，占地百二十畝，因山築基，引流爲沼。蒔花種竹，古趣盎然。百年後，遭洪楊之亂，故園鞠爲茂草，不惟亭臺蕩然，卽瓦礫亦無孑遺，蓋亦惜矣！

孫吳建業之盛，詳見於左太冲吳都賦中。陸機以江東故族，深歎美之；其略曰：「朱闕雙立，馳道如砥，樹以青槐，亙以綠水，玄蔭眈眈，淸流亹亹。」亦足徵當日市政之修明也。六朝時臺城以外，並種橘樹。其宮牆內，則種石榴。其殿廷及三臺三省，悉列種柳樹。其宮南夾路，出朱雀門，悉楊柳與槐也。齊謝朓入朝曲曰：「江南佳麗地，金陵帝王洲，逶迤帶綠水，迢遞起朱樓，飛甍夾馳道，垂楊蔭御溝。」此之謂也。南唐御街，亦雜種槐柳，蔚然成蔭。明代太學之中，固多樹木，嘉靖三十三年，同業王材自太學東西南至成賢街，補植槐，柳，冬青，椿，楊等木三百餘株，並賦植樹詩，以相勸勉。則南京街道樹，昔日固極注意也。

第二節　南京現有之名勝

南京以地勢險要，兵家必爭，昔日勝地，今殘瓦礫，不勝感慨。其僅存而足爲首都生色，及新建而足爲首都點綴者，略述如次：

其一　古蹟及名勝

明孝陵　俗稱：皇陵，爲明太祖埋骨之所，陵前翁仲象衛之屬，羅列道旁。北上爲饗殿，供太祖遺像。殿後有祭壇，可由隧道登壇頂，極目西望，全城在望；壇後卽爲陵寢所在。今以鍾山全部，劃入中山陵園範圍，明陵部分，粉飾如新。

秦淮河　相傳爲秦始皇所鑿，城內之水，皆匯於斯。明時舊院，皆臨秦淮，歌樓畫舫，環列其間。遊秦淮者必資畫舫，六朝已然。連舳接艫，於今尤盛。河上幾無隙地，舒轉極感困難，謂之水上架屋，洵非虛語。惟過大中橋以北，柳烟蕩月，荻穗搖秋，爲清溪勝境。遙望鍾山，煙嵐紫翠，偶泛小艇，容與中流，六朝煙水，盡在其中矣。

清涼山　本名石頭山，南唐建清涼寺於山半，始易今名。寺本南唐避暑宮，寺後山頂，舊有翠微亭，卽今之避暑亭也。東北有雲巢庵，相

第三十三圖　南京孫總理陵之全景

傳爲地藏王肉身坐禪處。寺南有掃葉樓，爲明末龔半千讀書處。憑山遠矚，江山如畫。

其二　庭園及公園

中山陵園　中山陵園，亦稱總理陵園，位於中山門（舊朝陽門）外，鍾山全部屬焉。據實測：全部面積，合計四萬六千三百六十四畝，蜿蜒十餘里。中山先生之墓，在鍾山之陽，前屏重崗，後倚疊嶂，左擁明陵，右接靈谷，氣象雄偉，莫可與京。全墓結構呈一鐘形，墓周遍植花木，蔚然可愛。陣亡將士墓，全國運動會場及故行政院長譚延闓先生墓，皆設於靈谷寺。公墓三座，建於該寺舊無樑殿，卽今將士祭堂後部及其左右兩側，可葬萬餘人墓。今誌公塔前建紀念館，陳列先烈遺物，後百丈豎九級寶塔一座（高一百七十五尺），以鐫革命戰史於其間。全國運動會場，地勢周高而中平，占地約六百餘畝，預算一百三十萬元，各種設置，無不具備。植物園在明陵之前，面積三千畝，按其地勢高下，劃爲十八區，分栽植各種樹木。他如鄉村小學，遺族學校，及新村等，亦爲陵園事業之一。園中路網密布，平坦如砥，綠蔭夾道，景物宜人，乃首都郊外之惟一大公園，抑亦我國近代造園界之最大工程也。

第一公園　在復成橋畔，舊爲秀山公園，蓋李純部下，於其死後，集資築成者也。廣一百二十一餘畝，有博物館，有圖書館，有植物園，綠草如茵，花木掩映，諸園中以斯爲著。

五洲公園　五洲公園在玄武門（舊豐潤門）外，曾一稱玄武湖公園，以湖有五洲得名，玄武湖，全部屬也。周可四十里，中有新、老、長、麟、趾等五洲。前市長劉紀文氏以其數適與世界五洲相符，故易以亞（長）歐（新）美（老）

非（趾）澳（麟）五洲名之。（余於此事，嘗於京報作文論之。）湖中滿植芙蕖，兼多櫻桃。亞洲上舊有湖神廟，曾端二公祠，及湖心亭，湖濱攬勝樓，陶心亭，賞荷廳，銅鈎井諸勝。春夏良辰，堤柳塘蓮，紅綠掩映，士女如雲。自十七年始，由市政府斥資增葺後，亞洲規劃，煥然一新，公園精華，盡在於斯。

莫愁湖公園　在水西門外乃就莫愁湖湖濱華嚴菴舊址改建者也。湖以相傳南齊盧女莫愁所居得名。華嚴菴內築鬱金堂，堂上有勝棋樓，相傳爲明太祖與中山王（徐達）對奕之所。樓北臨湖水，入夏芙蕖怒放，涼風拂襟，荷香送鼻，益增清趣，誠消暑勝地也。粵軍烈士墓在其西側，爲辛亥光復南京，嶺南健兒葬骨之地。一經修築，益臻壯麗。自劃入公園境界後，景色又爲丕變，倘能注意於道路之修築，遊艇之設置，及樹木花卉之增植，則園中景物，必更有可觀者在。

鼓樓公園　就鼓樓下隙地所築，爲途中公園之一，上有暢觀閣，今由中央研究院，改爲測候之所。

白鷺洲公園　爲明代徐氏東園舊址。市政府成立後，即其遺區，略加修葺，改稱今名，果能按照計劃，積極進行，則城東南隅，不難增一勝地焉。

胡園　一名愚園，爲明代西園故址。中匯大池，周以竹樹，樹木扶疏，地極幽僻，疊石爲山，曲折迴環，玲瓏盡致，暑日碧波漣漪，紅蓮芳馥，微風一過，楚楚媚人。舊有名園中首屈一指。

第三節　南京都市美爾後應有之設施

世界各國名都鉅市之設施也，莫不制定都市計劃，以爲之備，而公園建築，道路植樹，以及勝蹟保存，靡不與市民之治安，修養，衞生，及教育，交通，經濟上有密切之關係。故斯數者，於都市計劃中，亦極占重要之位置。南京創建之期間已久，改造之進行自難，嘗憶中山路迎櫬大道之新建，五馬街益仁巷之放寬，倡議之初，反對叢至，延之又延，始能動工，路幅僅定二十八公尺，市民已驚爲奇聞，逡巡莫敢首從，是誠首都改建前途之暗礁，市民如不肯暫忍小痛，則荆棘遍地，挫折叢生，首都前途，尚未可樂觀也。然南京自洪楊亂後，瘡痍滿目，雖經休養數十年，民生元氣，終未復舊，迨二次革命失敗，張勳攻破南京後，縱火焚殺，奸掠居民，十室九空，爲洪楊而後，未有之浩刦。遂成今日「地廣大荒而不治」之慘象，蓋亦痛矣！故願司南京市政者，亦應洞察民情，優予津貼，俾事負販營小商者，弗流離失所，時鳴不平也。若論南京都市美，則城南商業繁華之區，有亟須闢地建築公園者；惟公園之面積較大，則他日之進行尤難，深望民衆官廳，通力協作，各抱犧牲精神，努力赴之，則華麗莊嚴之首都，當不難於短期間內，實現於楊子江畔，不禁馨香禱祝之矣！茲就管見所及，略述南京他日都市美所應注意之設備如次：

一、公園　南京公園之現所有者，既如前述，惟就中較爲完備者，僅爲五洲公園，與第一公園。第一公園舊稱：秀山公園，中曾一稱血花公園。至鼓樓公園，與秦淮公園，在公園分類中，一爲途中公園，一爲隙地公園，蓋皆都市之小公園也。第一與鼓樓二公園中，雖皆各有特點，然設計時，難免失察之處，管理者，尚多欠適之虞，有亟須改良，不容稍緩者在。第一公園設計時，純取幾何式，幾何式公園，在公園新潮中，已爲過程，當日偶不經意，深爲可惜！園中樹種，既欠適宜，栽植亦乖方式，音樂亭既狹小不足容納樂隊，且亭前無隙地，無長椅，可謂絕未顧慮，毫無設備者矣。近察市民需要，（夫子廟各茶社中之有彈唱者，座中常滿。）公園中確有設置音樂亭之必要，如能早日修建，誠市民教化前途之幸也。他若噴水池，則設計全誤，觀於池中之彫像高與水池半徑，誠不值識者一笑矣。西北隅植物園中，所標名稱，頗有指鹿爲馬者，是誠公園之大玷，急盼早日改正也。經市政府接辦後，園中新設施，亦有不愜人意者。他若鼓樓公園之類是而尚須改革者亦多。鼓樓爲先代建築，尤宜存眞質之當局，想亦謂然。新設之秦淮小公園，極宜注意於兒童運動之設備，夫子廟既爲遊人彙集之所，且亦兒童較多之地，此蕞爾小公園，決不足以充分利用，所幸隙地尚夥，仍不難設置也。爾後隙地兒童，及途中公園，尚須較現有者，簡其外表，增其設備，則所需省而收利大矣。秦淮小公園，內部分劃，亦未敢贊同。小公園之功效最大，設置最易，青島面積人口，遠在南京下，據調查所得，共有小公園三十餘處，則南京至少須五十處也。

城西隅羣山逶迤，自水西門直至挹江門，（舊海陵門。）崗巒起伏，嘉木繁蔭，四時異景，風光宜人。山中古寺，若清涼，古林，俱爲先代名刹，山麓有農田，有魚池，有荷塘，有果園，與市場之距離既遠，空氣之成分自純，蓋不惟具田園都市之雛形，抑且他日較大公園之候補地也。果能注意及斯，先從事於植樹築路，則公園之雛形已具。如有餘力，再從事於紀念物之支配及旅舍茶社，及其他休息物之置備。則已事半功倍，可慶大成矣。

中華門（舊南門）外，雨花臺亦爲南京名勝之一，山多石子，班斕可愛，遠挹江峯，近俯城堞，煙霏霧靄，萬景畢集，每當夕陽銜山，巒容樹態，金碧晃漾，尤爲佳勝。有泉一泓，纖涇縷浸，色味俱絕，居民構肆其上，春秋佳賞，遊屐紛還。丹陽記云：「江南登覽之地三，雨花其一」迄今不替。惟荒塚壘壘，竹樹杳然，現有風景，遠在清涼，玄武之下。然古蹟尙多。（若晉謝安及南唐韓熙載，元劉叔向，孔平山，明方正學，浡泥國王諸人墓。）如能稍加整理，並注意於遊道之修築，林木之栽植，則不數年後，必能略具雛形也。首都計劃中今已列爲公園候補地之一。

下關以交通便利，工商業有日漸發達之勢，故江濱實有設置公園之必要。下關爲新闢市場，雖無古蹟之憑臨，然風帆上下，波濤浩蕩，足爲公園增景，而自特具優點也。至於小公園之可設置者甚多，京滬車站前之廣場，頗有設置之價値，棄之而未加注意惜矣！

三牌樓東里許，卽爲南洋勸業會場遺址，內有綠筠花圃，當日之公園在焉。失修既久，頹敗不堪，昔日勝蹟，無復存矣！前市政當局，將有恢復舊觀，建爲第二公園之議，果爾，則亦南京都市美前途之福音也。然地位偏僻，居民寥落，論公園之誘致半徑，（Affective radius）一時尙非必要，以視前述諸處，猶可視爲緩圖也。

南京羣山環拱，氣象萬千，如能於現有之江蘇省教育林（卽前江蘇省教育團公有林）。國立中央大學農學院幕府山演習林（卽前江蘇省林務局幕府山林場）。中山陵園（卽前江蘇省立第一造林場之一部）。中央模範林區等諸場，及棲霞，寶華諸山間，修築寬敞道路，俾汽車直達，然後再從事於旅社，及其他紀念物之設置，則卽世界各國，最近競尙之國立公園也。嘗見黨國當軸，愛慕南湯景色，不憚跋涉奔馳長途，具徵都市居民，對於自然之趨向；然南湯除溫泉外，幾無一足以引誘遊子之留連者，視附郭諸景，誠有上下牀之別矣。惟茲事體大，當斯百廢待擧之秋，斷非一市財力所可勝任，倘能由國家經營，則寧獨一市一省之幸，國土裝景，利賴多矣！首都計劃中，南京較大公園之在城內者，除第一公園（四三三·六畝）鼓樓北極閣一帶公園，（一五六七·五畝）爲已略有規模，漸待擴充外，其列入候補地者，爲：清涼山及五臺山公園，二七五八·八畝，朝天宮公園一四七·一畝，新街口公園，四四·一畝，及類似公園之林蔭大道五二一四·〇畝。城外除中山陵園，（五五七七〇·〇畝）五洲公園，（九二七三·〇畝）莫愁湖公園，（三一八一·二畝）已着手經營，漸事充實外；其列入候補地者，爲雨花臺公園四七三二·二畝，浦口公園八二六三·二畝，下關公園，一九二·二畝，城內外合計九一九七六·九畝。如能一一實現，則大南京每一百三十七人，可占公園一英畝也。（城內人口以七十二萬四千計，公園面積佔城內土地百分之六·六二）

二、行道樹　南京城內，舊有道路，除由興中門入城，經由鼓樓之道路，爲較寬外，餘皆路幅狹小，路面坎坷，既不利於交通，亦有損於衞生。嘗見市肆之較華盛處，每遭火警而色變，見汽車而心驚者，蓋卽道路過狹之所致也。至於道旁植樹，可謂絕無僅有，不然，則亦樹形參落，樹幹頹欹，栽植後，一任自生，不加整理，對於都市美，可謂毫無價値者也。南京自奠都而還，經市政府積極進行，除中山路及國府路，子午路，太平路，完全改造，築成新路外，卽各處市衢，亦大事擴充，蓋亦首都前途之好現象也。對於行道樹，除以路幅狹小，無地栽植者外，新築道路，已次第栽植篠懸木，刺槐等，以爲蔭木。行道樹有行道樹之特點，其栽植也，亦與普通之植樹異趣。茲舉適於南京環境行道樹之樹種如次：

公孫樹，白楊柳，合歡木，香椿，三角楓，溪楊，胡桃樹，槐，楝，垂柳，篠懸木，刺槐，梓，欅，鵝掌楸，櫻（日本產）朴，無患子，欒，七葉樹，菩提樹，梧桐，白蠟樹，燈臺樹等。

新式都市中，各公園間，概以公園道路（卽林蔭大道）善爲聯絡，所謂「公園道路系統」是也。南京林蔭大道，據首都計劃所載：其路線較長者，擬定爲二：一沿秦淮河，一沿城牆，須特別爲園林之設計外，各種幹路支路，亦各栽植行道樹，以資點綴。如照所定計劃，一一築成，則行道樹苗之需量，爲數極鉅也。聞廣州白雲路，寬度定爲一百尺。劃兩旁十五尺爲步道，各植樹二列，路中央部，劃四十尺爲草地，植樹三列，綠蔭之下，多置坐椅，以備行人坐憩，左右各四十尺爲車道，乃我國各都市道路寬之最著者也。文明各國，且有別步道爲往來，別車道爲汽車與馬者，秩序井然，益臻上乘矣。全國都市美，就著者親履者論，當以青島爲最，街道均以柏油製成，平坦如砥，道旁植樹，綠蔭宜人，且莫不與大小三十餘公園，及諸名勝古蹟，善爲聯絡，蓋所謂「公園系統」國內惟青島庶幾近之。南京市政可借鏡焉！

三、古蹟　自南朝諸帝，崇尚浮屠，臣民披靡，習成風尚，故金陵塔廟，甲於天下。杜牧江南春詩云：「南朝四百八十寺。」蓋極言寺院之多也！鍾山在六朝時，有七十餘寺，攝山（即棲霞山。）而外，牛首山與方山皆佛教之名山也。明代靈谷，報恩，天界，合稱金陵三大寺，此外如鷄鳴，清涼，靜海，（在興中門，（舊儀鳳門）外，鄭和所建。）高坐，永寧（均在雨花臺）宏覺（在牛首山）宏濟（在燕子磯。）棲霞諸寺，均爲金陵名刹。洪楊亂後，諸寺毀滅殆盡，後來規模十不及一，惟靈谷寺較爲完好，巍然獨存於鍾山東麓，碧石青林，幽邃如畫，尙不失舊日規模也。近年自基督教勢力膨漲後，佛教勢力，日漸衰微，然爲市民教化，及種種關係計，對斯碩果僅存者，實有加意保護之必要也。

爾外若古代之宮殿名人之墳墓舊日之苑囿，及其他關於史蹟之遺址，皆有保存之必要。即於萬不得已時，亦須善爲標識，以資紀念。對於古代遺蹟，任意變更，或廢棄者，甚非國粹保存之道，抑亦破壞審美之敵，不才期期以爲不可，願國人深注意焉！南京自市政府成立後，已規定路線，次第擴充，且日來當局，於街道之掃除，雷厲風行，卓著成績，蓋亦市民衛生前途之佳兆也。然欲澈底解決，仍非早日多設大小公園不可；良以公園之於都市也，一似窗之於屋，其居室而無窗者，雖每日掃除，然光線不足，空氣不潔，能免於疾病者，蓋亦僅矣！足爲南京市政府之大玷者，厥惟公廁，散置路旁，不加制止，臭氣襲人，既有損於衛生，汚穢狼藉，實有礙乎觀瞻。世界諸名都中，對於公廁，莫不結構精美，（有水機冲洗。）周以綠樹，且有移置地下者。上海，黃浦灘等諸公園中，均有類似之置備；願執南京市政者，幸勿忽視，而不加注意也。嘗見諸名勝地，靡不荒塚壘壘，瀰望皆是，若能設置公墓，則不惟有壯觀瞻，市民衛生，及都市審美，裨益多矣。南京公園行政，雖於市政府組織中，已有公園管理處之設置，惟限於經費，未能多事發展，深望當局擴充內容，俾於事業，得以積極進行，早日完此盛業也。

第三章　對於我國造園教育之管見

造園事業，我國雖有極悠久之歷史，然造園家，自古卽由詩人，畫家所兼任，初固無所謂專門之造園家也。造園之由詩人，畫家兼任者，其所作品，各有其特徵傳統，其方法學理，本其經驗，相爲傳授，蓋爲我國造園教育之始。至於大規模專爲造園學術，教授學生，則截至遜清末葉止，統觀史乘，則尙無相當記載也。造園學術，近十年來東西文明各國，俱有長足之進步，凡與農，林，美術，建築有關之各級學校中，莫不各有造園學程之設置。且也美國哈佛大學中，有造園專科之設，日本有東京高等造園學校之置，則尤別開生面者矣。不國造園教育，極爲幼稚，大學中，有是種學科之設置者，僅有國立中央，中山，及北平三大學，及私立之金陵大學。教授之時間既爲僅少，擔任之人才，復難物色，故對於造園教育，殊不足以語發展也。我國之造園術，在世界各國學術界中，極占重要之地位，實有光大發揚之必要。嘗考各處新建園林，各種設施，大不如昔，其所點綴，亦復競以歐化爲準則，長此以往，則我國造園藝術，勢將蕩然無遺，淪爲烏有，不亦大可惜哉？爲挽救計，則造園之教育尙矣！茲述管見之所及者如次：

甲、以養成造園專門學者爲目的者　造園學，爲綜合科學之一，若欲養成專門學者，非於大學中，設一專科不可。自北伐完成後，各大都會，相繼改市，市政府成立後，都市計劃之訂定，以及大小公園之建置，在在均有待於造園專家之設計。嘗憶南京市政府公園管理處成立之始，以萬事待舉，極感專門技術人員之不足；十九年，首都建設委員會工程組委員會中關於園林設施，欲覓少數造園學者，以資襄贊而不可得，無已僅得延聘一二林學家，以備諮詢，亦足徵今日造園界求才之困難也。嘗考日本東京市役所，（按卽市政府）保健局，公園課大小職員百數十人，而造園專家，占其大半。東京復興局公園課中之專門家，亦占數十人。故參加東京公園計劃工作，而專攻造園學者，至少當有百餘人，此著者十八年在日調查之所得者也。查首都計劃中，公園及林蔭大道計劃，亦占重要部分，此九萬一千九百七十六畝之公園及林蔭大道，果能依照計劃，一一實現，則其設計，施工，管理三種工作，所需要之造園專家，亦非四五十人不爲功，青島，北平，廣州，漢口，上海，各大市情形，亦復相若。爾外市區之規模較小者，以數十計，造園人才需量，雖不若以上諸大市，卽以每市十人計，爲數殊足驚人也。在此大宗需要之下，聞各處以無相當人才，故無已卽以農林人才權充之，結果遂大失敗，各處公園計劃，幾俱呈不倫不類之現象，所爲頓足太息者也！故爲適應時需計，國立大學農學院，實有成立造園專科之必要，國立中央大學，位置適中，其適地也。茲列舉造園學程之先，謹本上原敬二博士考案，並略參所見，列表以示造園學與造園家之關係如次：

第一級（分科）第二級（性質）第三級（造園家）

- 造園
  - 行政
    - 計畫
    - 經營
    - 管理
  - 學術
    - 基礎的研究
    - 行政的方面
    - 社會的方面
    - 林藝的方面
  - 技藝
    - 設計
    - 材料
    - 營造
    - 維持

- 國家的造園
- 公共的造園
- 住宅的造園
- 營利的造園

- 美術的方面
- 建築的方面
- 土木的方面
- 林藝的方面
- 園藝的方面

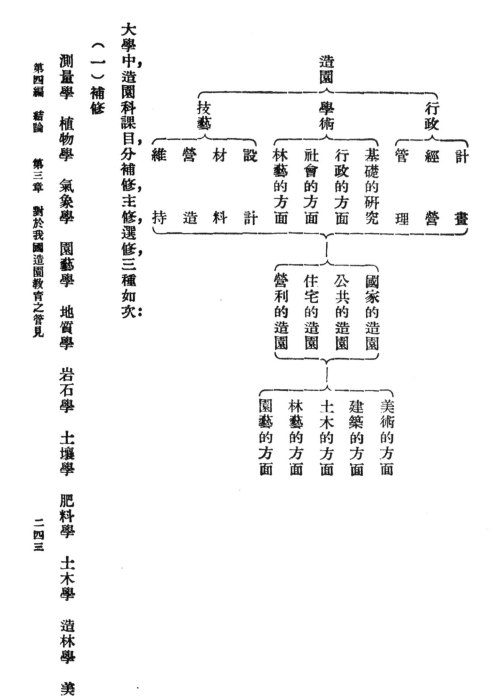

大學中，造園科課目分補修，主修，選修，三種如次：

（一）補修

測量學　植物學　氣象學　園藝學　地質學　岩石學　土壤學　肥料學　土木學　造林學　美

學　圖案大意

（二）主修

造園概論　造園史　造園材料學　造園建築學　造園計劃學　造園設計學　造園工學　造園管理學　都市計劃學

（三）選修

建築學　美學史　文學史　建築史　風景學　都市行政學　都市衛生學

乙、附屬於關係學科者　造園學，爲綜合科學，既如前述，其與各種課目，有顯著之關係者，若：造林學，園藝學，建築學，美學，文學，市政學等是。故欲附屬教授，則以上六種課目中，皆有設置之可能。嘗考我國各級學校中之設置造園關係課目者，則以中央大學農學院森林系，工學院建築系所設之造園學，較爲完美，蓋教授之外，益以設計，尤裨實用。茲就以上六種性質，分述其所宜教授之課目如次：

（一）爲大學或專科程度者　爲造成技術家，（林學園藝學建築學）行政學，（市政學）及增進其造園的興趣，（文學）或啓發其造園的認識計，則關於造園學科中應加入造園概論，造園材料學，造園建築學，造園設計學等四種課目。嘗見研究林學而專攻造園者，對於花卉之栽植，岩石之佈置，每感棘手，不易措手。研究園藝而專攻造園者，對於樹種之選擇，建築之調和，每感臨事惶然，不獲解決。至若建築家，而無造園知者，則其作品，不免側重機械，對於自然環境，不易相爲調和。文學家，美術家之未攻造園學者，則其作品每易近於幻想，或竟與科學原理不相符合。市政家而不諳造園學者，則其計劃每難合理。故爲造成健全人才計，均須將以上所引各種學程，設法補救者也。他若家庭中庭園，及兒童公園之管理，尤適於女子之職業，故殊適於女子之選修也。

（二）中等程度者　中等農林學校，及女子職業學校中，皆適於造園課目之設置。他日各市公園計劃實現後，造園低級技術或管理人員之需量必夥，故中等農林學校及女子職業學校中殊有添授造園概論之必要在也。

第四章　對於我國造園行政之管見

帝堯之世，設虞人以掌山澤，苑囿田獵之事，是於我國設置苑圃專官之始，亦即我國造園行政之濫觴也。爾後虞設虞官，周置載師，場人，關於造園行政，莫不代有專官。秦漢以後，造園事業，燦然大備；蓋以政治之力爲多。近十年來，世界潮流所趨，東西文明各國，造園事業，咸有風起雲湧之概。我國轉以內訌未已，連年干戈，未能注意惜矣！自北伐完成後，各大都會，相繼改市，而公園，運動場，游泳場，動植物園之設置，亦應時而日增，爲改進擴充計，似不得不有較具系統之行政規定。竊唯市政之建樹伊始，設施之遺憾滋多，茲就造園行政之管見所及者，述之如次：

（一）關於都市公園者　公園行政，近世各國，以美國最爲發達；然其系統組織，因地互殊，極不一致，就中較爲完美者，以明尼亞波利斯市（Minneapolis）之公園局爲著。明市公園局，共分工程，遊藝，警察，食堂，體育，園藝等六部。園藝部復分道路及路樹，森林，花卉，苗圃等四股。日本東京市公園行政，於保健局中，特設公園科，並分設技術，墓地，庶務三股掌理之。我國各大市公園行政，除南京市特設一公園管理處外，類皆附設於工務局處理之。竊嘗謂我國各市公園行政，組織至不完備，爲求組織健全，急圖發展計，則著者前所代擬之公園局，及組織條例，較爲完善，附錄如次，以備參考。

南京市政府公園局組織條例

第一條　本局應時勢需要，根據南京市政府組織條例第七條之規定，組織之。隸屬於南京市政府，掌理全市公園事宜。

第二條　本局設局長一人，承市長之命，綜理全局事務。

第三條　本局設祕書一人，承局長之命，處理左列事務。

一、關於本局機要事項。

一、關於校閱文件事項。

一、關於各科事務指導事項。

一、關於職員進退，紀錄及考核事項。

第四條 本局設技正三人，承局長之命，處理左列事務。

一、關於規定公園計劃，及公園行政等一切事項。

一、關於審定各公園之計劃，及設計事項。

一、關於稽核公園基地之徵收，及估價事項。

技正之下，設技士及技佐若干人，襄理各項事宜。

第五條 本局分設左列四科各科設科長一人，承局長之命，處理各該科事務。

一、總務科

二、設計科

三、施工科

四、管理科

第六條 總務科，分設文書，事務，編輯，統計四股。其事務之分配如左：

文書股 關於文書之撰擬，收發，保管及校對，監印事項。

事務股　關於局內會計，庶務，及交際事項。
編輯股　關於公園書報及其他刊物之編輯事項。
統計股　關於公園之調查，及統計事項。

第七條　設計科分設調查，測繪，計劃三股，其事務之分配如左：
調查股　關於公園基地之位置，地形面積等調查事項。
測繪股　關於公園之測量製圖等事項。
計劃股　關於公園計劃及設計等事項。

第八條　施工科分設材料，營造，修繕三股。其事務之分配如左：
材料股　關於公園材料之採辦，保管，及培養事項。
營造股　關於公園之建築，街道樹之栽植事項。
修繕股　關於公園工具之修繕，及街道樹之補植事項。

第九條　管理科分設公園，道路，勝蹟，運動，取締五股。其事務之分配如左：
公園股　關於市區內各公園之管理，及保護事項。
道路股　關於市區內街道樹之管理，及保護事項。

勝蹟股　關於名勝古蹟之管理及保護事項。

運動股　關於市區內運動公園及兒童公園事宜之規劃，及管理，保護事項。

取締股　關於一切有害公園勝蹟及街道樹情事之取締及其他市民造園有損觀瞻之禁止事項。

第十條　右列各股，每股設股主任一人，科員，辦事員，及錄事若干人。

第十一條　本局因特殊情事，得呈請市長設立各種附屬機關或專員辦理之。

第十二條　本局得舉行局務會議，其會議細則另訂之。

第十三條　本條例，如有未盡事宜，得由局長提出市政會議，議決修正之。

第十四條　本條例，經市政會議議決，由市長呈請行政院備案施行。

（二）關於國立公園者　世界各國國立公園數量之繁多內容之充實以及利用人數之衆庶，行政組織之完備，當以美國爲最。美國國立公園事業，隸屬於內政部，(Department of The Interior) 部中特設國立公園局。(National Park Service) 國立公園局成立於一九一六年，乃該部各局中之最新者也。國立公園局職掌，凡天然勝景地之保存國立公園及國家紀念物之設置，保護，皆屬之。區域內歷史上文化之保存，及動植物之保護，皆爲該局之主要業務。蓋凡關於國民之保健，及休養問題，該局無不出全力以開發之也。日本近數年來，國立公園事業，亦至發達；惟其行政，則歸內務省衞生局掌理之，至其業務，亦與美國之國立公園局，絕無二致也。我國之有國立公園之名稱，則以拙著國立太湖公園計劃書爲創舉；至其行政系統，則行政院各部下，尙未正式規定，有之則惟於前農鑛部林政司第三科之職掌規程中見之。前農鑛部林政司分科規程，第三科職掌，第六條原文曰：「關於風景林，及國立公園之設置，管理，及監督事項。」自農工兩部合併，爲實業部後，其林墾署之職掌中，於第二條第四項「關於保安林，風景林，森林公園之設置事項。」略有規定，關於國立公園當可準用也。

爾外關於名勝古蹟之保存，內政部亦有相當規定。若依日本將國立公園事業，隸屬內務省衞生局之例，則可於該部衞生署職掌中加入之。當政府初設衞生部時，著者曾致書部長薛篤弼氏，請於該部保健司中設置一國立公園專科，復函謂：以該部組織法中無此規定，未便設置相答。我國國立公園事業之幼稚，不禁與造園界同人相爲歎息也。鄙意論其性質，旣與實業內政兩部，各有關係，則關於國立公園行政，不妨由兩部組織一委員會，以處理之。如爲由一機關，負責辦理，較爲便利計，則實業部旣有此規定，不妨即將內政部關於名勝古蹟之保存，移交實業部，連同國立公園，及其規定事業，均全由實業部負責辦理可也。

足以助長國立公園事業之進展者，爲旅行嚮導事業（Taurist business）之創置；蓋國立公園，不僅限於國人之留連，尤須顧及外賓之誘致，故爲誘致外賓計，則旅行嚮導事業之設立，爲不容緩也。嘗考東西文明各國，旅行嚮導事業之設置，除少數由人民經營外，類由工商或鐵道部經營之。中國旅行社，爲我國旅行嚮導事業之唯一組織，祇以民間經營，側重牟利，且復限於經濟，大效未著。日本國際觀光局（Japan Tourist Bureau）由鐵道省及其他交通金融旅館等各種關係機關出資一百萬元，共同維持之；就中且以七十萬元，專供宣傳，以備誘致外賓之需。其本部設於東京，至朝鮮京城（卽漢城）臺灣臺北，及我國遼寧省大連等處，各設支部。爾外分局，復有八十餘處。據民國十七年調查，外賓之遊日者，計二萬九千八百人，就中我國人士則占一萬三千八百八十九人。旅客消費金額，計五千二百萬元，換言之，日本是年國家收入，以外賓旅行，卽不啻增加五千二百萬也。我國名山大川之足以招致外賓留連者，指不勝屈，爲增加國家收入計，殊有次第從事開發之必要。名勝開發後，旅行嚮導機關之設置，實不可一日緩也。鄙意除鐵道部急宜仿照各國先例，設立國際觀光局外，中國旅行社，辦理已有相當成績，政府方面亦宜乘時扶掖，俾其事業益臻發展也。比國民黨檀香總支部有於國內繁華區域，設立遊客局之議，內政部業經通飭各省遵照辦理；果能早日實現，則國計民生，裨益多矣！

本書主要參考用書

中文

李德裕　平泉山居草木疏
李格非　洛陽名園記
周密　吳興園林記
王象晉　羣芳譜
計成　園冶
清高宗　御製圓明園圖詠
蔣廷錫　古今圖書集成
程演生　圓明園考
首都建設委員會　首都計劃
總理陵園管理委員會報告

滕　固　圓明園歐式宮殿殘蹟

李耀商　都市計劃講習錄

許心芸朱成之　植物園

陳　植　都市與公園論

觀賞樹木

日文

大屋靈城　庭園，設計卜施工

公園及運動場

本多靜六　公園設計書及改良計劃（二十種）

天然公園

田村剛　造園學概論

森林風景計劃

世界造園圖譜

國立公園

洋風ノ庭園

庭園鑑賞法

文化生活ト庭園

永見健一

別莊ノ庭

造園學

上原敬二

造園學汎論

庭園學概論

都市計劃ト公園

住宅ト庭園ノ設計

造園樹木

芝生ト芝庭

神社境内ノ設計

庭木ト庭石

岡本茂武

歐洲造園史

原　熙　指定庭園調查報告（京都府）
野間守人　理想ノ庭園及公園
黑田鵬心　都心ノ美裝
三浦伊八郎　並木
關倫三郎　花壇ト芝生
齋藤勝雄　庭園圖說
井下清　公園ノ設計
森歡之助　學校庭ノ設計
相川要一　運動遊戲設備
椎原平市　庭園ノ設計ト其實例
戶野琢磨　歐洲ノ庭園
後藤朝太郎　支那ノ風景ト庭園
日本庭園協會　庭園ト風景（月刊）
國立公園協會　國立公園（月刊）

日本造園學會　造園學雜誌（月刊，已停刊。）
造園藝術（月刊，已停刊。）

英文

Samuel Parsons: The Art of Landscape Architecture(1915)
O. C. Simonds: Landscape Gardening(1920)
Frank. F. Waugh: Formal Design in Landscape Architecture(1927)
Weaver Lawrence: Gardens for Small Country Houses(1920)
Robert B. Cridland: Practical Landscape Gardening(1916)
R. S. Yard: The Book of the National Parks(1921)
T. W. Sanders: Lawns and Greens(1920)
American Institute of Park Executives: Parks and Recreation

中華民國二十四年四月初版

（73674精）

大學叢書
（教本）造園學概論一册

每册實價新法幣陸百叁拾叁元陸角
外埠酌加運費匯費

著作者　陳植

發行人　王雲五
上海河南路

印刷所　商務印書館
上海河南路

發行所　商務印書館
上海及各埠

✣C二五五七

壽

(2)

（本書校對者潘同會）

實驗園林經營全書

吴景澄 編

園林新報社
民國二十四年

吴景澄编

實驗園林經營全書

蔡元培題

地盡其利
于右任

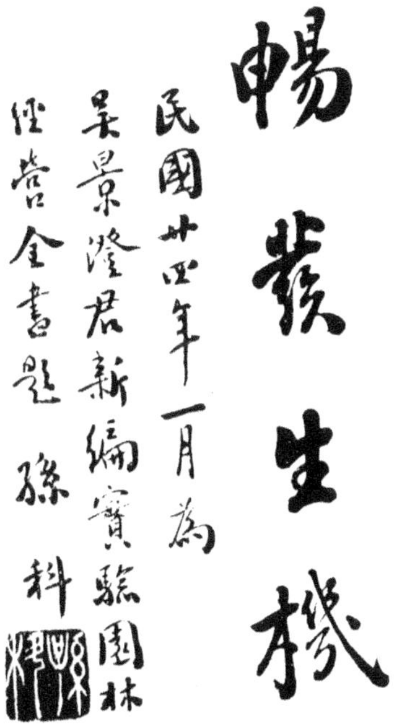

暢發生機
民國廿四年一月為
吳景澄君新編實驗園林
經營全書題 孫科

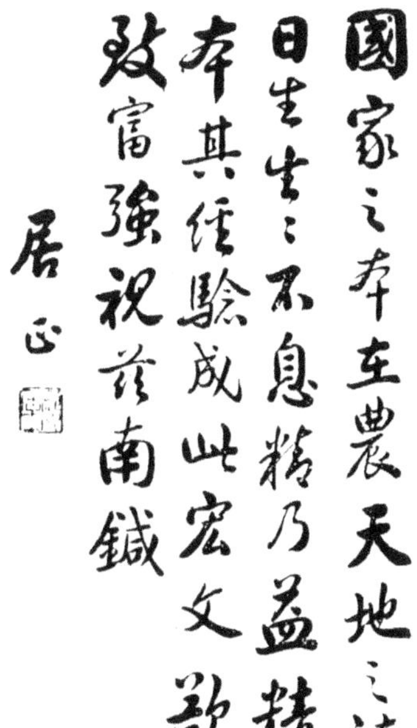

國家之本在農天地之德
日生生之不息精乃益精
本其經驗成此宏文欲
致富強視茲南鍼
居正

利用厚生
吳景澄先生大著
段祺瑞

民生是賴

陳博生題

園林經營全書發刊紀念

園藝導師

劉湘題

地利為主樹藝為輔

[illegible]云學者無一無是園

果景經[illegible][illegible][illegible]實論園林

經營全書 鄧[illegible]享題

園林經營全書

何生不育

熊式輝

上海園林新報編著園林經營全書

題辭

大報煌煌　為國之柱

振興林業　講求農務

文華彪炳　經驗宏富

樂利興歌　邑業永固

韓復榘

建國之道　首在民生

維此利物　議論崇閎

十年樹木　總總菁菁

地力之教　實藏盡興

園林撰範　慘澹經營

便民裕國　日昇月恒

民國二十四年二月為

實驗園林經營全書題

張鴻烈

園林經營全書出版紀念

平泉信史

朱紹良題

園藝南鍼

潘振題

農園南鍼

張嘉璈

創造藝術環境

同營藝術生活

江恒源題

農本立國

蔣緯國題

裨益民生

王雲五

園林經營全書出版紀念

園林導師

穆湘玥題

農林寶典

湘潭楊卓茂題

園林經營全書

周官司徒掌建土地以毓草木以任地事寔衡園圃設有專司注重園林由來尚已地官之失政古訓中隳之衰我中華淪為貧瘠茲讀宏編洋洋之鉅製國計民生實利賴之

李樹春敬題

李樹春印

園林經營全書出世

請學為圃

穆恕再題

園林經營全書

樹藝興邦

王曉籟題

園林導師

吳棠堅先生新著園林經營全書志申經驗極有價值敬題四字以誌景仰

民國三十年元旦 潘文安

樹藝南鐵

潘忠甲敬題

園林新報社發刊紀念

農林導師

李亞平題

生產救國

南匯縣長孔充

實驗園林經營全書

自序

我國農業。歷史最久。數千年奉爲國本。宿已有農國之名。溯自茹毛飲血。逐水草而居。神農教民播百穀。作來耜以耨墾。黃帝繼之而創井田之法。周承夏殷之制。分土畫井。而農事益備。凡國有疆土。畢墾爲田。所謂天下無不毛之地。朝野無不耕之人。是爲我國農業最隆盛之時期。至春秋而農事已多權變。至秦代遂廢井田之制。士大夫恥言農事。秦代而還。已無可觀。晉魏遷流。競尚詞藻。於是農業之學。遂鮮能稱道而發揚之者。時至今日。而農之一途。更不堪復問矣。撫今追昔。不勝慨然。

夫一國產業。當以農林爲本。而林業之興廢。甚至影響民生之休戚。國家之治亂。凡有關心於國事者。莫不以農林爲重視也。

辛亥鼎革。民國肇興。北伐告成。中央奠定。遂成立有農林部。公布森林法。定清明爲植樹節。數千年不講之林政。忽爲舉國上下所注目。中央特設林墾署。以專一行政。復建中央林區。以示模範。更規定「造林運動」以與全民共同努力。至此風氣一變。人心奮發。余亦有見於斯。遂在浙江之奉化。上海之浦東。與親友等合作創辦生生農場。暨綠蔭種植園。浦左園藝場。園林研究會等。專事研究種植。果樹森林。蔬菜花卉。及特用作物之改良。與推廣。歷年擴充。與推廣之果蔬花卉園場。與森林場。特用作物場等。不下數千畝。注重於實地之生產。而廣闢利源。爲唯一之宗旨。與目的。所幸園場植物。欣欣向榮。生生不息。成績之佳。聊堪自慰。茲應各界同志。及園林研究會會員之囑。特將二十餘載從農之經歷。編成是書。以供有志於園林生產事業者。實地經營之參考。則森林繁茂。果物精良。蔬卉及特用作物之種植日精。而增加無已。則生產多而利源廣闢。藉塞漏巵。即如白花除蟲菊。爲特用作物之一種。乃製造蚊蟲香。及各種殺蟲藥品等。重要原料之除蟲菊粉所由出。我國目前。年需菊粉五萬噸以上。有十萬餘畝之地以種植。祗夠自用。現在國內生產之地。恐不及百分之一。祗除蟲菊一項。年需漏巵數千萬元。日本除蟲菊花之生產。佔全世界百分之九十六。我國之土地氣候。均適種植。本場等除自己儘量擴充土地種植。深望各界共起圖之。以增生產而挽利權。則供給日富。庶幾於實業界上。得有相當之助耳。

蓋園者園藝。林者森林也。實驗園林經營全書之內容。係研究園藝。和森林之提倡。以推廣種植。增加生產之方法。以求達富國裕民之目的。爲唯一工作。園藝之利益。較之普通作物。多十餘倍之收入。古人早已有「一畝園十畝田」之謂。諺云園藝爲致富之捷徑。信不誣也。故東西各國對於園藝事業。研究改良。不遺餘力。皆以其生利之厚也。自給之餘。運銷國外。我國近年以來。社會之嗜好增進。果食等需要益廣。以國內所產果實。不敷甚鉅。多數仰給於舶來。蔬菜乃富含滋養料。爲家常佐食。一日不可缺之物。花卉爲怡情養性。清娛益人之品。如古之陶淵明。林和靖輩。凡從事於此者。莫不幽逸清新。優遊自樂。奈我國近來對於園藝之事業。不事講求。以致果蔬花卉之舶來品。年增一年。如英法美日之果蔬花卉。及各項種苗。每年輸入吾國。年達數千萬金之鉅。此園藝之

急宜研究改良○而提倡振興者也

森林之種類繁多○不勝枚舉○森林爲致富之源○虞衡已開先河○森林之利益○有直接與間接之分別○舉其大者○如木材○竹料○桐油○松油○樟腦○軟木○造紙品○染漆料○硝皮質○果核○藥料等○乃直接之利益也○能使氣候調和○濕氣增加○雨水當多○河流不息○水旱災減少○能保山嶺堤旁沙土○維護農作物○招致禽獸魚蝦○能發衛生清氣○增加地方美景等○乃間接之利益也○我國林政廢弛已久○採伐不時○培植無人○以致木材缺乏○凡百所需○如鐵路鑛山之枕木○電報電桿○舟車橋樑○建築製造等之大宗木材○均仰給於舶來○由東西各國輸入我國之木材○年達數千萬金○（本年七個月木材進口○九月六日報載○國際貿易發表○總計值銀一千九百萬）○漏卮之大○實足驚人○值此百業競爭時代○需用木材○有加無已○欲圖挽救此鉅大漏卮○舍提倡種樹○和推廣造林外○別無他法○且我國地處溫帶○幅員遼闊○東至吳越○西窮隴蜀○南極閩粵○北逾沙漠○人口之衆○甲於全球○環顧國內○童山濯濯○赤地盈盈○沃野千萬里○所在多有未闢之土○無地不有無業之民○漸至國日以弱○民日以貧○此皆廢弛農業○少植森林之所致也○苟能普及園藝○廣事造林○即可增加生産○而挽漏卮○使山野荒涼之區○變爲綠蔭遍地○萬木參天之勝境○藉達野無曠土○國無游民之目的矣○自維譾陋○何足以提要鈎玄○爰愾於國內森林荒廢情形○抒感匹夫有責之義○敢將區區一得之愚○藉平日經驗與參考之所獲○研讀見聞之所及○分合釐訂○以成是編○藉應時勢所需○亦聊盡余之志願○務望海內宏達○有以教正焉○

本書因編者病後○精神尚未復原○且場務與俗冗紛繁○加之定

書諸君之屢屢催促○以致出版之期○實難再緩○故祇得草草付印○多數稿件不及整理○而尚未印進○且魯魚亥豕○荒謬之處○掛一漏萬者○在所不免○深望農界先進○博雅君子○惠加指正○而補充之○俾使下次增訂時○較爲精詳○則受益非淺○實深企禱○

二三、十、吳景澄序於生生農場○

實驗園林經營全書總目

第五編 森林種植法 八九—一〇七

實驗園林經營全書

緒論

園藝爲文化之先導。森林爲富國之本源。蓋園藝一道。乃古今中外所重視者。以其有關於國計民生。亦非淺鮮。園藝之種類。有菓樹。蔬菜。花卉。等分別。菓實爲助消化。及供賓客茶餘酒後之良品。蔬菜爲人生一日不可缺者。花卉爲怡情養性。清娛益人之品。森林乃凡百建築所需之木材。顧我國目。前園林之生產日蹙。以致果蔬花卉木材等之從國外輸入者。年達數千萬金之巨。故提倡園林爲刻不容緩之事業。惟經營園林場。乃最清苦之生活。須有堅苦耐勞。熱心毅力者。方能爲之。而經營之始。須先確定計劃。及預算。俾得按步就班。參酌而行之。茲將各項計劃預算。及經營。設施。種植。繁殖。等方法。分述於後。以就正於　高明者。

第一編　經營園林場之計劃及預算附表

第一章　五畝地園林場之計劃及預算附表

一　本計劃適於小資本家試驗。及家庭或副業之栽培。

二　墾闢山或地五畝。如租賃者。租期須訂定二十年。多則更佳。以栽種易。而速成厚利之果蔬。則成功易。而擴充亦易。

三　果木中之種植易。而速成厚利者。當首推水蜜桃。蔬菜中之種植易。而能獲厚利者。當首推甘藍菜。

四　先將水蜜桃種植後。以作正產。三年內未結果前。空間之地。以種四季甘藍。或包頭白菜。及除蟲菊。黃蜀葵。棉豆等。爲副產。利亦不薄。當因地制宜以經營之。

三年之後桃樹結果成林。空間之地。不能種蔬菜等作物時。可養雞若干隻。一方面可得雞蛋之收入。一方面藉雞之翻鬆土壤。啄除害虫。雞糞可以肥地。再養蜜蜂若干羣。一方面可得蜂蜜蜂蠟等之收入。一方面藉蜜蜂傳播花粉之功。以助結果量之增加。一舉數得。事屬至佳。望大家實行之。

概算表列后

五畝地園林場十年間出納概算

支出項

地租　每畝年納租金五元。五畝年共二十五元。

苗種　每畝種六十株。五畝需苗三百株。每株二角計六十元。

管理　工人一名。年支薪膳洋一百二十元。

肥料　每畝年約需肥四元。五畝年共二十元。

雜費　每年以二十元計之。

收入項

副產　三年內。第一年每畝平均收五十元。五畝收二百五十元。第二年每畝四十元。五畝二百元。第三年每畝收二十元。五畝一百元。

正產　三年後水蜜桃每株平均收三十斤。每斤二角計。每株可售六元。以最少減半計。每株亦可收三元每畝收一百八十元。五畝收九百元。種桃獲利。可謂厚矣。

十年樹木百年計
片土無荒寸土金

五畝地園林場十年出納概算表

（本表利息以常年一分計算之）

二

年份＼項目	支出項：地租	苗木	人工	肥料	雜費	利息	合計	收入項：正產	副產	合計	損	益
第一年	二十五元	六十元	一百二十元	二十元	二十元	二十元	二百六十五元		二百五十元	二百五十元	十五元	
第二年	同上		同上	同上	同上	十五元	二百元		二百元	二百元		
第三年	同上		同上	同上	同上	同上	同上	每株收桃五斤每斤二角共計三百元	一百元	四百元		二百元
第四年	同上		同上	二十五元	二十五元	十六元	二百十一元	每株收桃十斤每斤二角共計六百元		六百元		三百八十九元
第五年	同上		同上	三十元	三十元	十七元	二百二十二元	每株收桃十五斤每斤二角共計九百元		九百元		六百七十八元
第六年	同上		同上	三十五元	三十五元	同上	二百三十二元	每株收桃二十斤每斤二角共計一千二百元		一千二百元		九百六十八元
第七年	同上		同上	四十元	四十元	十八元	二百四十三元	每株收桃二十五斤每斤二角共計一千五百元		一千五百元		一千二百五十七元
第八年	同上		同上	同上	同上	同上	同上	每株收桃三十斤每斤二角共計一千八百元		一千八百元		一千五百五十七元
第九年	同上		同上	同上	同上	同上	同上	每株收桃三十五斤每斤二角共計二千一百元		二千一百元		一千八百五十七元
第十年	同上		同上	同上	同上	同上	同上	每株收桃四十斤每斤二角共計二千四百元		二千四百元		二千一百五十七元
總計	二百五十元	六十元	一千二百元	三百十元	三百十元	七二元	二千三百零二元	一萬零八百元	五百五十元	一一三五元	十五元	一萬一千三百三十五元

附記　本表祇十年概算。水蜜桃能生長二十年之久。十年至十五年。每年之出納數。與十年不相上下。十五年後。漸減。屆時須接替更新。則收入亦不致減少也。本表所載。不過大概。倘栽培得法。管理周密。無大小年之分別。其收入之餘利。當能超出此概算表之上也。蓋水蜜桃。種後三年。每株能生五斤至十五斤。在旺生時。每株能生八九十斤。每斤之價。近年上海市上。售二角至五六角。似此則每畝收入之數。自必較多。又如種甘藍。每畝之收入。當在一百元以上。尚有養雞。養蜂。之餘利。均未列入此表也。

第二章　十畝地園林場之計劃及概算附表

一　本計劃亦爲小資本家試驗。及家庭或副業之栽培。

二　墾闢山或地十畝。如租賃者。租期須訂定二十年。多則更佳。以栽種植易。而速成厚利之果樹。蔬菜。則成功易。而擴充亦易。

三　果木中之種植易而速成厚利者。自以水蜜桃爲最。蔬菜中之種植易而獲利厚者。自以甘藍膠菜等爲最。

四　先將水蜜桃種植後以作正產。三年內未結果前。空間之地。以種四季甘藍。或包頭白菜。及除蟲菊。黃蜀葵。棉豆等爲副產。利亦不薄。當因地制宜以經營之。

三年後桃樹結果成林。空間之地。不能種蔬菜等作物時。可養雞若干隻。一方面可得雞與蛋之收入。一方面藉雞之翻鬆土壤。啄除害蟲。雞糞可以肥地。再養蜜蜂若干羣。一方面可得蜂蜜蜂蠟等之收入。一方面藉蜜蜂傳播花粉之功。以助結果量之增加。一舉數得。事屬至佳。望大家實行之

概算表列后

十畝地園林場十年間出納概算

支出項

地租　每畝年納租金五元。十畝年共五十元。

苗種　每畝種六十株。十畝需苗六百株。每株二角計一百二十元。

管理　工人二名。年支薪膳二百四十元。

肥料　每畝年約需肥四元。十畝年共四十元。

雜費　每年以四十元計之。

收入項

副產　三年內第一年。每畝平均收五十元。十畝收五百元。第二年每畝收四十元。十畝收四百元。第三年每畝收二十元。十畝收二百元。

正產　三年後水蜜桃每株平均收三十斤。每斤二角計。每株可售六元。以最少減半計。每株亦可收三元。每畝收一百八十元。十畝收一千八百元。種桃獲利。可謂厚矣。

虛擲歲月　得罪於天

荒蕪田園　得罪於地

十畝地園林場十年間出納概算表（本表利息以常年一分計算之）

年份＼項目	支出項：地租	支出項：樹苗	支出項：人工	支出項：住所	支出項：器具	支出項：肥料	支出項：雜費	支出項：利息	支出項：共計	收入項：正產	收入項：副產	收入項：共計	損	益
第一年	五十元	一百二十元	二百四十元			四十元	四十元	四十九元	五百三十九元		五百元	五百元	三十九元	
第二年	同上		同上			同上	同上	三十七元	四百零七元		四百元	四百元	七元	
第三年	同上		同上			同上	同上	同上	同上	每株收桃五斤每斤二角共計六百元	二百元	八百元		三百九十三元
第四年	同上		同上			同上	同上	同上	同上	每株收桃十斤每斤二角共計一千二百元		一千二百元		七百九十三元
第五年	同上		同上			同上	同上	同上	同上	每株收桃十五斤每斤二角共計一千八百元		一千八百元		一千三百九十三元
第六年	同上		同上			同上	同上	同上	同上	每株收桃二十斤每斤二角共計二千四百元		二千四百元		一千九百九十三元
第七年	同上		同上			同上	同上	同上	同上	每株收桃二十五斤每斤二角共計三千元		三千元		二千五百九十三元
第八年	同上		同上			同上	同上	同上	同上	每株收桃三十斤每斤二角共計三千六百元		三千六百元		三千一百九十三元
第九年	同上		同上			同上	同上	同上	同上	同上		同上		同上
第十年	同上		同上			同上	同上	同上	同上	同上		同上		同上
總計	五百元	一百二十元	二千四百元			四百元	四百元	二九二元	四千二百〇三元	一萬九千八百元	一千一百元	二萬〇九百元	四十六元	一萬六千二百四十四元

附記　本表祇十年概算。水蜜桃能生長二十年之久。十年至十五年。每年之出納數。與十年不相上下。十五年後。漸減。屆時須接替更新。則收入亦不致減少也。本表所載。不過大概。倘栽培得法。管理綢密。無大小年之分別。其收入之餘利。當能超出此概算表之上也。蓋水蜜桃。種後三年。每株能生五斤至十斤。在旺生時。每株能生八九十斤。每斤之價。近年上海市上。售最少二角至五六角。似此則每畝收入之數。自必較多。又如種甘藍。每畝之收入。當在一百元以上。尙有養雞。養蜂之餘利。均未列入此表也。

第三章　二十畝園林場之計劃及概算附表

一　本計劃爲適於組織小公司。或個人經營。栽培之需。

二　租賃山或地二十畝。(租期須訂定二十年多則更佳。)以種植速成厚利之果樹。蔬菜。則成功易。而擴充亦易。

三　果木中之種植易。而速成厚利者。以水蜜桃爲最。蔬菜中之種植易。而獲利厚者。自以甘藍。膠菜等爲最

四　先將水蜜桃種植後以作正產。三年內未結果前。空間之地以種四季甘藍。或包頭白菜。及除蟲菊。黃蜀葵。棉豆等爲副產。利亦不薄。當因地制宜以經營之。

支出項

地租　每畝年納租金五元。二十畝年共一百元。

苗種　每畝種六十株。共需苗一千二百株。每株二角計二百四十元

管理　工人三名。月支薪膳各十二元。年需三百九十二元。

住所　草房三間。約需建築費一百元。

農具　鐵鋤。鐵耙。水桶。糞桶等。約需五十元。

肥料　每畝年約需肥四元。共需八十元。

雜費　每年約以一百元計之。

收入項

副產　三年內第一年每畝平均收五十元。二十畝收一千元。第二年每畝收四十元。二十畝收八百元。第三年每畝收二十元。二十畝收四百元。

三年後桃樹結實成林。空間之地。不能種蔬菜等作物時。可養雞若干隻。一方面可得雞與蛋之收入。一方面藉雞之翻鬆土壤。啄除害虫。雞糞可以肥地。再養蜜蜂若干羣。一方面可得蜂蜜蠟等之收入。一方面藉蜜蜂傳播花粉之功。以助結果量之增加。一舉數得。事屬至佳。望大家實行之。

正產　三年後水蜜桃每株平均收三十斤。每斤二角計。每株可售六元。以最少減半計。每株亦可收三元。每畝收一百八十元。二十畝收三千六百元。種桃獲利。可謂厚矣。

致力墾荒　於民有濟

低頭求土　與世無爭

二十畝園林場十年間出納概算表

（本表利息以常年一分計算之）

項目／年份	支出項：地租	支出項：樹苗	支出項：人工	支出項：住所	支出項：器具	支出項：肥料	支出項：雜費	支出項：利息	支出項：共計	收入項：正產	收入項：副產	收入項：共計	損	益
第一年	一百元	二百四十元	三百九十二元	一百元	五十元	八十元	一百元	百〇六元二	一一六八元二		一千元	一千元	一一六八二	
第二年	同上		同上			同上	同上	六七元二	七三四元二角		八百元	八百元		六十元八角
第三年	同上		同上			同上	同上	同上	同上	每株收桃三斤每斤二角共計七百二十元	四百元	一千一百二十元		三千八百〇八元
第四年	同上		同上			同上	同上	同上	同上	每株收桃六斤每斤二角共計一千四百四十元		一千四百四十元		七千〇〇八元
第五年	同上		同上			同上	同上	同上	同上	每株收桃十二斤每斤二角共計二千八百八十元		二千八百八十元		二萬一千四百〇八元
第六年	同上		同上			同上	同上	同上	同上	每株收桃二十斤每斤二角共計四千八百元		四千八百元		四萬〇六百〇八元
第七年	同上		同上			同上	同上	同上	同上	每株收桃三十斤每斤二角共計七千二百元		七千二百元		六萬四千六百〇八元
第八年	同上		同上			同上	同上	同上	同上	同上		同上		同上
第九年	同上		同上			同上	同上	同上	同上	同上		同上		同上
第十年	同上		同上			同上	同上	同上	同上	同上		同上		同上
總計	一千元	二四〇元	三九二〇元	一百元	五十元	八百元	一千元	七一一元	七八二一元	三萬八千六百四十元	二二〇〇元	四〇八四〇元	一六八元二	三三一八七元二角

附記

本表祇十年概算○水蜜桃能生長二十年之久○十年至十五年○每年之出納數○與十年不相上下○十五年後○漸減○屆時須接替更新○則收入亦不致減少也○本表所載○不過大概○倘栽培得法○管理周密○無大小年之分○別其收入餘利○當能超出此概算表之上也○蓋水蜜桃○種後三年○每株能生五斤至十斤○在旺生時○每株能生八九十斤○每斤之價○近年上海市上○售最少二角至五六角○似此則每畝收入之數○自必較多○又如種甘藷○每畝之收入○常在一百元以上○尚有養雞○養蜂等之餘利○均未列入此也表○

第四章　三十畝地園林場之計劃及預算附表

果實為助消化。及供賓客茶餘酒後之良品。近年以來。文明日進。社會之嗜好亦增。果實之需銷益廣。桃為消暑佳果。當其採收時期。正蘋果柑橘均未成熟之時。故能獨占暢銷市場。售價甚昂。且種後三年。即能收果。故種植果樹。當以水蜜桃為速成而厚利之事業。

森林為富國之源。森林中之油桐樹。乃榨取桐油用之桐子樹。桐子樹中以三年油桐樹。為速成厚利之林產。三年油桐樹。種後三年。即能結果。且桐油之用途日廣。市上所最得用者。如建築家之油漆原料。印刷家之油墨原料。莫不賴此製成。且無論何種器具。一經揉抹桐油。即堅固耐用。故銷路之暢。獲利之豐。實非他種事業所能企及。故種桃。種桐。均屬最有希望之生產事業。今承贍信買先生之委。願備資本洋二千元。託為租地三十畝。擬植桃桐各千株。以作試驗。藉資倡導。囑代計劃。並摘預算。茲特不揣譾陋。粗擬概算。爰錄於后。是否有當。謹請高明不吝指正。

本概算以種水蜜桃。及三年油桐為專業。惟三年以內。桃桐未成熟時。空閒之地。間作物以種蔬菜為副業。蔬菜中以甘藍膠菜。獲利較厚。或種特用作物。如除蟲菊。黃蜀葵。利亦頗厚。當因地制宜以經營之。

支出項

地租　每畝年納租金八元。三十畝年共二百四十元。

苗種　水蜜桃每畝種六十株。二十畝需苗一千二百株。每株二角計需洋二百四十元。油桐每畝種一百二十株。十畝需苗一千二百株。每株四分計。需洋四十八元。

管理　三十畝地周圍藩籬。用枸橘德槐間植。每隔五寸種一株。約需苗三千株。每株二分計。需洋六十元。技工一名。兼任工頭。月支薪洋十二元。膳費六元。年支二百十六元。普通工二名。月各支薪膳十二元。年支二百八十八元。

作所農具　建草房三間。約需建築費洋一百元。鐵耙。耜。鋤。水桶。糞桶。及桌凳。等器具。約需洋一百元。

肥料　每畝每年約需肥料洋四元。三十畝年共約需洋一百二十元。

雜費　每年約以一百元計之。

收入項

副產　三年內。第一年平均每畝約收四十元計。三十畝可收一千二百元。

第二年平均每畝約收三十元計。三十畝則可收九百元。

第三年平均每畝約收二十元計。三十畝則可收六百元。

三年後。空間之地。不能種蔬菜等作物之時。可養雞若干隻。一方面可得雞與蛋之收入。一方面藉雞之翻鬆上壤。啄除害虫。雞糞可以肥地。再養蜜蜂若干羣。一方面可得蜂蜜蜂蠟等之收入。一方面藉蜜蜂傳播花粉之功。以助結果量之增加。一舉數得。事屬至佳。

正產　三年後。水蜜桃每株平均約收三十斤。每斤二角計。每株可售六元。每畝可收三百六十元。二十畝可收七千二百元。即減半計。每株亦可收三元。每畝可收一百八十元。二十畝可收三千六百元。

三年後。油桐樹每株平均約可收桐子二十斤。每斤一角計。每株可售二元。每畝可收二百四十元。十畝可收二千四百元。即以減半計。每株亦可收一元。每畝可收一百二十元。十畝可收一千二百元。種桃種桐之利。可謂厚矣。

概算　桃花濃豔麗郁。鮮美奪目。足使遊人流離忘返。及其成熟採食時。則漿汁多而味鮮甜。故自古詩人墨客。每多吟詠之作。「如桃紅榴火綠橙黃」。「桃紅柳綠百草青」。「會桃李之芳園」等句。不勝枚舉。種桃者祇須少數資本。即能獲豐厚之利。

油桐為小喬木之一。高二十餘尺。幹皮光滑淡褐色。葉為大心臟形。花大而美。白質飾以紅條紋。果實球形。綠色光滑。半熟時。呈青紅色。遠視之。如蘋果滿樹。纍纍。美觀異常。一球內含種子三五粒。桐油即由此榨取。故油桐樹不特為工業原料之經濟樹。亦風景優美之行道樹也。今將經驗所得。粗擬概算表於后。以供參考。並請指正。

三十畝園林場十年間出納概算表（本表利息以常年一分計算之）

年份	支出項：地租	樹苗	人工	住所	器具	肥料	雜費	利息	共計	收入項：正產	副產	共計	損	益
第一年	三百四十元	三四八	四百〇四元	百元	百元	一百二十元	一百元	一一五一二	一六二七一二		一千二百元	一千二百元	四二七一二	
第二年	同上		同上			同上	同上	九六四	一〇六〇四		九百元	九百元	一六〇四	
第三年	同上		同上			同上	同上	同上	同上	每株收桃三斤每斤二角共計七百二十元；每株收桐二斤每斤一角共計二百四十元	六百元	一五六〇		四百九十九元六角
第四年	同上		同上			同上	同上	同上	同上	每株收桃六斤每斤二角共計一千四百四十元；每株收桐四斤每斤一角共計四百八十元		一九二〇		八百五十九元六角
第五年	同上		同上			同上	同上	同上	同上	每株收桃十二斤每斤二角共計二千八百八十元；每株收桐八斤每斤一角共計九百六十元		三八四〇		二千七百七十九元六角
第六年	同上		同上			同上	同上	同上	同上	每株收桃二十斤每斤二角共計四百八十元；每株收桐一二斤每斤一角共計一千四百四十元		六二四〇		五千一百七十九元六角
第七年	同上		同上			同上	同上	同上	同上	每株收桃三十斤每斤二角共計七千二百元；每株收桐二十斤每斤一角共計二千四百元		九千六百元		八千五百三十九元六角
第八年	同上		同上			同上	同上	同上	同上	同上；同上		同上		同上
第九年	同上		同上			同上	同上	同上	同上	同上；同上		同上		同上
第十年	同上		同上			同上	同上	同上	同上	同上；同上		同上		同上
總計	三四〇〇	三四八	四〇四〇	一百元	一百元	一二〇〇	一〇〇〇	一〇一八八	一一二〇三六八	三萬八千六百四十元；一萬二千八百二十元	二千八百元	五四〇六〇	六二三六	四三四七六元八角

附計　本表祇十年概算。水蜜桃與油桐均能生長二十年之久十年至十五年。每年之出納數。與十年不相上下。十五年後。漸減。屆時須接替更新。則收入亦不致減少也。本表所載。不過大概。倘栽培得法。管理周密。無大小年之分別。其收入餘利。當能超出此概算表之上也。蓋水蜜桃與油桐。種後三年。每株能生五斤至十斤。在旺生時。每株能生八九十斤。每斤之價。近年上海市上。售最少二角至五六角。似此則每畝收入之數。自必較多。又如種甘藷。每畝之收入。當在一百元以上。尚有養雞。養蜂之餘利。均未列此表也。

第五章　四十畝地園林場之計劃及預算附表

近年以來。文明日進。社會之嗜好亦增。以致果實之需銷益廣。桃爲消暑佳果。當其採收時期。正蘋果柑橘均未成熟之時。故能獨占暢銷市場。觀乎上海各果行。一屆夏令。購桃者爭先恐後。每有供不應求之勢。可以知矣。查上海之水蜜桃。大半從杭州與奉化運來。交通關係。幾經時日。其味殊欠新鮮。自周浦之第四農場桃樣到滬後。滬人士爭先欲嘗爲快。良以其味鮮甜。勝於杭甬之桃多多也。年來水果業者。每於桃未成熟之時。即到周定購。爭先恐後。以致列年所產。供不應求。故浦東爲推廣種桃必要之區畝。蓋浦東佔得天時。地利。人事。之三宜。爲推廣桃園極有希望之事業。古今中外經營園藝者。能得天時。地利。人事。三者一貫。即可稱王矣。且水蜜桃除售鮮果之外。尚可製造桃脯。桃膏。桃酒。之類。亦爲食料中之上品。年來用途日廣。價值日增。故果木中之獲利厚而種植易者。當首推水蜜桃。今遵　鞠農業先生之囑。粗擬四十畝桃園概算。爰錄於后。是否有當。謹請　高明不吝　指正。

本概算以種水蜜桃爲專業。惟三年以內。桃未成熟時。空間之地。間作物以種蔬菜爲副業。蔬菜中以膠菜。甘藍。獲利較厚。或種特用作物。如除虫菊。黃蜀葵。利亦頗厚。當因地制宜以經營之

支出項

地租　每畝年納租金五元。四十畝年共二百元。

苗種　每畝種六十株。共需苗二千四百株。每株二角計四百八十元

管理　技工一名兼任工頭。月支薪洋十二元。膳費六元。年支二百十六元。

普通工三名。月各支薪膳十二元。年支四百三十二元。

住所　草房三間。約需建築費一百元。

農具　鐵耜。鐵耙。水桶。糞桶等約需五十元。

肥料　每畝年約需肥四元。共約一百六十元。

雜費　每年約以一百元計之

收入項

副產　三年內。第一年平均每畝三十元計之。則可一千二百元。第二年每畝二十五元計之。則可收一千元。第三年每畝二十元計之。則可收八百元。

三年後。空間之地不能種蔬菜等作物時。可養雞若干隻。一方面可得雞與蛋之收入。一方面藉雞之翻鬆土壤。啄除害虫。雞糞可以肥地。再養蜂若干羣。一方面可得蜂蜜蠟等之收入。一方面藉蜜蜂傳播花粉之功。以助結果量之增加。一舉數得。事屬至佳。

正產　三年後。水蜜桃每株平均收三十斤。每斤二角計。每株可售六元。以最少減半計。每株亦可收三元。每畝可收一百八十元。四十畝。年可收七千二百元。種桃獲利。可謂厚矣。

概算　桃花濃豔麗郁。鮮美奪目。足使游人流離忘返。及其成熟採食。則漿汁多而味鮮甜。故自古詩人墨客。每多吟詠之作。如「桃紅榴火綠橙黃。」「桃紅柳綠百草青。」「會桃李之芳園。」等句不勝枚舉。種桃者祇須少數資本。即能獲豐厚之利。今將經驗所得。粗擬概算表於后。以供參考。并請指正。

四十畝地園林場十年間出納概算表（本表利息以常年一分計算之）

年份	支出：地租	支出：樹苗	支出：人工	支出：住所	支出：器具	支出：肥料	支出：雜費	支出：利息	支出：共計	收入：正產	收入：副產	收入：共計	損	益
第一年	二百元	四百八十元	六百四十八元	一百元	五十元	一百六十元	一百元	一七三元八	一九二一元八角		一千二百元	一千二百元	七二一元八	
第二年	同上		同上			同上	同上	一一〇元八	一二一八元八角		一千元	一千元	二一八元八	
第三年	同上		同上			同上	同上	同上	同上	每株收桃三斤每斤二角共計一千九百十四元	八百元	二七一四元		一千零二百一十元二角
第四年	同上		同上			同上	同上	同上	同上	每株收桃六斤每斤二角共計二千八百八十元		二八八〇元		一千六百六十一元二角
第五年	同上		同上			同上	同上	同上	同上	每株收桃十二斤每斤二角共計五千七百六十元		五七六〇元		四千五百四十一元三角
第六年	同上		同上			同上	同上	同上	同上	每株收桃二十斤每斤二角共計九千六百元		九六〇〇元		八千三百八十一元二角
第七年	同上		同上			同上	同上	同上	同上	每株收桃三十斤每斤二角共計一萬四千四百元		一四四〇〇元		一萬三千一百八十一元二角
第八年	同上		同上			同上	同上	同上	同上	同上		同上		同上
第九年	同上		同上			同上	同上	同上	同上	同上		同上		同上
第十年	同上		同上			同上	同上	同上	同上	同上		同上		同上
總計	二千元	四百八十元	六千四百八〇元	一百元	五十元	一千六百元	一千元	一一七一元	一二八八一元	七萬七千二百八十元	三千元	八〇二八〇元	九三〇元六	六八三三〇元六角

附記　本表祇十年之概算。水蜜桃能生長二十年之久。十年至十五年出納數。與第十年不相上下。十五年後漸減。屆時須接替更新。則收入亦不致減少也。本表所載。不過大概。倘栽培得法。管理周密。無大小年之分別。其收入之利。常能超出此概算表之上也。蓋水蜜桃在旺生時。每株能收八九十斤。又如種甘藍，膠菜，每畝收入當有一百元以上。尚有養鷄，養蜂，等餘利。均未列入此表也。

第六章　五十畝地園林場之計劃及預算附表

近年以來。文明日進。社會之嗜好亦增。以致果實之需銷益廣。桃爲消暑佳果。當其採收時期。正蔬果柑橘尚未成熟之時。故能獨佔暢銷市場。觀乎上海各果行。一屆夏令。購桃者爭先恐後。每有供不應求之勢。可以知矣。查上海之水蜜桃。大半從杭州與奉化運來。交通關係。幾經時日。其味殊欠新鮮。自周浦之第四農場桃樣到滬後。滬人士爭先欲嘗爲快。良以其味鮮甜。勝於杭甬之桃多多也。年來水果業者。每於桃未成熟之時。即與周定購。爭先恐後。以致刻年所產。供不應求。故浦東爲推廣種植必要之區。蓋浦東佔得天時。地利。人事。之三宜。爲推廣種桃極有希望之事業。古今中外經營園藝者。能得天時。地利。人事。三者一具。即可稱王矣。且水蜜桃除售鮮果之外。尚可製造桃脯。桃膏。桃酒。之類。亦爲食料中之上品。年來用途日廣。價值日增。故果木中之種植易而獲利厚者。當首推水蜜桃。今遵秦硯畦先生之囑。胡擬五十畝桃園概算。爰錄於后。聊供參考。是否有當。謹請高明。不吝指正。是幸。

本概算以種水蜜桃爲專業。惟三年以內桃未成熟時。空閒之地。間作物以種蔬菜爲副業。蔬菜中以廟菜。甘藍。獲利較厚。或種特用作物。如除虫菊。黃蜀葵。利亦頗厚。當因地制宜以經營之。

支出項

地租　每畝年納租金八元。五十畝年納四百元。

苗種　每畝種桃苗六十株。共需桃苗三千株。每株[illegible]百元
五十畝周圍藩籬。用枸橘。德槐。間植。每隔五寸種一株。約需苗五千株。每株二分計一百元。

管理　場長一。月支車馬費三十元。年支三百六十元。
工頭一。月支薪津十二元。膳費六元。年支二百十六元。
工人四名。月各支薪膳十二元。年支五百七十六元。

住所　草房三間。約需建築費一百元。

器具　農用鐵耙。柤、鋤。水桶。糞桶。及桌凳。等器具。約需一百元

肥料　每畝年約需肥四元。五十畝年共約二百元。

雜費　每年平均以二百元計之。

收入項

副產　三年內。第一年。平均每畝收四十元計。五十畝則可收二千元。第二年每畝收三十元計。五十畝則可收一千五百元。第三年。每畝收二十元計。五十畝則可收一千元。
三年後。空閒之地。不能種蔬菜等作物時。可養雞若干隻。一方面可得雞與蛋之收入。一方面藉雞之翻鬆土壤。啄除害虫。雞糞可以肥地。再養蜜蜂若干箱。一方面可得蜜蜂蠟等之收入。一方面藉蜜蜂傳播花粉之功。以助結果量之增加。一舉數得。事爾至佳。

正產　三年後。水蜜桃每株年約收三十斤。每斤二角計。每株可售六元。每畝可收三百六十元。五十畝可收一萬八千元。即以畝少減半計。每株亦可三元。每畝可收一百八十元。五十畝年可收九千元。種桃獲利可謂厚矣。

概算　桃花濃豔麗都。鮮美奪目。是以遊人流連忘返。及其成熟採食。則果汁多而味鮮甜。故自古詩人墨客。每多吟詠之作。如「桃紅榴火綠橙黃」「桃紅柳綠百草青」「會桃李之芳園」等句。不勝枚舉。種桃者祗須少數資本。即能獲豐厚之利。今將經驗所得。粗擬概算表於后。聊供參考。並請指正之。

五十畝園林場十年間出納概算表

（本表利息以常年一分計算之）

項目／年份	支出項 地租	樹苗	人工	住所	器具	肥料	雜費	利息	共計	收入項 正產	副產	共計	損	益
第一年	四百元	七百元	一一五十二元	一百元	一百元	二百元	二百元	二八五元二一	三一三七元二角		二千元	二千元	一一三七元二	
第二年	同上		同上	—	—	同上	同上	一九五元二一	二一四七元二角		一千五百	一千五百	六四七二元	
第三年	同上		同上	—	—	同上	同上	同上	同上	每株收桃三斤每斤二角共計一千八百元	一百元	二千八百元		六千五百二十八元
第四年	同上		同上	—	—	同上	同上	同上	同上	每株收桃六斤每斤二角共計三千六百元		三千六百元		一千四百五十二元八角
第五年	同上		同上	—	—	同上	同上	同上	同上	每株收桃十二斤每斤二角共計二千八百八十元		七千二百元		五千〇五十二元八角
第六年	同上		同上	—	—	同上	同上	同上	同上	每株收桃二十斤每斤二角共計七千二百元		一千二百元		九千八百五十二元八角
第七年	同上		同上	—	—	同上	同上	同上	同上	每株收桃三十斤每斤二角共計一萬八千元		一萬八千百元		一萬五千八百五十二元八角
第八年	同上		同上	—	—	同上	同上	同上	同上	同上		同上		同上
第九年	同上		同上	—	—	同上	同上	同上	同上	同上		同上		同上
第十年	同上		同上	—	—	同上	同上	同上	同上	同上		同上		同上
總計	四千元	七百元	一一五二〇元	一百元	一百元	二千元	二千元	二〇四二元	二二四六二元	九萬六千六百元	四千五百元	一〇一一〇〇元	一七八四元四	七六八五三元六角

附記　本表祇十年之概算。水蜜桃能生長二十年之久。十年至十五年出納數。與十年不相上下。十五年後漸減。屆時須接替更新。則收入亦不致減少也。本表所載。不過大概倘栽培得法管理周密。無大小年之分別。其收入之利。常能超出此概算表之上也。蓋水蜜桃在旺生時。每株能收八九十斤。又如種廿藍，膠菜，每畝收入嘗有一百元以上。倘有養雞，養蜂，等餘利。均未列入此表也。

第七章　一百畝地園林場之計劃及預算

一　本計劃爲適於組織公司。或個人經營栽培之需。

二　墾闢山或地一百畝（如租賃者租期至少須訂二十年。多則更佳）以種速成厚利之果樹。蔬菜。森林。及特用作物。則成功易。而擴充亦易。

三　果木中之種植易。而速成厚利者。以水蜜桃爲最。蔬菜中之種植易。而獲利厚者。以甘藍。膠菜等爲最。森林中之種植易而速成厚利者。以油桐。珠冠柏。德槐。白楊爲最。特用作物。以除虫菊。黃蜀葵。獲利爲厚。

四　先將果樹森林。種植以作正產後。三年內。在果實未結前。森林未大前。空間之地。以種四季甘藍。包頭白菜。除虫菊。黃蜀葵。幷養雞養蜂等爲副產當因地制宜以經營之。

支出項

地租　每畝年納租金五元。一百畝年共五百元。

苗種　早熟黃金桃二十畝。每畝種六十株。需苗一千二百株。每株二角。計二百四十元。

中熟大蜜桃二十畝。每畝種六十株。需苗一千二百株。每株二角。計二百四十元。

晚熟肥城桃二十畝。每畝種六十株。需苗一千二百株。每株二角。計二百四十元。

油桐十畝每畝種三年桐苗一百二十株。需苗一千二百株。每株四分。計四十八元。

珠冠柏十畝。每畝種六十株。需苗六百株。每株一角。計六十元。

德刺槐十畝。每畝種一百二十株需苗一千二百株。每株四分。計四十八元。

美白楊十畝。每畝種一百二十株。需苗一千二百株。每株五分。計六十元。

管理　主任一月支薪膳六十元。年支七百二十元。

工頭一月支薪洋十二元。膳費六元。年支二百十六元工人九名月各支薪膳費十二元年支九百七十二元。

住所　草房四間。約需建築費一百二十元。

茅亭二所。爲職工休息及避雨之所。每所建築費五元。二所十元。

器具　農用鐵耙。鋤。耜。水桶。糞桶。及桌。凳。等器具約一百元。

肥料　每畝年約需肥四元。一百畝年共約四百元。

雜費　每年平均以四百元計之。

收入項

副產　三年內。第一年平均每畝收三十元計。百畝則可收三千元。

第二年每畝收二十元。計百畝則可收二千元。

第三年每畝收十元。計百畝則可收一千元。

三年後空間之地。不能種蔬菜等作物時可養雞若干隻。一方面可得雞與蛋之收入。一方面籍雞之翻鬆土壤。啄除害虫。雞糞可以肥地。再養蜜蜂若干羣。一方面可得蜂蜜蠟等之收入。一方面籍蜜蜂傳播花粉之功。以助結果量之增加。一舉數得。事屬至佳。

正產　三年後。桃樹每株平均收桃果三十斤。每斤二角。計六元。

減半亦有三元。三千六百株桃樹。可收洋一萬。八百元。油桐每株平均收桐果二十斤。每斤一角。計二元減半亦有一元。一千二百株桐子樹。可收一千二百元。

五年後珠冠柏每株平均收子三十斤。每斤一角。計三元。一千二百株柏樹。可收三千六百元。

德槐。白楊。十年採伐。每株售洋五元。計二千四百株。可收一萬二千元。

第八章　五百畝地園林場之計劃及預算

一　本計劃爲適於組織較大之公司。或個人經營栽培之需。

二　墾闢山或地五百畝。（如租賃者。租期至少須訂二十年。多則更佳）以種速成厚利之果樹。森林。蔬菜。及特用作物。則成功易而擴充亦易。

三　五百畝地分作十區。每區以五十畝計之。

一　區種早熟黃金桃。及晚熟肥城桃。各半。

二　區中熟大蜜桃。　三　區種大青梅。

四　區種硃砂李。　五　區種葡萄。　六　區種各菓組合苗。

七　區種油桐。　八　區種珠冠柏。　九　區種德槐。

十　區種白楊。

四　以果樹。森林。爲正產。以蔬菜及特用作物。並養雞。養蜂。養兔。養羊。養豬等。爲副產。在果樹未結果前。及森林未成林時。空間之地。以種四季甘藍。包頭白菜。等蔬菜。及除虫菊。黃蜀葵。等特用作物。至空間之地。不能種蔬菜。及作物時。則繼之以養雞。養蜂。養兔。養羊。養豬。之副業。當因地制宜以經營之。

支出項

地租　每畝年納租金五元。五百畝年共二千五百元。

苗種　一　黃金桃及肥城桃五十畝。每畝種六十株。共需苗三千株。每株二角。計六百元。

二　大蜜桃五十畝。每畝種六十株。共需苗三千株每株二角計六百元。

三　大青梅五十畝。每畝種六十株。共需苗三千株。每株二角。計六百元。

四　硃砂李五十畝。每畝種六十株。共需苗三千株。每株二角。計六百元。

五　葡萄五十畝。每畝種一百五十株。共需苗七千五百株。每株一角。計七百五十元。

六　各菓組合苗五十畝。每畝種六十株。共需苗三千株。每株二角。計六百元。

七　油桐五十畝。每畝種一百二十株。共需苗六千株。每株四分。計二百四十元。

八　珠冠柏五十畝。每畝種六十株。共需苗三千株。每株一角。計三百元。

九　德槐五十畝。每畝種一百二十株。共需六千株。每株四分。計二百四十元。

十　白楊五十畝。每畝種一百二十株。共需苗六千株每株五分。計三百元。

管理　主任一月支薪膳六十元。年支七百二十元。

技術員一月支薪膳三十元。年支三百六十元。
事務員一月支薪膳二十元。年支二百四十元。
工頭一月支薪洋十二元。膳費六元。年支二百十六元。
工人三十名。月各支薪膳十二元。年共四千三百二十元。

住所 草房十間約需建築費三百元。
茅亭十所。爲職工休息及避雨之所。每所建築費五元。十所計五十元。

器具 農用鐵耙。耜。鋤。水桶。糞桶。及桌椅。等器具。約二百元。

肥料 每畝每年約需肥料平均以三元計。五百畝年共約一千五百元。

雜費 每年平均以六百元計之。

收入項

副產 三年內。第一年平均每畝收三十元。計五百畝收一萬五千元
第二年平均每畝收二十元。計五百畝收一萬元。
第三年平均每畝收十元。計五百畝收五千元。
三年後空間之地。不能種蔬菜等作物時。可養雞若干隻。一方面可得雞與蛋之收入。一方面藉雞之翻鬆土壤。啄除害虫。雞糞可以肥地。養蜜蜂若干羣。一方面可得蜂蜜蜂蠟等之收入。一方面藉蜜蜂傳播花粉之功。以助結果量之增加。再養兔。羊。。豬。等各若干。以收毛。皮。肉類之利。及畜糞肥地之用。

正產 三年後。桃果每株平均收三十斤。每斤二角。計六元。即減半計。亦有三元。六千株桃樹。可收一萬八千元。
四年後。大青梅每株平均收三十斤。每斤一角。計三元。三千株可收九千元。
四年後。硃砂李每株平均收三十斤。每斤一角。計三元。三千株可收九千元。
三年後。葡萄每株平均收二十斤。每斤一角。計二元。七千五百株可收一萬五千元。
四年後。組合果每株平均收二十斤。每斤一角。計二元。三千株可收六千元。
三年後。油桐樹每株平均可收桐子十斤。每斤一角。計一元。六千株可收六千元。
五年後。珠冠栢每株平均約可收栢子三十斤。每斤一角。計三元。三千株可收九千元。
德槐。白楊。十年採伐。每株售洋五元。計一萬二千株。可收六萬元。

第九章　一千畝地園林場之計劃及預算

一 本計劃爲適於組織大公司。或個人經營栽培之者。
二 墾闢山地一千畝（如租賃者。租期至少須訂二十年。多則更佳。）劃分爲二十區。每區以五十畝計之。
一 擇土質較肥之處。爲育苗場。及園蔬場。計佔地二區。
二 土質次肥之處。種特用作物。佔地一區。
三 土質再次肥之處。爲種早熟黃金桃。中熟大蜜桃。晚熟肥城桃。蟠桃。大青梅。硃砂李。葡萄。柑橘。組合菓。等果樹場。

計佔地九區。

四　土質三次肥之處。為種茶葉。油桐。珠冠柏。等工藝林場。計佔地三區。

五　土質四次肥之處為種德槐。白楊。檫樹。杉。松。等速成林場。計佔地五區。

六　每四區建工人宿舍二間。二十區計需十間。以經濟着想。暫建草房。每間需建築費二十元。十間二百元。

七　二十區中間設事務處于中央。計需職員宿舍辦公室。休息室。儲藏室。廚房共五間。每間以百元建之。計需銀五百元。

八　每區建一茅亭以作工人與職員休息之所。且作避雨之備。計二十所。每所需建築費五元。計一百元。

九　每區平均以工人三名管理。則二十區需六十名月支薪膳十二元每名年支薪膳共計八千六百四十元。

十　工頭一名。月支薪洋十二元。膳費六元。年共支二百十六元。

十一　場長一員月支薪膳六十元。年支七百二十元。

十二　技術員一員月支薪膳四十元。年支四百八十元。

十三　事務員二員各月支薪膳二十元。年支四百八十元。

十四　器具農用鐵耙。鋤。耜。水桶。糞桶。及桌。椅。櫈。等器具。約四百元。

十五　肥料每畝年約需肥平均以二元計。千畝二千元。

十六　雜費每年平均以千元計之。

十七　應配苗木種子如下。

一　育苗場五十畝。果木砧木十萬株。平均每株以一分計。約需銀乙千元。

森林等種子約一千磅。平均每磅一元。計一千元。

二　園蔬場五十畝。各項蔬菜等種子。約需銀一百元。

三　特用作物場五十畝。各項特用作物種子。約需銀一百元。

四　早熟黃金桃園五十畝。每畝種六十株。計需桃苗三千株。每株二角。計六百元。

五　中熟大蜜桃園五十畝。每畝種六十株。計需苗三千株。每株二角。計六百元。

六　晚熟肥城桃園五十畝。每畝種六十株計需桃苗三千株。每株二角。計六百元。

七　大蟠桃園五十畝。每畝種六十株。計需桃苗三千株。每株二角。計六百元。

八　大青梅園五十畝。每畝種六十株。計需苗三千株每株二角。計六百元。

九　硃砂李園五十畝每畝種六十株計需苗三千株。每株二角。計六百元。

十　葡萄園五十畝。每畝種一百五十株。計需苗七千五百株。每株一角。計七百五十元。

十一　柑橘園五十畝每畝種六十株。計需苗三千株。每株二角。計六百元。

十二　組合果園五十畝。每畝種六十株。計需苗三千株。計需苗三千株每株二角計六百元。

十三　茶樹場五十畝。每畝種一千二百株。計需苗六萬株。每株五厘計。三百元。

十四　油桐林五十畝。每畝種一百二十株。計需苗六千株。每株四分計。二百四十元。

角○計六百元○

十三茶樹場五十畝○每畝種一千二百株○計需苗六萬株○每株五厘計○三百元

十四油桐林五十畝○每畝種一百二十株○計需苗六千株○每株四分計○二百四十元○

十五珠冠柏林五十畝○每畝種六十株○計需苗三千株○每株一角計○三百元○

十六德槐林五十畝○每畝種一百二十株○計需苗六千株○每株四分計○二百四十元

十七白楊林五十畝○每畝種一百二十株○計需苗六千株○每株五分計○三百元○

十八橡樹林五十畝○每畝種一百二十株○計需苗六千株○每株四分計○二百四十元○

十九柳杉林五十畝○每畝種一百二十株○計需苗六千株○每株四分計○三百六十元○

二十洋松林五十畝○每畝種一百二十株○計需苗六千株○每株六分計○三百六十元○

逐年收入

一育苗場　森林苗約十萬株○平均每株售三分○計值洋三千元○果苗十萬株○每株平均約一角五分○計值洋一萬五千元○

二園蔬場　每畝每年以五十元計之○五十畝可收洋二千五百元○

三特用作物場　每畝每年以四十元計之○五十畝可收洋二千元○

四早熟黃金桃園　第三年後○每株平均生桃三十斤○每斤二角計○六元○三千株○計一萬八千元○

五中熟大蜜桃園　第三年後○每株平均生桃三十斤○每斤二角○計六元○三千株○計一萬八千元○

六晚熟肥城桃園　第三年後○每株平均生桃三十斤○每斤二角計○六元○三千株○計一萬八千元○

七大蟠桃園　第三年後○每株平均生桃三十斤○每斤二角計○六元○三千株○計一萬八千元○

八大青梅園　第五年後○每株平均生梅三十斤○每斤一角計○三元○三千株○計九千元○

九硃砂李園　第四年後○每株平均生李三十斤○每斤一角計○三元○三千株計九千元

十葡萄園　第三年後○每株平均生葡萄二十斤○每斤一角計○二元○七千五百株○計一萬五千元○

十一柑橘園　第五年後○每株平均生柑橘二十斤○每斤一角計○二元○三千株○計六千元○

十二組合果園　第四年後○每株平均生果二十斤○每斤一角計○二元○三千株○計六千元○

十三茶樹場　第三年後○每株平均採茶四兩○每兩二分計○八分○六萬株○計四千八百元○

十四油桐林　第三年後○每株平均收桐子十斤○每斤一角計○一元○六千株○計六千元○

十五珠冠柏林　第五年後○每株平均收柏子三十斤○每斤一角計○三元○三千株○可收九千元○

十六德槐林　第十年後○採伐○每株售洋五元計○六千株計○三萬元○

十七白楊林　第十年後。採伐。每株售洋五元。計六千株。計三萬元。

十八檸樹林　第十年後。採伐。每株售洋五元。計六千株。計三萬元。

十九柳杉林　第十年後。採伐。每株售洋五元。計六千株。計三萬元。

二十洋松林　第十年後。採伐。每株售洋五元。計六千株。計三萬元。

第二編　經營方法

第一章　公司組織法

凡組織公司之先。須考照公司法而進行之。茲將中華民國公司法。刊載於后。以供參考。

中華民國公司法

第一章　通則

第一條　本法所稱公司。以營利為目的而設立之團體。

第二條　公司分為四種

一　無限公司。

二　兩合公司。

三　股份有限公司。

四　股份兩合公司。

公司之名稱應標明其種類。

第三條　公司為法人。

第四條　公司以其本店所在地為住所。

第五條　公司非在本店所在地主管官署登記後。不得成立。

前項登記之聲請。應於公司章程訂立後十五日內為之。

第六條　公司設立登記後。如發現其設立程序或其登記事項有違法或虛偽情事時。經法院裁判後。通知主管官署撤銷其登記。

第七條　公司登記後滿六個月尚未開始營業者。主管官署得呈請工商部撤銷其登記。

前項所定期限。如有正當事由。公司得呈請准予延展。

第八條　公司登記事項如有變更時。應於變更後十五日內向主管官署聲請為變更之登記。

第九條　公司設立登記後。有應登記之事項而不登記。或已登記之事項有變更而不為變更之登記者不得以其事項對抗第三人。

第十條　公司之解散除破產外。應於接受解散命令或決議解散後十五日內向主管官署聲請為解散之登記。

第十一條　公司不得為他公司之無限責任股東。如為他公司之有限責任股東時。其所有股份總額。不得超過本公司實收股本總數四分之一。

第二章　無限公司

第一節　設立

第十二條　無限公司之設立。應有股東二人以上公同訂立章程。簽名蓋章。每人各執一份。

第十三條　無限公司章程應載明左列各款事項。

一　公司名稱。

二　所營之事業。

三　股東之姓名。住所。

四　本店。支店。及其所在地。

五　股東出資之種類。及價額或估價之標準。

六　訂立章程之年。月。日。

第十四條　公司自章程訂立後十五日內應將左列各款事項向主管官署聲請登記

一　前條所列各款事項。

二　定有解散事由者。其事由。

三　定有代表公司之股東者。其姓名

第二節　公司之內部關係

第十五條　公司之內部關係。除法律有規定外者。得以章程定之

第十六條　股東以債權抵作股東而其債權到期不得受清償者。應由該股東補繳。如有損害。並負賠償之責。

第十七條　公司盈虧之分派。如章程無訂定時。以股東之出資之多寡為準。章程中僅就盈餘或虧損定有分派之比例者。其所定比例於盈餘虧損均適用之。

第十八條　各股東均有執行業務之權利而負其義務。但章程訂定由股東中之一人或數人執行業務者。從其訂定。

第十九條　股東之數人或全體執行業務時。關於義務之執行。取決於過半數。

執行業務之股東關於通常事務。各得單獨執行。但其餘執行業務之股東有一人提出異議時。應即停止執行

●第二十條　經理人之選任及解任。應得全體股東過半數之同意。

第二十一條　公司變更章程及為章程所定事業範圍外之行為。應得全體股東之同意。

第二十二條　不執行業務之股東。得向執行業務之股東質詢公司營業情形。查閱財產。文件。

第二十三條　執行業務之股東。非有特約。不得向公司請求報酬。

第二十四條　股東因執行業務。所代墊之款。得向公司請求償還。並支付墊款之利息。如係負擔債務而其債務尚未到期者。得請求提供相當之擔保。

股東因執行業務受有損害而自己無過失者。得向公司請求賠償。

第二十五條　公司章程訂明專由股東中之一人或數人執行業務時。該股東不得無故辭職。他股東亦不得無故使其退職。

第二十六條　股東執行業務。應依照章程及股東之決議

違反前項規定致公司受有損害者。應負賠償之責。

第二十七條 股東代收公司款項不於相當期間照繳。或挪用公司款項者。應加算利息。一併償還。如有損害。並應賠償責。

第二十八條 股東非經其他股東全體之同意。不得為自己或他人為與公司同類營業之行為。及為他公司之無限責任股東

股東違反前項規定時。其他股東以過半數之決議將其為自己或他人所為之行為。認為為公司所為。但自行為後逾一年者。不在此限。

第二十九條 股東非經其他股東全體之同意。不得以自己股份之全部或一部轉讓於他人。

第三節 公司之對外關係

第三十條 公司得以章程或股東全體之同意。特定代表公司之股東。未經特定者。各股東均得代表公司。

第三十一條 代表公司之股東。關於公司營業上一切事務有辦理之權。

第三十二條 公司對於股東代表權所加之限制。不得對抗善意第三人。

第三十三條 代表公司之股東或經理人。因執行業務致他人受有損害時。應由行為人與公司連帶負賠償之責。

第三十四條 代表公司之股東。如為自己或他人與公司為買賣。借貸。或其他法律行為時。不得同時為公司之代表。但向公司清償債務時。不在此限。

第三十五條 公司財產不足清償債務時。由股東連帶負其責任。

第三十六條 加入公司為股東者對於未加入前公司之債務。亦應負責。

第三十七條 非股東而有可以令人信其為股東之行為者。對於善意第三人。應負與股東同一之責任。

第三十八條 公司非彌補損失後。不得分派盈餘。

第三十九條 公司之債務人。不得以其債務與其對於股東之債權抵銷。

第四節 退股

第四十條 章程未定公司存續期限者。除關於退股另有訂定外。股東得於其營業年度終退股。但應於六個月前以書面聲明。

股東有不得已之事由時。無論公司定有存續期限與否。該股東得隨時退股。

第四十一條 除前條規定外。各股東因左列各款情事之一而退股。

一 章程所定之事由發生。

二 死亡。

三 破產。

四 受禁治產之宣告。

五 除名。

第四十二條 股東有左列各款情事之一者。得經其他股東全體之同意議決除名。但非通知後。不得對抗該股東。

一 應出之資本不能照繳。或屢催不繳者。

二 違反第二十八條第一項之規定者。

三 有不正當行為。妨害公司之利益者。

四　不盡重要之義務者。

第四十三條　公司名稱中列有股東之姓或姓名者。該股東退股時。得請求停止使用。

第四十四條　退股之股東與公司之結算。應以退股時公司財產之狀況為準。

退股股東之出資。不問其種類。均得以金錢抵還。

退股時公司事務有未了結者。於了結後計算。並分派其盈虧。

第四十五條　退股股東應向主管官署聲請登記。對於登記前公司之債務。並登記後二年內仍負連帶無限之責任。

股東轉讓其股份者。準用前項之規定。

第五節　公司之解散

第四十六條　公司因左列各款情事之一而解散。

一　章程所定解散之事由發生。

二　公司所營事業。已成就或不能成就。

三　股東全體之同意。

四　股東僅餘一人。

五　與他公司合併。

六　破產。

七　解散之命令。

股東遇有不得已之事由。得聲請法院發前項第七款之命令。

第四十七條　公司得以全體股東之同意與他公司合併。

第四十八條　公司決議合併時。應即編造資產負債表及財產目錄。

公司為合併之決議後。應即向各債權人分別通知及公告。並指定三個月以上之期限。聲明債權人得於期限內提出異議。

第四十九條　公司不為前條之通知及公告。或對於在其指定之期限內提出異議之債權人不為清償或不提供相當之担保者。不得以其合併對抗債權人。

第五十條　公司為合併時。應於十五日內向主管官署分別依左列各款聲請登記。

一　因合併而存續之公司。為變更之登記。

二　因合併而消滅之公司。為解散之登記。

三　因合併而另立之公司。為設立之登記。

第五十一條　因合併而消滅之公司。其權利義務應由合併後存續或另立之公司承受。

第六節　清算

第五十二條　解散之公司在清算中。於清算範圍內。視為尚未解散

第五十三條　公司解散後之財產。除經股東之決議定有清算人外。應由全體股東清算。

第五十四條　由股東全體清算時股東中有死亡者。清算事務。由其繼承人行之。繼承人有數人時。應推定一人行之。

第五十五條　不能依第五十三條規定定其清算時。法院得因利害關係人之聲請選派清算人。

第五十六條　法院因利害關係人之聲請為必要時。得將清算人解任

○但股東選任清算人之解任○亦得由股東過半數之決議行之○

第五十七條　清算人○應於就任後十五日內將其姓名住所及就任日期向法院呈報○清算人之解任○應由股東於十五日內向法院呈報○

第五十八條　清算人由法院選派時○應公告之○解任時亦同○

清算人之職務如左○

一　了結現務○

二　收取債權○清償債務○

三　分派賸餘財產○

清算人因執行前項職務有代表公司爲一切行爲之權○

第五十九條　清算人有數人時○關於清算事務之執行○以其過半數決之○但對於第三人各有代表公司之權○

第六十條　對於清算人之代表權所限制○不得對抗善意第三人○

第六十一條　清算人就任後○應即檢査公司財產情形○造具資產負債表及財產目錄○送交各股東查閱○

清算人應於六個月內完結清算○不能於六個月內完結清算時○清算人得申敍理由聲請法院展期○

第六十二條　清算人遇有股東詢問時○應將清算情形隨時答覆○

清算人就任應以公告方法○催告債權人報明債權○對於明知之債權人○並應分別通知○

第六十三條　公司財產不足清償其債務時○清算人應即聲請宣告破產○

清算人移交其事務於破產管財人時○其職務即爲終了

第六十四條　清算人非清償公司之債務後○不得將公司財產分派於各股東○

第六十五條　賸餘財產之分派○依各股東出資之多寡定之○

第六十六條　清算人應於清算完結後○十五日內造具決算報告書送交各股東請求其承認○如股東不於一個月內提出異議○即視爲承認○但清算人有不正當之行爲時○不在此限○

第六十七條　清算人應於清算完結後十五日內○向法院呈報○

第六十八條　公司之賬簿○及關於營業與清算事務之文件○應自清算完結時起○保存十年○其保存人○以股東過半數定之○

第六十九條　股東之連帶無限責任○自解散登記後滿五年而消滅○

第三章　两合公司

第七十條　兩合公司以無限責任股東與有限責任股東組織之○○有限責任股東以出資定額爲限○對於公司負其責任

第七十一條　兩合公司除本章規定外○準用第二章之規定○

第七十二條　兩合公司之章程○除記載第十三條所列各款事項外○並應記明各股東之責任爲無限或有限○

第七十三條　有限責任股東不得以信用或勞務爲出資○

第七十四條　經理人之選任或解任○以無限責任股東過半數之同意決之○

第七十五條　有限責任股東得於每營業年度終○檢査公司之業務及財產之情形○

過必要時。法院得因有限責任股東之聲請。許其隨時檢查公司之業務及財產之情形。

第七十六條　有限責任股東非得無限責任股東全體四分三以上之同意。不得以其股份之全部或一部轉讓他人。

第七十七條　有限責任股東得爲自己或他人爲與本公司同類營業之行爲。亦得爲他公司之無限責任股東。

第七十八條　有限責任股東如有可以令人信其爲無限責任股東之行爲者。對於善意第三人。負無限責任股東之責任。

第七十九條　有限責任股東不得執行公司業務及對外代表公司。

第八十條　有限責任股東不因受禁治產之宣告而退股。

有限責任股東死亡時。其股份歸其繼承人。

第八十一條　有限責任股東。遇有不得已之事故時。得經全體無限責任股東四分三以上之同意退股或聲請法院准其退股

第八十二條　有限責任股東有左列各款情事之一者。得經全體無限責任股東之同意將其除名。

一　不履行出資之義務者。

二　有不正當行爲妨害公司之利益者。

前項除名非通知該股東後不得對抗。

第八十三條　兩合公司因無限責任股東全體之退股而解散。但有限責任股東全體退股時。得以無限責任股東全體之同意。改爲無限公司。

第八十四條　兩合公司改爲無限公司時。應於十五日內向主管官署聲請爲兩合公司解散之登記。並爲無限公司設立之登記。

第八十五條　兩合公司解散後。得由無限責任股東過半數之決議之選任清算人。無前項決議時。由全體無限責任股東清算

第八十六條　前條第一項之清算人。得由無限責任股東過半數之決議將其解任

第四章　股份有限公司

第一節　設立

第八十七條　股份有限公司應有七人以上爲發起人。

第八十八條　發起人應訂立章程載明左列各款事項簽名蓋章。

一　公司之名稱。

二　所營之事業。

三　股份之總額。及每股金額。

四　本店。支店。及其所在地。

五　公司爲公告之方法。

六　董事或監察人當選之資格。

七　發起人之姓名。住所。

第八十九條　左列各款事項非經載明於章程者。不生效力。

一　解散之事由。

二　股票超過票面。金額之發行。

三　發起人所得受之特別利益。及受益者之姓名。

第九十條　發起人認足股份總數時。應即按股繳足第一次股款。並選任董事及監察人。

前項選任方法。以發起人表決權之過半數定之。

第九十一條　董事於就任後。應即呈請主管官署選派檢察員查驗第

一次股款已否繳足。及左列各款事項是否確當。

一　以金錢外之財產抵作股款者。其姓名。及其財產之種類。價格。與公司核給之股數。

二　應歸公司負担之設立費用。及發起人得受報酬之數額。

第九十二條　主管官署查核發起人所得受之特別利益。報酬或設立費用。如有冒濫得裁減之。

抵作股款之財產。如估價過高者。得減少所給股數或責令補足。

第九十三條　發起人不認足股份者。應募足股份總數。

第九十四條　發起人應備聯單式之認股書載明左列各款事項。由認股人填寫所認股數。金額。及其住所簽名蓋章。

一　訂立章程之年。月。日

二　第八十八條。第八十九條。及第九十一條所列各款事項。

三　各發起人所認之股數。

四　第一次繳納之股款。

五　股份總數募足之期限。及逾期未募足時。得由認股人撤銷所認股份之聲明。

以超過票面金額發行股票者。認股人應於認股書註明認交之金額。

第九十五條　認股人有照所填認股書繳納股款之義務。

第九十六條　股票之發行價格不得低於票面金額。

第一次應繳之股款。不得少於票面金額二分之一。

第九十七條　股份總數募足時。發起人應卽向各認股人催繳第一次股款。

以超過票面金額發行股票時。其溢額應與第一次股款同時繳納。

第九十八條　認股人延欠第一次應繳之股款時。發起人應定二個月以上之期限。催告該認股人照繳。並聲明逾期不繳。失其權利。

發起人已爲前項之催告認股人不照繳者。卽失其權利。其所認股份。另行募集。

前項情形如有損害。仍得向該認股人請求賠償。

第九十九條　第一次股款繳足後。發起人應於三個月內召集創立會

創立會之召集及決議。準用第一百二十九條至第一百三十一條。第一百三十四條第一項。第三項。及第一百三十五條之規定。

第一百條　創立會之決議應有認股人過半數代表股份總數過半數者之出席。以出席人表決權之過半數行之。

出席人不滿前項定額時。得以出席人表決權之過半數爲假決議。並將決議通知各認股人。其發有無記名式之股票者。並應將假決議公告。以一個月內再行召集創立會。其決議以出席人表決權之過半數行之。

第一零一條　發起人應將關於設立之一切事項報告於創立會。

第一零二條　創立會應選任董事及監察人。

第一零三條　董事及監察人應調查左列各款事項。報告於創立會。

一　股份總數已否認足。

二各認股人第一次股款已否繳足。

三　第八十九條第三款及第九十一條各款所列事項。是否確當。

第一零四條　董事及監察人如有由發起人中選出者。創立會得另選檢查人。為前項之調查報告。

發起人所得受之特別利益報酬或設立費用。如有冒濫。創立會得裁減之。

抵作股銀之財產。如估價過高者。創立會得減少其所給股數。或責令補足。

第一零五條　未認之股份。及已認而未繳第一次股款者。應由發起人連帶認繳。其已認而經撤銷者亦同。

第一零六條　前二條情形公司受有損害者。得向發起人請求賠償。

第一零七條　創立會得修改章程或為公司不設立之決議。

第一零八條　股份總數募足後逾六個月而第一次股款尚未繳足。或已繳納而發起人不于三個月內召集創立會者。認股人得撤銷其所認之股。

第一零九條　股份全由發起人認足者。應于第九十一條所定之檢查完結後。股份非全由發起人認足者。應于創立會完結後十五日內。由董事將左列各款事項向主管官署聲請登記。

一　第八十八條第一款至第五款所列事項。

二　各股已繳之金額。

三　董事及監察人之姓名住所。

四　定有解散事由者。其事由。

第一一十條　公司經設立登記後。認股人不得將股份撤銷。

第二節　股份

第一十一條　股份有限公司之資本應分為股份。每股金額應歸一律。不得少於二十圓。但一次全繳者。得以十圓為一股。

第一十二條　各股東之責任。以繳清其股份之金額為限。

股東不得以其對於公司之債權。抵作股款。

第一十三條　股份為數人共有者。其共有人應推定一人行使股東之權利。

股份共有人。對於公司負連帶繳納股款之義務。

第一十四條　公司非經設立登記後。不得發行股票。

違反前項規定發行股票者。其股票無效。但持票人得對於發行股票人請求損害賠償。

第一十五條　股票應編號載明左列各款事項。由董事五人以上簽名蓋章。

一　公司之名稱。

二　設立登記之年。月。日。

三　股數。及每股金額。

四　股款分期繳納者其每次分繳之金額　記名股票為同一人所有者。應記載同一姓名或名稱。

第一十六條　公司之股份。非於設立登記後。不得轉讓。發起人之股份。在公司開始營業後一年內。不得轉讓

記名股票之轉讓。非將受讓人之姓名。住所。記載於

第一十七條　公司股東名簿。並將受讓人之姓名。記載於股票。不

得以其轉讓對抗公司及第三人。

第一十八條　公司得發行無記名股票。但其股數不得超過股份總數三分之一。

第一十九條　公司不得自將股份收買。或收爲抵押品。

第一二十條　公司非依減少資本之規定。不得銷除其股份。

第一二一條　公司每屆收取股款。應於一個月前向各股東分別催告及公告。

股款屆期不繳者。公司得再定一個月以上之期限分別催告及公告。並聲明逾期不繳。失其股東之權利。

公司已爲前項之催告。及公告。股東仍不照繳者。即失其股東之權利。

第一二二條　股東繳款遲延者。應加算利息。如章程定有違約金者。公司得請求違約金。

第一二三條　股東失其權利而其股份爲受讓者。其所應繳之股款。公司得定一個月以上之期限催告各轉讓人繳納。轉讓人受前項催告最先繳納股款者。取得其股份。逾期不繳者。公司得拍賣其股份。拍賣所得之金額不敷應繳之股款時仍得依次向原股東及轉讓人請求補償。

第一二四條　前條所定轉讓人之責任。自其轉讓記載股東名簿後經過二年而消滅。

第一二五條　股款非繳足後。公司不得因股東之請求發給無記名股票。

股票爲無記名式者。其股東得隨時請求改爲記名式。

第一二六條　股東名簿應編號記載左列各事項。

一　各股東之股數及其股票號數。

二　各股東之姓名。住所。

三　各股份已繳之股款。及其繳納之年。月。日。

四　各股份取得之年。月。日。

五　發行無記名股票者。應記載其股數。號數。及發行之年。月。日。

六　發行優先股者。應於號數下注明優先字樣。

第三節　股東會

第一二七條　股東會分左列二種。

一　股東常會。每年至少召集一次。

二　股東臨時會。遇必要時召集之。

第一二八條　股東會由董事召集。

股東會之決議。除本法另有規定或公司章程另有訂定外。準用第一百條第二項及第三項之規定。

第一二九條　公司各股東每股有一表決權。一股東而有十一股以上者。應以章程限制其表決權。但每股東之表決權及其代理他股東行使之表決權合計不得超過全體股東表決權五分之一。

第一三十條　股東得委托代理人出席股東會。但應出具委託書。

第一三一條　股東對於會議之事項有特別利害關係者。不得加入表決。亦不得代理他股東行使其表決權。

第一三二條　無記名股票持有人。非於開會前五日將其股票交存公司。不得出席。

第一三三條 有股份總數二十分之一以上之股東。得以書面記明提議事項及其理由。請求董事召集股東臨時會。

前項請求提出後十五日內董事不爲召集之通知時。股東得呈經主管官署許可自行召集。

第一三四條 股東常會之召集。應於一個月前通知各股東。對於持有無記名股票者。應於四十日前公告之。

臨時股東會之召集。應於十五日前通知各股東。對於持有無記名股票者。應於二十日前公告之。

通知及公告中應載明召集事由及提議之事項。

第一三五條 股東會之議決事項應作成決議錄由主席簽名蓋章。

決議錄並應記明會議之時日及場所。主席之姓名。及決議之方法。

決議錄應與出席股東之名簿一併保存。

第一三六條 股東會得查核董事造具之表冊。監察人之報告。並決議分派盈餘及股息。

因爲前項查核股東會得選任檢查人。

第一三七條 股東會之召集或決議違反法令或章程時。股東自決議之日起。一個月內聲請法院宣告其決議爲無效。

第四節 董事

第一三八條 公司董事至少五人。由股東會就股東中選任之。

第一三九條 董事就任後應將章程所定當選資格應有股份之股票交由監察人於公司中保存之。

第一四十條 董事之報酬未經章程訂明者。應由股東會議定。

第一四一條 董事任期不得逾三年。但得連選連任。

第一四二條 董事得隨時以股東會之決議將其解任。但定有任期者。如無正當理由而於任滿前將其解任時。董事得向公司請求賠償因此所受之損害。

第一四三條 董事缺額達總數三分之一時。應即召集股東臨時會補選之。

董事缺額未及補選而有必要時。得以原選次數之被選人代行職務。

第一四四條 董事之執行業務。除章程另有訂定外。以其過半數之決議行之。關於經理人之選任及解任亦同。

第一四五條 公司得依章程或股東會之決議特定董事中之一人或數人。代表公司。

第二十八條第三十一條至第三十三條之規定。於董事準用之。

第一四六條 董事應將章程及歷屆股東會決議錄。資產負債表。損益計算書。備置於本店及支店。並將股東名簿及公司債存根簿備置於本店。

前項章程及簿冊。股東及公司之債權人得請求查閱。

第一四七條 公司虧折資本達總額三分之一時。董事應即召集股東會報告。

公司財產顯有不足抵償債務時。董事應即聲請宣告破產。

第一四八條 董事之執行業務。應依照章程及股東會之決議。

董事違反前項規定致公司受損害時。對於公司負賠償之責。

第一四九條 股東會決議對於董事提起訴訟時。公司應自決議之日起一個月內提起之。

第一五十條 有股份總數十分一以上之股東得爲公司對董事提起訴訟。

前項情形。法院因監察人之聲請得命起訴之股東提供相當之担保。

如因敗訴致公司受損害時。起訴之股東對於公司負賠償之責。

第一五十條 公司與董事間之訴訟除法律另有規定外。由監察人代表公司。股東會亦得另選代表公司爲訴訟之人。

第五節 監察人

第一五二條 監察人由股東會就股東中選任之。

第一五三條 監察人之報酬。未經章程訂明者。應由股東會議定。

第一五四條 監察人任期一年。但得連選連任。

第一五五條 第一百四十二條之規定。於監察人準用之。

第一五六條 監察人得隨時調查公司財務狀況。查核簿冊文件。並請求董事報告公司業務情形。

第一五七條 監察人對於董事所造送於股東會之各種表冊應核對簿據。調查實况。報告其意見於股東會。

第一五八條 監察人對於前二條所定事務。得代表公司委託會計師律師辦理之。其費用由公司負擔。

第一五九條 監察人認爲必要時。得召集股東會。

第一六十條 監察人各得單獨行使監察權。

第一六一條 監察人不得兼任公司董事及經理人。

第一六二條 董事爲自已。或他人與本公司有交涉時。由監察人爲公司之代表。

第一六三條 監察人因不盡職務致公司受有損害者。對於公司負賠償之責。

第一六四條 股東會決議對於監察人提起訴訟時。公司應自決議之日起一個月內提起之。

前項起訴之代表。股東會得於董事外另行選派。

第一六五條 有股份總數十分一以上之股東。得爲公司對監察人提起訴訟。

前項情形法院因董事之聲請。得命起訴之股東提供相當之擔保。

如因敗訴致公司損害時。起訴之股東對於公司負賠償之責。

第六節 會計

第一六六條 每營業年度終。董事應造具左列各項表冊。於股東常會開會前三十日交監察人查核。

一 營業報告書。

二 資產負債表。

三 財產目錄。

四 損益計算書。

五 公積金及股息。紅利分派之議案。

第一六七條　前項表册。監察人得請求董事提前交付查核。
董事所造具之各項表册。與監察人之報告書。應於股東常會開會前十日備置於公司本店。股東得隨時查閱

第一六八條　董事應將其所造具之各項表册。提出於股東會。請求承認。經股東會承認後。董事應將資產負債表。損益計算書。及公積金與股息。紅利分派之決議公告。

第一六九條　各項表册經股東會承認後。視爲公司已解除董事及監察人之責任。但董事或監察人有不正當行爲者不在此限。

第一七十條　公司分派盈餘時。應先提出十分之一爲公積金。但公積金己達資本總額二分之一者。不在此限。
超過票面金額發行股票所得之溢價。應全部作爲公積金。

第一七一條　公司非彌補損失及依前條規定提出公積金後。不得分派股息及紅利。公司無盈餘時。不得分派股息及紅利。但公積金已超過資本總額二分之一。或由盈餘提出之公積金有超過該盈餘十分一之數額者。公司爲維持股票之價格。得以其超過部份充派股息。

第一七二條　違反前條規定分派股息及紅利時。公司之債權人得求退還。

第一七三條　公司依其業務之性質。自設立登記後如需二年以上之準備。始能開始營業者。經主管官署之許可。得以章程訂明於開始營業前分派股息於股東。
前項股息之定率。不得超過週年五釐。

第一七四條　股息及紅利之分派。除章程另有訂定外。以已繳股款之多寡爲準。

第一七五條　有股份總數二十分一以上之股東。得聲請法院選派檢查員檢查公司業務及財產情形。
法院於檢查員報告後。認爲必要時。得命監察人召集股東會。

第七節　公司債

第一七六條　公司非依第一百八十六條之規定爲決議後。不得募集公司債。

第一七七條　公司債之總額不得逾已繳股款之總額。如公司現存財產少於已繳股款之總額時。不得逾現存財產之額。

第一七八條　公司債券每張金額不得少於二十圓。

第一七九條　公司債如預定償還金額超過券面金額時。於同次發行之各種債券應有同一之超過率。

第一八十條　募集公司債時。董事應公告左列各款事項。
一　公司之名稱。
二　公司債之總額及債券每張之金額。
三　公司債之利率。
四　公司債償還方法及期限。
五　前已募集公司債者。其未償還之數額。
六　公司債發行之價額。或其最低價額。
七　公司股本總額。及已繳股款之總額。
八　公司現存財產之總額。

九　公司債募足之預定期限。並逾期得由應募人撤銷其應募之聲明。

第一八一條　董事得備聯單式之應募書載明前項各款事項。由應募人塡寫所認數額及其住所。簽名。蓋章。

公司債募足時。董事應向各應募人請求繳足其所認數額。

董事自收足公司債款後。應於十五日內將前條第一項第二款至第四款之事項。及公司債發行之年。月。日。向主管官署聲請登記。

第一八二條　公司債之債券應編號載明發行之年。月。日。並第一百八十條第一項第一款至第四款之事項。由董事簽名。蓋章。

第一八三條　公司債存根簿應將所有債券依次編號。並載明左列各款事項。

一　公司債債權人之姓名及住所。

二　第一百八十條第一項第二款至第四款之事項。

三　公司債發行之年。月。日。

四　各債券取得之年。月。日。

第一八四條　以記名式之公司債轉讓時。非將受讓人姓名。住所記載公司債存根簿。並將其姓名記載於債券不得以其轉讓對抗公司及第三人。

第一八五條　債券爲無記名式者。債權人得隨時請求改爲記名式。

第八節　變更章程

第一八六條　公司非經股東會決議。不得變更章程或增減資本。

前項之決議。由股東過半數代表股份總數過半數者之出席以出席股東表決權三分二以上之同意行之。

出席之股東不滿前項定額時。得以出席股東表決權之過半數爲假決議。並將假決議通知各股東。其發有無記名式之股票者。並將決議公告。於一個月內再行召集第二次股東會。其決議以出席股東表決權之過半數行之。

第一八七條　公司非收足股款後。不得增加資本。

第一八八條　公司增加資本或整理債務時。得發行優先股。但應於公司章程中訂明優先股應有權利之種類。

第一八九條　公司已發行優先股者。其章程之變更如有損害優先股東之權利時。除股東會之決議外。更應經優先股東會之決議。

優先股東會準用關於股東會之規定。

第一九十條　公司添募新股時。應先儘舊股東分認。如有餘額。始得另募。

第一九一條　公司增加資本時。有以金錢外之財產抵作股款者。其人。其財產之種類。價格。及公司核給之股數。應於決議增加資本時同時議決之。

第一九二條　公司添募新股時。董事應備聯單式之認股書載明左列各款事項。由認股人塡寫所認股數金額及其住所。簽名。蓋章

一　第八十八條第一款至第六款。第八十九條及第九

十一條第一款之事項。
二 增加資本決議之年月日。
三 增加資本之總額及每股金額。
四 第一次繳納之股款。
五 發行優先股時。其種類及各種優先股之總額。
同時發行數種優先股者。認股人應於認股書填明其所認股份之種類及其數額。

第一九三條 公司增加資本。於第一次股款收足後。董事應即召集股東會。報告關於募集新股之事項。

第一九四條 監察人應調查左列各款事項。報告於股東會。
一 所募新股已否認足。
二 各新股第一次應繳之股款已否繳足。
三 有以金錢外之財產抵作股款者。所核給股份之數是否確當。
為前項之調查及報告。股東會得另選檢查人。

第一九五條 第一百九十三條之股東會完結後。董事應於十五日內將左列各款事項向主管官署聲請登記。
一 增加資本之總額。
二 增加資本決議之年月日。
三 各新股已繳之股款。
四 發行優先股者。其優先股應有權利之種類。各種優先股之總額及每種每股之金額。
未經登記前。不得發行新股票或為新股份之轉讓。

第一九六條 公司添募新股所發行之新股票。應編號載明股數及左列各款事項。由董事五人以上簽名。蓋章。
一 公司之名稱。
二 增加資本登記之年月日。
三 增加股份總數。及每股金額。
四 發行優先股者。優先股之總額及其優先權利。
五 增加股份之股款分期繳納者。其每次分繳之金額

第一九七條 第九十五條至第九十八條。及第一百一十一條至第一百一十三條之規定。於添募新股準用之。

第一九八條 因減少資本換給新股票時。公司應於減資登記後定六個月以上之期限通告各股東換取。並聲明逾期不換取者。失其股東之權利。
股東於前兩項期限內不換取者。即失其股東之權利。
公司得將其股份拍賣。以賣得金額給還該股東。

第一九九條 因減少資本而合併股份時。其不適於合併股份之準用前條第二項之規定。

第二百條 第四十八條及第四十九條之規定於減少資本準用之。

第九節 解散

第二零一條 股份有限公司因左列各款事由而解散。
一 章程所定解散之事由發生。
二 公司所營事業已成就或不能成就。
三 股東會之決議。
四 有記名股票之股東不滿七人。
五 與他公司合併。

六　破產。

七　解散之命令。

第二零二條　公司解散時。除破產外。董事應即通知各股東。其發行無記名股票者。並應公告之。

第二零三條　股東會爲公司解散。及與他公司合併之決議。準用第一百八十六條第二項之規定。

第二零四條　因合併而解散之公司。準用第四十八條至第五十一條之規定。

第十節　清算

第二零五條　公司之解散。除合併及破產外。以董事爲清算人。但章程另有訂定。或股東會另選清算人時。不在此限。

不能依前項之規定定清算人時。法院得因利害關係人之聲請選派清算人。

第二零六條　清算人除由法院選派者外。得由股東會決議解任。法院因監察人。或有股份總數十分一以上股東之聲請。得將清算人解任。

第二零七條　清算人於執行清算事務之範圍內。除本節有規定外。其權利義務與董事同。

第二零八條　清算人之報酬。非由法院選派者。由股東會議定。其由法院選派者。由法院決定。

清算費用及清算人之報酬。由公司現存財產中儘先給付。

第二零九條　清算人就任後應即檢查公司財產情形。造具資產負債表及財產目錄。提交股東會請求承認。

第二零十條　清償債務後賸餘之財產。應按各股東所繳股款之數額比例分派。但公司發行優先股而章程中另有訂定者。不在此限。

第二一一條　清算完結時。清算人應於十五日內造具清算期內收支計算書。損益計算表。連同各項簿册。提交股東會請求承認。

股東會得另選檢查人。檢查前項簿册是否確當。

簿册經股東承認後。視爲公司已解除清算人責任。但清算人有不正當之行爲者。不在此限。

第二一二條　公司之各項簿册及文件。應自清算完結登記後保存十年。其保存人由清算人及其他利害關係人聲請法院指定之。

第二一三條　清算完結後。如有可以分派之財產。法院因利害關係人之聲請得選派清算人重行分派。

第二一四條　第五十二條。第五十七第五十八條第六十條至第六十四條及第六十七條之規定。於股份有限公司之清算準用之。

第五章　股份兩合公司

第二一五條　股份兩合公司之股東。至少應有一人負無限責任。

第二一六條　股份兩合公司於左列各款事項。準用兩合公司之規定

一　無限責任股東對內之關係。

二　無限責任股東對外之關係。

三　無限責任股東之退股。

其餘事項。除本章有規定外。準用關於股份有限公司之規定。

第二一七條　設立股份兩合公司應由無限責任股東爲發起人。訂立章程。載明左列各款事項簽名。蓋章。

一　第八十條第一款至第五款之事項。

二　無限責任股東之姓名。住所。

三　無限責任股東股款以外之出資。其種類以及價格或估價之標準。

第二一八條　無限責任股東應負募集股份之責。

第二一九條　認股書應記載左列各款事項。

一　第八十九條第九十四條第一項第一、第二、第三、第四、第五、各款。及第二百一十七條所載之事項。

二　無限責任股東認有股份者。其股數。

第二二十條　創立會應於股東中選任監察人。無限責任股東不得爲監察人。

第二二一條　無限責任股東得於創立會及股東會陳述意見。但雖有有股份亦無表決權。

第二二二條　監察人應調查第一百零三條第一項及第二百一十七條第三款所載事項報告於創立會。

第二二三條　公司創立會完結後。應於十五日內。將左列各款事項向主管官署聲請登記。

一　第八十八條第一、第二、第三、第五各款。第一百零九條第二。第四各款。第二百一十七條第二。第三各款所載事項。

二　定有代表公司之無限責任股東者。其姓名。住所

三　監察人之姓名。住所。

第二二四條　代表公司之無限責任股東。除第一百三十八條至第一百四十二條不適用外。準用關於股份有限公司董事之規定。

第二二五條　兩合公司應須全體股東同意之事項。在股份兩合公司除股東會決議外。更應有無限責任股東之同意前項之決議。準用第一百八十六條第二項第三款之規定。

第二二六條　兩合公司解散事由之規定。於股份兩合公司準用之。

第二二七條　無限責任股東如全行退股。有限責任股東應依第一百八十六條第二項之規定決議改爲股份有限公司。

第二二八條　公司之解散。除因合併破產及以命令解散外。應以無限責任股東之全體或其所選任之清算人。與股東會所選任之清算人共同清算。但章程另有訂定者。不在此限無限責任股東選任清算人時。以過半數決之。股東會所選任之清算人。應與無限責任股東或其所選任之清算人。人數相等。

第二二九條　清算人除依第二百零九條及第二百一十一條之將規定各項簿冊提交股東會請求承認外。並應請求無限責任股東全體之承認。

第二三〇條　股份兩合公司改爲股份有限公司時。準用第四十八條第二項及第四十九條至第五十一條之規定。

第六章　罰則

第二三一條　公司執行業務之股東發起人。董事。監察人。及清算人有左列各款情事之一者。得科五百圓以下之罰金。

一　違反本法關於呈報期限或聲請登記期限之規定者。
二　違反本法關於公告期限或通知期限之規定者。
三　本法所定應許查閱之簿册文件。無正當理由而拒絕查閱者。
四　對於依本法而爲之調查。有妨礙之行爲者。
五　違反第九十四條第一項。第一百九十二條第一項。及第二百一十九條之規定不備認股書或認股書記載不實者。
六　違反第一百一十四條第一項。及第一百九十五條第二項之規定。發行股票者。
七　違反第一百一十五條。第一百八十一條。及第一百九十六條之規定。於股票債券之記載不實者。
八　公司章程。股東會決議錄。股東名簿。公司債存根簿。營業報告書。資產負債表。財產目錄。損益計算書。及有關於分派股息紅利與提出公積金之議案不備置於本店。或有不實之記載者。

第二三二條　公司執行業務之股東。發起人。董事。監察人。及清算人有左列各款情事之一者。得科一千元以下之罰金

一　違反第一百四十七條第一項。第一百七十五條第二項之規定。不召集股東會者。
二　對於官署或股東會陳述報告不實者。
三　違反第四十八條。及第四十九條之規定。而與他公司合併者。
四　對於依本法而爲之檢查。有妨礙之行爲者。
五　違反第一百二十條之規定。而銷除股份者。
六　違反第一百二十五條第一項之規定。而發給無記名股票者。
七　違反第六十三條第一項。及第一百四十七條第二項之規定。不即聲請宣告破產者。
八　不依第一百七十條第一項之規定。提出公積金者
九　違反第六十四條之規定。分派公司財產者。
十　公司受解散之命令而解散時。不將事務移交於清算人者。

第二三三條　公司執行業務之股東。發起人。董事。監察人。及檢查人有左列各款情事之一者。科一年以下之徒刑。或二千圓以下之罰金。

一　聲請爲設立登記或增資登記時關於股份總數之認足。股款已繳之總數。有不實之陳述者。
二　不論用何名義爲公司收買本公司股份或收作抵押品者。
三　違反本法之規定。分派股息或紅利者。
四　在公司章程所定之事業範圍外。動用公司財產爲投機事業者。

中華民國公司法施行法

二十年二月二十一日公布

第一條　凡公司章程有與公司法抵觸者除本施行法另有規定外應於公司法施行後六個月內依法改正呈由主管官署報部備案。

第二條　凡公司於公司法施行前已為他公司之有限責任股東超過公司法第十一條規定之限制者應於公司法施行後三年內將超過部份轉讓逾期不轉讓者得因利害關係人之聲請或主管官署之揭發由法院拍賣該部份以賣得金額給還該股東

第三條　無限責任股東於公司法施行前已加入非同類營業之他公司為無限責任股東者應於公司法施行後一年內退出之

第四條　凡公司於公司法施行前已開始清算者公司法第六十一條第二項所規定之期限自公司法施行日起算

第五條　股份組織之公司於公司法施行前已開始募股而未定有募股期限者應於公司法施行後一個月內補定期限公告及通知認股人

第六條　公司法施行前已交股款未及股份票面金額二分之一者其不足部份應於公司法施行後一年內依法繳足

第七條　公司法施行前股份公司之發起人已收足第一次股款經過三個月尚未召集創立會者應於公司法施行後一個月內召集之其未經過三個月者應於公司法施行後三個內召集之

第八條　公司法施行前股份組織之公司發起人已募足股份總數逾六個月而第一次股款尚未收足者應於公司法施行後三個月內按股收足未及六個月者應於公司法施行後六個月內按股收足

第九條　違反前二條規定者準用公司法第一百零八條之規定

第十條　公司股份每股金額不滿十元者應於公司法施行後六個月內將股份合併並呈由主管官署報部備案其不能合併之股份準用公司法第一百九十八條第二項之規定

第十一條　股份有限公司之股票債票未經董事五人以上之簽名蓋章者應於公司法施行後一年內由現任董事五人以上補行簽名蓋章

第十二條　公司於公司法施行前發行無記名股票超過股份總數三分之一時應於公司法施行後一年內將超過之股數改為記名式

第十三條　公司法施行前公司發行之股票不合公司法第一百一十五條第二項規定者應於公司法施行後一年內依法改正之

第十四條　公司章程定有股東會出席股數時其最高限度不得超過股份總數五分之三最低限度不得少於三分之一

第十五條　公司依公司章程召集股東會不足法定人數時應適用公司法第一百條第三項之規定再行召集股東會

第十六條　公司應將每屆股東會之決議錄出席簽名簿代表出席委

託書妥爲保存

第十七條　公司法施行前依公司章程之規定一股東而有十一以上之表决權者於公司未依本施行法第一條之規定改正章程前其表决權之行使仍依其規定

第十八條　公司董事名額原定不足五人時應於公司法施行後六個月內補選足額並呈由主管官署報部備案

第十九條　公司法施行前董事有爲他公司之無限責任股東者應於公司法施行後一年內退出之

第二十條　公司法施行前以監察人執行董事職務者自公司法施行之日起停止其董事職務並依公司法第一百四十三條第二項之規定補足董事名額

第二十一條　凡以股數爲標準規定董事監察人被選資格時在董事其股銀不得超過資本總額千分之三在監察人不得超過千分之一

第二十二條　公司每年屆營業度告終應將營業報告書資產負債表財產目錄損益計算書於股東會承認後十五日內呈報主管官署查核

第二十三條　凡設立股份有限公司應先備具營業計劃書發起人姓名經歷及認股數目連同招股章程由全體發起人具名呈由主管官署備案後方得開始招股但發起人認足股份總額時得不備具招股章程

前項招股章程應載明募股期限

第二十四條　公司開創立會時應呈請主管官署派員蒞會監督並由監督人員簽名於決議錄

第二十五條　股份公司呈准招股後因故停止招募時其籌備用費由發起人連帶負責

第二十六條　股份有限公司發起人所認股份總數不得少於股本總額二十分之一其股本總額在百萬元以下者不得少於十分之一

各發起人所認股數應於招股章程中載明

第二十七條　凡同種類之公司不問是否同在一省市區域內不得使用相同之名稱

第二十八條　公司設立支店應於設立後一個月內將左列各款事項向所在地主管官署聲請登記

一　支店名稱

二　支店所在地

三　支店經理人姓名籍貫年齡住所

四　本店登記執照所載事項及執照號數

第二十九條　公司法施行前未經登記之支店應於本法施行後六個月內補請登記

第三十條　公司支店之遷移撤銷及已登記之事項有變更時應於一個月內向所在地主管官署聲請登記

第三十一條　公司登記後其登記執照由實業部發給之

第三十二條　公司登記規則由實業部定之

第三十三條　本法自公司法施行之日施行

第二章　荒地承墾法

凡承墾荒地。如民荒而自產。祇須雇工開墾種植之。如他人者。須租定年期。或購買而雇工開墾種植之。若係國有荒地。須參照國有荒地承墾條例而進行之。茲將國有荒地承墾條例。刊載於后。以供參考。

國有荒地承墾條例

第一章 總綱

第一條 本條例所稱國有荒地指江海山林新漲及舊廢無主未經開墾者而言

第二條 凡國有荒地除政府認為有特別使用之目的外均准人民按照本條例承墾

第三條 凡承領國有荒地開墾者無論其為個人為法人均認為承墾權者

第四條 前條之個人或法人之團體員非有中華民國國籍者不得享有承墾權

第二章 承墾

第五條 凡欲領地墾荒者須具書呈請該管官署核准報部立案

第六條 呈請書須記載左例各項

一 承墾人之姓名年齡籍貫及住所若係法人則發起人及經理人姓名年齡籍貫及住所其設有事務所者並記其設置地點

二 承墾地形及規畫隄渠疆里之圖

三 承墾地積計若干畝

四 境界 東西南北各至何處並與某官地或民地交界者指定該荒地之一部分者並記其方隅

五 種類 江河湖海塗灘地草地或樹林地

六 地勢 平原高原山地乾地或濕地

七 土壤 土質土色並砂礫之多寡

八 水利距離江海河潮遠近一切隄岸溝渠規畫建設之概要

九 經營農業之主要事項種穀或畜牧或種樹

十 開墾經費若干

十一 預擬建關隄渠疆理工程及竣墾年限

第三章 保證金及竣墾年限

第七條 承墾人提出呈請書經該管官署核准後須按照承墾地畝每畝納銀一角作為保證金

前項保證金得以公債票或國庫券繳納

第八條 承墾人繳納保證金後即由該管官署發給承墾證書

第九條 承墾證書須記載左列各事項

(一)第六條第一款至第十一款之事項(二)承墾核准之年月日(三)保證金額

第十條 承墾地除關隄渠畫分疆里工程外因畝數多寡預定竣墾年限如左

一 草原地

一千畝未滿者一年 一千畝以上二千畝未滿者二年 二千畝以上三千畝未滿者三年 三千畝以上四千畝未滿者四年 四千畝

以上五千畝未滿者五年　五千畝以上一萬畝未滿者六年　一萬畝以上者八年

二　樹林地

一千畝未滿者二年　一千畝以上二千畝未滿者三年　二千畝以上三千畝未滿者四年　三千畝以上四千畝未滿者五年　四千畝以上五千畝未滿者六年　五千畝以上一萬畝未滿者七年　一萬三畝以上者九年

斥鹵地

一千畝未滿者四年　一千畝以上二千畝未滿者五年　二千畝以上三千畝未滿者六年　三千畝以上四千畝未滿者七年　四千畝以上五千畝未滿者八年　五千以上一萬畝未滿者九年　一萬畝以上者十一年

第十一條　承墾人受領承墾證書後一月內須設立界標或開界溝

第十二條　承墾人受領承墾證書後每年度之初一月內須報告其成績於該管官署如滿一年尚未從事隄渠疆里工程或開墾者即撤銷其承墾權但因天災地變及其他不可抗力曾經申明而得該管官署之許可者不在此例

第十三條　已滿竣墾年限尚未全墾者除已墾外即撤銷其承墾權但因天災地變及其他不可抗力而致此者得酌量展期

第十四條　本於第十二條之規定而撤銷其承墾權者應追繳其承墾證書保證金概不返還本於第十三條之規定而撤銷其一部承墾權者當更換其承墾證書其被撤銷部分之證金亦不返還

第十五條　承墾人對於前三條之處分有不服者准其提起行政訴訟

第十六條　承墾權得繼承或移轉之但須呈請該管官署核准

第四章　評價及所有權

第十七條　承墾地給承墾證書後即由該管官署勘定地價分別登記

第十八條　承墾地之地價分爲五等其別如左

產草豐盛者爲第一等　每畝一元五角
產草稀短者爲第二等　每畝一元
樹林未盡伐除者爲第三等　每畝七角
高低乾濕不成片段者爲第四等　每畝五角
鹵斥砂磧未產草之地爲第五等　每畝三角

第十九條　地價按每年竣墾畝數繳納

第二十條　繳納地價時以所繳納之保證金抵算

第二十一條　於竣墾年限內提前竣墾者得優減其地價其別如左

提前一年者　減百分之五
提前二年者　減百分之十
提前三年者　減百分之十五
提前四年者　減百分之二十
提前五年者　減百分之二十五
提前六年者　減百分之三十

第二十二條　承墾者依第十九條規定繳納地價後該管官署應按其繳價之畝數給以所有權證書

第二十三條　承墾地於竣墾一年後須按竣墾畝數一律照各該地之稅則升科

第五章 罰金

第二十四條 本條例施行後凡未經該管官署之核准私墾荒地者除將所墾地收回外每地一畝處以三百元之罰金

第二十五條 違反第十一條及第十二條報告成績之規定者處以五十元以上二百元以下之罰金

第二十六條 違反第十六條之規定者除將承墾地撤銷外並處以一百元以上二百元以下之罰金

第二十七條 呈報應升科之畝數不實者每隱報一畝處以三元之罰金

第六章 附則

第二十八條 本條例除邊荒承墾條例所定區域外均適用之

第二十九條 本條例於公布三月後施行

第三十條 本條例施行前私墾荒地未經繳價者須於本條例施行後六個月內補繳地價

前項地價每畝均納一元五角

第三章 森林法

第一章 總則

第一條 森林依其所有權之歸屬分為國有林公有林及私有林

第二條 以所有竹木為目的而於其林地有地上權賃借權或其他使用權或收益權者於本法適用上視為森林所有人

第三條 森林用地於土地法未施行前應由主管部令該管地方官署調查荒山荒地之宜於造林者編定公布之前項編定與土地法上地政機關之編定有同一之效力

第二章 國有林及公有林

第四條 國有林由主管部設立林區經營管理之公有林由各該地方主管官署或自治團體經營管理之

第五條 公有林有左列情形之一者得收歸國有但應給與補償金

一 國土保安上或國有林之經營上有收歸國有之必要者

二 關係江河水源或其他利益不限於所在地之省區者

第六條 私有林於國有林或公有林之經營上有必要時得依法徵收之或以相當之國有林或公有林與之交換

第七條 主管部或地方主管官署經營管理之林區每區應附設苗圃以廉價或無償供給私有或自治團體所有林地造林用之林苗

第八條 國有或公有林地有左列情形之一者得為出租或讓與

一 學校病院或公園之用地所必要者

二 鐵道國道河川或其他交通用地所必要者

三 公用事業用地所必要者

違反前項指定之用途或於指定期間不為前項之使用者其出租或讓與之林地應收回之

第三章 保安林

第九條 國有林公有林私有林有左列情形一者應編為保安林

一 為預防水害風害潮害所必要者

二　爲涵養水源所必要者

三　爲防止砂土崩壞及飛砂墜石泮冰頹雪等害所必要者

四　爲公衆衛生所必要者

五　爲航行目標所必要者

六　爲利便漁業所必要者

七　爲保存名勝古蹟風景所必要者

第十條　已編爲保安林之森林無繼續存置之必要時得經主管部之核准解除其一部或全部

第十一條　保安林之編入或解除得由森林所在地之自治團體或其他有直接利害關係者呈由地方主管官署向主管部聲請之

第十二條　地方主管官署受理前條聲請或擬呈請爲保安林之編入或解除時應通知森林所有人土地所有權人及土地他項權利人並公告之

自前項公告之日起至第十五條第二項公告之日止關於編入保安林之森林非經地方主管官署之許可不得開墾林地或砍伐竹木

第十三條　就保安林之編入或解除有直接利害關係者對其編入或解除有議異時得自前條第一項公告日起二十日內提出意見書於地方主管官署

第十四條　保安林之編入或解除地方主管官署得提交保安林委員會審議之

保安林委員會之組織由主管部定之

第十五條　地方主管官署應將關於保安林編入或解除之各種關係文件附具意見書呈轉主管部核定之

依前項規定經主管部核定後地方主管官署應公告之並通知森林所有人

第十六條　非經地方主管官署之許可不得於保安林砍伐或傷害竹木開墾牧畜或爲土石草皮樹根草根之採取或採掘

除前項外地方主管官署對於保安林之所有人得限制或禁止其使用收益或指定其經營及保護之方法

違反前二項規定者地方主管官署得命其造林或爲其他之必要回復原狀行爲

第十七條　禁止砍伐竹木之保安林其所有權人或竹木所有人以所受之直接損害爲限得請求補償金

保安林之所有人依前條第二項指定而造林者其造林費用視爲前項損害

前二項損害由中央或地方政府補償之但得命因保安林之編入特別受益之自治團體或私人負擔其全部或一部

第十八條　山陵或其他土地合於第九條第一款至第三款所定情形之一者主管部得劃爲保安林地準用本章之規定

第四章　林業合作社

第十九條　經營林業者有左列各款情事之一時得限定區域組織林業合作社

一　原有森林有協同保護之必要時

二　荒廢林地有協同造林之必要時

三 森林施業工事及經濟上有協同合作之必要時

四 因其他關係森林事項而有合作之必要時

第二十條 林業合作社之設立應訂定章程受地方主管官署之許可

第二十一條 林業合作社之設立應具備左列要件

一 有充合作社社員資格者三分二以上之同意

二 前款同意人所有森林占該區域內森林總面積三分二以上之面積

第二十二條 林業合作社成立後有充合作社社員之資格者均爲其社員但命令或章程定爲無加入之義務者不在此限

第二十三條 林業合作社社員非得合作社之承諾不得就該區域內之森林或林產物爲妨礙合作社事業之行爲

第二十四條 林業合作社由主管部及地方主管官署監督之

監督官署得隨時徵集關於合作事業之報告檢查其事業與財產之狀況及發布監督上必要之命令或爲必要之處分

第二十五第 林業合作社有依本法規定無償承領附近國有荒山荒地之優先權

第二十六條 監督官署認合作社總會之決議或職員之行爲違反法令或章程或妨害公益時得爲左列各款之處分

一 決議之撤銷

二 職員之解職

三 合作社之解散

第五章 土地之使用及徵收

第二十七條 森林所有人因自森林運搬產物或因關於運搬之設備有必要時經地方主管官署之許可得使用他人之土地

地方主管官署爲前項許可時應通知土地所有權人及土地他項權利人

經前項通知後使用土地人爲取得關於該土地之權利應與土地所有權人及土地他項權利人協商之協商不諧或無從協商時得請求地方主管官署決定之

第二十八條 土地之使用繼續至三年以上或變更土地之形質者土地所有權人得請求徵收其土地

第二十九條 因土地一部之徵收致餘地不能供原來之用途時土地所有權人得請求徵收其全部

第三十條 使用或徵收土地時應給付補償金於土地所有權人及土地他項權利人

第三十一條 因土地一部之使用或徵收致減損餘地之價格或關於餘地有其他損失時應給付補償金

第三十二條 因土地之使用或徵收致有新築改築增築或修繕通路溝渠牆柵或其他工作物之必要時應給付補償金

第三十三條 經第二十七條第二項通知後土地所有權人或土地他項權利人欲變更土地之形質或爲工作物之新築改築增築或大修繕者應經地方主管官署之許可未經許可者不得請求補償金

第三十四條 經第二十七條第二項通知後因事業變更或廢止不欲使用土地者對於土地所有權人及土地他項權利人所受損失仍應給付補償金

第三十五條　徵收土地時其所有權於徵收時歸需用土地人取得之其他權利概歸消滅

使用土地時其使用權於使用期內由土地之使用人取得之其他權利於不妨害其使用之範圍內仍得行使之

第三十六條　土地使用完竣時應將土地回復原狀交還之如不能回復原狀致有損失時應另給付補償金

第三十七條　關於土地徵收除本章別有規定外準用土地法第五編之規定

第三十八條　森林所有人因自森林運搬物產或因關於運搬之設備有必要時經地方主管官署之許可使用變更或除去他人設置於水流之工作物對於因前項工作物之使用變更或除去所生損害應給付補償金

第三十九條　因利用水流運搬竹木時得進入沿岸之土地如致有損害應賠償之

第四十條　關於森林或森林事業因實地調查有必要時經地方主管官署之許可於通知所有人或占有人後得進入他人土地設置目標或除去障礙物如致有損害應賠償之

第六章　監督

第四十一條　經營林業者應將其森林所在地名稱林地面積竹木種類林場地圖及施業計劃呈由地方主管官署彙報主管部

主管部或地方主管官署認爲必要時對於前項施業計劃得指導之

第四十二條　公有林或私有林有荒廢之虞者主管部或地方主管官署得指定施業之方法

違反前項指定方法而砍伐竹木者得命其停止砍伐並補行造林

前項經停止砍伐之森林於保育上有必要或有不得已之事由時仍得經原處分官署之許可砍伐之

第四十三條　受前條第二項造林之命令而怠於造林者該管官署得代執行或使自治團體代爲之

前項造林所需費用由該義務人負担

第四十四條　主管部或地方主管官署得依森林所在地之狀況指定一定處所及期間限制或禁止土石草皮樹根草根之採取或採掘

第四十五條　私有土地編入森林用地者地方主管官署得指定期限命其造林

逾前項期限而不造林者地方主管官署得代執行或由需用林地人以定期造林之條件呈請徵收之

第七章　保護

第四十六條　地方主管官署認爲必要時得爲左列各款命令或處分

一　命選定用於林產物之記號或印章呈報該管警察官署並於林產物搬出前使用之

二　禁止經他人呈報有案之同一或類似記號或印章之使用

三　對於違反前二款規定者停止林產物之運搬

四　命於產物營業人設置賬簿記載其林產物之出處種類數量及銷路

五　其他關於森林危害防止之事項

第四十七條　森林公務員或有偵查犯罪職權之公務員因執行職務認為必要時得檢查林產物營業人之執照賬簿及器具

第四十八條　森林保護區內不得有引火之行為但經該管公務員之許可者不在此限

前項保護區由地方主管官署劃定之

第四十九條　經前條第一項許可為引火之行為時應預為防火之設備並通知鄰近各森林之所有人或管理人

第五十條　森林發生害虫或有發生之虞時森林所有人應驅逐或預防之

前項情形森林所有人於必要時經警察官署之許可得進入他人土地為森林之驅逐或預防如致有損害應賠償之

第五十一條　森林害虫蔓延或有蔓延之虞時地方主管官署得命有利害關係之森林之所有人或自行為驅逐或預防上所必要之處置

前項驅逐預防費用以有利害關係之土地面積或地價為準由森林所有人負擔之但費用負担人間別有協定者不在此限

第五十二條　鐵道通過森林保護區者應有防火防烟之設備設於保護區附近之工廠亦同

電線穿過森林保護區者應有防止走電之設備

第八章　獎勵

第五十三條　森林用地得依土地法第三百二十七條之規定減稅其尚未造林者自開始造林之日起得於三十年以內免其造林地區之稅

前項減稅額數及免稅年限於土地法未施行前由主管部呈請核定

第五十四條　凡經營林業合於左列各款之一者得分別獎勵之

一　造林或經營林業著有成績者

二　經營特種林業其林產物與國際貿易有重大關係者

三　養成大宗林木足供造船築路及其他重要用材者

四　經營苗圃培養大宗苗木供給地方造林之用者

五　發明或改良林產工藝物品者

前項獎勵辦法由主管部定之

第五十五條　國有荒山荒地編為森林用地者除保留供國有林之經營者外中華民國人民應承領造林者得無償給與之

五十六條　依前條承領造林者其面積不得過二十五方里

承領人造林已竣時經地方主管官署查明確有成績者得呈請增廣其面積

第五十七條　第五十五條之承領人每十方里應繳二十元以上百元以下之保證金不滿十方里者以十方里計算其額數由主管部按所領荒山荒地情形定之

前項保證金自承領之日起滿五年後經地方主管官署查明其造林確有成績者得就造林已竣部分發還之

第五十八條　承領人自請准承領之日起經過一年尚未着手造林者撤銷其承領並沒收保證金但因不可抗之事由呈經地方主管官署轉呈主管部核准展期者不在此限

第五十九條　無償給與之國有荒山荒地於造林未竣前不得轉賣讓與或抵押

違反前項規定者撤銷其承領並沒收保證金

第九章　罰則

第六十條　於森林竊取其主副產物者爲森林竊盜處一年以下有期徒刑拘役或贓額二部以下罰金

第六十一條　森林竊盜有左列各款情形之一者處六月以上三年以下有期徒刑併科贓額二部以下罰金

一　於保安林犯之者

二　依官署之委托或其他契約有保護森林義務之人犯之者

三　於行使林產物採取權時犯之者

四　結夥二人以上或僱使他人犯之者

五　以贓物爲原料製成木炭松根油或其他物品者

六　爲運搬贓物使用牲口船舶車輛或有運搬造材之設備者

七　掘採燬壞燒燬或隱蔽根株以圖罪跡之湮滅者

八　以贓物爲燃料使用於鑛物之採取精製石灰磚瓦或其他物品之製造者

前項第五款所製物品視爲森林竊盜之贓物

第六十二條　知爲森林竊盜之贓物而收受搬運寄藏收買或爲牙保者處三年以下有期徒刑並科贓額二倍以下罰金

第六十三條　放火燒燬他人之森林者處三年以上十年以下有期徒刑

放火燒燬自己之森林者處一年以下有期徒刑拘役或三百元以下罰金因而燒燬他人之森林者處六月以上五年以下有期徒刑

失火燒燬自巳之森林因而燒燬他人之森林者處六月以下有期徒刑拘役或三百元以下罰金

失火燒燬他人之森林者處一年以下有期徒刑拘役或三百元以下罰金

第六十四條　第六十條第六十一條及前條第一項之未遂罪罰之

第六十五條　移轉毀壞或汚損他人爲森林而設之標識者處三十元以下罰金

第六十六條　於他人之森林內之擅自開墾或設置工作物者處五十元以下罰金

前項之罪如係於保安林或禁止開墾之森林犯之者處六月以下有期徒刑併科二百元以下罰金

第六十七條　於他人之森林內牧放牲畜者處二十元以下罰金

第六十八條　違反第十二條第二項之規定者處五十元以下罰金

第六十九條　違反第十六條第一項之規定者處百元以下罰金

違反第十六條第二項之規定者處二十元以下罰金

第七十條　違反第四十四條第二款或第三款之命令或處分者處十元以下罰金拒絕第四十七條之檢查者亦同

第七十一條　違反第四十六條第二款或第三款之命令或處分者處十元以下罪金拒絕第四十七條之檢查者亦同

第七十二條　違反第四十八條第一項或第四十九條之規定者處五十元以下罰金因而燒燬他人之森林者依第六十三條第三項之規定處斷

第七十三條　違反第四十六條第一款第四款或第五款或第五十條第

一項之規定者處拘留或二十元以下罰金

第七十四條　第十八條之土地於本章之適用上視爲森林

第十章　附則

第七十五條　本法施行規則由主管部定之

第七十六條　依舊法第六條編爲保安林而在本法施行之日仍係保安林者認爲保安林

第七十七條　本法施行日期以命令定之

第四章　呈請保護法

蓋園林事業。亦爲關係於國計民生之重要者。故主管之政府機關。應負保護之責。創辦者。祇須向紙店買一呈文稿紙。依照下列格式。塡呈淸楚。

一　創辦人姓名。

二　園林場名稱。

三　創辦之年月日。

四　場址所在地。

五　農場之面積。

上列分類塡列後。卽送交縣政府收發處。並須貼印花一角。大約經一星期左右。卽有批示出。至揭示處看批。如已允准。卽向收發處領佈告。回場張貼。如不敷分貼。卽可製木牌。大書奉縣政府示。如致偸竊摧殘。送縣究辦等語。易使鄉民生畏懼心也。

玆將呈文稿樣錄后。以供參考。

具呈文〇〇〇年〇〇歲〇〇園林場主任〇〇地方

呈爲創辦園林場。以增生產。恐遭竊損。懇請給示保護事竊〇〇鑒於增加園林生產。爲立國之根本。關係國計民生者實非淺鮮。吾鄉風氣閉塞。對此一端素乏研究。以致守舊者守舊。荒蕪者荒蕪。深爲可惜。爰特集資創立〇〇園林場。一所。種植桃、梅、李、杏、等各項果樹。三年油桐、珠冠柏、美白楊、德刺槐、橡、櫟、松、杉、等森林。及中外蔬菜、花卉、等。於某某地方佔地〇〇畝。以資倡導。藉增生產。暫作地方模範。容圖擴充。再行呈報。玆者創立之始。每有無知愚民。及宵小頑童。私竊摧殘。放牧等情。實對於農林前途。大受影響。伏乞鈞府准於出示嚴禁。並令行公安分駐所。隨時派警巡邏保護。以維實業。而保物權實爲德便此呈

〇〇縣長。

中華民國　年　月　日　具呈人〇〇園林場主〇〇〇

第五章　買地之手續

出賣田產杜絕契。

立杜絕賣田文契人〇〇。爲因正用。今將自己坐落〇縣。〇區〇圖〇字〇圩第幾號田。幾畝幾分幾厘情願挽中說合。賣與〇君爲業。三面議定。時值杜絕田。價洋若干元正。當日一併收足無誤。自賣之後。任憑買主過戶投稅。當糧管業。永與出賣人無涉。此係自產已賣。並無爭阻。糾葛影戤重障等情。倘有事端均歸出賣人理直。不涉買主之事。恐後無憑。立此杜絕賣田文契存照。

計開　附某原契一紙。開單一張。

中華民國〇年〇月〇日立杜絕文契人　某押

中　某押

保　某押
代筆　某押

第六章　租地之手續

立地租契〇〇。今因無地耕種。情願挽中。租到某姓民地幾畝幾分。坐落〇縣〇區〇圖〇字〇圩。土名〇處。三面言明。每年計租價洋若干元。分作幾期交清。不致少欠。等情。任從收業別台。（如定有年限則於別台兩字之下。書明年期。以幾年爲限。期內任從承租人開墾種植。期滿仍還原地等字句。）茲欲有憑。立此租地契存照。

中華民國〇年〇月〇日立租地契人　某押
中　某押
保　某押
代筆　某押

第七章　禁止偷竊法

園林場初創時。一經規模粗具。卽向縣政府。呈請給示。以資保護。如告示給發無多。可用木板。（大小一如縣府諭牌。）數塊。將告示同樣寫上。至年月日之縣印。以紅水依樣繪之。然後全塊木板。再以亮油抹之。而懸諸場門口。使不受雨濕之霉爛矣。（示稿已詳呈保護法）

第八章　雇用工人及待遇法

夫用人之法。亦難言矣。巧拙異其性。勤惰異其性。其彼役勞工與多者。自宜通於人情。以服其心而收其功。爲最要矣。蓋賞人者之必以道。罰人者之必以法。賞罰明而後人心服。人心服而後可供指揮也。苟不通人情。是必無以收人歡心。而其事鮮有能奏効者。然苟得通人情者。則其接人也。必以同情。其同情之感孚。久之成爲德望。德望成而後人不服者必無之事也。是故無德望者。雖有善點。亦近於徒善。不足取也。然後令欲通於人情者。宜何如乎。是必多與人交。始而不選階級。各教以道。尤爲要點。如大農場有勞工有役員。其性習不同也。而老幼男女又各異其情操。且向有學識者。有無學識者。苟管理者之好惡不齊。賞罰不明。不能以同情相感。則統制之方已爲失當。卽有一二熱心者。亦因勞而無功。必忽失其熱心焉。然統率之才。決非可以學而得者。然不學則一旦臨事。又必致憒事機而不能奏其効。故勉強學之。亦非無効者。凡此等情形。不僅於農家爲然。卽無論無業。昧於此而不察者。必不能奏其効也。

第九章　管理員施行法

農務之管理。首在得人。然從其規模之大小而生出其差異。如大農場之經營。則管理與企業各有其人。卽管理之務。因其企業家信任委託。其所用才幹之役員是也。故管理人分有二種。有直接受田主之指揮者。有屬於他役員之主司者。而管理人之下。更有役員。或竟分爲二三級者。夫管理人之事業。其性質既各有異。則因才之大小而所事亦不能無差。如在大農場之技能。專注重於經營之大綱。及下級員役之指揮監督。而在中農場之管理人。則凡事業之計劃。甚管理以及物料之購求販賣等。皆足以勞其心者。就中尤以役勞工之指揮監督。其責任尤爲重大。故評論管理人之才幹者。以負擔中農場爲最大。蓋以其心力之並用也。至小農場則所謂管理人者。眞一勞工耳。而勞工之被其指揮者。又皆屬於自己之家族。否則或爲鄰近同處之傭工。故其技能。初無庸其指揮之才。祇以耕種養畜二大端。生產之出入甚細。爲技能之進退者。括言之。農場大小不同。管理之方法自異。而影響所及。其技能亦因以不同而已。雖然管理人之才具。固從其階級而有異。然或謂才大者可取。而才小者可棄。則又謬之其者也。何也。才有大小。各從其業務之性。而利用之。其用始宏。是以在農業興盛之邦。不問其才之大小。各有一定之教育。卽下級員役。及勞工。亦多因教育而來者也。

第十章　工人應守之規則

(一)本規則本場工友一律通應遵守。(二)服務時間。按本場另訂場工服務時間表。(從略)從事操作。不得稍有遲延。(三)應聽員師指導。並受約束。(四)服務時間。不得有團坐吸煙等情事。(五)使用器具。停工時須收入潔清。照常安放。如有遺失責令賠償。(六)場中所種之植物。必互相愛護。不得任意踐踏。及私自採取。(七)宿舍須謹愼火燭。揩抹清潔。(八)不准聚衆賭博。及一切不正當之行爲。(九)不准藉端停工。恣意冶遊。(十)不准血氣用事。與人爭鬧。(十一)不准酗酒滋事。(十二)因事停工。須先向員師請假。(十三)遇有疾病等事。准請假五日。逾限須由該工雇替工服務。(十四)農務忙碌節。不准請假。如有不得已事故。需由該工雇替工服務。(十五)每月給假日以資休息。期內不扣工資。若不請假每月照加工資二日。(十六)每年年底年初給假十日。假期內須留若干名服務。各給加酒肉錢一元。(十七)各令節。如立夏。端午。中秋。冬至。等。各給酒肉錢二角。請假者不給。(十八)膳食另訂章則。(二九)服務勤敏。舉上整飭者。每年得給一元以上。五元以下之獎金。(二十)服務怠惰。違背本場規則者。得隨時斥退之。(二十一)服務三年以上。得獎金者。由主任給與獎牌。(二十二)有勾串盜竊場內器具作物者。除照數議罰外。分別輕重。由主任請主管官。研懲辦之。(二十三)本規則。如有未盡事宜。得隨時修訂之。

第三編　設施方法

第一章　藩籬設置法

頑童宵小之盜竊。蔬果花木。無論極文明之國家。亦所難免。此種惡習。故經營之始。須先預防。預防之道。除呈請政府。訓令附近警察。隨時巡邏保護外。仍恐未能周全。故更須設置藩籬。以禦之。或特建牆垣以圍繞之。惟牆垣之建築也。大概以磚石土等爲主。其他如鐵柵。竹柵。木柵。板垣等然。需費浩大。殊不經濟。要以經濟而堅固之藩籬。惟有以枸桔與德刺槐。間植之爲最宜。蓋枸桔與德刺槐之枝幹。均生銳利之刺。枸桔生長雖較緩。而德刺槐生長極快。此二種與果樹同時相互種下。二三年後。果樹成林時。固堅之藩籬。亦已圍繞成如銅牆鐵壁矣。

第二章　籬門建造法

藩籬既設。而籬門之建造亦爲必要者。籬門之大小。依需要之情形而建之。其建造之法。四週須用木框。頂上最好加以瀉水之板或鉛皮。向一面或二面均可隨意。則木框耐久。且能作避雨之所。門用木柵門。或板門均可。頂上做一塊某某園林場之牌子。則遠近聞名而來者。易於尋訪矣。

第三章　家園佈置法

家園之佈置。無論古今中外之家庭。幾莫不重視者。其佈置之法。恆視各人之個性。和嗜好而不同。在都會人烟稠密之地。則窗前屋後。如有多少空地。即可利用種植花卉。我人之志趣。雖千種萬樣。而對於鮮花之玩賞。莫不油然生趣。故西諺有云。愛花者無惡人。簡言之。園藝者實含有高尚之志趣者也。而其有眞善美之感化力。又可斷言。夫所謂趣味者。乃精神上所起之要求。蓋體肉上之慾望有限。而精神上之慾望無窮。園藝趣味者。亦精神上無限無量之快樂也。故謂園藝爲神聖之事業。亦不爲過。試觀古人如陶淵明。林和靖輩。凡從事於此者。莫不幽逸清新。優游自得。其生活之改善。思想之向上。尤爲極顯著之効果。政園藝一道。有識之士。咸極提倡。

家庭園藝。能以極省之代價。得無限之快樂。尤爲輕而易舉。如球根宿根等花。及其他各種花種子。皆易於採集。植之肥土。自然萌芽成育。所開之花。有大而美麗者。有小而瀟洒者。有紅紫嬌艷者。形形色色。各有不同。在此相當時期。飽嘗其純眞之快樂。其於身心上。獲益如何者。蓋花卉足醫頭腦之疲勞。我人於公餘之暇。從事花卉栽培。則頭腦內思想轉換。恢復疲勞。如再行辦事。則勇氣生。而事業前途利益無量。又足以健康身體。園藝事業。能醫頭腦之疲勞。舒快其精神。實有使身體健康之効。蓋對之於已生快慰。無意中身心上有裨益。且從事者。則多吸新清之空氣。時浴陽光。且培蒔時而行有度之勞動也。花卉更有効於兒童之教養。愛花實兒童之天性。父兄能利用之。授以適當之土地。使之種植。心愛之花。其間得隨時觀察。自然之機會。即於學校內所獲之知識。因之益爲明確。且美感自少養成。勤勞因之習慣。總之園爲家庭作業。實能增進家庭之和樂。高尚其趣味。健全其思想。而勤勉之風。亦因而養成。我人於公餘之暇。苟從事園藝。則趣味利益。均可享受之矣。如得以十畝之地爲家園。則可四圍種以枸桔及德刺槐。作藩籬。即堅固異常。一如銅牆鐵壁矣。園內治蔬種竹。以備四季佳饌。園東西各鑿一池。經二三丈。中貫以橋。橋上築以茅亭。可資小憩。池上可搭葡萄棚。池中養魚。池邊種芙蓉花。可避水獺。池面又可種菱。池東西一面樹桑。一面植果木花草。桑林下可作鷄鴨游牧場。家中畜豬。畜羊。則春桑既可飼豬。冬桑又可喂羊。羊糞又可飼魚。如此佈置。可爲地無餘利。用無廢物。一舉數得。善莫甚矣。

第四章　建造草屋法

農業爲淸苦而高尙的生活。小範圍之園林場。大約居住四五名工人者。爲經濟着想計。祇須在場中建造草屋三間。中間爲休息室。及膳堂。一邊爲工人臥室。一邊爲灶間火食房。其建造法。用毛竹六支。鑲成架柱。中用大毛竹一支爲樑。再用小毛竹三支附扎於六柱。而密埋於地。頂上再架以小毛竹。並鋪竹墊。再蓋稻草。四面用蘆或竹籬圍之。前留門道及窗戶。門窗亦以蘆或竹爲之。則草屋已成矣。

第五章　建造茅亭法

茅亭之用以休息。及避風之所。故凡園林場內。亦爲必要建設。其造法用松杉之木六根。爲柱。高約六尺。上面用小松或小杉六枝。搭成爲頂。用釘釘之。頂上再縛以竹條。蓋以稻草。製成草扇。鋪之卽成。如高山恐風吹倒。則用粗鉛絲。一端縛在柱頭。一端縛在離開亭四五尺地方。敲一木樁而縛之。則無論何種大風。卽不致再有吹倒之虞矣。

第六章　疏濬水溝法

凡動物之生長。賴空氣陽光。及食物之營養而成。然食物之生長亦然。必需陽光空氣。溫度雨露之調節。植物中含萍藻之外。多不利於低窪。均宜於塽塏適度之處爲良地。今或所有之處。適爲低窪之地。則不能不以人工補救。則疏濬水溝爲主要之工作也。疏濬之法。須先量面積之大小。測方向之傾斜。隨水流之趨向。掘溝而排洩之。有實溝。陰溝。陽溝。之別。雖曰爲洩水之用。而運用則各溝有差別。例如砂礫之地。海埔之場。一以翻大石。掘溝而埋之。則地層細泥。可爲表土。既無損於面積。而得乎土壤。一以鹹質難淨。是以遍地縱橫。藉天時之雨量爲永久之排洩。是皆人工之巧造者也。又如行路衝要之地。而爲水道必經之處。則必當想兩全之法。當於溝面鋪石板。或竹木之排。其上或再蓋土。是陰溝之所尙也。倘如水道所經之處。而無特種作用者。祇須不致淤塞卽可矣。

第四編　果樹種植法

勸告各界同胞廣種果樹以增生產書

中國之目前民窮財盡。將達於極底。究其原因。不在列強之橫加壓迫。而在經濟上受壓迫。經濟上受壓迫。則生命堪虞。經濟寬裕。則諸般事業。均可進行。財可通神。自古云然。欲求經濟寬裕。須求增加生產之方法。然則生產之方法。千門萬戶。究竟從何入手。查水果一項。因晚近社會之嗜好增進。果實之需銷益廣。我華所產果額不多。而且品質低劣。不加改良。以致生產日蹙。供不應求。乃致區區之果實。亦須仰給於舶來。每年從東西各國運來各種果實之價額。年必數千萬元之鉅。其他之漏巵不計外。單就水果一項而計。則已實堪痛惜矣。我華幅圓遼潤。南極閩粵。北逾沙漠。西望隴蜀。東至吳越。地處東亞。氣候溫和。土地膏腴。所惜者童山濯濯。赤地盈盈。沃野數千萬里。所在多有未闢之土。無地不有無業之民。如能提倡果樹。推廣種植。乃天富之良區。蓋廣種果木。則未闢之土。均可墾種。無業之民有工可做。則天時。地理。人事。之三益。均可得之。且種植果樹。栽培容易。獲利豐厚而速。如種水蜜桃類。種後第三年。卽能結果。獲利每畝每年。能獲得數十元。而達二三百元餘利。(三年內果實未收之時。樹下仍可種各項蔬菜棉荳等作物。)果樹每畝大概種六十株。每株約平均生果三十斤計。每斤價二角計。則每畝每年。卽有三百六十元之收入。較之普通作物。多十倍之收入。蓋古人早已有「一畝園十畝田」之謂也。故廣種果樹。爲抵制舶來。杜塞漏巵。增加生產。開闢利源之唯一根本事業。且提倡種植果樹。不特是挽回利權。其他間接的利益很多。茲將最要者略舉如下。

一、水果含有多量之生活素。能夠增加人之健康。故講究衛生者。

及有病之人。均飯後吃點果子汁。以助消化。古諺有「果木熟醫生憩」一語。由此具見水果能治人疾病。而有益於衛生之物。且水果亦可充飢。古人有果蔬草木。皆可以飽之說。故凡遇荒年。及居於山野之人。缺乏五穀之時。莫不以果子爲唯一之食物。

二、種果樹可以點綴地方風景。如古詩有「桃紅榴火綠橙黃」之句。如果地方上有了廣大的果園。或牆邊屋角庭園隙地。種了幾株果樹。等到抽葉放花而結果的時候。眞要令人嚮往。發生無窮的美感。

三、種植果樹。可以免除疫癘。蓋空氣中炭氣多則空氣不清潔。有於害人類及動物的呼吸。如果地方上有了樹木。則樹木即可吸收炭氣。吐出養氣。而且樹林附近的空氣中。含有阿戎。他的酸化力極大。能使不清潔的有機物。迅速腐敗。黴菌不能發生。疫癘滅除。故對於防疫方面。也應廣種樹木。

四、種果樹的時間節省。種樹的時間。多在秋末落葉後。至春初發芽前。當此正值農閒之時。假使種田人來做這種工作。爲最妥當而最便利。於時間與經濟兩得其利。蓋時間既沒有牴觸。對於收入方面又得增加。眞何樂而不爲呢。

所以我們欲求增加生產。最妥當的方法。惟有廣種果樹。爲唯一之根本事業。且種植果樹。不拘多寡。均可。少則數株數十株。多則數畝數十畝。或數百千畝。種植容易。獲利豐厚而速。確爲本輕而利厚。生產事業中之最穩妥者。乃安全之儲蓄。最高尙之生活。眞致富之捷徑也。

第一章　桃

桃花濃豔麗都。鮮美奪目。足使遊人流離忘返。及其成熟採食。則漿液多而其味美鮮甜蜜。故自古詩人墨客。每多吟詠之作。如桃紅榴火綠橙黃。桃紅柳綠百草青。會桃李之芳園。及桃腮。桃靨。等句。又有桃花源。桃花林。桃花星等。尤著佳話於典籍。近年以來。文明日進。社會之嗜好亦增。以致果實之需銷益廣。桃爲消暑佳果。當其採收時間。正蘋果。柑橘。均未成熟時。故能獨占暢銷市場。且桃價貴而獲利甚厚。樹性強健。種植容易。種後三年。即能生桃。雖瘠薄之土地。猶能得之果實。果實除鮮食外。可製成桃脯。桃膠。桃酒。及罐藏以備隨時食用之需。種桃者祇須少數資本。即能獲豐厚之利益。玆將種植法。逐載於後。以供參考。

一、種類　桃之種類甚多。不勝枚舉。我國古書本草綱目。及羣芳譜。均有記載。故不贅述。玆舉其著名之數種於下。

早種黃金桃　德國原產。中華培養多年。果體中大。重五六兩。皮肉鮮黃。味極甘美。富多漿液。爲名貴之品種。七月上旬成熟。種下三年結果。

中熟大蜜桃　本種用中外各種著名之品種。經過幾次之改良。而成之佳種。果大形圓。每枚重半斤左右。皮薄肉白。富含漿液。色麗肉香。味美而鮮甜。且滋養豐富。堪稱上品。七月下旬成熟。種下三年結果。

晚熟肥城桃　原產山東肥城。清時曾充貢品。果係圓形。碩大如碗。每枚重一磅左右。肉肥漿多。味甘如蜜。誠桃中之最珍品也。八月中旬成熟。種後三年結果。

奉化水蜜桃　果大重四五兩。形尖圓。皮色紅白。富多漿汁。味頗甘美。七月中旬成熟。種下三年結果。

龍華水蜜桃　果大重五六兩。形圓。皮蠟白色。帶微紅。味甘美。富多漿汁。香氣尤佳。為桃中之珍品。七月中旬成熟。種下三年結果。

奉化玉露桃　成熟期略晚於水蜜桃。而果形較大。重六至八兩。甘味尤佳。漿汁香味均超其上。產量甚豐。種下三年結果。

改良玉露桃　中外品種。改良所得。色香味。三者俱佳。成熟期較早於其他玉露桃。產量豐。種下三年結果。

奉化蟠桃　果形扁圓。色紅白美麗。味甘鮮多漿汁。重三四兩。成熟期。七月上旬。產量豐。種下三年結果。

龍華蟠桃　果實大。形扁圓。重四兩左右。色白微紅。味鮮甜如蜜。富漿汁多滋養力。俗稱吃了蟠桃永得長生者。以其有補力也。熟期七月中旬。種下三年結果。

改良蟠桃　中外品種。改良所得。色香味。三者俱佳。成熟期較其他蟠桃為早。產量豐。種下三年結果。

早種魁桃　成熟期最早。端午左右卽可採果。外皮紅綴。肉有芳香。味甘而爽。漿汁頗多。惟不及玉露與水蜜之佳。種下三年結果。

毛　桃　此桃雖亦結果。但其品質不良。專供砧木之用。可接桃、梅、李、杏之屬。

二、擇地　桃樹之生長區域最廣。我國各省均可栽植。東西各國栽培者。亦日多。桃樹性喜乾燥。而惡潮溼。苟有通風透光。排水良好之地。不論荒山廢地。沃壤沙礫。均可種植。土質之若何。固不甚顯著者。如種植於潮溼地。則其根易爛。故低溼之地。須開深溝。以排水為最要。

三、定植　將預備之地。先深耕一次。如有草根樹根。檢出堆積。可焚之以作肥料。然後將耕鬆之地。築成闊一丈或八尺之畦。若干條。長可隨意。畦則以高為宜。兩畦之間。須開深溝。其深度約須距畦面二尺許為宜。栽植之排列以三角形為佳。栽植之距離。八尺至一丈。（每畝約栽六十株。至八十株為適宜）。瘠田宜密。肥地宜疏。栽植之季節。除嚴寒之地。須行春植外。其他各地。春秋均可。且秋植較春植更佳。因立冬節俗名小陽春。氣候溫和。故秋季種植之苗。年內猶能發根鬚一次。待至春季則猛長枝葉。欣欣向榮。栽穴之大小約一尺五六寸。深度約六七寸。惟瘠地宜深。肥地宜淺。（以不見根鬚為度）。至於穴內施肥。除過瘠之地。或季節上之關係。略施以基肥外。普通均不施肥。栽植時之根鬚。必需使其充分展開。然後四週填以細土。再將根部稍稍拔起。向前後左右微加搖動。使細土充實根際。然後灌水踏實之。待一星期後。每株平鋪人糞四五斤。或棉餅。菜餅豆餅蔴餅研細末三四兩。施於苗根四週後。再覆細土。做成饅頭形。勿使受水。依法種植。可以株株成活。再閱塌四週。並需加掘出深水溝。以防淹沒而利排水。

四、中耕　在落葉後。及施肥期前。須先掃除枝梢落葉。並芟除雜草。及隨時搜尋虫窩。與雜草落葉。舉火焚之。既去虫害。又供肥料。（雜草之芟除。宜視生長之狀況而隨時施行之。）與早春葉芽未放前。宜各中耕一次。催促細根發生。並得藉日光。及霜雪之力。將病虫之菌卵晒死凍斃。所得利益極多。惟中耕時。宜注意培壅。將溝中之泥。掘壅於溝旁。以培樹根。在沙土及傾斜地。更須注意。

五、施肥　桃苗種植後。於初萌芽時。每株施以人糞十斤左右。至中秋時。再施同樣同量之肥料一次。至冬至時。則將桃根饅頭形之土耙開。施以細末棉餅。菜餅。豆餅。蔴餅。等之餅屑。每株半斤至一斤。視土質肥瘠。及樹木之大而異之。施後仍覆細土。照原狀培護桃根。助其發育。次年苗木有少數開花。需盡行摘去。恐拔傷其樹力。至第三年新開之花。略可保留。應施肥料與以前不同。須於二月初。每株施以稀薄人糞四五斤。以催其花蕊。待結果後。至五月初。再施照前同樣同量肥料。以補其果。待果成熟。摘盡後。至中秋節前。每株再施濃厚人糞十餘斤。以補其元氣。入冬至前後。再將桃根邊細土耙開。仍施研細之棉餅。或菜餅。豆蔴。蔴餅。每株半斤。至一斤。以培其根。施後仍需與前同樣覆蓋。且需加高以保桃樹之免於搖動。以後如此施肥。可望出產繁多。至十年後。樹將衰老。冬季宜施加量濃厚人糞。或棉餅。菜餅。蔴餅。等之細研餅屑。以培養樹本。其量之多寡。需視樹本之大小而異之。

六、整枝　桃樹種植後次年。須行整枝法。整枝之利益甚多。如矯正果樹之天然不良狀態。調節發育作用。與結果之作用。能增進其結果量。並可改良其品質。亦可減少病虫害。及便於採取果實。並能促其早達結果期。而產果之量亦可增加。且管理與採果。均可便利。故每年冬季。為整枝之時期。當視樹體之強弱。剪其舊枝。養其新枝。使次年發葉開花。可使果實之色香味。三者俱佳。整枝法於栽植後。即需離地一二尺處。將果苗主幹剪斷。不宜過高。至次年於落葉後。至發芽前。將枝梢修整如杯狀。第一年祇留健全者三主枝。將頂梢剪去三分之一。餘枝盡行剪去。第三年每主枝上各留二三枝。仍行剪梢法。第三四年。均照此行之。則斜張四面杯狀成矣。此後見有向上向內之枝梢。按時摘心剪除。而留其向外者。以齊形式。而使風光通透。並得結果優良也。

七、摘果　各種果樹。於花落後。常有結果纍纍過多。以致排擠分力。非果形劣小。即兩並三連。易於生虫潰爛。宜將枝上並連之果。擇其次者摘去之。以促果大而增品質之佳。庶幾所留之果。個個成功。每樹所出斤兩較占優勝。且桃樹之摘果。更為重要也。

八、掛袋　有多種之果實。均需掛袋。而桃果之需掛袋。更為重要。因桃果皮薄多漿。色麗肉香。味富鮮甜。易遭虫鳥之侵蝕。並為保存皮色之美觀。故於五月中旬。即需掛袋。法用舊報紙。每張做成封套八只。套於桃上。用麻草等線。將袋口縛於果枝為要。

九、採收　各種果實大半均以枝上熟者。色香味三者俱佳。桃果亦然。故售於近地者。宜成熟適度則色澤香味俱佳。在六七月時。見果色由綠而青白。為成熟適度之表現。以手輕握。徐徐轉落之。輕放於竹筐或籠格內。惟桃果肉質柔軟。最易腐敗。故採收後。如需運送遠處者。則以果實未十分柔軟之前。約半熟採下。後以桃葉厚襯。而置於竹筐竹簍。或籠格担內。即可運送矣。

十、功用 桃實雖不能新鮮貯藏。然生食之外。尚可罐藏蜜餞。及製脯。釀酒。以備隨時食用之需。

罐藏之法。以大蜜桃。玉露桃。蟠桃。爲原料。先以桃實。與糖一份。水二份之混液。同時乃將桃實對剖。去核。去皮。然後入罐注以糖汁。即可封貯。

蜜餞之桃果。即桃脯。其製法先去皮核。及混糖蜜等。入二重底之釜中煮之。待煮熟後。晾乾之。即成桃脯。

桃膏之製法。取清水二合半。投白糖一斤其中。令之溶解。入於青銅鍋。以文武火煮熬。俟其稍沸。即投桃肉一斤其內。（桃肉需去皮核）。一面煎熬。一面用杓。不絕攪拌。令桃肉不附着於鍋底。而成焦片。煎至桃肉異常柔軟。乃取煎汁一二點。入茶碗中放冷。如能凝結成膏。其味異常甘美。乃封貯供食。

桃酒之製法。以熟透之桃實。去核後壓碎之。使成糊狀。每重百兩。加清水一升二合。放置一晝夜後。榨取其汁。每果汁二升。加蔗糖十兩。然後靜置。任其自然醱酵。倘加以核之碎粉少許。可以增酒之香味。醱酵後。經過半年。乃至一年後。始澄清供飲。

十一、間作。桃樹未結果之三年內。空閒之地。可種植蔬菜。（如四季甘藍。包頭白菜等）。或特用普通之作物。（除虫菊。薄荷。棉豆等矮生食物。）類之副產。如種普通作物。亦可維持工食地租等開支。如種蔬菜。或特用作物。除去開支。尚可盈餘也。

十二、副業 桃樹結果成林後。空閒之地。不能種農作物時。可養雞若干只。一方面可得雞與蛋之副產收入。一方面藉雞之翻耘土壤。啄除害虫。雞糞可以肥田。再養蜜蜂若干羣。一方面可得蜜與蠟之收入。一方面藉蜜蜂。傳播花粉之功。以助結果量之增加。誠一舉數得者也。

第二章 梅

梅爲吾國。自古所栽植者。在周以前。已有。如詩經。周禮均有記載。最初生於漢中川谷。今則東自吳越。西至隴蜀。南起閩粵黔桂。北達直隸。到處有栽梅之地。漢代曹操行軍時。有望梅止渴之佳話。又爲風雅人之事業。如漢鄧尉隱居於蘇州西南七十里光復鎮之萬峯山。（今名鄧尉山）。滿山遍植梅樹。此山前瞰太湖。風景極佳。迄今每逢開花時。一望如雪。盡是梅花。又有梅妻鶴子之佳話。系出於宋林逋。（錢塘人字君復。結廬於杭州西湖之小孤山。性恬淡好古。不趨榮利。二十年足不及城市。工書畫。善爲詩。卒謚和靖先生）。不娶無子是所住多植梅。畜鶴。因謂之梅妻鶴子。以增名山勝地之古蹟。故自古及今之時人墨客。及隱逸之士。莫不以鄧尉山。及小孤山。爲踏雪尋梅之勝地也。蓋梅花雅淡幽靜。含芬吐芳。先百花而獨傲。抗寒風而挺秀。以供玩賞。大可助人清興。自古與松竹並稱。爲歲寒三友。果實生食。清脆可口。風味美爽。如製成梅乾。梅醬。梅酒。蜜餞梅之類。其味甚佳。且能久藏。運銷遠方。近來社會之嗜好日進。各項果品之需要益廣。梅實之暢銷。較之他果更多。且價值甚昂。種梅樹爲獲利厚而最穩固。最高尚之事業。梅樹種植容易。種後五年。即能生梅。而壽命甚長。結果期能延至百餘年之久。爲自身娛老計。爲子孫衣食計。種梅樹千株。則二世之衣食可無憂慮。茲將種植法。逐載於後。以供參考。

一、種類　梅之種類甚多。不勝枚舉。我國古書。本草綱目。及羣芳。均有記載。故不贅述。茲舉其著名之數種於下。

大青梅　種下五年生果。結果期。能至百年之久。爲自身娛老計。爲子孫衣食計。種植千株。二世衣食無憂。果大味美。製梅乾。梅醬。梅酒。蜜餞梅。均屬上品。

白雪梅　果實碩大。形圓色香。味爽。爲生食梅之最良品。四五月間可收。產量豐。五年結果。

紅杏梅　果實較大於白雪。形圓色紅黃。味甘美。核與肉離。五月可收。產量豐。五年結果。

牛山梅　果實碩大。形圓色青味爽。爲梅之上品。製蜜餞青梅用之。五月採收。產量豐。五年結果。

豐後梅　果實肥大。形圓色微紅味美。生食蜜餞梅乾均佳。五月採收。產量豐。五年結果。

大紅梅　青色紅綴。味美而青脆。製梅乾、梅醬、均佳。五月採收。產量豐。五年結果。

二、擇地　梅樹生長之地最廣。除寒帶之極冷區域外。其他各地。均可栽植。土質之若何。無甚關係。不論荒山廢地。沃壤沙礫。祇需通風透光。排水良好之地。均能生長。故低濕之地。需開深溝。以排水爲最要。

三、定植　將預備之地。先深耕一次。如有草根樹根。檢出堆積。可焚之以作肥料，然後將耕鬆之地。築成闊一丈或八尺之畦若干條。長可隨意。畦則以高爲宜。兩畦之間需開深溝。其深度約需距畦面二尺許爲宜。栽植之排列。以三角形爲佳。栽植之距離。八尺至一丈。（每畝約種六十株至八十株爲適宜）。瘠地宜密。肥地宜疏。栽植之季節。除嚴寒之地需行春植外。其他各地。春秋均可。且秋植較春植更佳。因立冬節。俗名小陽春。氣候溫和。故秋季種植之苗。年內猶能生根鬚一次。待至春季。則猛長枝叶。欣欣向榮。栽種之大小。約一尺五六寸，深度約六七寸。惟瘠地宜深。肥地宜淺。（以不見根鬚爲標準）。至於穴內施肥。除過瘠之地。或季節上之關係。略施以基肥外。普通均不施肥。栽植時之根鬚。必須使其充分展開。然後四週塡以細土。再將根部稍稍拔起。向前後左右微加搖動。使細土充實根隙。然後灌水踏實之。待一星期後。每株半鋪人糞四五斤。或棉餅、菜餅、豆餅麻餅。研細末三四兩。施於苗根四週。後再覆細土。做成饅頭形。勿使受水。依法種植。可以株株成活。再園場四圍。並需加掘出水深溝。以防淹沒而利排水。

四、中耕　在落葉後。及施肥前。須先掃除枯枝落葉。並芟除雜草。及隨時搜尋虫窩。與雜草落葉。舉火焚之。既去虫害。又供肥料。（雜草之芟除。宜視生長之狀況而隨時施行之）。與早春葉芽未放前。宜各中耕一次。催促細耕發生。並得藉日光融雪之力。將病虫之菌卵。晒死。凍斃。所得利益極多。惟中耕時。宜注意培壅。將溝中之泥。掘壅於溝旁。以培樹根。在沙土及傾斜地。更需注意。

五、施肥　梅樹種植後。於初萌芽時。每株施以人糞十斤左右。至中秋時。再施同樣同量之肥料一次。至冬至時。將樹根處饅頭形之土耙開。施以研細棉餅。或菜餅、豆餅、蔴餅等餅屑。每株半斤至一斤。視土質之肥瘠。及樹木之大小而異之。施後仍覆細土。照原狀培護樹根。助其發育。梅樹種後二三年。雖亦開花。惟不能留。均需摘去。恐傷樹勢故需至第五年。方可留果。屆時施肥之量。需亦略異。除冬至時施餅屑外。至大小寒之間。每株施以稀人糞四五斤。以催其花蕊。結果後至二三月間。再施同樣同量之肥料。以補其果。待果實摘盡後。至六月間。再施濃厚人糞十餘斤。以補其元氣。至冬至前後。再將樹根邊細土耙開。仍施細末之棉餅。或菜餅。荳餅。蔴餅。每株半斤至一斤。以培其根。施後仍需與前同樣覆蓋。且需加高。以保樹根之易於搖動。以後每年如此施肥。即可出產豐富矣。

六、整枝　梅樹種植後次年。須行整枝法。整枝之利益甚多。如矯整果樹之天然不良狀態。調節發育作用。與結果之作用。能增進其結果量。並可改良其品質。亦減少病虫害又便於採收果實。並能早達結果期。而產果之量。亦可增加。且管理與採果。均可便利。故每年冬季。爲整枝之時期。當視樹體之強弱。剪其瘠枝。養其新枝。使次年發葉開花。可使果實之色香味三者俱佳。整枝法。於栽植後。即需在離地一二尺處。將果苗主幹剪斷。不宜過高。至次年於落葉後。至發芽前。將枝梢修整如杯狀。第一年祇留健全者三主枝。將頂梢剪去三分之一。餘枝盡行剪去。第三年每主枝上各留二三枝。仍行梢剪法。第三四年均照此行之。則斜張四面。杯狀成矣。此後見有向上向內之枝梢。按時摘心除。而留其向外者。以齊形式。而使風光通透。並得結果優良也。

七、採收　果實之採收。大半均以枝上熟者爲佳。惟梅需視用途之如何而定之。如供製造梅乾者。青時採之。供製醬用者。則於黃熟前採取。因果肉尚堅。則貯藏運送較爲容易。梅之青者。雖供生食。然含有酸質極多。易傷齒。幼年人尤不宜多食。應於黃熟後食之。或先鹽醃。待其變成黃色。然後醮甘草食之。味頗清美。

八、功用　梅實除鮮食外。大半供製梅乾。及梅醬蜜餞梅。與釀造梅酒等用。備隨時食用之需。

梅乾之製法。則供蔬食。其製法稍異。大概每梅一升，加食鹽三合。浸漬數日後。加以紫蘇葉。壓以重石。則梅果皆若紅色。乃取出曝日光中。三四日後。再置原桶鹽汁中。梅果肉軟腐。即可供食。其浸汁中投萊菔。薑等。浸之。亦可作蔬。因帶有紅色。故謂之紅薑紅萊菔。製蜜餞梅有二法。一則取黃熟梅對剖之。或青梅鹽醃半日。水洗後。與蜜或蔗糖同煮。一則青梅投水中加硫酸銅。(即膽礬)。煮之。至青色不退。乃收出糖汁同煮後。再浸清汁中。果乃永遠青色。惟硫酸銅用量如過多。則顏色過清。果核亦着綠色。品質不良矣。又有削取果肉。與蔗糖同煮後。晾乾供食者。謂之青梅乾。

製梅醬之法。用黃熟梅。加糖入二重底之釜中。隔水煮之。至爛熟後。用細篩濾去皮核。即可封貯供食。

梅之釀酒者尚少。其製造之法。以梅果碎肉百兩。移入冷室。再加果實全量五分之一之碎核。靜令發酵。大概十二個月後。可以澄清供飲。

九、間作。梅樹未結果。四年內空地之間可種植蔬菜。(如四季甘藍。包頭白菜等。）或特用之普通作物。（如除虫菊。薄荷。棉豆。等矮生植物）類之副產。如種普通作物。亦可維持工食地租等開支。如種蔬菜。或特用作物。則除去開支尙可盈餘也。

十、副業 梅樹結果成林後。空間之地。不能種農作物時。可養雞若干只。一方面可得雞與蛋副產之收入。一方面藉雞之翻鬆土壤。啄除害虫。雞糞可以肥田。再養蜜蜂若干羣。一方面可得蜂與蠟蜜等之副產收入。一方面藉蜜蜂傳播花粉之功。以助結果量之增加。誠一舉數得者也。

第三章 李

李爲吾國自古所種植者。唐詩人李太白。有春夜宴桃李園之佳話。李一名嘉慶子。其花白色素靜。果實五色燦爛。美麗異常。其色有青綠紫朱黃赤等硃。其味有甘有酸。嘉興檇李名滿中華。清時曾充貢品。惜乎種植之法鮮有講究。以致良好之種類。日漸稀少。李實除鮮食外。亦可加工製成乾果。及罐藏蜜餞釀酒之用。

一、種類 李之種類甚多。不勝枚舉。我國古書。本草綱目。及羣芳譜。均有記載。故不贅述。玆舉其著名之數種於下。

檇李 原產嘉興。屠甸寺。果大形扁圓。色紫有白點。肉淡橙黃色。味極甘美。漿液富多。品質優良。六月成熟。四年結果。

西洋紅李 果實大。長圓形。皮黃肉紅。味甘多漿。初秋成熟。產量甚豐。四年結果。

硃砂李 果實。形圓。外皮青紅。肉如硃砂紅。味甘美。富多漿汁。香氣尤佳。六月成熟。產量豐。四年結果。

砂糖李 果實大。形圓。皮色淡紅。味甘美。多漿液。初秋成熟。產量豐。四年結果。

二、擇地 李樹生長之區域甚廣。世界各國均有栽培。我國地處溫帶。土質良好。隨處可種植。土質之若何。無任關係。不論荒山廢地。及砂礫等。祇需通風透光。排水良好之地。均能生長。故低濕之地。須開深溝。以排水爲最要。

三、定植 將預備之地。先深耕一次。如有草根樹根檢出堆積。可焚之以作肥料。然後將耕鬆之地。築成闊一丈或八尺之畦。若干條。長可隨意。畦則以高爲宜。兩畦之間。須開深溝。其深度約需距畦面二尺許爲宜。栽植之排列以三角形爲佳。栽植之距離。八尺至一丈。（每畝約栽六十株。至八十株爲適宜）。瘠地宜密。肥地宜疏。栽植之季節除嚴寒之地。需行春植外。其他各地。春秋均宜。且秋植較春植更佳。因立冬節俗名小陽春。氣候溫和。故秋季種植之苗。年內猶能發根鬚一次。待至春季則猛長枝叶。欣欣向榮。栽穴之大小。約一尺五六寸。深度約六七寸。惟瘠地宜深。肥地宜淺。（以不見根鬚爲標準）。至於穴內施肥。除過瘠之地。或季節上之關係。略施以基肥外。普通均不施肥。栽植時之根鬚。必需使其充分展開。然後四週塡以細土。再將根部稍稍拔起。向前後左右。微加搖動。使細土充實根際。然後灌水踏實之。待一星期後每株平鋪人糞四五斤。或棉餅、菜餅、豆餅、蔴餅、研細末三四兩。施於苗根四週後。再覆細土做成饅頭形。勿使受水。依法種植。可以株株成活。再圍埸四週。並需加掘出水溝。以防淹沒。而利排水。

四、中耕　在落葉後。及施肥期前。須先掃除枯枝落葉。並芟除雜草。及隨時搜尋虫窩。與雜草落葉。聚火焚之。既去虫害。又供肥料。（雜草之芟除。宜視生長之狀況而隨時施行之）。與早春葉芽未放前。宜各中耕之一次。俾促細根發芽。並得藉日光。及霜雪之力。將病虫之菌卵晒死。凍斃。所得利益極多。惟中耕時。宜注意培壅。將溝中之泥。掘堆於溝旁。以培樹根。在沙土及傾斜地。更須注意。

五、施肥　李苗種植後。於初萌芽時。每株施以人糞十斤左右。至中秋時。再施同樣同量肥料一次。至冬至時。即將李根處饅頭形之之土耙開。施以細末棉餅、或菜餅、豆餅、蔴餅等。之餅屑。每株半斤至一斤。視土質之肥瘠。及樹木之大小而異之。施後仍覆細土。照原狀培護李根。助其發育。次年苗木有少數開花。盡行摘去。恐拔傷其樹力。至第三年。所開之花。略可保留。應施肥料。與前不同。需於二月初。每株施以人糞之稀薄者四五斤。以催其花蕊。待結果後。至四五月初。再施照前同樣同量之肥料。以補其果。待果成熟。摘盡後。致中秋節前。每株再施濃厚人糞十餘斤。以補其元氣。入冬至前後。再將李根邊細土耙開。仍施研細之棉餅。或菜餅、豆餅。蔴餅。每株半斤至一斤。以培其根。施後仍須與前同樣覆蓋。且需加高。以保李樹之免於搖動。以後每年如此施肥。可望出產繁多。至十年後樹將衰老。冬季宜施加量濃厚人糞。或棉餅、菜餅、豆餅、蔴餅等之研細餅屑。以培養樹本。其量之多寡。須視樹本之大小而異之。

六、整枝　李樹種植後次年。須行整枝法。整枝之利益甚多。如矯正果樹之天然不良狀態。調節發育作用。與結果之作用。能增進其結果量。並可改良其品質。亦可減少病虫害。及便於採取果實。並能促進其早達結果期。而產果之量。亦可增加。且管理與採果。均可便利。故每年冬季。為整枝之時期。當視樹體之強弱。剪其舊枝。養其新枝。使次年發葉開花。可使果實之色香味三者俱佳。整枝之法於栽植後。即需在離地一二尺處。將果苗主幹剪斷。不宜過高。至次年於落葉後。至發芽前。將枝梢修整如杯狀。第一年只留健全者三主枝。將頂梢剪去三分之一。餘枝盡行剪去。第二年每主枝上各留三枝。仍行剪梢法第三四年均照此之則斜張四面。杯狀成矣。此後見有向上向內之枝梢。按時摘心剪除。而留其向外者。以齊形式。而使風光通透。並得結果佳優也。

七、摘果　各種果樹。於花落後。常有結果纍纍過多。以致排擠分力。非果形劣小。即二並三連。易於生虫潰爛。故宜行摘果。且李果易病。在摘果之時。可先摘去受病之果。愈早愈妙。然後以每隔三四寸。留一二果為標準。則所留之果。可得優良之品質。及增加其每株所收之斤量也。

八、採收　果實之採收。大半以枝上熟者為佳。惟李果易於損傷。故以早收為宜。任其緩熟。且能增進美麗之色。而期遠運他方。採收後宜放於底鋪鮮葉之竹筐中。則紅果綠葉。甚屬美觀。亦可多擱時日矣。

九、功用　李果除生食之外。多供乾果。及罐藏。蜜餞。亦可釀造李酒。以備隨時食用之需。
李乾之製法有二。其一剖李爲二。去核後。投糖三斤水一斤之
液中。煮熟之。然後乾燥之。即成。其一則浸李果於苛性鈉五
錢。水一升之液中。一分間後即取出。以清水洗之。晒乾之。
或烘乾之。曬乾者。平均約需七日。烘乾出一日乃至一晝夜。
其溫度初時五十度。最後則七十度。乃至八十度。乾後蜜貯之
。罐藏。蜜餞。釀酒之法。可參考桃實功用法。酌行之。
十、間作　李樹在結果之四年內。空間之地。可種植蔬菜。（如四
季甘藍包頭白菜等）。或特用普通之作物。（如除虫菊。薄荷
。棉豆等矮生植物）。類之副產。如種普通作物。亦可維持工
食地租等開支。如種菜或特用作物。則除開支尚可盈餘也。
十一、副業　李樹結果成林後。空間之地。不能種農作物時。可養
鷄若干只。一方面可得鷄與蛋副產之收入。一方面藉鷄之翻鬆
土壤。啄除害虫。鷄糞可以肥地。再養蜂若干箱。一方面可得
蜜與蠟等之副產收入。一方面藉蜜蜂傳播花粉之功。以助結果
量之增加。誠一舉數得也。

第四章　杏

杏爲吾國自古所種植者。果實較大於梅。果色美麗。成熟期較
晚於梅。味極甘美。除生食外。可製成乾果。及杏脯。杏膏。
罐藏與釀酒之需。以備隨時食用。
一、種類　杏之種類甚多不勝枚舉。我國古書本草綱目。及羣芳譜
。均有記載。故不贅述。茲舉其著名之數種於下。
金魁杏　果實大圓。色黃帶紅。味甘美。多漿液。爲杏中之
首。六月成熟。產量豐。四年結果。

水晶杏　果實大。形扁圓。色白透明。味甘美佳香。多漿液
。六月成熟。產量豐。四年結果。
西洋杏　果實大。正圓形。淡紅色。味甘美。品質佳良。六
月成熟。產量豐。四年結果。
麥黃杏　果實大。形圓。皮色略黃。味鮮甜多漿。割麥時成
熟故名。早熟佳果。產量豐。四年結果。
二、擇地　杏樹生長之區域。較諸桃、梅、李、更廣。因杏能耐寒
故寒帶又能栽植。土質之若何。無什關係。不論荒山廢地。沃
壤沙礫。祇須通風透光。排水良好之地。均能生長。故抵濕之
地。須開深溝。以排水爲最要。
三、定植　將預備之地。先深耕一次。如有草根。樹根。檢出堆積
。可焚之以作肥料。然後將耕鬆之地。築成闊一丈或八尺之畦
。若干條。長可隨意。畦間以高爲宜。兩畦之間。需開深溝
其深度約須距離畦面二尺許爲宜。栽植之排列。以三角形爲
佳。栽植之距離。八尺至一丈。（每畝約種六十株至八十株爲
適宜）。瘠地宜密。肥地宜疏。栽植之季節。除嚴寒之地。需
行春植外。其他各地春秋均可。且秋植較春植更佳。因立冬節
。俗名小陽春。氣候溫和。故秋季種植之苗。年內猶能發鬚根
一次。待至春季則猛長枝葉。欣欣向榮。栽穴之大小。約一尺
五寸。深度約六七寸。惟瘠地宜深。肥地宜淺。（以不見根鬚
爲準標）。至於穴內施肥。除過瘠之地。或季節上之關係。
略施以基肥外。普通均不施肥。栽植時之根鬚。必須使其充分
展開。然後四週壅以細土。再將根鬚稍稍拔起。向前後左右微
加搖動。使細土充實根隙。然後灌水踏實之。待一星期後。每
株平鋪人糞四五斤。或棉餅。菜餅。豆餅。蔴餅。研細末三四

兩○施於苗根四週○後覆細土○做成饅頭形○勿使受水○依法種植可以株株成活○再園場四週○並須加掘出水深溝○以防淹沒而利排水○

四、中耕　在落葉後○及施肥期前○需先掃除枯枝落葉○並芟除雜草○及隨時搜尋虫窩○與雜草落葉○舉火焚之○旣去虫害○又供肥料○（雜草之芟除○宜視生長之狀況而隨時施行之）○與早春落葉未放前○宜各中耕一次○催促細根發生○並得藉日光霜雪之力○將病虫之菌卵○晒死凍斃○所得利益極多○惟中耕時宜注意培壅○將溝中之泥掘壅於溝旁○以培樹根○在沙土及傾斜地○更須注意。

五、施肥　杏苗種植後○於初萌芽時○每株施以人糞十斤左右○至中秋時○再施同量同樣肥料一次○至冬至時○則將杏根處饅頭形之土耙開○施以細末棉滓○或菜餅○豆餅○蔴餅等○之餅屑○每株半斤至一斤○視土質之肥瘠○及樹本之大小而異之○施後仍覆細土○照原狀培護杏根○助其發育○次年苗木有少數之花○須盡行摘去○恐扱傷樹力○至第三年○所開之花○略可保留○應施肥料○與前不同○須於二月初○每株施以稀薄人糞四五斤○以催其花蕊○待結果後○至四月初再施同樣同量肥料○以補其果○待果成熟○摘盡後○至中秋節前○每株再施濃厚人糞十餘斤○以補充其元氣○入冬至前後○再將杏根邊○細土耙開○仍施細末之棉餅○或菜餅○豆餅○蔴餅○每株半斤至一斤○以培其根○施後仍需與前同樣覆蓋○且需加高○以保杏根之免於搖動○以後每年如此施肥○可望出產繁多○

六、整枝　杏樹種植後次年○須行整枝法○整枝之利益甚多○如矯正天然不良狀態○調節發育○作用○與結果之作用○能增進其結果量○並可改良其品質○亦可減少病虫害○及便於採取果實○並能促進其早達結果期○而產果量亦可增加○且管理與採果均可便利○故每年冬季○爲整枝之時期○當視樹體之強弱○剪其舊枝○養其新枝○使次年發葉開花○可使果實之色香味三者俱佳○整枝法於栽植後○即須在離地一二尺處○將果苗主幹剪斷○不宜過高○至次年於落葉後○至發芽前○將枝梢修整如杯狀○第一年祇留健全者三主枝○將頂梢剪去三分之一○餘枝盡行剪去○第二年每主枝上○各留二三枝○仍行剪梢法○第三四年均照此行之○則斜張四面○杯狀成矣○此後見有向上向內之枝梢○按時摘心剪除○而留其向外者○以齊形式○而使風光通透○並得結果優良也○

七、採收　果樹之採收大半以枝上熟者爲佳○惟杏須視用途之如何而定之○如供製造杏乾者○青時採之○供製醬用者則於黃熟後採之○供遠運者○宜在黃熟前採取○因果肉尙堅○則貯藏運送○較爲容易○

八、功用　杏實除鮮食外○大半供製杏乾及杏醬○蜜餞杏○與釀造杏酒等○備隨時食用之需○

杏乾之製法○先以鹽漬之○然後晾乾之○帶黃褐色○僅作閒食○製蜜餞杏○有二法○一則取黃熟杏○對剖之○或青杏鹽醃半日○水洗後○與蜜或蔗糖同煮○一則青杏投水中加硫酸銅○（即膽礬）煮之○至青色不褪○乃取出與糖汁同煮後○再浸漬糖汁中○果實乃永遠青色○惟硫酸銅用量如過多○則顏色過青○果核亦着綠色○品質不良矣○又有削取果肉○與蔗糖同煮後○晾

乾供食者。爲之杏乾。

製杏醬法。用黃熟杏。加糖入二重底之釜中。隔水煮之。至爛熟後。用絹篩濾去皮核。即可封貯供食。

杏之釀酒者尙少。其製造之法。以杏果碎肉百兩。加水三升五合。二日後。榨取果汁。每果汁一升。加蔗糖十兩。移入冷室。再加果實全量五分之一之碎核。靜令發酵。大概十二個月後。可以澄清供飲。

九、間作　杏樹未結果之四年內。空間之地。可種植蔬菜。（如四季甘藍。包頭白菜等）。或特用之普通作物。（如除虫菊。薄荷。棉豆等矮生植物）類之副產。如種普通作物。亦可維持工食地租等開支。如種蔬菜。或特用作物。則除去開支。尙可盈餘也。

十、副業　杏樹結果成林後。空間之地。不能種農作物時。可養雞若干只。一方面可得雞與蛋副產之收入。一方面藉雞之翻鬆土壤。啄除害虫。雞糞可以肥地。再養蜜蜂若干羣。一方面可得蜂蜜蜂蠟等之副產收入。一方面藉蜜蜂傳播花粉之功。以助結果量之增加。誠一舉數得者也。

第五章　葡萄

葡萄原產於亞洲西南部。齊民要術謂。漢武帝使張騫。至西域大宛攜歸。然中原自古已栽植。考諸神農本草。早有葡萄之記載。故葡萄在中國栽植者。已數千年。葡萄爲果中之最佳者。用途甚廣。鮮果其味清香。甘美多漿。顏色美麗。以之製造葡萄酒。及葡萄乾。適合衛生。裨益身體。乃飲食之珍品。以其能助消化。兼含補腦養血之質也。故爲古今中外人士所贊賞。我國古代唐詩中。有葡萄美酒夜光杯之句。目今各處商埠。以及交際場中。莫不以葡萄酒。及葡萄乾。爲讌客上品。觀此更足證明葡萄之珍貴。其價値可知。年來銷路日廣。價値極貴。種植者只需少數資本。即能獲豐厚之利。茲將種植法。逐載於後。以供參考。

一、種類　葡萄之種類甚多。不勝備載。齊民要術農政全書本草綱目羣芳譜等。均有記載。故不贅述。茲舉其數種於下。

玫瑰香葡萄　果大形圓。色紫紅。味甘多漿。香氣尤佳。成熟最早。七月可採。中國最良之品種。二年結果。

龍眼葡萄　果大形圓。色淡紅。肉厚多漿。味甘美。成熟期略晚。產量豐。二年結果。

牛奶葡萄　果實大。形若牛奶。色淡綠。味甘多漿。成熟期秋季。耐貯藏。產量豐。二年結果。

老虎眼葡萄　果實大。形長圓。色紫紅。味甘香。多漿汁。成熟期。八月中旬。品佳產豐。二年結果。

二、擇地　葡萄生長之區域最廣。我國各省均可種植。土質以乾燥之砂質壤土。岩石地。多含石灰質。而傾斜南向者。爲最佳。其所產之果。品質甚美。如低濕之地。須開深溝。以排水爲最要。

三、定植　法與桃同。惟視搭架與搭棚之行間。與株間之分斗。

四、中耕　在落葉後。及施肥期前。須先掃除落葉枯枝。並芟除雜草。及隨時搜尋虫窩。又供肥料。（雜草之芟除。宜視生長之狀況而隨時施行之。）與早春葉芽放前。宜各中耕一次。催促細根發生。並得藉日光霜雪之力。將病蟲之菌卵。晒死凍斃。所得利益極多。惟中耕時宜注意培壅。將溝中之泥。掘壅於溝旁。以培樹根。在沙土及傾斜地。更需注意。

五、施肥。葡萄苗種植後。於初萌芽時。每株施以人糞十斤左右。至中秋時。再施同樣同量肥料一次。至冬至時則將葡萄根處饅頭形之土耙開。施以細末棉餅。或菜餅。豆餅。蔴餅等之餅屑。每株半斤至一斤。視土質之肥瘠及樹木之大小而異之。施後仍覆細土。照原狀培護葡萄根。助其發育。次年苗木有少數開花。需盡行摘去。恐拔傷其樹力。至第二年所開之花。乃可保留。應施肥料與以前不同。須於二月初。每株施以稀薄人糞四五斤。以催其花蕊。待結果後。至五月初。再施照以前同樣同量之肥料。以補其果。待果成熟摘盡後。至霜降節前。每株施濃厚人糞十餘斤。以補其元氣。入冬至前後。再將根邊細土耙開。仍施研細之棉餅。或菜餅。蔴餅。每株半斤至一斤。以培其根。施後仍須與前同樣覆蓋。

六、整枝。葡萄種植後。每年須行整枝法。栽植之時。先由苗木根部。留四五寸長。將梢剪去。使發芽三四個。擇其中之強健者。留二個，其餘摘去之。新枝長至一丈許。每株各立一竿。以便依竿而上。至秋季落葉後。再剪去新枝梢頭。各留三四尺。至第二年將去秋剪留者之枝幹。屈分左右。結縛於木竿。使其再發新枝。至秋季落葉後。再如前法剪去枝梢。至第三年。乃由每枝各生二枝。秋季更剪去一枝。明春再生二枝。而樹勢成矣。剪枝之時須在秋末。因春夏間樹液正在流動活潑之時。如行剪枝。則傷口流出樹液。數日不止。為害甚大。故宜注意之。

七、棚架。葡萄之樹勢形式。有搭棚而作傘形者。有用搭架作平行式。或杯狀式者。凡種於庭園。或栽培以供觀賞者。大概搭棚法。用四木柱立於四隅。上以竹竿交叉搭而為棚。將枝引於棚上。既作蔽蔭之具。又可收獲果實。但以營業為目的。而特設之葡萄園。則宜用搭架法。其法用木柱立於東西兩方。葡萄在兩柱之中央。與柱成一直線。柱之距離。以葡萄樹大小而定之。另用鉛絲平行排列。兩端各縛於柱上。將枝分開。向上伸長。用細繩縛在鉛絲上。分成杯狀式。或使枝蔓各沿鉛絲。成為平形式。架宜東西向。俾兩面得受日光。則雨露空氣。亦均週到。以期收獲良好之果實。

八、摘果。葡萄果穗之大小。與價格有重大之關係。此不特用於生食者為然也。惟果穗之多少。乃由樹勢之強弱而定。如結果不適宜於樹勢者。其果粒在豌豆大時。即可摘除。如此不但可以使其餘果穗充分發育。即種蔓至翌年。且可生出大穗之果芽也。又果穗之數。既由樹形而定。凡矮小之樹。每本不得過二三十穗。每株成蔓。亦祇得以二穗為度。如期至成熟後。不惟果實豐大。且其味亦必甘美也。

九、採收。各種果實均以枝上熟者。色香味俱佳。葡萄之採收亦以枝上熟者為佳。葡萄成熟之表示。見果梗微枯。果粒豐大。柔軟而透明之時。即成熟。採收時須擇晴天。俟朝露乾後。採收法。用利剪連梗剪下。勿損果粉。採收後。鋪在清涼室內。令水分稍稍蒸發。見有稍顯黑褐色。而作軟化之粒。即宜除去。然後貯藏。若水分過多。或選剔不淨。皆易腐敗。如欲輸送遠處。果梗剪下之處。以火烙之。或敷以蠟。俾免侵入空氣。以致霜乾。貯藏方法。用木箱以麥桿。礱糠。乾草。或他種常綠之樹葉等。層間裝貯。密閉箱蓋。置於清涼室中。經久不變。又或用乾砂。及蠶豆埋藏。置於溫度無大變化之室內。則外觀及風味亦不致變。但最善莫如窖藏。起土爲窖。窖中溫度。在華氏三十四度。至四十八度之間。不可降至冰點以下。將果穗排列窖內。勿過接觸密接。否則卽爲腐爛之基。又欲貯藏者。須在霜降以前採收。若經霜之實。卽不耐貯藏矣。

十、功用。葡萄除生食之外。多供製葡萄乾。及葡萄酒之需用爲最廣。

葡萄乾之製法。各項葡萄果實。均可使用。最好以無核葡萄爲原料。則更佳。在氣候乾燥之地。如美國之加利福尼者。可以完全用日光乾燥之。其他比較濕潤之地。或完全用人工乾燥者。或日光晒至半乾。再以人工補足之。如此乾燥者。甜味不豐。故市上販售之葡萄乾。每於乾燥之前。投蜜糖汁中。暫時煎沸。然後乾燥之。

葡萄酒有赤白二種。並非果實赤白之分。乃釀造時方法之區別也。如釀赤酒者。連皮醱酵。釀白酒者。則去皮。僅以果汁供用。釀酒時。先擇良果。壓出其汁。其果皮上有天然之酵母菌生存。在榨汁時卽混入汁內。故不必再添酵母。榨得之汁。製白酒者。去皮。赤酒則連皮貯於桶中。卽能自然醱酵。大概經十四五日則醱酵終了。卽去榨移入他桶。置地窖中。再經二十日許。而後醱酵終了。醱酵完畢後。移入不接日光。溫度少變化之處。靜待成熟。普通再經半年許。概可供飲。然貯藏愈久。酒味愈美。至少經一年以上。始可以供販賣。

十一間作。葡萄未結果之二年內。空間之地。可種蔬菜。（如四季甘藍包頭白菜等）。或特用普通之作物。（如除蟲菊薄荷棉豆等矮生植物）類之副產。如種普通作物。亦可維持工食地租等開支。如種蔬菜。或特用作物。則除去開支。尚可盈餘也。

十二副業。葡萄結果成林後。空間之地。不能種農作物時。可養雞若干只。一方面可得雞與蛋之副產收入。一方面藉雞之翻鬆土壤。啄除害蟲。雞糞可以肥地。再養蜜蜂若干羣。一方面可得蜂蜜蠟等之副產收入。一方面藉蜜蜂傳播花粉之功。以助結果量之增加。誠一舉數得者也。

第六章　石榴

石榴之原產地。在波斯。其後西入歐洲之南。非洲之北。我國自漢武帝時。使張騫至西域時。攜歸種植。相傳至今。日本則自我國傳去者也。花色美麗。供庭園間觀賞之用。丹瓣者。能結果實。重瓣者開花而不結實。石榴之花。有紅色。白色。瓣分丹瓣重瓣。石榴之甘者以供食用。其味甘美。異常爽口。實既成熟。外皮錠裂。紅白相間。甚屬美觀。雜植於花果庭園之間。足資爲園林之裝飾也。其根皮可供藥用。有除蟲之効。石榴之酸者。溫濇無毒。可治赤白痢。及腹痛久瀉不止等症。

一、種類。石榴之種類有數種。茲舉一二種於下。

水晶石榴　果大形圓。皮色紅黃。肉色淡紅。秋季完熟時。外皮綻裂。而現其子。狀如水晶。其後稍帶紅色。味極甘美。品質佳良。產量甚豐。三年結果。

南京石榴　果實中大。形圓。皮色紅黃。肉色赤褐。美麗。味甘多漿。爲石榴中上品。秋季成熟。產豐。三年結果。

二、擇地。石榴性質頑健。耐寒力亦強。無論何處。均能生長結實。種植之地●以稍帶濕潤之礫質粘土。而陽光所及之處。爲最佳。如種植於輕鬆乾燥之砂壤土時。宜於根邊實以小石。以抑止根株之蔓延無度。而期結果量之增加也。

三、定植。將預備之地。先深耕一次。如有草根。樹根。檢出堆積。可焚之以作肥料。然後將耕鬆之地。築成闊一丈或八尺之畦。若平條。長可隨意。畦則以高爲宜。兩畦之間。需開深溝。其深度約須距離畦面二尺許爲宜。栽植之排列。以三角形爲佳。栽植之距離。八尺至一丈。(每畝約栽六十株。至八十株爲適宜。)瘠地宜密。肥地宜疏。栽植之季節。除嚴寒之地。須行春植外。其他各地。春秋均可。且秋植較春植更佳。因立冬節。俗名小陽春。氣候溫和。故秋季種植之苗。年內猶能發鬚根一次。待至春季。則猛長枝葉。欣欣向榮。栽穴之大小。約一尺五六寸。深度約六七寸。惟瘠地宜深。肥地宜淺。(以不見根鬚爲標準。)至於穴內施肥。除過瘠之地。或季節上之關係。略施以基肥外。普通均不施肥。栽植時之根鬚。必須使其充分展開。然後四週填以細土。再將根部稍稍拔起。向前後左右微加搖動。使細土充實根隙。然後灌水踏實之。待一星期後。每株平鋪人糞。四五斤。或棉餅、菜餅、豆餅、蔴餅、研細末三四兩。施於苗根四週。後再覆細土。做成饅頭形。勿使受水。依法種植可以株株成活。再圍場四週。並須加掘出水深溝。以防淹沒而利排水。

四、中耕。在落葉後。及施肥期前。需先掃除枯枝落葉。並芟除雜草。及隨時搜尋蟲窩與枯草落葉。舉火焚之。既去蟲害。又供肥料。(雜草之芟除。宜視生長之狀況。而隨時施行之)與早春葉芽未放前。宜各中耕一次。催促細根發生。並得藉日光及霜雪之力。將病蟲之菌卵。晒死凍斃。所得利益極多。惟中耕時。宜注意培壅。將溝中之泥。掘壅於溝旁。以培樹根。在沙土及傾斜地。更需注意。

五、施肥。石榴樹種植後。於初萌芽時。每株施以人糞十斤左右。至中秋節時。再施同樣同量之肥料一次。至冬至時。則將根邊饅頭形土耙開。施以細末豆餅。或菜餅。棉餅。蔴餅。等之餅屑。每株半斤至一斤。視土質之肥瘠。及樹本之大小而異之。施後仍覆細土。照原狀培護石榴根。助其發育。次年苗木有少數開花。需盡行摘去。恐拔傷樹力。至第三年。所開之花。略可以保留。應施肥料。與前不同。須於二月初。每株施以稀薄人糞四五斤。以催其花蕊。待結果後。至五月初。再施照前同樣同量之肥料。以補其果。待果成熟摘盡後。至中秋節前。每株再施以濃厚人糞十餘斤。以補其元氣。入冬至後。再將石榴根邊土耙開。仍施研細之棉餅。或菜餅。蔴餅。每株半斤至一斤。以培其根。施後仍需與前同樣覆蓋。且需加高。以保石榴樹之免於搖動。以後每年如此施肥。可望出產豐富。

七、整枝。石榴種植後次年。需行整枝法。整枝之利益甚多。如矯正果樹之天然不良狀態。調節發育作用。與結果之作用。能增其結果量。並可改良其品質。亦可減少病蟲害。及便於採取果實。並能促進其早達結果期。而產果之量。亦可增加。且管理與採果。均可便利。故每年冬季爲整枝之時期。當視樹體之強弱。剪其舊枝。養其新枝。使次年發蕾開花。可使果實之色香味三者俱佳。整枝法。於栽植後。其需在離地一二尺。將果苗主幹剪斷。不宜過高。至次年於落葉後。至發芽前。將枝梢修整如杯狀。第一年。祇留健全者三主枝。將頂梢剪去三分之一。餘枝盡行剪去。第二年。每主枝上各留二三枝。仍行剪梢法。第三四年均照此行之。則斜張四面。杯狀成矣。此後見有向上向內之枝梢。按時摘心剪除。而留其向外者。以齊形式。而使風光通透。並得其結果優良也。

七、採收。石榴之採收時期。以果皮呈紅黃美麗之色。內藏果粒。水分充脹時。即外皮綻裂。美麗之果粒呈露時。為採收之時。乃採而貯藏。或販賣之。貯藏之法。以薄墨色紙包之。置於器中。入砂而密閉之。即可久貯。

八、間作。石榴未結果之三年內。空間之地。可種植蔬菜。(如四季甘藍。包頭白菜等)或特用普通之作物。(如除蟲菊。薄荷。棉豆等矮生植物)類之副產。如種普通作物。亦可維持工食地租等開支。如種蔬菜。或特用作物。則除去開支。尚可盈餘也。

九、副業。石榴結果成林後。空間之地。不能種農作物時。可養雞若干只。一方面可得雞與蛋之副產收入。一方面藉雞之翻鬆土壤。啄除害蟲。雞糞可以肥地。再養蜜蜂若干羣。一方面可得蜜蜂蠟等之副產收入。一方面藉蜜蜂傳播花粉之功。以助結果量之增加。誠一舉數得者也。

第七章　無花果

無花果原產地中海沿岸。歐洲種植最早。現在意大利及美國種植者最多。我國之種無花果。亦已甚久。其果易消化。味甚甘美。而富滋養分。除生食外。又可製乾脯。及煮膏等。又與雞蛋。乳汁。麥粉等。而製布顛。若焙之使乾燥。可研為粉末。以代咖啡糖。有純潔惡血之效。且有止痢疾及喉痛。治五痔之效。本草綱目。及羣芳譜載。無花果一名映日果。一名優曇鉢。一名蜜果。最易生長。插條即活。在處有之。三月發葉。樹如胡桃。葉如楮。子生葉間。五月內不花而果。狀如木饅頭。生青。熟紫。味如柿。而無核。人家宅園。隨地種數百本。收實可備荒。其利有七。實甘可食。多食不傷人且有益。尤宜老人小兒一也。乾之與乾柿無異。可供籩實二也。六月盡。取次成熟。至霜降。有三月常供果實。不比他果。一時採摘都盡三也。種樹十年取效。桑桃最速亦四五年。此果截取大枝扦插。本年結實。次年成樹四也。葉為醫痔聖藥五也。霜降後。未成熟者採之。可作糖蜜煎果六也。得土即活。隨處可種。廣植之或鮮或乾。皆可濟饑。以備歉歲七也。據此。則果樹中之種植最易。而用途廣者。當首推無花果。茲將種植法。逐載於後。以供參考。

一、種類。無花果之種類。亦有數種。茲舉其一二種於下。

白無花果。原產於意大利。果形為倒卵圓形。長大而皮薄。果皮為淡綠色。近於後部。則為白色。果肉完熟。則呈淡黃褐肉軟味甘。生食乾藏皆宜。又最豐產。從夏至秋。採取不絕。春季種下。當年結果。秋季下種。明年結果。

黑無花果。原產於美國。果較白種略小。果熟則成紫黑色。果肉帶深紅色。味甚甘美。而柔軟。亦適於生食及乾藏。且樹性強健。結果富多。為豐產之佳種。熟期與結果期。與白種同。

二、擇地。無花果雖爲亞熱帶之植物。然耐寒之力。頗強。蓋犂芳譜。亦載有北京早有此果也。惟植於較溫之地。則夏秋可成熟數次。植於較寒之地者。成熟之次數亦少也。土質之若何。無大關係。惟能種於稍帶濕潤。而肥沃之石灰質土。爲最宜。而產果最良。

三、定植。將預備之地。先深耕一次。如有草根。樹根。檢出堆積。可焚之以作肥料。然後將耕鬆之土。築成闊一丈或八尺之畦。若干條。長可隨意。畦則以高爲宜。兩畦之間。需開深溝。其深度約需距離畦面二尺許爲宜。栽植之排列。以三角形爲佳。栽植之距離。八尺至一丈。(每畝約栽六十株至八十株爲適宜。)瘠地宜密。肥地宜疏。栽植之季節。除嚴寒之地。需行春植外。其他各地。春秋均可。且秋植較春植更佳。因立冬節。俗名小陽春。氣候溫和。故秋季種植之苗年內猶能發根鬚一次待至春季。則猛長枝葉。欣欣向榮。栽穴之大小。約一尺五六寸。深度約六七寸。惟瘠地宜深。肥地宜淺。(以不見根鬚爲度)至於穴內施肥。除較瘠之地。或季節上之關係。略施以基肥外。普通均不施肥。栽植之根鬚。必需使其充分展開。然後四週塡以細土。再將根部稍稍拔起。向前後左右微加搖動。使細土充實根隙。然後灌水踏實之。待一星期後。每株平鋪人糞四五斤。或棉餅。菜餅。豆餅。蔴餅。研細末三四兩。施於苗根四週後。再覆細土。做成饅頭形。勿使受水。依法種植。可以株株成活。再圍場四週並需加掘出水深溝。以防淹沒而利排水。

四、中耕。在落葉後。及施肥期前。需先掃除枯枝落葉。並芟除雜草。及隨時搜尋蟲窩。與雜草落葉。舉火焚之。既去蟲害。又供肥料。(雜草之芟除。宜視生長之狀況而隨時施行之)與早春葉芽未放前。宜各中耕一次。催促細根發生。並得藉日光及霜雪之力。將病蟲之菌卵。晒死凍斃。所得利益極多。惟中耕時。宜注意培壅。將溝中之泥掘壅於溝旁。以培樹根。在沙土及傾斜地。更需注意。

五、施肥。無花果栽植後。於初萌時。每株施以人糞十斤左右。至中秋時再施同樣同量之肥料一次。至冬至。則將根邊饅頭形之土耙開。施以細末棉餅。或菜餅。豆餅蔴餅等之餅屑。每株半斤至一斤。視土質之肥瘠。及樹本之大小而異之。施後仍覆細土。照原狀培護無花果之根。助其發育。

六、整枝。無花果亦須行整枝法。惟不宜濫行切斷。以致樹本枯損之虞。因無花果雖有徒長枝。與結果枝之分。徒長枝則由於近根部之枝幹而發生。結果枝。乃自前年生枝之頂芽。或液芽而生。發育適度之枝也。無花果之花芽。卽爲花序。係春季所發生之枝之葉腋。而形成者。其後與新枝。一同伸長。至秋末則不絕於新枝之葉腋。而生花序。待至翌春。漸次發育。膨大。迄八月間乃成熟。其新結之果。謂之秋無花果。其他比前者伸長稍遲。而生於新枝葉腋之數個花序。以不能成熟之故。至秋冷則縮皺而落果。且其先端之花序。亦停止發育。恰如腋芽之狀。必越年至翌春。始與新枝同時生長。迄七月間。乃得成熟。此果稱爲夏無花果。故種於暖地者。一年有二次或三次之成熟也。以上所述。無花果之新舊二枝。有同時發育花序之性。故不僅有新果枝生於枝之頂芽。且夏無花果之花序。亦已於當年秋季形成。如濫行剪枝。不特切斷枝之先端。使直接無新果枝之生出。即已形成之花序。亦必因此減少也。故凡樹形已整之後。不宜常行剪定。間或於冬期剪枝。亦不過除去自根際生出之徒長枝。與枯枝等可也。

七、採收。無花果採收之時期。以果實漸次變色。而頂部將分裂之狀時。即可採收。其法從果梗上摘下之。不可連枝折取。以損樹本。

八、功用。無花果除生食外。可製成乾果。及鹽漬。蜜餞而久藏。或遠運販賣。又果葉均可治病之用。

無花果乾之製法。於果實未裂以前採收。而置於蓆簀之上。藉天然陽光之熱力而曝之使乾。以貯藏之。否則用火力烘乾之。其用日光乾燥者。約七日至十日。用烘乾法者。在華氏百八十度左右之熱度。則二小時即可乾燥貯藏矣。採青果用鹽漬壓扁。日光曝乾。可充食。果實小者。用糖煮。蜜餞。可以久藏。

無花果實氣味甘平無毒。主治開胃止洩痢。治五痔。咽喉痛等症。無花果葉氣味甘。微辛平有小毒。主治五痔腫痛。煎湯頻頻薰洗之甚效。

九、間作。無花果雖當年即結果。然二三年內。空間之地尚多。可種植蔬菜。(如四季甘藍。包頭白菜等)。或特用普通之作物。(如除蟲菊。薄荷。棉豆等矮生植物)。類之副產。如種普通作物。亦可維持工食地租等開支。如種蔬菜。或特用作物。則除去開支。尚可盈餘也。

十、副業。無花果成林後。空間之地。不能種農作物時。可養雞若干只。一方而可得雞與蛋副產之收入。一方面藉雞之翻鬆土壤啄除害蟲。雞糞可以肥地。再養蜂若干羣。一方面可得蜂。蜜蠟。等之副產收入。一方面藉蜜蜂傳播花粉之功。以助結果量之增加。誠一舉數得者也。

第八章 櫻桃

櫻桃爲我國自古所種植者。在秦漢以前。已廣種各處。果實成熟最早。先諸果而食。櫻桃之枝梢。多而優美。而有深綠色之葉。葉形長圓。而爲鋸齒狀。花白色如雪。而花柄長。果實成熟時。有深紅。淡紅。紫黄。等美麗鮮豔之色。其味甘美。富多漿液。生食之外。又可罐藏。釀酒。能整血液之循環。助胃液之消化。又能美豔皮膚。我國自古及今。均間植於花果庭園以增色彩。

一、種類。櫻桃之種類甚多。本草綱目。及羣芳譜。均有記載。茲舉其數種於下。

中國大櫻桃 果實大。核小形圓。色鮮紅。味甘美。多漿汁。成熟期在四月。爲早生佳種。產量豐。三年結果。

美國紅櫻桃 西洋原產。中國種植已多年。果大核小。皮色鮮紅。味甘多漿。四月成熟。爲最上品種。產豐。三年結果。

福壽櫻桃 果實大。心臟形。色鮮紅。味甘美佳香。富多漿汁。五月成熟。品質佳良。產量豐富。三年結果。

日出櫻桃

果中大。心臟形。紅色佳種。質柔軟。味甘多漿。四月成熟。產量豐。三年結果。

二、擇地。櫻桃種植之區域最廣。不論寒暖之地。均宜。惟中國種以較溫暖處。產果更佳。西洋種以夏令較冷之處爲良。若利用砧木改良。則無論何種。隨處均能得良好之果。土質之若何。雖無顯著。惟性忌濕潤。故需開深溝。以排水爲最要。

三、定植。將預備之地。先深耕一次。如有草根。樹根。檢出堆積。可焚之以作肥料。然後將耕鬆之地。築成闊一丈或八尺之畦若干條。長可隨意。畦則以高爲宜。兩畦之間。需開深溝。其深度約需距畦面二尺許爲宜。栽植之排列。以三角形爲佳。栽植之距離。八尺至一丈。（每畝約種六十株。至八十株爲適宜）。瘠地宜密。肥地宜疏。栽植之季節。除嚴寒之地。須行春植外。其他各地。春秋均可。且秋植較春植更佳。因立冬節。俗名小陽春。氣候溫和。故秋季種植之苗。年內猶能發鬚根一次。待至春季。則猛長枝葉。欣欣向榮。栽穴之大小。約一尺五六寸。深度約六七寸。惟瘠地宜深。肥地宜淺。（以不見根鬚爲度）。至於穴內施肥。除過瘠之地。或季節上之關係。略施以基肥外。普通均不施肥。栽植時之根鬚。必需使其充分展開。然後四週塡以細土。將根部稍稍拔起。向前後左右微加搖動。使細土充實根隙。然後灌水踏實之。待一星期後。每株平鋪人糞四五斤。或棉餅。菜餅。豆餅。蔴餅研細末三四兩。施於苗根四週。後再覆細土。做成饅頭形。勿使受水。依法種植。可以株株成活。再圍塲四週。並需加掘出水溝。以防淹沒而利排水。

四、中耕。在落葉後。及施肥期前。需先掃除枯枝落葉。並芟除雜草。及隨時搜尋蟲窩。與雜草落葉。舉火焚之。既去蟲害。又供肥料。（雜草之芟除。宜視生長之狀況而隨時施行之。）與早春葉芽未放前。宜各中耕一次。催促細根發生。並得藉日光及霜雪之力。將病蟲之菌卵。晒死凍斃。所得利益極多。惟中耕時。宜注意培壅。將溝中之泥。掘壅於溝旁。以培壅樹根。在沙土及傾斜地。更須注意。

五、施肥。櫻桃種植後。於初萌芽時。每株施以人糞十斤左右。至中秋時。再施同樣之肥料一次至冬至時。則將櫻桃根處饅頭形土耙開。施以研細棉餅。或菜餅。豆餅。蔴餅。等之餅屑。每株半斤至一斤。視土質之肥瘠。及樹本之大小而異之。施後仍覆細土。照原狀培護櫻桃根。助其發育。次年苗木有少數開花。需盡行摘去。恐拔傷其樹力。至第三年。所開之花。略可保留。應施肥料與以前不同。須於二月初每株以稀薄人糞四五斤。以催其花蕊。待結果後。至四月初。再施照前同樣同量肥料。以補其果。待果成熟摘盡後。至中秋節前。每株施濃厚人糞十餘斤。以補其元氣。入冬至前後。再將櫻桃根邊細土耙開。仍施研末之棉餅。或菜餅。荳餅。蔴餅。每株半斤至一斤。以培其根。施後仍須與前同樣覆蓋。且需加高。以保根之免於搖動。以後每年如此施肥。可望出產繁多。

六、整枝。櫻桃種植後次年。需行整枝法。整枝之利益甚多。如矯正果樹之天然不良狀態。調節發育作用。與結果之作用。能增進其結果量。並可改良其品質。亦可減少病蟲害。及便於採取果實。並能促進其早達結果樹。而產果之量。亦可增加。且管理與採果。均可便利。故每年冬季爲整枝之時期。當視樹體之強弱。剪其舊枝。養其新枝。使次年開花發葉。可使果實之色香味三者俱佳。整枝法於栽種後。即需離地一二尺處。將果苗主幹剪斷。不宜過高。至次年於落葉後。至發芽前。將枝梢修整如杯狀。第一年祇留健全者三主枝。將頂枝剪去三分之一。餘枝盡行剪去。第二年每主枝上。各留二三枝。仍行剪梢法。第三四年均照此行之。則斜張四面。杯狀成矣。此後見有向上向內之枝梢。按時摘心剪除。而留其向外者。以齊形式而使風光通透，並得結果優良也。

七、採收。櫻桃採收之時期在四五月間。見果實漸次成熟。即應採收。採收法。宜擇天晴。將果梗摘下。採收後置於涼冷之處。然後裝入竹簍。或木箱中。以販賣之。

八、功用。櫻桃雖不耐貯藏。然除生食外。尚可供罐藏。釀酒。之原料。故過剩之果實。可以利用以製造也。

櫻桃之罐藏法。先去果梗。清洗之後。投熱水中煮數分間。放冷水中冷却之。放置罐中。注以糖二。水一之煮汁。封蓋後。投沸水中連罐煮十五分鐘。取出後。各於罐之中心穿孔。排去空氣。迅即封銲。再放冷水中。冷却之。櫻桃酒之製法。以熟果去核。破碎後。入石製桶中。靜置十二時間後。壓出其汁。每汁三升。加糖十兩。混和後醱酵。七八日即可成酒。

九、間作。櫻桃未結果三年內。空間之地。可種植蔬菜。（如四季甘藍、包頭白菜等。）或特用普通之作物。（如除蟲菊。薄荷。棉豆。等之矮生植物）。類之副產。如種普通作物。亦可維持工食地租等開支。如種蔬菜。或特用作物。則除去開支。尚可盈餘也。

十、副業。櫻桃結果成林後。空間之地。不能種農作物時。可養雞若干只。一方面可得雞與蛋之副產收入。一方面藉雞之翻鬆土壤。啄除害蟲。雞糞可以肥地。再養蜜蜂若干羣。一方面可得蜂蜜蠟等之副產收入。一方面藉蜜蜂傳播花粉之功。以助結果量之增加。誠一舉數得者也。

第九章　苹果

苹果。爲我國自古所栽植。如齊民要術。本草綱目。群芳譜等。均有記載。其果色澤豔麗。形狀美觀。氣味芬芳。富含滋養汁。樹葉淺綠色。有白毛。高丈餘。春末開花。略帶粉紅色。立秋節成熟。

一、種類。苹果之種類甚多。玆舉其數種於下。

甘露苹果　果大形圓。皮黃色。略帶暗赤。味美佳香。耐貯藏。七月成熟。產量豐。三年結果。

金星苹果　果碩大。形圓。西洋原產。皮紅間有金星。味甘美。耐貯藏。秋熟上品。產量豐。三年結果。

香蕉苹果　美國原產。輸入最早。大圓形。皮色青紅。味似香蕉。甘美佳香。耐貯藏。爲最上品。熟期同。產量豐。三年結果。

中國大苹果　果大形扁圓。如小碗。色紅帶白粉。嬌豔悅目。肉色微白。味美甘香。質軟多漿。七月成熟。爲無上佳品。產量豐。三年結果。

大花紅　果實大。形扁圓。色紅甘美。六月成熟。栽培易。產量豐。四年結果。

香水花紅　果大形圓。色紅。味甘美佳香。六月成熟。栽培容易。產最豐。四年結果。

大海棠果　果實碩大。形圓。皮色紫紅。味甜如蜜。成熟期七月上旬。品質良。產果豐。三年結果。

洋海棠果　西洋原產。果實較小。形圓色紅白。味甘美。成熟較晚。品質最良。產量豐。三年結果。

二、擇地。苹果之種植地。以乾燥而較寒之地爲良如在溫暖之地種植。則以瘠薄之土壤。而排水良好者亦佳。

三、定植。將預備之地。先深耕一次。如有草根。樹根等。檢出堆積。可焚之以作肥料。然後將耕鬆之地。築成闊一丈。或八尺之畦。若干條。長可隨意。畦則以高爲宜。兩畦之間。須開深溝。其深度約需距離畦面二尺許爲宜。栽植之排列。以三角形爲佳。栽植之距離八尺至一丈。（每畝約栽六十株。至八十株爲適宜）。瘠地宜密。肥地宜疏。栽植之季節。除嚴寒之地。需行春植外。其他各地。春秋均可。且秋植較春植更佳。因立冬節。俗名小陽春。氣候溫和。故秋季種植之苗。年內猶能發鬚根一次。待至春季。則猛長枝葉。欣欣向榮。栽穴之大小。約一尺五六寸。深度約六七寸。惟瘠地宜深。肥地宜淺。（以不見根鬚爲度。）至於穴內施肥。除過瘠之地。或季節上之關係。略施以基肥外。普通均不施肥。栽植時之根鬚。必需使其充分展開。然後四週塡以細土。再將根部。稍稍拔起。向前後左右微加搖動。使細土充實根隙。然後灌水踏實之。待一星期後。每株平鋪人糞四五斤。或棉餅。菜餅。豆餅。蔴餅。研細末三四兩。施於苗根四週。後再覆細土。做成饅頭形。勿受使水。依法種植。可以株株成活。再圍埸四週。並需加掘出水深溝。以防淹沒。而利排水。

四、中耕。在落葉後。及於施肥期前。需先掃除枯枝落葉。並芟除雜草。及隨時搜尋蟲窩。與雜草落葉。舉火焚之。既去害蟲。又供肥料。（雜草之芟除。宜視生長之狀況而隨時施行之。）與早春葉芽未放前。宜各中耕一次。催促細根發生。並得藉日光。及霜雪之力。將病蟲之菌卵。晒死凍斃。所得利益極多。惟中耕時。宜注意培壅。將溝中之泥。掘壅於溝旁。以培樹根。在沙土及傾斜地。更需注意。

五、施肥。苹果種植後。於初萌芽時。每株施以人糞十斤左右。至中秋時。再施同樣同量肥料一次。至冬至時。則將苹果根處饅頭形之土耙開。施以研細棉餅。或菜餅。豆餅。蔴餅等之餅屑。每株半斤至一斤。視土質之肥瘠。及樹本之大小而異之。施後仍覆細土。照原狀培護。苹果根。助其發育。次年苗木有少數開花。需盡行摘去。恐拔傷其樹力。至第三年。所開之花。略可保留。應施肥料。與以前不同。須於二月初。每株施以稀薄人糞四五斤。以催其花蕊。待結果後。至五月初。再施照前同量同樣肥料。以補其果。待果成熟摘盡後。至霜降節前。每株再施濃厚人糞十餘斤。以補其元氣。入冬至前後。再將苹果根邊細土耙開。仍施研細之棉餅。或菜餅。豆餅。蔴餅。每株半斤至一斤。以培其根。施後仍需與前同樣覆蓋。且須加高。以保苹果根之免於搖動。以後每年如此施肥。可望出產繁多。

六、整枝。苹果種植後次年。須行整枝法。整枝之利益甚多。如矯正果樹之天然不良狀態。調節發育作用。與結果之作用。能增進其結果量。並可改良其品質。亦可減少病蟲害。及便於採取果實。並能促進其早達結果期。而產果之量。亦可增加。且管理與採果。均可便利。故每年冬季。爲整枝之時期。當視樹體之強弱。剪其舊枝。養其新枝。使次年發葉開花。可使果實之色香味三者俱佳。整枝法。於栽植後。卽需在離地一二尺處。將果苗主幹剪斷。不宜過高。至次年於落葉後。至發芽前。將枝梢修整如杯狀。第一年祇留健全者三主枝。將梢剪去三分之一。餘枝盡行剪去。第二年各主枝上各留二三枝。仍行剪梢法。第三四年均照此行之。則斜張四面。杯狀成矣。此後見有向上向內之枝梢。按時摘心剪除。而留其向外者。以齊形式。而使風光通透。並得結果優良也。

七、採收。苹果採收時間。在七八月間。見果實色澤表現美觀。而且發現香氣時。卽可採收。採收時從枝上一一採下輕輕置於筐中。然後裝置箱簍中。以販賣之。

八、功用。苹果能貯藏長時期。以供生食外。尙可供罐藏。釀酒。製乾果。蜜餞等。用途甚廣。

苹果罐藏法。選較大之苹果爲原料。先以苹果與糖一份水二份之混液。同時乃將苹果對剖。去核。然後入罐。注以糖汁。卽可封貯。

苹果酒之釀製法。用晚生苹果爲原料。果實收獲後。先積於藁草之上。堆成三尺高。覆以藁草。八九日後。果面遍生水點。卽去覆藁。此種方法。謂之發汗法。蓋人工後熟法也。發汗之後。放置二三十日。發生香氣。後卽榨汁以供釀造。釀造之時不加洗淨。因果面附有酵母故也。倘剖果去心。或否。卽榨出

其汁。果汁之量。約得果實重量百分之八十。其含糖量至少須在百分之十三左右。不足者加蔗糖以補足之。榨得之果汁。移入酒樽中。任其自然醱酵。二三星期後。醱酵漸衰。卽密閉樽口。越三四星期。乃去渣滓。取其上澄液。移入他桶。卽澄十三度之貯藏室中。更換桶去渣一次。再經四五星期。便可供用矣。製酒之粕。又果心等。可作香油原料。或作肥料。

苹果之果乾製法。將蘋果先去皮去心。再切片乾燥。乾燥之法。大概均用日光。惟天氣陰雨時。須用火力乾燥之。

苹果之蜜餞法。（北方謂之苹果脯）。將苹果先剝去果皮然後對剖爲二。卽投濃糖水中煮熟之。然後取出乾燥。頗耐貯藏。惟易受一種蜘蛛類之寄生蟲。此種蜘蛛形態。極微白色。不過如芝蔴大小。繁殖極速。其預防之法。先將貯脯之罐。用沸水清洗。然後藏脯再入蒸籠蒸之。（此蟲對於各種蜜餞果實。均能侵害。且爲害頗大。）

九、間作。苹果未結果之三年內。空間之地。可種植蔬菜。（如四季廿藍。何頭白菜等。）或特用普通之植物。（如除蟲菊。薄荷。棉豆等之矮生植物）類之副產。如種普通作物。亦可維持工食地租等開支。如種蔬菜或特用作物，則除去開支。尙可盈餘也。

十、副業。苹果樹結果成林後。空間之地。不能種農作物時。可養鷄若干只。一方面可得雞與蛋副產之收入。一方面藉雞之翻鬆土壤。啄除害蟲。雞糞可以肥地。再養蜂若干羣。一方面可得蜂蜜蠟等之副產收入。一方面藉蜜蜂傳播花粉之功。以助結果量之增加。誠一舉數得者也。

第十章　梨

梨爲百果之宗。乃我國自古所栽植者。樹葉形尖圓。緣有小鋸齒。春末開白花。色豔微香。花落結果。形有橢圓。渾圓。或大或小。味甜而汁多。梨之効用甚廣。除生食外。可製罐頭。乾果。蜜餞。釀酒等用。我國歷來以作藥用。謂可以解熱止渴。治大嗽熱喘。潤肺消痰。其與麥芽糖煮熟者。尤爲治咳之良藥。故梨之爲用最廣。

一、種類。梨之種類甚多。玆舉其數種於下。

香雪梨　果實碩大。形尖圓。皮黃。肉白似雪。味脆嫩而甘香。多漿汁。伏季成熟。產量豐。四年結果。

美伏梨　原產美國。果大形尖圓。皮黃肉白。味甘多漿。伏季成熟。產量豐。四年結果。

萊陽梨　果實碩大。形尖圓。皮色黃。有斑點。肉白味甘。多漿。秋季成熟。產量豐。四年結果。

香蕉梨　果實大。形尖圓。皮色黃。肉白味甜如香蕉。秋季成熟。產量豐四年結果。

二、擇地。梨之種植地亦如苹果。其最適之土質。莫如易於排水之沙壤。其性能耐寒氣。如在溫暖之處。必取其北面傾斜地。如在寒冷之處。則取其南面傾斜地。

三、定植。將預備之地。先深耕一次。如有草根樹根。檢出堆積。可焚之以作肥料。然後將耕鬆之地。築成闊一丈或八尺之畦。若干條。長可隨意。畦則以高爲宜。兩畦之間。須開深溝。其深度約須距離畦面二尺許爲宜。栽植之排列。以三角形爲佳。栽植之距離。八尺至一丈。（每畝約栽六十株。至八十株適宜）。瘠地宜密。肥地宜疏。栽植之季節。除嚴寒之地。須行春植外。其他各地。春秋均可。且秋植較春植更佳。因立冬節。俗名小陽春。氣候溫和。故秋季種植之苗。年內猶能生根鬚一次。待至春季。則猛長枝葉。欣欣向榮。栽穴之大小。約一尺五六寸。深度約六七寸。惟瘠地宜深。肥地宜淺。（以不見根鬚爲標準）。至於穴內施肥。除過瘠之地。或季節上之關係。略施以基肥外。普通均不施肥。栽植時之根鬚。必須使其充分展開。然後四週塡以細土。再將根部稍稍拔起。向前後左右。微加搖動。使細土充實根際。然後灌水踏實之。待一星期後。每株平鋪人糞四五斤。或棉餅。菜餅。豆餅。蔴餅。研細末三四兩。施於苗根四週。後再覆細土。做成饅頭形。勿使受水。依法種植。可以株株成活。再園塲四週。並須加掘出水深溝。以防淹沒而利排水。

四、中耕。在落葉後。及施肥期前。需先掃除枯枝落葉。並芟除雜草。及隨時搜尋蟲窩。與雜草落葉。舉火焚之。旣去蟲害。又供肥料。（雜草之芟除。宜視生長之狀况而隨時施行之。）與早春葉芽未放前。宜各中耕一次。催促細根發生。並得藉日光及霜雪之力。將病蟲之菌卵。晒死凍斃。所得利益極多。惟中耕時。宜注意培壅。將溝中之泥掘壅於溝旁。以培樹根。在沙土及傾斜地。更需注意。

五、施肥。梨苗種植後。於初萌芽時。每株施以人糞十斤左右。至中秋時再施同樣同量肥料一次。至冬至時。則將梨根處饅頭形之土耙開。施以細末棉餅。或菜餅。豆餅。蔴餅等餅屑。

每株半斤至一斤●視土質之肥瘠○及樹本之大小而異之○施後仍覆細土○照原狀培護梨根○助其發育○次年苗木有少數開花○須盡行摘去○恐拔傷樹力○至第三年所開之花○略可保留○應施肥料與以前不同○需於二月初○每株施以稀薄人糞四五斤○以催其花蕊○待結果後○至五月初○再施照前同樣同量之肥料○以補其果○待果成熟摘盡後○至中秋節前○每株再施濃厚人糞十餘斤○以補其元氣○入冬至前後○再將梨根邊細土耙開○仍施研細之棉餅○或菜餅○荳餅○蔴餅○每株半斤至一斤○以培其根○施後仍需與前同樣覆蓋○且需加高○以保梨樹之免於搖動○以後每年如此施肥○可望出產繁多○

六、整枝○梨苗種植後次年○須行整枝法○整枝之利益甚多○如矯正果樹之天然不良狀態○調節發育作用○與結果之作用○能增進其結果量○並可改良其品質○亦可減少病蟲害○及便於採收果實○並能促進其早達結果期○而產果之量○亦可增加○且管理與採果○均可便利故每年冬季○為整枝之時期○當視樹體之強弱○剪其舊枝○養其新枝○使次年發葉開花○可使果實之色香味三者俱佳○整枝法○於栽植後即須在離地一二尺處○將果苗主幹剪斷○不宜過高○至次年於落葉後○至發芽前○將枝梢修整如杯狀○第一年祇留健全者三主枝○將頂梢剪去三分之一○餘枝盡行剪去○第二年○每主枝上○各留二三枝○仍行剪梢法○第三四年○均照此行之○則斜張四面○杯狀成矣○此後見有向上向內之枝梢○按時摘心剪除○而留其向外者○以齊形式○而使風光通透○並得結果優良也○

七、採收○梨之採收時期○與苹果同○在當地出售者○以九成熟為摘梨之適當時期○如欲運輸於遠方者○以八成熟○即可摘下○採摘之法○宜持梨把○不宜持梨果○從枝上輕輕摘下○一一置於筐中○然後置陰涼之室中○裝入簍中○簍需嚴密○勿令受風○受風則皮黑而難於出售○裝簍後○或窖藏○善價而估○或即出售之○

八、功用○梨與苹果之性質相同○除能貯藏長時期○以供生食外○尚可供製罐頭○貯藏○及釀酒○蜜餞○製乾果○作藥用以解熱止渴○利大小腸○治大嗽○熱喘○潤肺消痰○其與麥芽糖煮熟者○尤為治咳之良藥○故梨之為用最廣也○

梨之罐藏法○將梨先去外皮○再去心○適宜分割○浸清水中○即與水同行煮沸○約十分鐘左右○置入罐中○另以煮汁百分○白糖七十分之混合液○煮沸○濾過後○注入罐中○約及全罐十分之九○加以密封包以商標○即可出售○

梨酒之釀製法○用十分成熟之梨○入臼樁碎○加百分之十五之水○放置一晝夜○使其漸生泡沫○乃榨出移之他器○俟十分醱酵○取其上澄液○換桶貯藏○待後熟後○即可供用○若甜味較淡者○宜加蔗糖○必使成百分之十二三○乃可醱酵○或於梨果汁三百分中○加白糖九十分○酒精二百五十分○丁香油二十三四滴○放置半月餘○濾過供飲○味亦極美○又與苹果酒同樣製造亦可○

梨之蜜餞法○將梨先剝去果皮○然後對剖為二○即投濃糖水中煮熟之○然後取出乾燥○頗耐貯藏○惟易受一種蜘蛛類之寄生蟲○此種蜘蛛類○形態極微白色○不過如芝蔴大小○繁殖極速

○其預防之法○先將貯脯之罐用沸水清洗○然後藏脯○再入蒸籠中蒸之○（此蟲對於各種蜜餞果實○均能侵害○且爲害頗大）○

梨之乾果製法○將梨先去皮○去心○再切片乾燥之○乾燥之法○大概均用日光○惟天氣陰雨時○需用火力乾燥之○

九、間作○梨樹未結果之三年內○空間之地○可種植蔬菜○（如四季甘藍○包頭白菜等）○或特用普通之作物○（如除蟲菊○薄荷等○矮生植物）類之副產○如種普通作物○亦可維持工食地租等開支○如種蔬菜○或特用作物○則除去開支○尚可盈餘也○

十、副業○梨樹結果成林後○空間之地○不能種農作物時○可養雞若干只○一方面可得雞與蛋之副產收入○一方面藉雞翻鬆土壤○啄除害蟲○雞糞可以肥地○再養蜜蜂若干羣○一方面可得蜂蜜蜂蠟等之副產收入○一方面藉蜜蜂傳播花粉之功○以助結果量之增加○誠一舉數得者也○

第十一章 栗

栗爲我國原產○樹高三四丈○質極堅實○可作鐵路枕木○及建築材料○以之爲壽器○可四百年不朽○若以火熏○木板表面使之堅結○能達七百年之久○樹葉窄長○有缺刻甚細○每齒之端○有針刺○夏開黃花○細長如繩○雌雄同株而異花○雌花較小○僅二寸許○依風爲傳花粉之媒介○傳花粉後○雄花即落○雌花獨否○其落花可編爲火繩○作爲導火吸烟之用○可省火柴○其皮可作染料○其果可食○需用既廣○栽培亦盛○其種植法等○一切均較其他果樹爲容易○故爲有利之果樹○其果包於房內○房上生多刺○爲保護果實之具○防鳥鼠之竊齒○幼童輩亦不敢輕於採摘○房內生果○自一至三○果被堅級之殼○殼內有仁○仁又有紅白相間之嫩皮包之○白露節後成熟○房裂果即墜落地上○但農人不待其自落○即持竿登樹○打之落地○拾而積存家中○置數日後○以舊鞋底擦之○果自奪房而出○即可集而貯藏○或出售矣○

一、種類○栗之種類○亦有數種○略舉於下○

良鄉栗　果實碩大○味甘品佳○久已馳名○九月成熟○出產豐富○四年結果○木質堅硬○用作材料○

杭州魁栗　果實碩大○肉質細密○味甘佳香○九月底成熟○產量豐○四年結果○木質堅硬○最能耐久○可作鐵道枕木等用○

杭州珠栗　果實小而光○味美而爽○九月成熟○產量豐○四年結果○木質堅硬○亦爲鐵道枕木等用○

大丹波栗　果實肥大○形體圓○濃褐色○食味絕佳○品質上等○九月成熟○產豐○四年結果○

二、擇地○栗樹種植之區域甚廣○除極寒之地外○均能生長○土質以高燥○稍帶傾斜之砂礫○及壤土爲最良○

三、定植○將預備之地○先深耕一次○如有草根○樹根○檢出堆積○可焚之以作肥料○然後將耕鬆之地○築成闊一丈或八尺之畦○若干條○長可隨意○畦則以高爲宜○兩畦之間○需開深溝○其深度約須距畦面二尺許爲宜○栽植之排列以三角形爲佳○栽植之距離八尺至一丈○（每畝約種六十株○至八十株爲適宜）。瘠地宜密。肥地宜疏。栽植之季節。除嚴寒之地。須行春植外。其他各地。春秋均可。且秋植較春植更佳。因立冬節。俗名小陽春。氣候溫和。故秋季種植之苗。年內猶能發根鬚一次。待至春季則猛長枝葉。欣欣向榮。栽穴之大小。約一尺五六寸。深度約六七寸。惟瘠地宜深。肥地宜淺。（以不見根鬚爲標準）。至於穴內施肥。除過瘠之地。或季節上之關係。略施以基肥外。普通均不施肥。栽植時之根鬚。必須使其充分展開。然後四週塡以細土。再將根部稍稍拔起。向前後左右。微加搖動。使細土充實根隙。然後灌水踏實之。待一星期後。每株平鋪人糞四五斤。或棉餅。菜餅。豆餅。蔴餅。研細末三四兩。施於苗根四週。後再覆細土。做成饅頭形。勿使受水。依法種植。可以株株成活。再園場四週並需加掘出水深溝。以防淹沒。而利排水。

四、中耕。在落葉後。及施肥期前。先掃除枯枝落葉。並芟除雜草。及隨時搜尋蟲窩。與雜草落葉。舉火焚之。既去蟲害。又供肥料。（雜草之芟除。宜視生長之狀況而隨時施行之）。與早春葉芽未放前。宜各中耕一次。催促細根發生。並得藉日光及霜雪之力。將病蟲之菌卵。晒死凍斃。所得利益極多。惟中耕時宜注意培壅。將溝中之泥掘壅於溝旁。以培樹根。在沙土及傾斜地。更需注意。

五、施肥。栗苗種植後。於初萌芽時。每株施以人糞十斤左右。至中秋時。再施同樣同量肥料一次。至冬至時。則將栗根處。饅頭形之土。耙開施以研細棉餅。或菜餅。豆餅。蔴餅等之餅屑。每株半斤至一斤。視土質之肥瘠及樹本之大小而異之。施後仍覆細土。照原狀培護栗根。助其發育。至第四年。所開之花略可保留。應施肥料。與以前不同。需於二月初。每株施以稀薄人糞。四五斤。以催其花蕊。待結果後。至五月初。再施照前同樣同量肥料。以補其果。至中秋節前後。再施濃厚人糞十餘斤。以補其元氣。入冬至後再將栗根邊細土耙開。仍施研細之棉餅。或菜餅。荳餅。蔴餅。每株半斤至一斤。以培其根。施後仍須與前同樣覆蓋。且需加高。以保栗樹之免於搖動。以後每年如此施肥。可望出產豐富繁多。

六、整枝。栗樹種植後次年。須行整枝法。整枝之利益甚多。如矯正果樹之天然不良狀態。調節發育作用。與結果之作用。能增進其結果量。並可改良其品質。亦可減少病蟲害。及便於採果實。並能促進其早達結果期。而產果之量。亦可增加。且管理與採果。均可便利。故每年冬季。爲整枝之時期。當視樹體之強弱。剪其舊枝。養其新枝。使次年發葉開花。可使果實之色香味三者俱佳。整枝法於栽植後。卽需離地一二尺處。將果苗主幹剪斷。不宜過高。至次年於落葉後。至發芽前。將枝梢修整如杯狀。第一年祇留健全者三主枝。將頂梢剪去三分之一。餘枝盡行剪去。第二年每主枝上。各留二三枝。仍行剪梢法。第三四年均照此行之。則斜張四面。杯狀成矣。此後見有向上向內之枝梢。按時摘心剪除。而留其向外者。以齊形式。而使風光通透。並得結果優良也。

七、採收。栗之採收時期。在九十月間。見果球色澤。由綠而變黃。漸漸自行落下。拾而貯藏。卽販賣。

八、間作。栗樹未結果之四年內。空間之地。可種蔬菜。（如四季甘藍。包頭白菜等）。或特用普通之作物。（如除蟲菊。薄荷。棉豆等矮生植物）類之副產。如種普通作物。亦可維持工食地租等開支。如種蔬菜。或特用作物時。則除去開支。尚可盈餘也。

九、副產。栗樹結果成林後。空間之地。不能種農作物時。可養雞若干只。一方面可得雞與蛋副產之收入。一方面藉雞之翻鬆土壤。啄除害蟲。雞糞可以肥地。再養蜜蜂若干箱。一方面可得蜂、蜜、蠟、等之副產收入。一方面藉蜜蜂傳播花粉之功。以助結果量之增加。誠一舉數得者也。

第十一章 柿

柿爲吾國原產。乃脆性之大喬木。壽命最長。果實最大。種植柿樹利亦甚厚。柿樹由濃綠色之橢圓形葉。開青白色之花。結成黃赤色之果。蕚之殘片。存於果心。使果爲凸突狀。而果心之周圍。存列長扁平之種果。夏至開花。雄花較雌花略小。霜降節前後而實熟。柿之味甘者曰甜柿。可生食。惟柿未成熟之時。必有澀味。除生食用者。須熟透而採收外。其他尚可製柿餅。餱餅。柿漆等用者。大半以未成熟而採收。以供製造也。

一、種類。柿之種類頗多。茲舉數種於下。

杭州方柿　果形方圓。而略扁。大逾茶盌。味極甘美。核甚小。誠良種也。九月成熟。產量豐富。五年結果。

銅盆柿　果實大。形圓而扁。色鮮紅。味極甘美。九月成熟。產量豐。五年結果。

美紅柿　果大形腰圓。色鮮紅。味甘美多漿汁。品質佳良。九月成熟。產量豐。五年結果。

富有柿　果大形扁圓。紅黃色。味甘多漿。風味絕佳。十月成熟。產量豐。五年結果。

二、擇地。柿樹種植之區域最廣。除過寒過暑之氣候外。均可種植。土質之若何。亦無甚顯著。惟以壤土及濕潤之赤粘土。爲生長最佳。而最適宜之地。

三、定植。將預備之地。先需深耕一次。如有草根。樹根。檢出堆積。可焚之以作肥料。然後將耕鬆之地。築成闊一丈。或八尺之畦。若干條。長可隨意。畦則以高爲宜。兩畦之間。需開深溝。其深度約需距畦面二尺許爲宜。栽畦之排列。以三角形爲佳。栽植之距離。株間十二尺。行間十六尺。（每畝約栽三十三株爲標準。）栽植之季節。除嚴寒之地。須行春植外。其他各地。春秋均可。且秋植較春植更佳。因立冬節。俗名小陽春。氣候溫和。故秋季種植之苗。年內猶能生根鬚一次。待至春季。則猛長枝葉。欣欣向榮。栽穴之大小。約一尺五六寸。深度約六七寸。惟瘠地宜深肥地宜淺。（以不見根鬚爲標準。）至於穴內施肥。除過瘠之地。或季節上之關係。略施以基肥外。普通均不施肥。栽植時之根鬚。必需使其充分展開。然後四週填以細土。再將根部稍稍拔起。向前後左右。微加搖動。使細土充實根隙。然後灌水踏實之。待一星期後。每株平鋪人糞四五斤。或棉餅。菜餅豆餅蓖餅等之研細餅屑三四兩。施於苗根四週。後再覆細土。做成饅頭形。勿使受水。依法種植。可以株株成活。再圍塌四週。並需加掘出水深溝。以防淹沒而利排水。

四、中耕。在落葉後。及施肥期前。先掃除枯枝落葉。並芟除雜草。及隨時搜尋蟲窩。與雜草落葉。舉火焚之。旣去蟲害。又供肥料。（雜草之芟除。宜視生長之狀況而隨時施行之。）與早春葉芽未放前。宜各中耕一次。催促細根發生。並得藉日光。及霜雪之力。將病蟲之菌卵。晒死凍斃。所得利益極多。惟中耕時。宜注意培壅。將溝中之泥。掘壅於溝旁。以培樹根。在沙土及傾斜地。更須注意。

五、施肥。柿苗種植後。於初萌芽時。每株施以人糞十斤左右。至中秋時。再施同樣同量肥料一次。至冬至時。則將柿根處饅頭形之土。耙開。施以研細棉餅。或菜餅。豆餅。蔴餅等之餅屑。每株半斤至一斤視土質之肥瘠。及樹本之大少而異之。施後仍覆細土照原狀培護柿根。助其發育。至第五年。所開之花略可保留。應施肥料與以前不同。須於四月初。每株施以稀薄人糞四五斤。以催其花蕊。待結果後。至七月初。再施照前同樣同量肥料。以補其果。待果成熟摘盡後。每株再施濃厚人糞十餘斤。以補元氣。入冬至前後。再將柿根細土耙開。仍施研細之棉餅。或菜餅。豆餅。蔴餅。每株半斤至一斤。以培其根施後仍須與前同樣覆蓋。且須加高。以保柿根之免於搖動。以後每年如此施肥。可望出產繁多。

六、整枝。柿樹種植後次年。須行整枝法。整枝之利益甚多。如矯正果樹之天然不良狀態。調節發育作用。與結果之作用。能增進其結果量。並可改良其品質。亦可減少病蟲害。及便於採取果實。並能促進其早達結果期。而產果之量。亦可增加。且管理與採果。均可便利。故每年冬季。爲整枝之時期。當視樹體之強弱。剪其舊枝。養其新枝。使次年發葉開花。可使果實之色香味三者俱佳。整枝法。於栽植後。即須離地一二尺處。將苗果主幹剪斷。不宜過高。至次年。於落葉後。至發芽前。將枝梢修整如杯狀。第一年祇留健全者三主枝。將頂梢剪去三分之一。餘枝盡行剪去。第二年。每主枝上各留二三枝。仍行剪梢法。第三四年均照此行之。則斜張四面。杯狀成矣。此後見有向上向內之枝梢。按時摘心剪除。而留其向外者。以齊形式。而使風光通透。並得結果優良也。

七、採收。柿之採收時期。由用途而有不同。供生食用者。須於樹上成熟。在果肉尚未十分柔軟時採之。以待後熟。供其他用途者。須視用途而定之。採收法。以手採摘之。其高處以銳鐮共切之。然須無妨於明年之果枝。採收之果實。不使損傷。置於蓬桿之間。以補其未熟者。

八、功用。柿除生外。尚可製成柿餅。餞柿。及柿漆之用。製柿餅法。柿餅爲脯類最優之品。人人所好。每斤可售銀一角。近日百物昂貴。脯價驟增。運銷遠方。可售二角。製法簡單。易於仿造。法在霜降節前數日。當柿八成熟時。用利刃削去外皮。曝日之下反覆晒之。約二十日。澀味減少。肉質黏結。以多數柿乾排列整齊。用木板緊覆。以石鎮之。一日加重一次。不過十日乾巳成餅。去覆再晒。表面有白霜一層。爲小兒治口瘡之聖藥。其餅乾以繩穿之。再壓則愈扁。計自削皮起。至冬至止。柿餅完全告成。

又法。以未曾全熟之柿。連皮揑扁。日晒夜露。至乾乃納入甕中。待生白霜。卽可供食。日本之製柹餅法。先去皮。然後懸檐下乾燥之。約二十日。果面稍乾。乃排置席上乾燥之。堆置十日後。再藏甕內十餘日。則果面發生白粉。此時取出。乾燥。可供食用。柹餅耐貯藏。故可遠運以售善價也。又家常柹餅製造法。擇柹之八九成熟者。連蒂剪下。削去外皮。帶柄擊之以繩。掛於檐下。切忌烟薰。以能多受日光。多受風吹爲宜。待其自然乾燥。約隔四五十日。取下食之。味甚甘美。

製餞柹法。以未熟之青柹。浸石灰內。待果皮微現紅光。發生班點。卽可供食。味極甘脆。日本則以生柹置甕中。間層灑以酒精。亦能除去澀味。此二者均屬中和柹中單甯之法。又未熟之柹貯於暖所。則因後熟作用。自然成熟。

製柹漆法。柹漆一名柹澀。作防腐劑。及酒類澄清劑之用。普通以塗抹魚網。紙傘等製造法。以極澀之柹。乘其青時採下入臼搗碎。每日攪拌一回。六七日後。以布袋濾去其滓。滓中加水。再榨之。榨出之液。密閉貯藏。約半年後。漸漸澄清。其澄液約四至四五之比重。

鮮柹久藏之法。城市果行。及小販等鮮柹久藏之法。每多將硬柹。置於乾燥溫室之內。或用薄紙包之。可藏至來年三月。如見有小黑點發現。剔出或食之。或售之。蓋黑點發現。卽爲腐爛之先兆。且易染及他果。

又法。在柹實將摘完之時。每株上留二十枚左右。於樹梢用紙數重包好。外以繩略束之。交立春節摘下。其體增大。其味極甜。其色極豔。其漿極多。較之早摘藏於室中者。優劣殊懸。且無爛班。新年供諸案頭。尤可藉以賞玩。卽以贈諸親友。亦爲無上之珍品。惟每株留柹。至多不過二十枚。再多則有礙及樹之生長力。而致次年不能多結。

食柹須知。樹上摘下之柹味澀。須略置數日。涼食性涼。多食無益。凍柹尤涼。牙易受損。若以溫水泡熱食之。可以止瀉。或曰柹性發暖。涼食無礙。其實不然。

九、間作。柹樹未結果之五年內。空間之地。可種蔬菜。（如四季甘藍。包頭白菜等。（或特用普通之作物。）如除蟲菊。薄荷。棉豆等矮生食物）類之副產。如種普通作物。亦可維持工食地租等開支。如種蔬菜。或特用作物。則除去開支。尙可盈餘也

十、副業。柹樹結果成林後。空間之地。不能種農作物時。可養雞若干只。一方面可得雞與蛋副產之收入。一方面藉雞之翻鬆土壤。啄除害蟲。雞糞可以肥地。再養蜂若干羣。一方面可得蜂蜜蠟等之副產收入。一方面藉蜜蜂傳播花粉之功。以助結果量之增加。誠一舉數得者也。

第十三十四十五十六章　柑橘　文旦　橙類

柑、橘、爲我國原產。現巳遍布全球。爲溫暖地之植物。性不耐寒。據實驗結果。氣溫高。則成熟早。甘味增。果皮薄。現今著名之品種。台岩之蜜橘。頗能行銷各埠。惟文旦類。需在熱地。則易於繁殖。而柑、橘、橙、類。較寒之區。尙可生長。柑橘之花雌雄合一。而甚有芳香。果實赤黃均有。而形狀亦大小不一。其功用甚廣。除生食能常期貯藏外。能供製蜜餞糖果。鮮橘汁。柑橘餅。枸橼酸香料。及藥品等。並爲提煉揮發油之需用。

一、種類。柑橘之種類甚多。茲舉數種於下。

福州蜜橘　果大扁圓形。紅黃色。味甘香。漿汁多。品質佳。為橘中上品。成熟早。產量豐。四年結果。

天台蜜橘　果實大。扁圓形。色黃味甘美。多漿汁。成熟早。耐貯藏。產量豐。四年結果。

黃巖蜜橘　果實中大。形扁圓。色橙黃。皮薄核小。而味甘美芳香。早熟。耐貯藏。產量豐。四年結果。

溫州蜜橘　果實大。形圓。橙黃色。味甘多漿。成熟較晚。耐貯藏。產最豐。四年結果。

特種金柑　果實大。形圓。皮色金黃。味甘多漿。為柑中之最上品。成熟早。耐貯藏。產量豐。三年結果。

牛奶金柑　果中大。形長圓。色黃。味甘略酸。九月成熟。耐貯藏。產量豐。三年結果。

白玉文旦　果實大。重達三斤。果形長圓。皮黃而薄。肉白如雪。味甘漿多。十月成熟。產量豐。五年結果。

水晶文旦　果實大。形圓。皮黃肉白。味甘。成熟較晚。產量豐。五年結果。

二、擇地。柑橘類種植之地。以溫暖之氣候。最好者。為西北負山。東南面海。寒風不甚之地。或傾斜溫暖。而排水良好之地。否則雖能結實。皮厚粗硬。且液汁少而多酸味。土質以砂礫質土壤為最佳。

三、定植。將預備之地。先深耕一次。如有草根。樹根。檢出堆積。可焚之。以作肥料。然後將耕鬆之地。築成闊一丈。或八尺之畦。若干條。長可隨意。畦則以高為宜。兩畦之間。須開深溝。其深度約須距畦面二尺許為宜。栽植之排列。以三角形為佳。栽植之距離。八尺至一丈。（每畝約栽六十株。至八十株為適宜。）瘠地宜密。肥地宜疏。栽植之季節。除嚴寒之地。需行春植外。其他各地春秋均可。且秋植較春植更佳。因立冬節。俗名小陽春。氣候溫和。故秋季種植之苗。年內猶能發根鬚一次。待至春季。則猛長枝葉。欣欣向榮。栽穴之大小。約一尺五六寸。深度約六七寸。惟瘠地宜深。肥地宜淺。（以不見根鬚為標準）。至於穴內施肥。除過瘠之地。或季節上之關係。略施以基肥外。普通均不施肥。栽植時之根鬚。必須使其充分展開。然後四週。填以細土。再將根部稍稍拔起。向前後左右微加搖動。使細土充實根際。然後灌水踏實之。待一星期後。每株平鋪人糞四五斤。或棉餅。菜餅。豆餅。蔴餅。研細末三四兩。施以苗根四週。後再覆細土。做成饅頭形。勿使受水。依法種植。可以株株成活。再園場四週。並需加掘出水深溝。以防淹沒而利排水。

四、中耕。在落葉後。及施肥期前。需先掃除枯枝落葉。並芟除雜草。及隨時搜尋蟲窩。與雜草落葉。舉火焚之。既去蟲害。又供肥料。（雜草之芟除。宜視生長之狀況而隨時施行之）。與早春葉芽未放前。宜各中耕一次。催促細根發生。並得藉日光及霜雪之力。將病蟲之菌卵，晒死凍斃。所得利益極多。惟中耕時宜注意培壅。將溝中之泥。掘壅於溝旁。以培樹根。在沙土及傾斜地。更需注意。

五、施肥。柑橘類種植後。於初萌芽時。每株施以人糞十斤左右。中秋時再施同樣同量肥料一次。至冬至時。則將根處饅頭形之土耙開。施以研細棉餅。或菜餅。豆餅。蔴餅等之餅屑。每株半斤至一斤。視土質之肥瘠。及樹本之大小而異之。施後仍覆細土。照原狀培護根際。次年苗木有少數開花。須盡行摘去。恐拔傷樹力。至第三年所開之花。略可保留。應施肥料。與以前不同。須於二月初。每株施以稀薄人糞四五斤。以催其花蕊。待結果後。再施照前同樣同量之肥料。以補其果。待果成熟摘盡後。每株再施濃厚人糞十餘斤。以補其元氣。入冬至前後。再將根邊細土耙開。仍施研細之棉餅、或菜餅。豆餅。蔴餅。每株半斤至一斤。以培其根。施後仍須與前同樣覆蓋。且需加高。以保柑橘等樹之免於搖動。以後每年如此施肥。可望出產繁多。

六、整枝。柑橘類之開花結果。均在枝梢頂端。不如桃李之生花於葉液。剪定枝勢者。須識此性。柑橘類雖任其自然生長。不加修剪。亦能結果。然其枝梢易於繁茂。其叢密之處。每多無用之枝葉。不僅徒耗養分。且易使病蟲寄生。故整枝亦爲必要之手續。柑橘類之自然形爲半圓球形。其整枝法亦以此爲準。其幼樹必剪去下部之枝。使其本幹長度。以距地二尺五寸處截斷之。使生三四本之主枝。翌春各剪成一尺二三寸長。以新生之枝分配各部。如是反覆數年。至開花結果時。於冬季略行修剪。夏季見有徒長枝。則剪去三分之一二。其他可不必過加修剪。在開花結果之時。常有落果現象。其原因由於根之發育過度。枝葉不能相伴之故。此時宜行斷根。其時間在九十月間最適。去其直根。至翌春自生新根。斷根之後。樹周即行施肥。或於春初斷根。然後施肥亦可。柑橘類之花生於上年之頂芽。本春長成新枝之葉液間。故豐產之年。全樹枝頂均生花芽。花芽之數平均。約有六個。因此結果之後。樹勢驟衰。遂成隔年結果現象。故於冬季。預將半數結果之先端剪去。以節樹液。而備次年之結果。然冬季修剪之後。翌春發芽時。所生花芽仍不少。是不僅使果形減少。且使品質不良。必需再行摘果。柑橘類之幼果。亦呈綠色。混新葉中。不易辨別。故普通多行摘花以代之。柑橘爲畏寒之植物。故防寒之設備。乃不可省之工作。除防風林等永久設備外。於秋末十一月十二月之間。各樹均須以稻草包裹。以防寒害。降霜之時。並宜行薰烟以預防之。則凍損之患可少矣。

七、採收。柑橘類之採收時期。由種類。氣候。土質之不同而異。早者在十一月。晚者至明年五六月。採果實者。必以鋏剪其梗。勿使蒂脫落。果之未經霜者尤耐貯藏。已經霜者。不易久貯。故採果者。多選經霜之前。採花以充製油之原料者。五六月之間擇天氣晴朗時。而採摘可也。

八、功用。柑橘類大概均供生食。然除生食之外。可供種種之用途。如製蜜餞糖果。鮮橘汁。柑橘餅。枸櫞酸香料及香品等。並可爲提煉揮發油之需用。

製蜜餞糖果之法。以未熟之柑橘。切成輪片。去其汁液。用清水洗滌之。投於清水二升。苛性鉀三兩之液中。暫時煮之。即取出冷之。再以清水洗淨。然後混白糖投鍋中煮之。隨時增加白糖。數時間後取出陰乾。混白糖貯藏。

製柑橘餅之法。以柑橘壓扁。糖煮而製。先用刀劃破柑橘皮。然後壓出其汁。即入糖蜜中煮熟之。再取出壓扁晾乾之。其用途僅供香料。或食用榨出之果汁。可利用以作糖果。

製鮮橘汁之法。先將柑橘之皮核去之。然後入二重底之釜中。加水煮之。以木製之椿。研碎果肉。至成漿狀。乃以絹篩濾之。去其皮滓。加同量之蔗糖煮之。至比重三十度許。乃停煮之裝瓶貯藏。酸味過重者。煮時加少量之白堊。待液而生膜後。掏去之。或多加蔗糖亦可。

製枸櫞酸之法。將枸櫞壓榨而取其汁。濾過而煮沸之。加炭酸鈣。使成枸櫞酸鈣。然後加稀硫酸。去其鈣。即得枸櫞酸矣。

九、間作。柑橘類種植後。在未結果之三五年內。空間之地。可種植蔬菜。（如四季甘藍。包頭白菜等。（或特用普通之作物。（如除蟲菊。薄荷。棉豆等之矮生植物。）類之副產。如種普通作物。亦可維持工食地租等開支。如種蔬菜。或特用作物。則除去開支。尙可盈餘也。

十、副業。柑橘等結果成林後。空間之地。不能種農作物時。可養雞若干只。一方面可得雞與蛋副產之收入。一方面藉雞之翻鬆土壤。啄除害蟲。雞糞可以肥地。再養蜜蜂若干羣。一方面可得蜜蜂蠟等之副產收入。一方面藉蜜蜂傳播花粉之功。以助結果量之增加。誠一舉數得也。

第十七章 枇杷

枇杷爲吾國原產。東南諸省。類皆種植之。蘇州之洞庭。杭州之塘棲。均爲產枇杷著名之地。爲常綠喬木之一。可供觀賞樹之用。果實性涼質寒。可治熱症。而味又甘美。汁液豐富。當枇杷成熟時。正其他果實缺乏之時。古諺有枇杷黃果子荒之一語。足見枇杷寶貴。以致年年供不應求。果實除生食之外。可供蜜餞。及釀酒之用。枇杷葉可供藥用。以治肺病。止咳。化痰等需用甚廣。

一、種類。枇杷之種類亦有數種。最著名者。惟白沙與紅沙耳。

白沙枇杷　果實大。形圓。皮薄肉厚。均黃白色。味甘多汁。品質良好。產量豐。樹勢強。爲枇杷中最佳種。五年結果。

紅沙枇杷　果實大。形圓。皮肉紅赭色。肉厚味甜。品質佳。樹勢健。成熟早。產量豐。五年結果。

二、擇地。枇枇種植之區域。以較溫暖之氣候爲宜。土質亦以砂礫質壤土。而排水良好者爲佳。

三、定植。將預備地。需先深耕一次。如有草根。樹根。檢出堆積。可焚之以作肥料。然後將耕鬆之地。築成闊一丈或八尺之畦。若干條。長可隨意。畦則以高爲宜。兩畦之間。須開深溝。其深度約須距離畦面二尺許爲宜。栽植之排列。以三角形爲佳。栽植之距離。八尺至一丈。（每畝約栽六十株。至八十株爲適宜。）瘠地宜密。肥地宜疏。栽植之季節。除嚴寒之地。須行春植外。其他各地。春秋均可。且秋植較春植更佳。因立冬節。俗名小陽春。氣候溫和。故秋季種植之苗。年內猶能發根鬚一次待至春季。則猛長枝葉。欣欣向榮。栽穴之大小。約一尺五六寸。深度約六七寸。惟瘠地宜深。肥地宜淺。（以不見根鬚爲標準）。至於穴內施肥。除過瘠之地。或季節上之關係。略施以基肥外。普通均不施肥。栽植時之根鬚。必需使其充分展開。然後四週填以細土。再將根部稍稍拔起。向前後左右。微加搖動。使細土充實根隙。然後灌水踏實之。待一星期後。每株平鋪人糞四五斤。或棉餅。菜餅。豆餅。蔴餅。究細末三四兩。施於苗根四週。後再覆細土。做成饅頭形。勿使受水。依法種植。可以株株成活。再園場四週。並需加掘出水深溝。以防淹沒而利排水。

四、中耕。在落葉後。及施肥期前。需先掃除枯枝落葉。並芟除雜草。及隨時搜尋蟲窩。與雜草落葉。舉火焚之。既去蟲害。又供肥料。（雜草之芟除。宜視生長之狀况而施行之。）與早春葉芽未放前。宜各中耕一次。催促細根發生，並得藉日光霜雪之力。將病蟲之菌卵，晒死凍斃。所得利益極多。惟中耕時宜注意培壅。將溝中之泥。掘壅於溝旁。以培樹根。在沙土及傾斜地更需注意。

五、施肥。枇杷種植後。於初萌芽之時。每株施以人糞十斤左右。至中秋時。再施同樣同量肥料一次。至冬至時。則將根處饅頭形之土耙開。施以研細棉餅。或菜餅。豆餅。蔴餅等之餅屑。每株半斤至一斤。視土質之肥瘠。及樹體之大小而異之。施後仍覆細土。照原狀培護根處。助其發育。年年如是。所施肥料較爲不同。至中秋節前。每株再施濃厚人糞十餘斤補其元氣。入冬至前後。再將根邊細土耙開仍施研細之棉餅。或菜餅。荳餅。蔴餅。每株半斤至一斤。以培其根。施後仍需與前同樣覆蓋。且需加高。以保樹體之免於搖動。以後每年如此施肥。可望出產繁多。

六、整枝。枇杷之枝梢。即不加修剪。亦能自然的長成圓頭形。而開花結果。蓋枇杷樹勢之能向外發展。在秋季於新枝之梢端。着生花芽至來春結果。如欲使成圓錐形。則於離地一定處。使生二三枝。此後逐漸誘生枝椏。配置樹幹各部。使全樹毫無空所。枇杷之枝。須並其基部剪下。則舊枝基部。再生新枝。如再生枝之中部。剪斷。則新枝不生。而枯枝亦枯死。故枇杷之整枝。宜特別注意也。

七、採收。枇杷之採收時期。在五六月間。果面呈黃色時。即可採收。採收法。須連梗採下。切不可梗與果分離。否則易於腐爛。不能久貯。採收後。勿久置堆壓。須即用小竹簍。以枇杷葉填敷底面。及四週。然後裝入。每簍裝十斤左右。上面亦用枇杷葉蓋之。其上更用竹編之蓋。蓋之。以繩封紮。即可出售。惟遠運者。宜用木箱。先敷稻草。再加軟紙後。入果實。封以板蓋。用繩綑之。即可遠運。

八、功用。枇杷除生食之外。可供製成蜜餞。以貯藏。又可釀酒。葉可供藥用。以治肺病止咳疾等。用途頗廣。

製蜜餞枇杷法。將枇杷先去皮核果梗。與蔗糖間層積疊瓶中。即可貯藏供用。蓋枇杷之果肉柔軟。不須煮沸。否則爛熟矣。

釀造枇杷酒之法。以良好之果實。先去果梗。再刷去果皮上之毛茸。用壓榨器破碎之。然後入濾過器。分離其果汁及滓。檢查果汁之糖分。如不達百分之二十。則以蔗糖補足之。果汁既備。即入桶中發酵。桶需以硫黃消毒。預防有害菌類之侵入。置桶之所。須在攝氏十三四度之處。約一月後。取去其渣。再令醱酵。再三個月後。即可藏瓶供用。每果實七十斤。約得果酒一斗五升。

九、間作。枇杷未結果之五年內。空間之地。可種蔬菜。（如四季甘藍。包頭白菜等。）或特用普通之作物。（如除蟲菊。薄荷棉豆矮生植物類）之副產。如種普通作物。亦可維持工食地租等開支。如種蔬菜或特用作物。則除去開支。尚可盈餘也。

十、副業。枇結果杷成林後。空間之地。不能種農作物時。可養鷄若干只。一方面可得雞與蛋副產之收入。一方面藉鷄之翻鬆土壤。啄除害蟲。雞糞可以肥田。再養蜜蜂若干羣。一方面可得蜂蜜蠟等之副產收入。一方面藉蜜蜂傳播花粉之功。以助結果量之增加。誠一舉數得者也。

第十八章　胡桃

胡桃俗名核桃。原產西域。漢武帝時。張騫出使西域。攜種東來。先試種於陝西。後乃傳之各省。爲喬木之一。樹高三丈許。材質堅固。可製各種器具等。皮可供染料。果仁爲生食。或乾果皆可。供製果。及烹調製油等用。

一、種類。胡桃之種類。有薄殼與厚殼之數種。薄殼者果亦有大小之分。而肉厚且含油質甚富。氣味芬芳。爲果中補劑。九十月間成熟。產量豐。六年結果。

二、擇地。胡桃種植之區。適於較寒之氣候。宜稍帶濕氣之黏壤土。平斜山地均可種植。

三、定植。將預備之地。先深耕一次。如有草根。樹根。檢出堆積。可焚之以作肥料。然後將耕鬆之地。築成闊一丈或八尺之畦若干條。長可隨意。畦則以高爲宜。兩畦之間。須開深溝。其深度約需距畦面二尺許爲宜。栽植之排列。以三角形爲佳。栽植之距離。八尺至一丈。（每畝約栽六十株。至八十株爲適宜）。瘠地宜密。肥地宜稀。栽植之季節。除嚴寒之地。須行春植外。其他各地。春秋均可。且秋植較春植更佳。因立冬節。俗名小陽春。氣候溫和。故秋季種植之苗。年內猶能發根鬚一次。待至春季。則猛長枝葉。欣欣向榮。栽穴之大小。約一尺五六寸。深度約六七寸。惟瘠地宜深。肥地宜淺。（以不見根鬚爲準）。至於穴內施肥。除過瘠之地。或季節上之關係。略施以基肥外。普通均不施肥。栽植時之根鬚。必須使其充分展開。然後四週填以細土。再將根部稍稍拔起。向前後左右微加搖動。使細土充實根隙。然後灌水踏實之。待一星期後每株平鋪人糞四五斤。或棉餅菜餅荳餅。蔴餅。研細末三四兩。施於苗根四週。後再覆細土。做成饅頭形。勿使受水。依法種植。可以株株成活。再園場四週。並須加掘出水深溝。以防淹沒而利排水。

四、中耕。在落葉後及施肥期前。須先掃除枯枝落葉。並芟除雜草。及隨時搜尋蟲窩。與雜草落葉。舉火焚之。既去蟲害。又供肥料。（雜草之芟除。宜視生長之狀況而隨時施行之）。與早春葉芽未放前。宜各中耕一次。催促細根發生。並得藉日光及霜雪之力。將病蟲之菌卵。晒死凍斃。所得利益極多。惟中耕時宜注意培壅。將溝中之泥。掘壅於溝旁。以培樹根。在沙土及傾斜地。更須注意。

五、施肥。胡桃苗種植後。於萌芽時。每株施以人糞十斤左右。至中秋時。再施同樣同量肥料一次。至冬至時。則將根邊饅頭形之土耙開。施以研細棉餅。或菜餅。蔴餅等之餅屑。每株半斤至一斤。視土質之肥瘠。及樹本之大小而異之。施後仍覆細土。照原狀培護根處。助其發育。

六、整枝。胡桃之整枝手續。無甚重要。祇須隨時刈除密生枝。徒長枝。枯死枝等。使空氣流通。日光直射。以助其生長發育可也。

七、採收。胡桃之採收時期。立秋節後。果卽滿仁。處暑節成熟。白露節青皮離殼而墜落地上。然農家通例。皆不待自落。而於處暑節後五日。用竹杆打下。以交白露節。再打。青皮雖易脫落。然不打下恐易損失。胡桃打下時。卽堆積於室之一隅。用稻草或麥桿蓋後。使其發熱。五六日卽能脫殼。以木板撮之。其青皮自然脫下。皮與果實各置一處以待用。果實置筐籮中。擇清水洗淨。再晒乾。而貯藏。或卽販賣。

八、功用。胡桃之功用甚廣。玆特略舉於下。

(一)幹可製各種木器。堅緻不起木刺。

(二)剪下之廢枝。及乾枝。可作燃料。

(三)秋後落下之葉。可焚之以作肥料。

(四)青皮晒乾。變爲黑色。售之於市。可醫積食之症。再有受病之落核桃。(小青核桃)。可以刀切爲薄片。晒乾。以鍋蒸之。再晒再蒸。再蒸再晒。凡三次。及乾後。任霜露冰雪侵凌。凡有積食之症。以沸水冲之。而飲其湯。惟味苦澀。可和紅糖。(忌用白糖)飲之。

青皮之忌害。幼兒無知。每見青核桃。思脫去其皮。以石搗之。手染褐色。三五日仍不脫去。濺之衣上。洗去不易。以口咬之。則口唇立腫。此亦不可不預知者也。

(五(仁可榨油。製果餡。入肴蔬作乾果外。又可入藥用。(一)小兒誤吞銅錢。多食果仁。可使銅錢融化。(二)將核桃帶殼燒之。搗去糊皮。可治產婦血症。(三)孕婦以芝蔴餅核桃同食。產後小兒無胎毒。(四)將仁搗碎。以未曾用過之生白布擰之。其汁摘小兒耳中。可醫耳聾。(五)將仁搗碎。以黃酒冲服。可治缺汗。(六)飽飯後。食一核桃。仁可助消化。(七)小兒常食。可去各種癘患。(八(核桃全仁一箇。陳酒一杯。半夜醒時。合而嚼之極細。徐徐嚥下，可以澀精延壽。其效如神。

九、利益。胡桃樹之壽命最長。能活至五百年。結果最多時期。有三百五十年。每株胡桃樹。能摘果二千五百個。至三四十個不等。大樹可摘三四萬個。平均以每株摘五千個。每個三文計。則每株可得五元。每畝種三十株。計可得一百五十元。

十、間作。胡桃未結果之數年內。空閒之地。可種植蔬菜。(如四季甘藍。包頭白菜等)。或特用普通之作物。(如除蟲菊。薄荷。棉豆等矮生植物)。類之副產。如種普通作物。亦可維持工食地租等開支。如蔬菜或特用作物。則除開支。尚可盈餘也

十一、副產。胡桃結果成林後。空閒之地。不能種農作物時。可養鷄若干只。一方面可得鷄和蛋副產之收入。一方面藉鷄之翻鬆土壤。啄除害蟲。雞糞可以肥地。再養蜜蜂若干羣。一方面可得蜂蜜蠟等之副產收入。一方面藉蜜蜂傳播花粉之功。以助結果量之增加。誠一舉數得者也。

第十九章 白果

白果原名銀杏。一名公孫樹。以生平原者茂盛。山之肥沃者。亦茂。樹高者可達十丈。葉形爲扇面。樹有雌雄。皆開花。色白淺綠。雄樹開雄花。花六瓣。略大。雌樹。開雌花。花朵略小。雄樹高而雌樹低。雌樹之花粉。達於雌樹之花。方結果實。若單有一株雌樹。無雄樹。則永不結果。故栽此樹需雌雄並種。春末開花。秋末結果。纍纍滿樹。實外有青皮包之。霜降

後皮變黃。腐爛墜於地下。肉有核殼。殼色白。故名白果。殼薄脆。以手揑之即開。殼內有仁。青綠色。仁外有嫩皮包之。皮色二。一端色綠。一端色黃。食時去其薄皮。而食其仁。

一、擇地。白果種植之區。以溫暖之氣候。肥沃之山原。含有機質之土地。均可種植。

二、定植。將預備之地。先深耕一次。如有草根。樹根。檢出堆積。可焚之以作肥料。然後將耕鬆之地。築成闊一丈或八尺之畦。若干條。長可隨意。畦則以高爲宜。二畦之間。須開深溝。其深度約須距畦面二尺許爲宜。栽植之排列。以三角形爲佳。栽植之距離。株間十二尺。行間十二尺。（每畝約栽三十三株爲適宜。）瘠地宜密。肥地宜疏。栽植之季枝。除嚴寒之地。須行春植外。其他各地。春秋均可。且秋植較春植更佳。因立冬節。俗名小陽春。氣候溫和。故秋季種植之苗。本年內猶能發根鬚一次。待至春季。則猛長枝葉。欣欣向榮。栽穴之大小。約一尺五六寸。深度約六七寸。惟瘠地宜深。肥地宜淺。（以不見根鬚爲標準）。至於穴內施肥。除過瘠之地。略施以基肥外。普通均不施肥。栽植時之根鬚。必須使其充分展開。然後四週塡以細土。再將根部稍稍提起。向前後左右。微加搖動。使細土充實根隙。然後灌水踏實之。待一星期後每株平鋪人糞四五斤。或棉餅。菜餅。蔴餅。研細餅屑三四兩。施於苗根四週。後再覆細土。做成饅頭形。勿使受水。依法種植。可以株株成活。再園場四週。並須加掘出水深溝。以防淹沒而利排水。

三、中耕。在落葉後。及施肥期前。須先掃除枯枝落葉。並芟除雜草。及隨時搜尋蟲窩。與雜草落葉。聚火焚之。既去蟲害。又供肥料。（雜草之芟除。宜視生長之狀況而隨時施行之。）與早春葉芽未放前。宜各中耕一次。催促細根發生。並得藉日光及霜雪之力。將病蟲之菌卵。晒死凍斃。所得利益極多。惟中耕時。宜各注意培壅。將溝中之泥。掘壅於溝旁以培樹根。在沙土及傾斜地。更須注意。

四、施肥。白果種植後。於初萌芽時。每株施以人糞十斤左右。至中秋時。再施同樣同量肥料一次。至冬至時。將白果根邊饅頭形之土耙開。施以研細棉餅。或菜餅。荳餅。蔴餅等之餅屑。每株半斤至一斤。視土質之肥瘠。及樹本之大小而異之。施後仍覆細土。照原狀培護根處。助其發育。

五、整枝。白果爲大喬木之一。樹身過高。故整枝不易。而無法以止其勢。蓋其性喜高也。生長自然規則。亦不必年年整枝。祇須在初苗時。整成樹勢。則雖隔數十年亦不變。欲其不高。則以剪去正頂。使力不能上行。自然向四面分開。成爲盤形。至高不過六七丈。亦已足矣。白果樹皮光滑。修直不易。整理其大枝。大椏。亦頗費手。尋常大樹幹。粗至數圍。整枝者須用梯。登至分椏處。以勾鐮搭樹椏。緣柄而上。及至小枝。則緣幹而上矣。凡由樹幹生出之小枝。悉剪去之。有枯枝及不正者。均宜剪去之。

六、採收。白果之採收時期。在八九月間。黃葉四飛。果實呈淡黃色時爲宜。採收法。以棒擊枝。而使下落。或由自然落於地皆可。收後堆置一角。或浸之水缸中。待外皮腐熟而去之。乾燥後。即可貯藏。

七、功用。白果爲果類中最珍貴者。其仁可燒食。燒時須帶殼。可以糖漬。惟熟時食之。無冷食者。　糖漬法。將白果殼搗去。用沸水浸之。撈出後。剝去嫩皮。露出青仁。鍋內煮水使沸。置果其中。煮三四分鐘。洒以白糖。或冰糖。再以澱粉調成爲稀淡之液。盛之碗中。以匙食之。惟煮白果之水最好用煮肉。或煮雞之清湯。則味美矣。

白果樹之木材。質地堅實。紋細。色白。味淡。用以製造箱櫃。廚匣等器具。永不裂縫。眞良材也。

八、間作。白果未結果之數年內。空間之地。可種蔬菜（如四季甘藍。包頭白菜等）或特用普通之作物。（如除蟲菊。薄荷。棉豆等矮生植物。）類之副產。如種普通作物。亦可維持工食地租等開支。如種蔬菜。或特用作物。則除去開支。尚可盈餘也

九、副業。白果結果成林後。空間之地。不能種農作物時。可養鷄若干只。一方面可得鷄與蛋副產之收入。一方面藉雞之翻鬆土壤。啄除害蟲。鷄糞可以肥地。再養蜂若干羣。一方面可得蜂、蜜、蠟、等副產收入。一方面藉蜜蜂傳播花粉之功。以助結果量之增加。誠一舉數得者也。

第二十章　棗

棗爲我國自古原產。樹高二三丈。滿樹生刺。順逆互長。順刺長。逆刺短。葉尖卵形。小而光滑。形如綠玻璃。夏至開小白花。寒露節果熟。燕魯二省。出產最多。爲全國冠。每値棗實成熟時。名曰棗秋。船裝車載。運銷他省。棗樹之木材。堅硬。可作各種玩具之用。

一、種類。棗樹之種類。有長種與圓種之分。長種甜棗。果大形長圓。色紅。味甘多漿。八月成熟。產量豐。四年結果。圓種甜棗。果大形圓。色紅。味甘如蜜。八月成熟。產量豐。四年結果。

二、擇地。棗樹適於溫暖肥沃之地。則易長而產果亦佳。

三、定植。將預備之地。須先深耕一次。如有草根。樹根。檢出堆積。可焚之以作肥料。然後將耕鬆之地。築成闊一丈。或八尺之畦。若干條。長可隨意。畦則以高爲宜。兩畦之間。需開深溝。其深度。約須距畦面二尺許爲宜。栽殖之排列。以三角形爲佳。栽植距離。八尺至一丈。（每畝約植六十株。至八十株爲適宜）。瘠地宜密。肥地宜疏。栽植之季節。除嚴寒之地需行春植外。其他各地。春秋均可。且秋植較春植更佳。因立冬節。俗名小陽春。氣候溫和。故秋季種植之苗。年內猶能發根鬚一次。待至春季。則猛長枝葉。欣欣向榮。栽穴之大小約一尺五六寸。深度約六七寸。惟瘠地宜深肥地宜淺。（以不見根鬚爲標準）。至於穴內施肥。除過瘠之地。或季節上之關係。略施以基肥外。普通均不施肥。栽植時之根鬚。必須使其充分展開。然後四週塡以細土。再將根部稍稍拔起。向前後左右。微加搖動。使細土充實根隙。然後灌水踏實之。待一星期後。每株平鋪人糞四五斤。或棉餅。菜餅。豆餅。蔴餅。研細末三四兩。施於苗根四週。後再覆細土。做成饅頭形。勿使受水。依法種植。株株成活。再圍塲四週。並須加掘出水溝。以防淹沒而利排水。

四、中耕。在落葉後及施肥期前。需先掃除枯枝落葉。並芟除雜草

○及隨時搜尋蟲窩○與雜草落葉○舉火焚之○既去蟲害○又供肥料(雜草之芟除○宜視生長之狀況而隨時施行之)○與早春葉芽未放前○宜各中耕一次○催促細根發生○並得藉日光霜雪之力○將病蟲之菌卵○晒死凍斃○所得利益極多○惟中耕時宜各注意培壅○將溝中之泥○掘壅於溝旁○以培樹根○在沙土及傾斜地○更需注意○

五、施肥○棗苗種植後○於初萌芽時○每株施以人糞十斤左右○至中秋時○再施同樣肥料一次○至冬至時○則將根處饅頭形土耙開○施以研細棉餅○或菜餅○豆餅等之餅屑○每株半斤至一斤○視土質之肥瘠○及樹本之大小而異之○施後仍覆細土○照原狀培護棗根○助其發育○

六、整枝○棗樹種植後次年○須行整枝法○整枝之利益甚多○如矯正果樹之天然不良狀態○調節發育作用○與結果之作用○能增進其結果量○並可改良其品質○亦可減少病蟲害○及便於採取果實○並能促進其早達結果期○而產果之量○亦可增加○且採果與管理○均可便利○故每年冬季○爲整枝之時期○當視樹體強弱剪其蕪枝○養其斯枝○使次年發葉開花○可使果實之色香味○三者俱佳○整枝法○於栽植後○即須在離地一二尺處○將果苗主幹剪斷○不宜過高○至次年於落葉後○至發芽期前○將枝梢修整如杯狀○第一年祇留健全者三主枝○將頂梢剪去三分之一○餘枝盡行剪去○第二年每主枝上○各留二三枝○仍行剪梢法○第三四年○均照此行之○則斜張四面○杯狀成矣○此後見有向上向內之枝梢○按時摘心剪除○而留其向外者○以齊形式○而使風光通透○並得結果優良也○

七、採收、棗樹採收之時期○在秋末○凡製乾果用者○以完全熟而採收○生食用者○以八分熟採之○採收法○樹下先鋪以草蓆等○然後再以竹竿打下○則果實乾淨○而收取亦便○鮮者○即可出售○乾者○須晒乾而貯藏之○

八、功用、棗除生食之外○可供醫藥之用○及製紅棗○蜜棗○等用○製紅棗者○待紅棗全熟時○採下晒乾即成○製蜜棗之法○用未熟之大棗○以小刀深劃縱線於肉上○用器打扁之○然後入糖汁中煮之○煮至皮變黃褐色○肉質柔軟時○取出烘乾之即成○蜜棗○紅棗○爲家庭日常之食品○取之熟食○如蒸飯煮粥油烹等類○其味甘甜○藥鋪多之○菓鋪亦多用之○銷路極多○不亞核桃栗子等○又可在文火內略燒○微糊以沸水浸之或燒後置於涼水內煮沸○色紅味甘○飲之可以提氣○

九、間作○棗樹未結果之四年內○空間之地○可種植蔬菜○(如四季甘藍○包頭白菜等)○或特用普通之作物○(如除蟲菊○薄荷○棉豆等矮生植物)○類之副產○如種普通作物○亦可維持工食地租等開支○如種蔬菜○或特用作物○則除去開支○尚可盈餘也○

十、副業○棗樹結果成林後○空間之地○不能種農作物時○可養雞若干只○一方面可得雞和蛋之副產收入○一方面藉雞之翻鬆土壤○啄除害蟲○鷄糞可以肥地○再養蜜蜂若干羣○一方面可得蜂蜜蠟等之副產收入○一方面藉蜜蜂傳播花粉之功○以助結果量之增加○誠一舉數得者也○

第廿一章　榧子

榧子樹爲大喬木之一。樹高四五丈。壽命甚長。如白果。四五月開白花。六七月結實。實小如豆。今年所結之果。至第三年秋。方成熟。果實香脆異常。生食。炒食。及糖製。榨油。均可。木材堅軟適中。文理緻密。可供造一切器具等用。

一、種類。榧子種類不多。惟一二種耳。

二、擇地。榧子以溫暖之氣候。肥沃之山原。含有機質之土地。均可種植。

三、定植、將預備之地。先深耕一次。如有草根。樹根。檢出堆積。可焚之以作肥料。然後將耕鬆之地。築成闊一丈。或八尺之畦。若干條。長可隨意。畦則以高爲宜。兩畦之間。須開深溝。其深度約需距離畦面二尺許爲宜。栽植之排列。以三角形爲佳。栽植之距離。株間十二尺。行間十六尺。(每畝約栽三十三株爲適宜。瘠地宜密肥地宜疏。栽植之季節。除寒冷之地。須行春植外。其他各地。春秋均可。但秋植較春植更佳。因立冬節。俗名小陽春。氣候溫和。故秋季種植之苗。年內猶能生鬚根一次。待至春季。則猛長枝葉欣欣向榮。栽穴之大小。約一尺五六寸。深度約六七寸。惟瘠地宜深。肥地宜淺。(以不見根鬚爲標準)。至於穴內施肥。除過瘠之地。或季節上之關係。略施以基肥外。普通均不施肥。栽植時之根鬚。必須使其充分展開。然後四週填以細土。做成饅頭形。勿使受水。依法種植。可以株株成活。再園場四週。並須加掘出水深溝。以防淹沒而利排水。

四、中耕。在落葉後。及施肥期前。需先掃除枯枝落葉。並芟除雜草。及隨時搜尋蟲窩。與雜草落葉。舉火焚之。既除蟲害。又供肥料。(雜草之芟除。宜視生長之狀況而隨時施行之)。與早春葉芽未放前。宜各中耕一次。催促細根發生。並得藉日光及霜雪之力。將害蟲之菌卵。晒死凍斃。所得利益極多。惟中耕時宜注意培壅。將溝中之泥。掘壅於溝旁。以培樹根。在沙土及傾斜地。更需注意。

五、施肥。榧子種植後。於初萌芽時。每株施以人糞十斤左右。至中秋時。再施同樣同量肥料一次。至冬至時。則將根處饅頭形之土耙開。施以細末棉餅。或菜餅。豆餅。蔴餅等之餅屑。每株半斤至一斤。視土質之肥瘠。及樹本之大小而異之。施後仍覆細土。照原狀培護根處。助其發育。

六、整枝。榧子種植後次年。須行整枝法。整枝之利益甚多。如矯正果樹之天然不良狀態。調節發育作用。與結果之作用。能增進其結果量。並可改良其品質。亦可減少病蟲害。及便於採取果實。並能促進其早達結果期。而產果之量。亦可增加。且管理與採果。均可便利。故每年冬季。爲整枝之時期。當視樹體之強弱。剪其脅枝。養其新枝。使次年發葉開花。可使果實之色香味三者俱佳。整枝法。於栽植後。即需在離地一二尺處。將果苗主幹剪斷。不宜過高。至次年於落葉後。至發芽前。將枝梢修整如杯狀。第一年祇留健全者三主枝。將頂梢剪去三分之一。餘枝盡行剪去。第二年每主枝上。各留二三枝。仍行剪梢法。第三四年均照此行之。則斜張四面。杯狀成矣。見有向上向內之枝梢。按時摘心剪除。而留其向外者。以齊形式。而使風光通透。並得結果優良也。

七、採收。榧子之採收在八九月間。黃葉四飛。果實呈濃黃色時爲宜。採收法以棒擊枝。而使落下。或由自然落於地下。皆可。收後埋於土中。去外皮。再浸灰水中數日。乾燥後即可供食。及販賣。

八、間作。榧子未結果之數年內。空閒之地。可種植蔬菜。（如四季甘藍。包頭白菜等）。或特用普通之作物。（如除蟲菊。薄荷。棉豆等矮生植物）。類之副產。如種普通作物。亦可維持工食地租等開支。如種蔬菜。或特用作物。則除去開支。尚可盈餘也。

九、副業。榧子結果成林後。空閒之地。不能種農作物時。可養鷄若干只。一方而可得鷄與蛋之副產收入。一方而藉鷄之翻鬆土壤。啄除害蟲。鷄糞可以肥地。再養蜜蜂若干羣。一方面可得蜜蜂蠟等之副產收入。一方面藉蜜蜂傳播花粉之功。以助結果量之增加。誠一舉數得者也。

第廿二章　山楂

山楂又名紅果。亦名山裏紅。我國本部皆產之。長江流域尤多。閩浙一帶品質最佳。樹高六七尺。穀雨節開白色小花。實有紅黃二色。未熟色清。既熟色紅。成熟早。早則寒露。晚則霜降。

一、種類。山楂之種類不多。祇一二種耳。

二、擇地。山楂之種植區域。以溫暖之氣候。肥沃之山原。含有機質之土地。均可種植。

三、定植。將預備之地。先深耕一次。如有草根。樹根。檢出堆積。可焚之以作肥料。然後將耕鬆之地。築成闊一丈。或八尺之畦。若干條。長可隨意。畦則以高爲宜。兩畦之間。須開深溝。其深度約須距畦而二尺許爲宜。栽植之排列。以三角形爲佳。栽植之距離。八尺至一丈。（每畝約栽六十株。至八十株爲適宜）。瘠地宜密。肥地宜疏。栽植之季節。除嚴寒之地。需行春植外。其他各地。春秋均可。且秋植較春植更佳。因立冬節。俗名小陽春。氣候溫暖。故秋季種下之苗。年內猶能發根鬚一次。待至春季。則猛長枝葉。欣欣向榮。栽穴之大小。約一尺五六寸。深約六七寸。惟瘠地宜深。肥地宜淺。（以不見根鬚爲標準）。至於穴內施肥。除過瘠之地。或季節上之關係。略施以基肥外。普通均不施肥。栽植時之根鬚。必需使其充分展開。然後四週填以細土。再將根部稍稍拔起。向前後左右。微加搖動。使細土充實根隙。然後灌水踏實之。待一星期後。每株平鋪人糞四五斤。或棉餅。菜餅。豆餅。蔴餅。研細末三四兩。施於苗根四週。後再覆細土。做成饅頭形。勿使受水。依法種植。株株成活。再閱場四週。並須加掘出水深溝。以防淹沒而利排水。

四、中耕。在落葉後。及施肥期前。須先掃除枯枝落葉。並芟除雜草。及隨時搜尋蟲窩。與雜草落葉。舉火焚之。既去蟲害。又供肥料。（雜草之芟除。宜視生長之狀況而隨時施行之）。與早春葉芽未放前。宜各中耕一次。催促細根發生。並得藉日光及霜雪之力。將病蟲之菌卵。晒死凍斃。所得利益極多。惟中耕時。宜注意培壅。將溝中之泥。掘壅於溝旁。以培樹根。在沙土及傾斜地。更須注意。

五、施肥。山楂苗種植後。於初萌芽時。每株施以人糞十斤左右。

中秋時。再施同樣同量肥料一次。至冬至時。則將根處饅頭形土耙開。施以研細棉餅。或菜餅。豆餅。蔴餅等之餅屑。每株半斤至一斤。視土質之肥瘠。及樹本之大小而異之。施後仍覆細土。照原狀培護樹根。助其發育。

六、整枝。山楂種植後次年。須行整枝法。整枝之利益甚多。如矯正果樹之天然不良狀態。調節發育作用。與結果之作用。能增進其結果量。並可改良其品質。亦可減少病蟲害。及便於採取果實。並能促進其早達結果期。而產果之量。亦可增加。且管理與採果。均可便利。故每年冬季爲整枝之時期。當視樹體之強弱。剪其舊枝。養其新枝。使次年發育開花。可使果實之色香味三者俱佳。整枝法於栽植後。即需離地一二尺處。將果苗主枝剪斷。不宜過高。至次年於落葉後。至發芽前。將枝梢修正如杯狀。第一年祇留健者三主枝。將頂梢剪去三分之一。餘枝盡行剪去。第二年。每主枝上各留二三枝。仍行剪梢法。第三四年。均照此行之。則斜張四面。杯狀成矣。此後見有向上向內之枝梢。按時摘心剪除。而留其向外者。以齊形式。而使風光通透。並得結果優良也。

七、採收。山楂採收時期。在八九月間。見果實色澤。表現美觀時。即可採收。採收時。從枝上一一採下。置於筐中。然後裝置箱簍中。以販賣之。

八、間作。山楂未結果之數年內。空間之地。可種植蔬菜。（如四季甘藍。包頭白菜等。）或特用普通之作物。（如除蟲菊。薄荷。棉豆等矮生植物。）類之副產。如普通作物。亦可維持工食地租等開支。如種蔬菜。或特用作物。則除去開支。尚可盈餘也。

九、副產。山楂結果成林後。空間之地。不能種農作物時。可養鷄若干只。一方面可得鷄與蛋之副產收入。一方面藉鷄之翻鬆土壤。啄除害蟲。鷄糞可以肥地。再養蜜蜂若干羣。一方面可得蜂蜜蠟等之副產收入。一方面藉蜜蜂傳播花粉之功。以助結果量之增加。誠一舉數得者也。

第五編　森林種植法

總理遺訓及森林與人生之關係

森林爲凡百木材之總名。乃防禦水旱災荒。又爲生產富國之源。如總理遺訓。民生主義第三講中云。（近來的水災。爲甚麼一年多一年呢。古時的水災。爲甚麼很少呢。這個原因。就是古代有很多森林。現在人民採伐木料過多。採伐之後。又不補種。所以森林便很少。許多山嶺。都是童山。一遇了大雨。山上沒有森林來吸收雨水。和阻止雨水。山上的水。便馬上流到河裏去。河水便馬上泛漲起來。即成水災。所以要防水災。種植森林。是很有關係的。多種森林。是防水災的根本方法。有了森林。遇到大雨時候。林木的枝葉。可以吸收空中的水。林木的根株。可以吸收地下的水。如果有極隆密的森林。便可吸收很大的水。這些大水。都是由樹林蓄積起來。然後慢慢流到河中。不是馬上直接流到河中。便不至於成災。所以防水災。便先要造森林。有了森林。便可免去全國的水禍。我們講全國森林問題。歸到結果。還要靠國家來經營。要國家來經營。這個問題。才容易成功。今年中國南北各省。都有很大的水災。由於這次大水災。全國的損失。總在幾萬萬元。現在已是民窮財盡。再加以這樣大的損失。眼前的吃飯問題。便不容易解決。）以上所講。可知森林實爲防止水災的根本問題。以下再將森林與人生的關係錄下。

中國從唐虞至商周時代。有山虞林衡的官。專管森林的政令。至秦漢以後。就漸漸廢弛。到現在已經有幾千年了。所以今日到處都是荒山。甚至有些地方。因上面泥土被雨水冲去。石塊都暴露出來。像這樣廣大肥美的土地。聽他自然荒廢。平時一切所用的木材。反自外洋輸進來。依民國十三年海關報告。在這一年內木材進口。總計值銀一千萬餘兩。（本年（民廿三）七個月木材進口。值銀一千九百萬。更足驚人。）（九月九日報載國際貿易局發表。）換一句話說。就是中國因爲沒有森林。每年要費二千餘萬元銀子。到外國買木材。這豈不是一樁很可惜的事情麼。

森林的利益極厚。歐美各國。都是很注意的。在一千九百二十三年五月歐洲開萬國農業會議時。對於振興林業一層。大家極爲注意。後來結果。就規定一個具體的辦法。美國前總統哈定說。「林產與農產。是一樣重要。每年應有一定的收成。與玉蜀黍和麥相同的。」然多數人的心理。都因爲森林收成期長。而輕視他。這何異於「因噎廢食」呢。又美國林學博士弗那氏說。「乏木材的饑荒。同乏糧食的饑荒是一樣的。」這句話。實在是不錯的。因爲我們所住的房屋。與日用器具。和舟車等。非木材不可。依近世外國調查。每人每年。用木的平均數。在英國是十四立方尺。法國是二十五立方尺。德國是十七立方尺。美國是二百三十立方尺。你看木材關於人類的需用。是何等重要呢。要論森林與人生的關係。當先考察他的效用。但森林的效用無窮。不能夠細說。現在不過舉其最著的分述如下。

一　森林與住所

人生最要緊的事情。莫如衣食住。三樣當中。就一樣也是不可缺少的。假如有了衣食。而沒有房屋棲宿。就成爲穴居野處。茹毛飲血的蠻族。按人類進化的階級。從遊牧到文明時代。當中關係最大的。就是住所咧。因爲有了一定的住所。纔能夠脫離遊牧的生活。來經營農工商業的事情。以後禮儀教化。也漸漸從此發生。但住所必須房屋。蓋房屋的材料。即小自斗室。大至數仞的樓臺。都要依靠森林所供給的。假使我們在房子裏面。舉眼向左右觀看。各種傢具。幾乎沒有一樣不是木材製成功的。

二　森林與交通

森林與交通的關係。可分爲直接與間接兩層。（一）關於直接方面。如森林所產的木材。可直接供交通事業的用途。如製船艦。造車輛。及電柱等。這舟車。和電報。電話。是人民交通的利器。關係是何等重大呢。此外如鐵路所用的枕木。也是一種很重要的東西。據民國十三年海關報告。從外國購買枕木。值銀二百五十餘萬元。今日我國已成的鐵路。共有六千二百十五英里。以每離三尺用枕木一條計算。總共需枕木一千零九十三萬九千五百九十七條。每條平均價格以二元五角計算。共需銀二千七百三十四萬八千九百九十二元五角。按每五年更換枕木一次。則每年購買枕木。要費五百四十九萬六千七百九十八元五角。查中國土地。比美國大三分之一。人口多美國四倍。美國現在有鐵路二十六萬五千英里。中國只有六千多英里。還不及他四十分之一。然這樣看來。我國將來鐵路。應該要擴充。是不用說的。到那時候損失。不是比今日更大麽。所以我們要趕快設法造林。「亡羊補牢」還不算遲的。（二）間接方面。因爲受這森林的影響。交通事業。得了很大的利益。現在我要舉出一個例來證明。大家就要明白了。據美國農部報告。說發源於南阿巴拉青山的河流。時常被泥沙充塞。妨礙交通。他的修築費。算到一千九百另五年的時候。已經用去美金三千六百萬元。還不能彀獲一勞永逸的全功。因爲每逢下雨化雪的時候。流水從山坡上挾帶多最的泥沙。來塡塞河底。因此河底逐漸漲積。船舶就不能隨意往來。交通也遂被砠礙了。他的原因。大概有二種。（一）河水容易乾涸。（二）河路被泥沙塞住。後來經大衆會議。想得一個最好的方法。就是把全山盡行栽樹。到成林後。地面上的土壤。因有殘枝敗葉的遮蔽。和樹根蔓延的把結。非但無冲洗的患。並且有涵蓄水分的効力。所以就遇着大雨。或化雪時候。有樹木和敗葉根鬚等。吸收水分作用。水勢緩慢。而不致挾帶泥沙。並且被攝取一部分的水量。在天氣乾旱的時候。成爲長流不息的泉源。河水也就無乾涸之患了。

三　森林與工業

森林除供給建築材料之外。又可作各種工業的原料。茲舉其數條如左。（一）造紙。從前各種紙張。多是用稻草。或破布製成的。現在是利用木材的纖維。製爲各種潔白的紙。依最近美國報告。一切所用的紙張。其中大約有百分之十五。是由木材製成的。又據彼邦森林局調查。在一千九百十六年時候。製造木纖的工廠。有二百三十所。總共用木六萬六千九百二十五萬五千三百二十四立方尺。就是各項木材消耗數百分之五十九。我國人口。既是比美國多數倍。想此項需要的數目。當不在美國之下。試問現在我們關於印刷書報所用的紙張。是從那裏來得呢。豈不多是舶來品麽。近來吾國有些人。由外洋學成造紙回來。只可利用稻草。開設紙版廠罷了。至於別種上等潔白的紙。用的木材。如雲杉。鐵杉。白楊。冷杉。松。山毛欅。及楓之類。其中最好要算雲杉。鐵杉。白楊。三種。因爲他的纖維質。比較的長而韌。並且包含不純淨的物質亦少。所以要希望中國紙業發達。第一須先培植造紙的材料。不然徒說提倡國貨。挽囘權利。是無濟於事的。（二）鞣皮質。樹皮含有一種物質。叫做單甯。含單寧最普通的樹木。如橡栗鐵杉等屬。這單甯。可爲鞣皮。故又名鞣皮質。凡各種動物的皮。如經過這鞣皮質作用。就變成精緻柔軟。外國從中國買去生皮。都用此法製爲熟皮。然後再運售我國。獲利很大。美國每年需用單甯。値美金二千五百萬。至三千萬元。我們究需多少。未曾調査。這眞是一種重要的工業。（三）橡皮是由橡膠樹製成。在工業上。佔一樣重要的地位。如機械車輛。靴鞋。及醫術。理化等。都需用的。美國每年需用橡皮。値美金一萬另二千五百萬元。其中製汽車。就佔二千五百萬元。製靴鞋。佔一萬萬元。（四）火柴桿。火柴是我們每日所必需的東西。論到他的桿。是輕鬆的木材製成功的。白楊是一種最好的原料。濟南有一火柴公司。他的火柴桿。就是用白楊製的。但是現在此樹。都散生在人家。及墳墓旁邊。沒見有大而積的森林。將來此項工廠增加。這火柴桿的材料。一定是一個很大的問題。（五）桐油及漆。桐油和

○是我們塗飾房屋○和具器○所不可省的○他的功用○不但能防禦朽腐○並且很有美觀的○(十六)樟腦○由樟樹得的樟腦○用途很廣○如製爲興奮劑○防蛀劑○以及別種藥品○如烟火藥○各種化裝品等等，浙江○福建○產樟本來不少○數年來○幾被日本人買盡了○現在彼國在臺灣○注意培植樟樹要想將來壟斷其利啊○

四　森林與薪料

薪料爲人類日常炊爨所必需的○也是陶業及工廠上所常用的○但薪料有草柴炭三種○草的燃力薄弱○遠不如柴炭○柴炭是森林的出產品○我國近來各處○對於燃料一項○大起恐慌，幾乎人人有薪桂之憂○村民時常入山掘樹頭○挖草根作燃料○甚至用牛糞晒乾○以代薪○此等怪狀○都是由於缺乏森林的結果○煤炭雖屬上等的燃料○但近時工廠林立○供不敷求○並且將來也有用盡的日子○考這煤炭的成因○也是古代蒼鬱的森林○埋沒在地下○經數千年變化而成的○當歐戰時候○法國所有優良的煤場○都落於敵人掌握之中○所還存的○只彀幾個工廠的需用○這時候他們對於燃料問題○大起驚慌○幸虧有幾處森林○可以救濟臨時的急需○不然其危險不堪設想呀○

五　森林與水旱災

我國幾乎年年有災患○不是水災○就是旱災○不是這一省○就是那一省○人民流離艱苦的情形○實在令人目不忍睹的○這並不是天故意要降禍於我們中國○乃是因爲缺乏森林的緣故○森林與水災○究有什麼關係呢○因爲森林裏面所積的敗枝落葉○及地下蔓延如海綿狀的樹根○能夠攝收及涵蓄多量的水分○據歐洲科學家實驗○說在森林密茂的地方○每逢下雨時候○其雨水全量四分之一○被樹冠所吸收○其餘的四分之三○落在林地上○有大部分被腐草敗葉及青苔等所吸收○而蓄爲泉水○然後慢慢的流到溪渠裏面○所以雖遇很大的雨水○也不致於忽然成災○但是現在我國各處的情形○則不然○偶逢降雨數小時。則洪水滔滔。平地變做汪洋○這是因爲無地方消容雨水的緣故○假使有了森林○這災害總要減少些○森林對於旱災○究有什麼關係呢○察旱災發生的原因○第一是缺少雨水○第二○缺少地下水○雨水缺乏是因爲空氣太乾燥○無降雨的機緣○地下水缺乏○是由於沒有森林涵蓄水源的緣故○如果有森林○這兩種情形○都是可以免掉的○據法國南色地方○試驗降雨量○有森林地方○比較無森林的地方○要多百分之二十四○這是因爲含水點的空氣是經過森林地方○與林內發出含水分之空氣相遇○就凝結成雨○所以雨水要多些○(六)森林與農業○森林與農業○關係的地方很多○森林所佔的地方○又與農業的地位不同○平原宜農○山地宜林○所以二者並沒有牴觸○而實在是互相輔助的○無論何國○如果森林荒廢○農業也難得發達○現在我要把森林對於農業利益最著的敍述於下○

(一　廢地利用○農林二業時常互爲副業的○例如經營農業的時候○也有一部份磽瘠的地方○不利於耕種○只可植樹爲副業○又經營林業的時候○也必有一部份肥沃的地方○應當耕種農作物的○一則因爲林事完畢○再從事農業○可以利用林夫的餘閒○二則藉農作物的短期收入○可以補助林場的開支○二者互相輔助○纔能夠獲美滿的效果○(二)供給農具的材料○經營農業○要希望收成豐滿○必先講究農具○如果農具不完備○損失必大○然農具種類繁多○如灌漑用

的水車○除草用的耒耙○以及風車○木桶等○有全部用木○或有一部分用木○總而言之○不能完全脫離了木材○據美國調查○彼國每年製造農具○需用木材三十二萬萬版尺○（每版尺長寬一英尺○厚一英寸○）我國現時雖沒有統計○然需木之額○也一定很多啊○（三）減免災害○有森林○則農業上可免許多的災害○（一）森林有減免水旱災的效力○上面既然說明○水災和旱災不發生○那農產就自然豐登了○（二）森林有瀌護土壤的效力○土地不致受雨水直接沖洗○釀成山崩的災害○這件事○我想人人都看過的○在無樹木的山地○每受雨水沖洗○石塊盡露出來○歷時漸久○地層變成了空鬆○苟遇大風雨○就發生崩山墜石的災害○所以結果往往壓蓋家屋○喪失人的生命○同時山頂的石塊○都衝落到山下的稻田裏面○我們乘津浦鐵路火車○經過泰安附近一帶○兩旁邊山麓有千百畝的美田○都變成了石頭灘○你看可惜不可惜呢○（三）森林有阻抑暴風的功用○農作物因此不致受損失○所以園藝家常於果樹之周圍○栽植防風樹○就是因爲這個緣故的○美國以利那省一老農說○照他的經驗○凡農作物○遇嚴冬風雨時候○若有樹木保護○可得十分收成○否則僅得三分之一呢○就此一端○就可以知道森林與農業的關係了○

（七）森林與衞生○森林有益於吾人的衞生很多○今舉其緊要的說在下面○（一）清潔空氣○凡學過植物學的人○都知道植物對於人類有一種很要緊的貢獻○就是我們所吸收的是養氣○吐出的是炭氣○而植物正與我們相反○吐出是養氣○吸收是炭氣○適與人類互相交換的○宇宙中間有這樣巧妙作用○然後空氣纔能清潔○人類纔能夠生存的○（二）調和氣候○發生疾病○是吾人不可免的事情，這疾病發生的原因○雖然是很複雜○但是氣候不調和○也是其中的一種○譬如天氣忽冷忽熱○或日裏與夜裏溫度相差太遠○均是容易致病的○假使在有森林的地方○就沒有這樣的情形○據普魯士人測驗○在一日之中○有森林的地方○比較無森林的地方的溫度○夜間是增加一、八九度○日間要減少三、九一度○夏天低減五、七八度○冬季昇高二、七〇度○這是森林有調和氣候的明證了○（三）點綴風景○森林爲天然美景○是人人所當歡喜的○春天的時候○嫩葉初放○蒼籠可愛○我們的精神○也覺得活潑起來○夏天濃影茂蔭○在林內遊玩○如同在萬間廣廈裏一般○也不覺得有絲毫炎熱的苦楚○到了秋冬的時候○滿山紅葉○隨風作蕭蕭的聲音○叫人的心裏愉快○反之無樹林的地方○那種枯乾無生氣的情景○就人生也沒有樂趣了○世上無論怎樣好山水○總要靠森林點綴○纔能彀成功○那盡美盡善的景緻○反過來說○就是很平常的地方○如果培養森林○也可以變成很好的風景例○如青島從前本來是一片荒涼○沒有人烟的地方○後來由德人佔據後○把全山培植森林○現在滿目蒼鬱○同那海水相照映○凡旅行青島的人○沒有不稱譽的○我想中國沿海各省○島嶼港灣甚多○假使能夠開墾植林○都可成爲風景的地方○何止一個青島呢○

（八）森林與生計○現在我們中國最困難的○就是人民的生計問題○因爲實業未發達○人民沒有謀生的機會○甚至有不得已而流爲盜匪○這森林事業○對於人民的生計○很有幫助的○查德國依賴林業謀生活的人很多○大概可分爲三種○（一）森林管理○如造林伐木○及修路等每歲需工銀八百萬磅○約有一百萬人靠此生活的○（二）運搬林產物○如運送木材○每年需工費四百萬磅○（三）森林工藝○就是由森林出產的原料○製爲各種的物品○如鋸木造船○製紙原料等○每年需工費三千萬磅○大約有三百萬人靠此生活○

我國荒山有這樣多。如果實行造林政策。則墾地植樹。及管理等各項事情。需人很多。一般沒有職業的人。都到林場謀生的機會。（九）森林與文明。森林與文明。從表面上。似乎風馬牛不相及。然仔細一想。也有莫大的關係。因爲森林的木材。可供建築房屋。造紙和舟車等。這房屋就是文明產生的根源。紙張是傳佈文化的利器。舟車是人類交通的工具。如果沒有房屋。那麼穴居野處。茹毛飲血。禮教的事情。也無從發生的。沒有紙張。文字流通不廣。民智閉塞。沒有舟車。交通亦阻礙了。像這樣。文明怎能進步呢。所以歐洲科學家說。「鉄與木是人類文明的基礎」。這話眞是不錯的。

（十）森林與精神的感化。人類的精神。對於周圍自然物。常受很大的感化。譬如漁夫的豪胆。樵夫的沈勇。都是因爲他們環境所感化的緣故。試想吾人平時徘徊於百花燦爛的園中。就發生一種的美感。游玩於巨木葱鬱的地方。就起高尚壯嚴的觀念。西哲說「健全之精神。當宿於健全之身體。」森林既然有裨益於人類衛生。與保全人類健康之効力。所以靠近於森林地方的人民。其體魄和精神。必當健全。且因受森林之感化。也變爲質樸而勇武的。古人說「山水秀麗出偉人。」可見森林能發感化人。就是古人已經承認了。

結論

森林與人生的關係。如上面所述。既然是這樣重要的。我們就應當竭力設法。叫他快快的發達。因爲森林振興。各種實業也容易發達。國家就自然富強起來。我當聽人家說。森林的利益。固然是很厚。但是收成期長。至少也須數年。或數十年工夫。我們這輩種樹。到子孫時代。纔能成林出利。未免太慢呢。這個思想是錯誤了。因爲我們現在是居創業的地位。假使從前我們的祖宗。有森林遺傳下來。那麼現在只加以保護工夫。木材就不可勝用了。我們的祖宗。既然是有錯。我們不要再蹈他們的覆轍。叫後來我的子孫。也同我們受一樣的困苦。這是我所最盼望的。願意大家急起倡導。廣造森林。以增生產。而闢利源。

第一章 油桐

油桐乃中國之特產。而爲世界各國所仰求供給之原料也。蓋油桐果實榨之。即成桐油。論其地位。則占工藝林之重要地位。論其功用。則大宗爲建築家油漆原料。莫不賴此以製成。其他除供塗扶家用器具。及舟車房屋木材等外。在醫藥上。可解砒石中金之毒。而癰腫初起。亦可醫治。嘔吐劑。亦有用此者。在製造上可製鉛酸。銅錳酸。廿油。膠皮等。我國所用之上等烏烟條墨。及油墨。顏料油等。都需此以製成。其敗葉種殼。可供燃料。肥田之用。樹幹細密無節。爲製器具。供建築之無上材料，樹枝可爲薪炭，油粕可作肥料。總之樹之全身。無一廢棄者。故能見重於世界各國。而爲各大植物家所珍視者。良有以也。我國桐油出品。向來甚鉅。有獨占全世界市場之勢。昔者美國油漆製造家。咸用胡麻子油製造油漆。自得中國桐油後。即視爲必要之原料。故中國桐油。每年出品之數。值銀數千萬兩。目今世界市場。遍地廣銷。用途之大。日增一日。將見供不應求之勢。查油桐之種植容易。甚爲簡便。獲利之豐。爲他項植物所不能比擬者，故俗諺有「家種千株桐。一生一世吃不窮」。之語。凡我國人。如能廣事種植。竭力推廣。不特發揚國產。且能富國裕家。願我同胞。速起而廣種之。以增生產而廣利源。

一、擇地○油桐生長之區域甚廣○不論荒山廢地○深谷高峯○磽土瘠地○均可種植○

二、繁殖○油桐之繁殖○均以播種生長○播種期○在早春○至四月之期○取種子用水略浸○將預備之地○築成長短適度之苗畦○若干條○然後掘小穴播種○每小穴隔二三寸○播種子二粒○發芽後○留良去劣○勤除雜草○待苗長二三尺○再行定植○（亦有直接播種林地者）○

三、栽植○移植期○自秋分至清明止○栽植之排列○以三角形爲佳○栽植之距離○六尺至八尺爲適宜○

四、管理○油桐栽植後○只須勤除雜草○應時修枝○則生機暢達○高可至二丈餘○直徑達一尺以上○種下一年○可長三尺餘○種後三年○即能結果○五六年後爲結果旺盛時期○其結果年期○可延至二十年之久○在十五六年時○即宜播種接替○則老樹伐後○新樹又旺盛矣○

五、採收○油桐子之成熟○在白露之後○最好在霜降後○自落於地而集之○則其子老熟○而品佳○油汁亦多○

六、貯藏○油桐子採收後之貯藏法○甚爲簡便○只須高燥之地○隨處卽可貯鐵○永無腐壞之患○

七、間作○油桐樹未結果之三年內○空閒之地○可種各項作物○以增加收入○而補助工食等開支○

八、副業○油桐樹結果成林後○空閒之地○不能種作物時○可養豬羊若干○則又可得毛與肉類之收入○其糞又可肥地○

九、利益○種桐利厚○自古已然○如俗諺有家種千株桐○一生一世吃不窮○之語○蓋油桐每年每株○平均有四五十斤之收獲○每斤售價一角算○則每株有四五元之收入○種桐千株○每年當有數千元之收入矣○

桐子如能榨成桐油後○出售○則獲利尤豐○其榨油之法○與棉子○胡麻○菜子○黃豆等法同○可交當地榨油坊○代榨之○可也○

第二章　珠冠桕

珠冠桕樹○屬大戟科之落葉喬木○年壽甚長○生長甚速○高可五丈餘○性好適潤肥沃之地○屬次耕性樹種○抵抗風力頗強○葉色可愛○經霜卽變紅色○若種於庭園道傍○以作觀賞○或風景樹○與秋楓松柏對映○殊覺美麗○夏日開小黃花○其花含蜜源豐富○入秋採子○其子外白礦榨取白油○卽俗名皮油○可製燭皂之用○子中之仁榨取清油○能供燃燈○調蔬○塗髮○以及入漆之用○其油粕可充肥料○壅田○其葉可供黑色染料之用○木材堅緻○爲用甚廣○適於雕刻○及製造各種器具○並供薪炭之用○種於河畔○根可固岸○故此樹不特爲工業用之良樹○並風景優美之庭園觀賞樹也○

一、擇地○桕樹生長之區域甚廣○凡高山大道○溪邊宅畔○以及曠野荒廢之土地○無不相宜○而圩之堤岸尤宜多栽○因桕不畏水○卽水浸二三尺○水退依然無損○且根株盤結○可捍水患以保圩堤也○

二、繁殖○桕樹之繁殖○均播種生長○播種期○在早春至四月之期○先將苗床地耕細作畦○以老熟之種子○用散播法播之○上蓋灰泥○待發芽後○施以稀糞水○或油粕等○天旱時則灌水潤之○

三、栽植。移植期。自秋分後起至清明止。栽植之排列以三角形爲佳。栽植之距離。以八尺至一丈爲適宜。

四、管理。柏樹栽植後，祇須勤除雜草。應時修枝。則生機暢達。五年卽可結子。能結四五十年之久。

五、採收。柏子至仲冬時已黑熟。以剝刀連枝條剝下。但留指大以上之枝。其小者。卽無子。亦宜剝去。則明年結實方茂。剝刀長三四寸。廣半寸。形如鎌刀。以竹竿爲柄。剝時以刀向枝引力牽之。使不傷枝幹也。此爲我國古農器。現在園藝家。所用高枝剪定鋏。輕而靈便可用也。

榨油法。採取脫殼之柏子。晒乾入臼中。舂落外層白穰。篩出之。蒸熟作餅。然後照普通榨油法。入榨油機榨之。其榨出之白色流通物。卽爲白油。至其篩出去油之黑子。用石磨略粗輾碎。簸其殼。存下核中之仁。復入磨碾細蒸熟。依前法榨得之油。是曰清油。

第三章　德槐

德槐又名刺槐。爲落葉喬木之一種。原產美國。現在德國全境。幾盡栽之。葉爲羽狀。枝幹具短刺。無論寒暖各地。均能生長。乃以深肥壤土。而利排水者。爲最佳。卽在含有石灰質之地。其生長亦速。其高可至八十英尺。直徑三尺。在叢林中可採挺直之材。獨生者常早生橫枝。每多彎曲。德人前在青島不毛之地。栽植此樹。五年後卽作爲鑛山枕木架柱之用。前農商部森林顧問林弗司先生。曾謂中國如要廣造森林。則當首推此樹。木質堅硬而強韌。其特點分述於下。

甲（幹材）幹材挺直。木質堅韌。其心材之大。無與比倫。蓋雖屬幼年之樹。其堅固一如老樹也。性又能耐水。雖久擱水中。不易朽腐。

乙（生長率）此樹生長於適宜之地。每年平均可長至四尺以上。直徑一寸以上。如是生長。可保持二三十年之久。其繁殖力又極旺盛。除將種子播種實生外。於根部常有小苗發生。並可截去小枝。用以扦插。採伐後可於根部萌蘖更生。

丙（用途）此樹用途甚廣。植諸路旁。綠葉蔭濃。纍纍白花。其景清幽。實能與行人以雅興。故亦爲行道之佳樹。幹可供房屋柱木。橋樑椿木。鐵路枕木。鑛穴支柱。船艇橫木。以及木釘。車軸等。一切製造。枝可充薪炭之用。其青葉富含養分。可供家畜飼料。茲將其內所含成分分析於下。

水分九・一六。粗蛋白質一九・二五可溶性蛋白質八・三八澱粉八・四三糖分一・九五纖維質八・七〇灰分八・三〇

總上觀之。此樹全身無一廢棄。眞不愧爲良材也。

一、擇地。德槐生長之區域最廣。無論寒暖各地。均能生長。不拘荒山廢地。均能得良好之材。

二、繁殖。德槐之繁殖法。均以播種生長。播種期。在早春至四月之期。苗圃以向日肥沃之地爲良。苗床之闊以三尺爲度。長可隨意。每隔六寸爲一條。每條下子約三十粒。經二三星期發芽。每條約二十餘株。須經數次之間拔。好者留之。最後有七八株足矣。如留其劣者。至翌年仍是矮小。不能栽植。不如早去之爲愈。至八月生長旺盛時。往往有生長過速之苗。枝條分出。害及他苗之發育。其結果則苗過大。栽時費力。矮細者太多

。致可用之苗無幾。補救之法。須將過大之苗剪斷。令其萌芽。剪斷之程度。以長至翌年能與他苗同大爲要。如至翌年。苗圃上或有細小者。不堪供栽植之用。則放棄之可也。若移植一次。所費更大。管理亦繁。不如播種爲愈也。此苗幼時。最忌雜草。故苗圃之除草宜勤。否則有壓死幼苗之虞。除草法。以小鐵耙鋤之。既可鋤草。又可中耕。於苗木生長極利。近來各處有於此苗掘起後。使殘留土中之根。發生苗木。雖屬省事。然往往大而稀。不能得多量之苗。且管理亦多不便。其弊一。且根之蔓延太廣。土地不能利用。其弊二。根太多。栽時費力。又不易活其弊三。此三弊。望勿再行。

三、栽植。德槐之栽植時。宜在落葉後至發芽前。爲適當之時期。最好冬季預先掘穴。斯時掘穴。因受寒霜雨雪。害蟲之卵。可以凍斃。土壤亦受疎鬆。定植苗木在苗圃掘取時。宜用利口鍬頭。使根皮免於破裂。定植時。表土宜置根部。山上植槐。地下之地。不及表土肥沃。故掘穴時。將表土堆積一邊。俟苗根置直時。再將表土移置穴內。使密接根部即可矣。

四、管理。德槐栽植後。祇須勤除雜草。應時修枝。則生機暢達。五六年即可成材利用矣。

第四章　白楊

白楊屬楊柳科之落葉喬木。性喜深厚土壤。生長甚速。材質堅鬆適度。樹形美觀。植之河畔。根可固岸。栽於庭園道旁。足資觀賞。風景極優。其木材可供製造火柴桿。牙籤。箱匣。及各項家具等用。又可作造紙原料。用途甚廣。

一、擇地。白楊生長之區域最廣。無論寒暖各地。均能生長。不拘荒山廢地。均能得良好之材。

二、繁殖。白楊均用插條繁殖。因子種不易。而以插條爲最便利。且易於施行。祇須以銳鍬或小刀。剪取一二年生之強枝。剪成六寸至一尺長。而有三芽爲準。其上下二端。削令稍斜。切勿使劈裂。或剝離其皮。上部截口。塗以黏土。防其乾燥。用鋤或鍬等。將剪成之枝。插於已整成之苗床中。三分之二。乃踏實其周圍之土。使其毫無間隙。以後隨時灌溉。發芽後。除草中耕宜勤。初春所插之苗。秋末即可移植矣。

三、定植。白楊栽植之時。宜在落葉後。至發芽前爲適當之時期。最好冬季預先掘穴。斯時掘穴。因受寒霜雨雪。害蟲之卵。可以凍斃。土壤亦受疎鬆。定植苗木。在苗圃掘取時。宜用利口鍬頭。使根皮免於破裂。定植時。表土宜置根部。山上植楊。地下之土。不及表土肥沃。故掘穴時宜將表土堆積一邊。俟苗根置直時。再將表土移置穴內。使密接根部。即可矣。

四、管理。白楊栽植後。祇須勤除雜草。應時修枝。則生機暢達。五六年即可成材用矣。

第五章　茶

茶爲菸草。咖啡等。三大嗜好品之一。泡煮之後。具芬芳之香氣。及爽快之風味。飲之足能興奮神經。而使精神爽快。各國人民。莫不嗜之。我國之浙、皖、湘、鄂、閩、廣。均爲產茶之區。而尤以杭州之龍井爲最著名。每年運銷國外。爲數甚鉅。近因品質不良。以致逐漸衰退。深望同胞。急起改良。以挽回利權於他日也。

一、擇地。茶樹宜於高燥肥沃之砂礫土。則發育容易而滋長繁茂。其他易於排水之砂壤土。均可種植。

二。繁殖。茶樹之繁殖法。大概用種子直接播種。與移植之二法。我國以直接播種者爲多。先於霜降節左右。採收老熟之種子。播種之時期。有冬季與春季之別。惟熱地可多播。普通均春播。其法。每距二三尺。掘穴深二寸。播下種子四五粒。覆土厚二寸許。苗芽後宜勤於中耕除草。如須移植者。播於苗畦。株間三四寸。播種一粒。覆土二寸許。苗芽後亦須勤於除草中耕。待苗長七八寸時。即可移植矣。

三、定植。茶樹定植法之距離。以四五尺爲度。掘穴栽植。四周填以細土。踏實之可也。

四、中耕。茶樹之需中耕者。乃使土壤鬆動。根枝之發育容易。且同時刈除雜草。俾免病蟲之棲止。其間中耕之次數。除每年冬季深耕一次外。在發芽前一次。摘葉後一次。秋季一次。如雜草多。則須隨時除草中耕。並須培土根旁。以抑雜草。

五、施肥。茶樹施肥之時期。年須三次。第一次在發芽前。以助茶芽之生長。二次在頭一次之茶採摘後。以補茶樹之力。第三次在秋季。中耕後施以堆肥。廐肥等可也。

六、整枝。茶樹之須整枝者。乃使樹形整齊。陽光雨露。空氣均能周到。而發育優良也。茶樹種後四年。即須整枝。整枝之時期。以初冬爲最適。法將五六寸長之茶枝。剪去梢頭。多留側枝。使變圓密之形狀。隨施補肥。以促其生長。如茶樹經十餘年而呈衰弱之狀時。則離地五六寸割去老幹。使其萌生新枝。三四年後。又可採葉矣。

七、採收。茶樹種後二三年。枝葉繁茂時。即可採朱。其採收之時期。隨地方而異。通例在五月初旬。早則四月下旬。要以新芽開放至四五葉時。即可將其先端三葉。連茶採之。如是者。謂之頭茶。可製上品之茶葉。採茶之法。以拇指之爪。與食指之腹摘之。採摘時。不可傷及下部之腋芽。摘時一肩垂籃。摘後投入籃中。籃滿則移於大籃中。以濕巾蓋之。防其乾燥。摘採宜擇晴天行之。午前至午後二時前。所採而供當日製茶之用。以後所採者留至翌日製之。採茶之次數。通例每年二次。頭茶摘後。約經一月而行第二次之採茶。至二次以上之採茶。常致其樹勢衰弱。宜避之。又上品之茶葉中。有所謂玉露茶者。其採茶法。於採收前二三星期。裝置葦簾於茶園上。以作覆蓋。簾上撒布藁稈等物。不使日光照射茶樹。如此茶園。謂之覆下園。其所生之茶葉。多含茶素。香味亦濃厚。又茶園每畝之收量。生葉約自六十斤至二百六七十斤之譜。

八、製茶。製茶之種類。可分爲綠茶、紅茶、磚茶。三種。而綠茶中又有普通茶。玉露茶之分。普通綠茶之製法。將所採之葉。置室內略爲風乾。入鐵鍋炒之。鍋比飯鍋略淺。炒時須不絕攪拌。而搓揉之。再炒再搓。至成一團塊時。移於文火之鍋中將團塊解鬥。而搓揉之。至葉捲縮時。再移入前鍋中。隨炒隨搓。至充分乾燥而止。製玉露茶之法。亦如是。惟所用之茶葉。須採自覆下園者。製紅茶之法。須多利用日光。使醱酵而生香味色澤。其法散置生葉於蓆上。晴天晒之。使之萎凋。乃入之於布袋搓揉之。至三十分鐘。復入於箱。而壓之、覆白布於其上。以使之醱酵。醱酵後。乾燥而貯藏之。即成赤褐色之紅茶

○製磚茶之法○以紅茶或綠茶之粉末○或利用老葉為原料○蒸煮之○當熱氣未散之時○投入壓榨器中○鎮壓○取出乾燥○便成磚茶○

第六章　貲楊

貲楊即楓楊○又名元寶楓○一名杞柳○樹冠廣大○樹性耐濕○宜充行道樹○其質細密而輕○可供製造火柴桿○及木屐等用○內皮強韌○可取其纖維○製繩織布○

一、擇地○貲楊生長之區域甚廣○不論河邊宅畔○田岸道旁○均能易生成材○

二、繁殖○貲楊均用插條繁殖○因子種不易○而以插條為最便利耳○易於施行○祇須以銳鋏○或小刀剪取一二年生之強枝○剪成六寸至一尺長○而有三芽為準○其上下二端○削令稍斜○切勿使割裂○或剝離其皮○上部截口塗以黏土○防其乾燥○用鋤或小鍬等○將削成之枝○插於已整成之苗床中○三分之二○乃踏實其周圍之土○使其毫無間隙○以後隨時灌溉○發芽後除草中耕宜勤○初春所插之苗○秋末即可移植矣○

三、定植○貲楊栽植之時○宜在落葉後至發芽前○為適當之時期○最好冬季預先掘穴○斯時掘穴○因受寒霜雨雪○害蟲之卵可以凍斃○土壤亦受疎鬆○定植苗木在苗圃掘取時○宜用利口鍬頭使根皮免於破裂○定植時○表土宜置根部○山上植楊○地下之土○不及表土肥沃○故掘穴時○宜將表土堆積一邊○俟苗根置直時○再將表土移置穴內○使密接根部○即可矣○

四、管理○貲楊栽植後○祇須勤除雜草○應時修枝○則生機暢達○五六年即可成材利用矣○

第七章　法國梧桐

法國梧桐○一名篠懸木○此樹生長極速○姿態甚佳○葉大蔭濃○為行道樹之冠○或植諸庭園○以點綴風景○秋季脫皮○現出白色○頗美觀○幼苗喜蔭○

一、擇地○法國梧桐○生長之區域甚廣○不論河邊○宅畔○田岸○道旁○均能易長成材○

二、繁殖○法國梧桐○均用插條繁殖○因子種不易○而以插條為最便利○且易於施行○祇須以銳鋏或小刀剪取○一二年生的強枝○剪成六寸至一尺長○而有三芽為準○其上下二端○削令稍斜○切勿使割裂○或剝離其皮上部○截口塗以黏土○防其乾燥○用鋤或小鍬等○將削成之枝○插於已整成之苗床中○三分之二○乃踏實其周圍之土○使其毫無間隙○以後隨時灌溉○發芽後○除草中耕宜勤○初春所插之苗○秋末即可移植矣○

三、定植○法國梧桐栽植之時○宜在落葉後○至發芽前○為適當之時期○最好冬季預先掘穴○斯時掘穴○因受寒霜雨雪○害蟲之卵○可以凍斃○土壤亦受疎鬆○定植苗木在苗圃掘取時○宜用利口鍬頭○使根皮免於破裂○定植時○表土宜置根部○山上植樹○地下之土○不及表土肥沃○故掘穴時○宜將表土堆積一邊○俟苗根置直時○再將表土移置穴內○使密接根部○即可矣○

四、管理○法國梧桐栽植後○祇須勤除雜草○應時修枝○則生機暢達○五六年即可成材而用矣○

第八章　速利樹

速利樹。又名苦楝樹。大江南北均能生長。樹性強健。生長極速。材堪大用。以供建築。造船、製桌、椅、箱、匣、等用。樹葉羽狀。花淡紫色。果實如小鈴。呈黃色。作爲行道樹。風景頗佳。皮及果肉味苦。研製粉末。即成效頗著之殺蟲粉。

一、擇地。速利樹生長之區域最廣。無論寒暖各地。均能生長。不拘荒山廢地。均能得良好之材。

二、繁殖。速利樹之繁殖法。均以播種生長。播種期。在早春至四月之期。苗圃以向日肥沃之地爲良。苗床之闊。約以三尺爲度。長可隨意。每隔六寸爲一條。每條下子約三十粒。經二三星期發芽。每條約二十餘株。須經數次之間拔。好者留之。最好有七八株足矣。如留其劣者。至翌年仍是矮小。不能栽植。不如早去之爲愈。至八月生長旺盛時。往往有生長過速之苗。枝條分出。害及他苗之發育。其結果則苗過大栽時費力。矮細者太多。致可用之苗無幾。補救之法。須將過大之苗剪斷。令其萌芽。剪斷之程度。以長至翌年。能與他苗同大爲要。如至翌年苗圃上或有細小者。不堪栽植之用。則放棄之可也。若移植一次。所費更大。管理亦繁。不如播種爲愈也。此苗幼時。最忌雜草。故苗圃之除草宜勤。否則有壓死幼苗之虞。除草法以小鐵耙鋤之。既可鋤草。又可中耕。於苗木生長極利。

三、定植。速利樹栽植之時。宜在落葉後。至發芽前。爲適當之時期。最好冬季預先掘穴。臨時掘穴。因受寒霜雨雪。害蟲之卵。可以凍斃。土壤亦受疎鬆。定植苗木在苗圃掘取時。宜用利口鍬頭。使根皮免於破裂。定栽時表土宜置根部。山上植樹。地下之土。不及表土肥沃。故掘穴時。宜將表土堆積一邊。俟苗根置直時。再將表土移置穴內。使密接根部。即可矣。

四、管理。速利樹栽植後。祇須勤除雜草。應時修枝。則生機暢達。五六年即可成材利用矣。

第九章 麻栗

麻栗樹之生長區域甚廣。黃河及長江流域。諸省。均宜種培。材質堅硬。供建築。製造器具。及作鑛山。與鐵路之枕木用。又可製薪炭用。葉可飼柞蠶。實可飼豕。皮殼俱可作染料。

一、擇地。麻栗生長之區域。無論寒暖各地。均能生長。不拘荒山廢地。均能得良好之材。

二、繁殖。麻栗之繁殖法。均以播種生長。播種在早春至四月之期。苗圃以向日之肥沃之地爲良。苗床之闊約以三尺爲度。長可隨意。每隔六寸爲一條。每條下子約二十粒。經二三星期發芽。每條約十餘枝。須經數次之間拔。好者留之。最後有七八株足矣。如留其劣者至翌年仍是矮小。不能栽植。不如早去之爲愈。至八月生長旺盛時。往往有生長過速之苗。枝條分出。害及他苗之發育。其結果則苗過大。栽時費力。矮細者太多。致可用之苗無幾。補救之法。須將過大之苗剪斷。令其萌芽。剪斷之程度。以長至翌年能與他苗同大爲要。如至翌年苗圃上或有細小者。不堪栽植之用。則放棄之可也。若移植一次。所費更大。管理亦繁。不如播種爲愈也。此苗幼時。最忌雜草。故苗圃之除草宜勤。否則有壓死幼苗之虞。除草法以小鉄耙鋤之。既可鋤草。又可中耕。於苗木生長極利。

三、定植。麻栗栽植之時。宜在落葉後。至發芽前。爲適當之時期

○最好冬季預先掘穴○斯時掘穴○因受寒霜雨雪○害蟲之卵○可以凍斃○土壤亦受疎鬆○定植苗木在苗圃掘取時○宜用利口鍬頭○使根皮免於破裂○定植時表土宜置根部○山上栽植樹○地下之土○不及表土肥沃○故掘穴時宜將表土堆積一邊○俟苗根置直時再將表土移置穴內○使密接根部即可矣○

四、管理○麻栗栽植後○祇須勤除雜草○應時修枝○則生機暢達○五六年即可成材利用矣○

第十章 棕樹

棕樹生長迅速○樹幹挺直○材質優良○可供造材製器具○及一切偉大建築之用○植諸庭園○或作行道風景樹○綠葉蔭濃○不但功能蔽日○且可助無限清幽○實業家廣造森林○當首推此樹爲生利捷徑○

一、擇地○棕樹生長之區域○無論寒暖各地○均能生長○不拘荒山廢地○均能得良好之材○

二、繁殖○棕樹之繁殖法○均以播種生長○播種在早春至四月之期○苗圃以向日肥沃之地爲良○苗床之闊約以三尺爲度○長可隨意○每隔六寸爲一條○每條下子約三十粒○經二三星期發芽○每條約二十餘枝○須經數次之間拔○好者留之○最後有七八株足矣○如留其劣者○至翌年仍是矮小○不能栽植○不如早去之爲愈○至八月生長旺盛時○往往有生長過速之苗○拔條分出○害及他苗之發育○其結果則苗過大○栽時費力○矮細者太多○致可用之苗無幾○補救之法○須將過大之苗剪斷○令其萌芽○剪斷之程度○以長至翌年能他苗同大爲要○如至翌年○苗圃上或有細小者○不堪栽植之用○則放棄之可也○若移植一次○所

費更大○管理亦繁○不如播種爲愈也○此苗幼時最忌雜草○故苗圃之除草宜勤○否則有壓死幼苗之虞○除草法以小鐵耙鋤之○既可鋤草○又可中耕○於苗木生長極利○

三、定植○棕樹栽植之時○宜在落葉後○至發芽前○爲適當之時期○最好冬季預先掘穴○斯時掘穴○因受寒霜雨雪○害蟲之卵○可以凍斃○土壤亦受疎鬆○定植苗木○在苗圃掘取時○宜用利口鍬頭○使根免於破裂○定植時表土置根部○山上植樹○地下之土○不及表土肥沃○故掘穴時宜將表土堆積一邊○俟苗根置直時○再將表土移置穴內○使密接根部○即可矣○

四、管理○棕樹栽植後○祇須勤除雜草○應時修枝○則生機暢達○五六年即可成材利用矣○

第十一章 金松

金松之生長迅速○材質優良○可供電桿枕木○造屋橋樑彫刻之用○姿勢如傘蓋○爲點綴庭園唯一之風景樹○又可作盆景裝飾之用○

一擇地○金松生長之區域○無論寒暖各地○均能生長○不拘荒山廢地○均能得良好之材○

二、繁殖○金松之繁殖法○均以播種生長○播種期在早春至四月之期○苗圃以向日肥沃之地爲良○苗床之闊約以三尺爲度○長可隨意○每隔六寸爲一條○下子約三十粒○經二三星期發芽○每條約二十枝○須經數次之間拔○好者留之○最後有七八株足矣○如留其劣者○至翌年仍是矮小○不能栽植○不如早去之爲愈○至八月生長旺盛時○往往有生長過速之苗○枝條分出○害及他苗之發育○其結果則苗過大○栽時費力○矮細者太多○致

可用之苗無幾。補救之法。須將過大之苗剪斷。令其萌芽。剪斷之程度。以長至翌年能與他苗同大爲要。如至翌年。苗圃上或有細小者。不堪栽植之用。則放棄之可也。若移植一次。所費更大。管理亦繁。不如播種爲愈也。此苗幼時。最忌雜草。故苗圃之除草宜勤。否則有壓死幼苗之虞。除草法。以小鐵耙鋤之。既可鋤草。又可中耕。於苗木生長極利。

三、定植。金松栽植之時。宜在落葉後。至發芽前。爲適當之時期。最好冬季預先掘穴。斯時掘穴。因受寒霜雨雪。害蟲之卵。可凍斃。土壤亦受疎鬆。定植苗木。在苗圃掘取時。宜用利口鍬頭。使根免於破裂。定植時表土宜置根部。山上植樹。地下之土。不及表土肥沃。故掘穴時。宜將表土堆積一邊。俟苗置直時。再將表土移置穴內。使根密接根部即可矣。

四、管理。金松栽植後。祇須勤除雜草。應時修枝。則生機暢達。五六年即可成材利用矣。

第十二章 扁柏

扁柏之樹勢聳直。綠葉陰濃。經冬不凋。生長適中。性耐寒暑。不擇土壤。尤以稍潤砂質土爲宜。培植容易。材質香脆美觀。以供桌椅棺木。及各種器具。與彫刻之用。頗廣。

一、擇地。扁柏生長之區域頗廣。而以平原之肥沃地爲更佳。且釀性之土壤。生長亦甚佳。

二、繁殖。扁柏之繁殖。均以播種生長。播種期在春季播後二星期。即完全發芽。初生針葉。繼生鱗葉。二年生後。則完全爲鱗葉。一年生苗長六七寸。翌年移植。高一尺左右。三年生者。約高二尺。即可定植於林地。

三、定植。扁柏用植樹造林。植法以用三角形。距離以四尺五寸。每畝可植三百四十二株。

四、管理。扁柏生長之年期甚久。以八十年爲皆伐期。植後二十年開始間代。每隔十年舉行一次。每次間伐十分之一。

第十三章 柳杉

柳杉生長頗速。適陰濕地。枝幹挺直。其葉冬青。點綴庭園。風景甚屬美觀。材質甚佳。供建築房屋。製造器具等用。葉可製線香之用。

一、擇地。柳杉生長於江南各省爲多。性喜腐植質。而排水良好之砂質壤土最佳。

二、繁殖。柳杉之繁殖。大概以播種生長。播種期在春季。播種後三四星期出芽。當年可長四五寸。翌年七八寸。第三年二尺以上。即可移植於林地。

三、定植。柳杉定植之期。以三月爲佳。苗木掘起後。先假植數天於庇蔭之地。然後再定植於林地。定植之前。苗木之根部。須酌量修短。大約苗長一尺七八寸者。根留三四寸。幹上距根五寸間之枝葉。亦當剪去。俾成圓錐形之整齊姿勢也。定植法亦以三角形爲佳。距離等與扁柏相同。

四、管理。柳杉生長之年。以五十年爲皆伐期。十五年開始間伐。每隔五年。舉行一次。每次伐十分之二。

第十四章 杜仲

杜仲原產蜀中。爲藥用補品之一。價値頗昂。樹皮與樹子。斷之均有銀色之絲牽連。樹性堅強挺直。可供枕木棟樑之材。且綠葉蔭濃。甚屬美觀。植之庭園。亦足點綴風景。

一、擇地。杜仲原產雖爲蜀中。然各地皆能種植。祇須排水良好之沙壤土。

二、繁殖。杜仲之繁殖亦以播種生長。播種期亦以春季爲佳。發芽後勤除雜草。及中耕。則一年苗有一二尺長。二年苗有二三尺長。即可移植於林地。

三、定植。杜仲定植之期。在秋季落葉後。至春季發芽前。無論何時均可。定植法。亦以三角形爲佳。距離以株間四五尺爲度。

四、管理。杜仲種後二十年。即可剝取樹皮。每株可剝三十斤右左。每斤售價約五角。每株可售十五元左右。其樹幹可供建築等良材。每畝種一百二十株。每株値十元計。則每畝可收一千二百元。

第十五章　椿　香

香椿樹生長甚速。適栽於濕潤肥沃之地。嫩葉可食。即南貨店所售之香椿頭也。乃良好蔬食醃菜之一。且可久藏。心材紅色美觀。其質堅韌細膩。適作貴重精緻之器具箱匣等用。

一、擇地。香椿爲溫熱帶之落葉喬木。我國中部及北部。多栽於山溪河畔。田旁道側。或園圃內。性喜深厚之砂質壤土。

二、繁殖。香椿之繁殖法。有播種及分根之別。播種期在春季。以條播。約四星期可發芽。一年苗可高一尺餘。二年苗高三四尺。即可移植於目的地。

三、定植。香椿定植之期。在秋季落葉後。至春季發芽前。無論何時均可定植。

四、管理。香椿樹在溫帶地生長甚速。每年可成長五六尺。樹高普通可五六丈。樹幹端直。孤立時亦能形成直幹。其嫩葉即香椿頭。爲良好之春蔬。其木材可代用爲紅木。香椿樹普通栽爲庭園樹。或供爲菜蔬之用。尚未爲純粹林業之經營。

第十六章　湖桑

湖桑原產於湖州。俗名家桑。用肥壯實生桑。嫁接湖桑枝於其上。二年苗。即可定植。種下三年。即可成林。葉大五六寸。質厚漿多。以之飼蠶。則繭層韌厚。絲質柔澤。皮可製紙。

一、擇地。湖桑爲溫帶之落葉喬木。土質以壤土。及輕鬆沙土爲最宜。

二、繁殖。湖桑之繁殖。先須養成實生桑。在五六月間。桑椹成熟。摘落而擇其色黑肥大者。置之木桶中。混以木灰。注之以水。極力揉搓。待種沉而肉浮。去其黏液。取其淨種。即可播種。或陰乾貯之。翌年播種亦可。苗圃以輕鬆土壤。富於有機物質之砂壤土爲最宜。播種之先。預將圃地。施腐熟堆肥。造成平畦。畦上更薄散以稀薄人糞。及堆肥木灰等。覆以土。壓之使堅。次按一寸方面積。播種三四粒。播後舖濕藁於上面。晴天宜早夕灌漑。使濕度適宜。數天即可發苗。發苗後宜設置遮日簾。每夕須施以稀薄液肥。迨苗長三四寸。即行除草。及間拔。使每株保有四五寸之距離。此後善爲培養。至秋可得長二尺以上之良苗。翌春行嫁接法。用湖桑枝接上。秋季即可移而可定植。

三、定植湖桑定植之期。亦在秋季落葉後。至春季發芽前。隨時均可定植。距離以一丈爲宜。亦以三角形植之。

四、管理湖桑定植後。須勤除雜草。及中耕土壤。且整枝之工作。亦頗重要。整枝法。栽植當年。發生二三芽者。任其伸長。若祇發生一芽者。伸長至五六寸時。芽之先端。留二葉而摘取之。後再分岐而變成二芽乃至三芽。斯時施以適宜之水肥。助其發育。翌年發芽前。擇上年所發生條之姿勢佳者。從根際四五寸高處代之。其他則在二三寸高處。新芽之伸長遲速不同。最初伸長五六寸者。摘其芽梢。則他芽之發育。因之迅速。將伸長之芽。及五六寸時。再摘去之。則分條繁多。每一株可得八九本之條。是謂分岐法。而其效用。不但增加一時收葉。且可免暴風雨之害。第三年之春。前年發生條中將細小之條。發芽前。從根際刈伐。他的細條。次第伐採。以三四回爲度。中條則從根際一寸二三分高處伐採。大條則從二三尺高處。以中刈整理之。一二日後。晴天自午前十時至午後三時之間。從根際二寸高處。再行剪除而修飾之。本年從切斷處發生新芽。若任其生長。則有妨於他條之發育。故宜於五六寸伸長處。摘去芽梢。使樹勢平均。第四年後。一株生十五六本乃至二十本之條。無庸再行分岐法矣。刈法同於第三年。小條至一尺五六寸內外。十二月一月之間。從根際刈伐。中條至一寸二三分內外刈伐。而大枝至伸長二三尺則刈伐之。一二日後晴天之際。約二寸高處刈伐。爾後年年如此施行。則桑樹全體恰爲不規則之中刈。益形繁茂。既無枯損之患。又可免天牛蟲之害。而收獲之增加。實可驚異。雖經數十年。亦毫不呈衰弱之色。整枝之

外須按時施肥。時期以落葉後。施肥法。有株與株之中間。爲細根之末端。乃吸收肥料之要處若施於根部。不但吸收不便。且傷失本根之勢力。並須掘溝而注肥其中。上覆以土。不使日光及空氣散逸養分。則所施者均能收效。而按年得收採相當之桑葉矣。

第十七章　垂柳

垂柳原產於西湖者最佳。其枝葉柔軟。叢生而下垂及地。臨風飄蕩。姿態美觀。令人生愛。足能助行客之清興。爲行道樹之冠。植諸庭園。亦足點綴風景。而使園林生色。材質細密而輕。可供火柴桿。及牙籤等製造之用。

一、擇地垂柳爲溫帶河岸。到處所生。落葉喬木。我國本部處處有之。性能耐濕地。亦得生於乾燥之地。樹幹高四五丈。直徑三尺左右。生長迅速。老齡中心多朽腐而空。能耐低濕地。

二、繁殖垂柳之萌芽力甚強。其繁殖法。均用插條繁殖。供插穗用之枝條。可在秋冬間。剪取粗如拇指之枝條。縛之成束。貯置窖內。或全部埋置於地中。以防其乾燥。貯置窖中者。切口常易乾燥。取用時宜切去其乾燥之部分。插條之季節。以春季發芽前爲最安全。插穗之年齡。以二年至四年生者爲適當。在適潤土地。可用短小插穗。砂地及乾燥地。以用長一尺以上爲佳。又在河岸湖灘等。泥土易堆積之地。亦宜用長穗。使抽出地面四五寸。

三、定植垂柳定植之期。亦以秋季落葉後。至春季發芽前。隨時均定植矣。

四、管理垂柳之幼枝。細長而低垂。難於挫折。老枝甚脆。樹皮粗厚縱裂。樹幹邊材白色。心材帶赤褐色。材質輕軟可用爲製箱匣之類。頗爲美觀。又可爲壁板等用。此樹大概植爲行道樹。及庭園之風景樹。對於管理甚屬簡單。

第十八章　中國松

中國松生長頗速。山嶺岩谷。均能生長。材供建築房屋。橋樑製造器具等用。

一、擇地中國松生長之區域甚廣。以溫帶爲最多。其生長不擇土地之肥瘠。雖岩石地及砂地。均能生長。然最適高燥之黃土。及赤土。若海濱潮水浸入之地。則不適宜於松樹之生長。通常在甚乾燥之地。及中庸濕地。均能生育。在水分停滯之濕潤地。則易於枯死也。

二、繁殖松樹之繁植均用播種法。播種期。概以春季爲宜。播種後當年高四五寸。翌年移植可達一尺左右。即可定植於目的地。

三、定植松樹移植之期。以春季爲宜距離以二三尺至四五尺爲度。

四、管理松樹定植後，五六年即可打枝。並間伐。以充薪材。十年至二十年之間。爲間伐取材之時期。

第十九章　洋松

洋松生長甚速。性耐寒。適於向陽乾燥瘠薄之砂礫土，木材細密。可供橋樑。棒木。建築房屋。製造器具。及鐵路鑛山之枕木用。

一、擇地洋松生長之區，較中國松更廣。不忌潮濕。無論氣候寒暖。與土地之如何。均能生長。

二、繁殖洋松之繁殖。均用播種法。播種期概以春季爲宜。播種後。當年可高四五寸。翌年移植。可達一尺左右。即可定植於目的地。

三、定植洋松移植之期。以春季爲宜。距離以二三尺至四五尺爲度。

四、管理洋松定植後。五六年即可打枝。並間伐。以充薪材。十年至二十年之間。爲間伐。取材之時期。

第二十章　青桐

青桐又名梧桐。生長頗速。宜溫帶之砂質土壤。葉大蔭濃。可作道旁。庭園中之蔭樹。木質極細。木材輕軟。紋理頗美。可供製造琴瑟箱匣。及輕便物品。其子可炒食。又可搾油。充作燃燈之用。其皮用小刀劃書畫。數月後即能現原形。可作紀念。

一、擇地青桐原產暖帶。現今溫帶各地。甚多種植。我國長江南北各省區。及黃河以南。到處可見。土質以肥沃之砂壤土爲最宜。

二、繁殖青桐之繁殖。有播種。插枝分根。等法。播種法。秋季採種後。即行播種。最爲相宜。否則沙藏過冬。翌行春播。亦可。插枝法。在初冬切取此樹之枝。爲一尺五寸之長。插之圃地。亦得繁殖。分根法。在春季發芽前。掘取根旁小枝。植於圃地。即可生根發育。三年苗長三四尺。即可定植於目的地。

三、定植青桐自播種。或插枝。分枝之苗。經三年即有三四尺長。即可定植。距離之遠近。視目的地之如何而定之。

四、管理青桐雖無大規模造林之價值。然如以出產樂器用材爲目的者。亦可由植樹而營造喬林。倘以取纖維爲目的者。可利用其萌芽性而營矮林作業。其枝葉翠綠而淨雅。且耐於修剪。夏日濃蔭扇地。秋深則葉落透日。蓋理想之庭蔭樹也。採伐之期。在種後十五年。至三十年之間。視用途之如何而定之。

第二十一章　三角楓

三角楓因葉形三角而名之。其葉秋後經霜變爲紅色。樹幹端直。枝葉美麗。可爲觀賞。間植於蒼松翠柏間。更能顯其自然之美。種於庭園。足使園林生色。植諸路旁。爲行道樹。風景幽雅。能助行人清興。材質細密。可供車輪。及精細器具等製造之用。

一、擇地三角楓在溫帶各地。均能生長。土質以適潤肥沃之地。生長最佳。

二、繁殖三角楓之繁殖。均以種子播生。播種期以春季爲宜。當年苗長五六寸。三年後即可定植於目的地。

三、定植三角楓大概種於庭園間。及公私墓道。與行道風景之用。定植期。亦以春季。距離視目的地而定之。

四、管理三角楓爲落葉之喬木。高可五丈。直徑三尺餘。生長迅速。樹幹端直。其材可作各項器具。及枕木造屋等用。採伐時期。視用途之如何而定之。

第二十二章　圓柏

圓柏之枝葉。茂密如華蓋。經冬不凋。樹形橢圓。美觀異常。爲佈置庭園之珍品。亦爲公私墳墓。種植以點綴風景者爲最廣。材質堅細。含有香氣。供製上等家具。箱匣。及棺木之製造等用。

一、擇地圓柏爲中國之原產。各處均廣栽爲庭園樹。而遠及於歐美。性能耐寒冷。與低濕庇蔭之地。

二、繁殖圓柏之繁殖。有天然播種。與人工播種之法。天然播種者。乃於數十年老柏樹之四週蔭地。隨處可掘取以培養。人工播種者。採收種子播種於庇蔭之苗圃。上覆落葉鮮苔。其發芽力甚遲。有經一二年而發芽者。苗生後三四年可移植。

三、定植圓柏定植之時期。隨時均可。惟須多帶根際之泥土。至長短距離。視所需之如何而定之。

四、管理圓柏定植後。每年冬季。須整齊樹姿。剪除冗枝。並除草中耕。亦須每年行之。至採伐之期。亦預視用途之如何而定之。有數十年至數百千年而未伐採者。

第二十三章　大葉黃楊

大葉黃楊。爲常綠之灌木。葉作深綠色。而有光澤。單栽叢植皆可。乃庭園綠籬之新種也。

一、擇地大葉黃楊。爲溫帶綠籬。與庭園之良樹。凡屬壤土。均能生長。

二、繁殖大葉黃楊之繁殖法。概用插木法。在春初與霉雨時期。最爲相宜。

三、定植大葉黃楊。作綠籬用者。以插後三四年者爲適當。庭園之大樹。則視所需之情形而定之。

四、管理大葉黃楊之管理。甚屬簡單。如綠籬用者。每年修剪整齊。庭園種植者。修成各項形式也。

第二十四章　木槿

木槿爲生長最速之落葉灌木。夏秋之間。開紫紅色。或白色之花。

花朵大。色美麗。可供食用。及藥用。爲良好之庭園樹。亦可作園籬用。

一、擇地木槿爲溫帶之落葉灌木。凡屬砂壤各土。均易生長。

二、繁殖木槿之繁殖法。概用插木。其時期以春初爲最佳。

三、定植木槿概爲庭園與園籬用之。種植以二三尺至四五尺爲最佳。

四、管理木槿種後。管理甚屬簡單。祇須每年屆時整枝。剪成整齊之形式。

第二十五章 冬青

冬青之生長甚速。葉深綠色。而有光澤。經冬不凋。青翠可愛。極其美麗。中外庭園之綠籬。莫不採用。作爲觀賞樹。亦整齊可觀。植諸路旁。爲行道樹風景亦佳。子可入藥。枝幹可放白蠟蟲。如種於墳墓之旁。可與古柏蒼松相媲美。以點綴風景。高低及形式。可隨意修剪之。

一、擇地冬青爲溫暖帶之常綠小喬木。土質之若何。無甚重要。惟濕潤之地。生長最爲良好。

二、繁殖冬青之晤繁殖。概用播種法。種子採收後。即可播下。則發芽力最佳。愈遲則愈少。播後無須覆草。俾易發芽。

三、定植冬青大都爲庭園之綠籬樹。定植之苗以二三來生者。長二三尺者爲最佳。

四、管理冬青之管理。甚屬簡單。如綠籬者。每年修剪成整齊之形式即可矣。

第二十六章 枸橘

枸橘在溫帶各地均能生長。枝幹終年常綠。生銳刺。作藩籬最佳。花白果黃。有清香。果爲藥用之一。若與刺槐間植。以作果園家庭之園籬。有銅牆鐵壁之堅。虎狼難入之威。欲高枕無憂者。須速種植。

一、擇地枸橘爲溫暖溫之常綠小喬木。土質之若何。無甚重要。惟濕潤之地。生長爲最良好。

二、繁殖概用播種法。種子採收後。即可播下。則發芽力最佳。愈遲則愈少。播後無須覆草。俾易發芽。

三、定植枸橘播種後二三年。即可移植於目的地。

四、管理枸橘概作藩籬之用。每年修剪工作亦不可少也。

第六編 蔬菜種植法

蔬菜爲人生日用所不可缺少之必需品。僅並於五穀之一等。就人體健康上言之。有調和胃腸。助消化。清血液。興奮精神之效力。就醫藥上言之。又有祛病之功。如大豆有效於糖尿病。或製成豆腐爲菜食家滋養品。茄子善治痰疾。番茄能助脂肪之消化。兼癒肝臟之麻痺。薯效於腎臟病。生薑溫暖內臟。祛除惡寒。有功咳嗽。葱及塘蒿。皆腦之強壯劑。萵苣及生葱治不眠症。鎮神經之過敏。石刁柏奏功於腎臟病。又可爲利尿劑。萊菔及胡瓜。宜於消化不良。新鮮之豌豆。善愈僂痲質斯。甘藍可爲清血海。富含燐質。食之可增血量。治敗血病。最有奇效。又能營養體質。而能抵抗疫毒病之效。葱頭及蒜。熱病流行之時。有預防傳染之功。諸如此類。不勝備述。偪紫庫者。有名之航海家也。嘗以帆船周遊世界。彼所最痛心者。非劇烈之怒濤。乃蔬菜之缺乏。從前日俄戰爭。在旅順之俄兵。多患壞血病者。因攝取植物性食物不足之故。蓋敗血病者。由血液中之加厘成分缺乏而來。蔬菜之攝取不足。每足以誘發敗血病也。慈不惟可治神經過敏。且頗多滋養成分。常生食之。可使皮膚之生理的作用健全。光澤豔麗。旺盛血液之循環。以調和神經。促進多量之發汗。以豫防感冒。此外又用爲胃之強壯劑。消化之催進劑。蔬菜具有醫藥之效果。已如前述。又最饒興味。堪爲長壽之一法。近來教育家提倡於學校闢園圃。於家庭重園藝。蓋即補助教育之良法也。教育以能解自然。能悟自然之大本。而後呈其價值。而學問之發展。亦於茲現矣。夫普通教育興味殊多。且收實際之效。則在愉快之間。自起一種莫名之美感。而漸使其品行高尚。坐是學校中。別闢園圃。令生徒栽培蔬菜。草花。及果樹類。庶幾智育。德育。體育。三大端。同一進步。無偏坡輕重之弊。而教育之結果。遂完全而無缺。效果之及於智育上者。博物學之智識愈增。實徹悟自然之妙處。及於德育上者。涵養優美之思想。以最佳之興味。完成自治勤勉諸德。及於體育上者。以最神聖最高貴之勞動。增進其健康。此園藝所最宜於學校也。其在家庭。有些絕異之娛樂。愈足徵家庭之幸福。與家庭教育以偉大之效果。又在經濟上亦足爲之一助也。栽培蔬菜之術。於副業中最易學習。獲利亦最速。故爲農家最相當之副業。自農家老幼之健康上觀之。得一種高尚之娛樂。於風俗之改良。與子弟之家庭教育上。亦大有效果。歐美各國。農家各自設庖廚。蔬菜園。以主婦之子女管理之。此等作爲。不僅從經濟上設計已也。種種優點。不勝備述。不但爲人生所必需。且爲營利之要技。諺云一畝園十畝田。信不誣也。有志者迅起行之。茲將蔬菜之簡要種植法。述於后。

第一章 種植上應注意之事

一、選種　種子以肥厚發芽力強。新鮮呈固有之色澤者爲最良。若外形膨大。中心空虛者。不可用。

二、苗床　大多數蔬菜之育苗。均須用苗床。至春初則甘藍。花揶菜。番茄。南瓜。王瓜。等之育苗。皆須要之。故苗床須於今年秋末。擇向陽之地築好。以備來年之用。其法於風障。（以葦或高粱桿構成籬狀）。或牆垣之南面。掘深尺餘。上面長三丈。寬五尺五寸。下面長二丈九尺八寸。寬五尺二寸。播種時。每床施馬糞五百斤。（騾驢糞均可。忌牛猪糞）。與床土拌勻。耙平灌水滲透後。在大粒種子行點播。小粒者行撒播。表面覆土。厚約種子短徑之四倍。如種子短徑長一分。即覆土深四分也。晨夕及夜間。蓋以草簾。午間開放。使受日光。乾燥時。於午間以噴壺灌水。此乃促成之栽培法。陽曆二月上旬。即可播種。以後苗漸旺盛。間苗。或分移他床。至一定之大而行移植。

三苗圃　前述苗床。促成栽培時用之。此則除嚴寒時外。何時皆可用之。即於園內擇一小區域。作畦育苗。至一定之大而行移植。管理便利。或某菜至播種期。而畦中尚有他菜存在時。宜用此法。（如白菜。晚生黃瓜。多用此法育苗）。

四、肥料　人糞尿。及廄肥。宜用腐熟者。否則易生蟲害。肥效亦減。但在苗床所用之馬糞。以七八成腐熟者爲宜。因若十分腐熟。則發熱低也。

五、整地　地面無菜時。即應將地掘起。使受風北作用。增加土中養分。播種或移植前。耙碎治畦。

第二章　各種菜類之種植法

一、葉菜類種植法。屬於葉菜類者。如萵苣。甘藍。白菜。雪裏紅。塌棵菜。蓬蒿菜等。花椰菜。雖屬花菜類。種植法可準甘藍。

一、治畦。深耕碎土。作凹畦內成水平式。畦畔（即兩畦間之頸）高三寸。但在白菜若於過濕地。宜作高畦。即築四五寸高之土頸。而移植。或播種於其上也。

二、播種。春播之甘藍。萵苣等。於二月上中旬。宜在苗床。若在三月下中旬播種。宜在苗圃。（但前者收穫早）。白菜等秋播者。約於七八月間。（立秋節）播種於苗圃。至生四五葉。高四五寸時。移植於治妥之畦內。株間距離。白菜（二尺）甘藍（二尺）。塌棵菜（一尺）。萵苣。雪裏紅。蓬蒿菜。（八寸）。

三、肥料。每畝用人糞二十担。草木灰三四十斤。於種植時。及達生長期之半時。分二次施肥。以後補肥。用人糞尿四五担。隨意分二次灌之。

四、灌溉。移植後三日內。給與充分水量。秧苗醒後。十日內。無須灌水。以促苗根之吸收力。此後隔七日灌水一次。

五、耕耘。視土壤之性質。與作物之種類。及氣候之關係。而行之。除特別之原因外。平均十日一次。如包頭白菜葉部發達時。（約霜降節）必須用藁類束其頂部。以使球心軟白。花椰菜於花蕾一寸大時。束其頂部。

六、收穫量。每畝白菜約六千斤。甘藍約四五千斤。塌顆菜約二千斤。萵苣約二千斤。雪裏紅二千餘斤。蓬蒿菜約二千斤。花椰菜一千斤左右。

二、果菜類種植法。屬於果菜類者。爲茄。番茄。番椒。南瓜。西瓜。王瓜。冬瓜。絲瓜。豌豆。豇豆等。

一、治畦。深耕。碎土作凹形。畦內成水平式。畦畔高三寸。

二、播種。在茄。番茄。番椒。及瓜類。當二月上中旬。先用溫水將種子浸一晝夜。均勻撒入苗床。各粒相距約一寸。（若在苗圃須遲一月）發芽後間苗。四五葉時移植於畦內。株間距離。茄二尺。番茄一尺五寸。冬瓜。南瓜。西瓜。王瓜等。均二尺。但番茄。冬瓜。王瓜等。於種後十日內。宜構架縛蔓。每隔四日。縛蔓一次。西瓜南瓜之蔓。每生一節。或二節。即宜埋壓一次。至豆類。無須浸種。惟外皮太厚者。稍浸之。視膽皮膨脹爲度。直播畦內。（點播法）株間距離。豇豆一尺。豌豆多用條播。行間二尺。（豆類之蔓生者亦須構架）。

三、施肥。在茄。番茄。番椒。及瓜類。每畝用人糞百斤。廐肥一千斤。米糠或骨粉八十斤。（須於播種前混入廐肥。約三星期。使之腐熟）。草木灰二三十斤。在豆類施廐肥六百斤。人糞百斤。草木灰：八十斤。均於移植時施入。生長時查看情形。若呈黃萎之衆。每畝可補人糞尿四五百斤。

四、灌溉。除特別氣候外。平均十日一次。

五、耕耘。平均十日一次。

六、收穫量。每畝茄約五千斤左右。番茄約六千斤。番椒約二千斤。冬瓜約六千斤。南瓜約三千斤。豇豆約一千斤。豌豆約千斤左右。

三、根菜類種植法。屬於根菜類者。如蘿蔔。蕪菁等。

一、治畦。深耕碎土。在蘿蔔用高畦。培土作壟。高五寸至七寸。其他各種可用平畦。

二、播種。根菜類之播種期。大概在七月下旬。（大暑節左右）如蘿蔔。蕪菁等。均以點播法。直播於畦內。或高畦頂上。生二葉時間苗。每株留二苗。經六七日。復行間苗。僅留壯苗一本。株間距離。蘿蔔一尺五寸。蕪菁一尺。

三、施肥。每畝用廄肥一千斤。草木灰五十斤。是爲基肥。直施於點播坑內。以後每畝用人糞尿八百斤。用水稀釋。分二期補入。

四、灌溉。除遇特別氣候外。平均十日一次。

五、耕耘。平均十日一次。在蘿蔔類。根部發育露出土外時。宜隨時培掩。

六、收獲量。每畝蘿蔔約四千斤。蕪菁約二千斤。

菜類育種。除春播者。能於本年收種外。其餘均須妥實保存。冬季入窖。或苗床。至來年春暖。無霜凍之患時。栽入育種圃。距離同前。隨溫度漸增。開花結實。於九成熟。及朝露未乾時收獲。

第三章　甘藍種植法

一、引言

甘藍俗名捲心菜。原產歐洲及亞細亞西部。爲二年生植物。種子與白菜相似。葉厚而硬。綠色或紫色。上有白粉。初生時葉數甚少。漸長漸增。由嫩葉芽漸漸縮包。終至互相抱合而成圓大球形之葉菜也。爲蔬中之佳品。其味甘美。品質柔軟。且多滋養料。除鮮炒及與肉類合煮而食外。尚可醃漬久藏。或切細晒乾而貯之。此菜富吩燐質。有新鮮血液之功。食之可增血量。醫藥家認爲治敗血病最有奇效。又能營養體質。而能抵抗疫毒病之效。此菜當推爲葉菜之王。乃中外人之主要副食品也。此菜秋季播種者。於翌年春夏之交。可以收獲。此時正鮮菜缺乏之時。得此爲助。良爲可貴。故能善價而估。春季播種者。秋季收獲。亦爲其他葉菜類缺少之際。售價亦甚昂貴。其收量之豐。利益之厚。爲其他農作物冠。且其性能耐長期之貯藏。或運輸遠地。偏處皆得當。終年可供給不絕。故頗爲可貴。已爲世人所重視。故種植者。莫不獲利倍蓰。爰將種植法。述之於下。

二、種類

甘藍之種類頗多。有普通甘藍。四季甘藍。赤色甘藍。縮葉甘藍等。各異其形。我國通行者。爲葉面平滑。葉背之脈突起。葉球爲扁圓形之普通甘藍。與四季甘藍爲最多。

三、氣候

甘藍秉性強健。分布之地甚廣。無論寒暖之氣候。均能生長結球。惟嚴寒過甚之地。以春夏二季播種爲佳。

四、土質

甘藍喜肥沃而有適度濕氣之粘質壤土。或砂質壤土。過於粘濕及過於輕鬆之土。每致生長繁茂。而結球不良。故須改良之。種植家於此。當三致意也。

五、播種期

甘藍之播種時期。雖四季皆可播種。惟嚴寒過甚之地。以春夏兩季爲良。春播在三四月之間。夏播在五六月之間。秋播在八九月之間。冬播在十月間。

六、整地法

播種之前。須擇高燥向陽。排水佳良之地。應將土地反覆深耕。粉碎土塊。築成苗床。種菜一畝。約需苗床三十方尺。卽一方丈。苗床之寬。以三四尺爲最便。長可隨意。其上鋪以極細鬆之泥土。厚約三四寸。其表面再敷細土一寸。並將腐熟人糞尿。灌溉於其上。以充基肥。俟其全體膨軟之後。乃以木板輕爲鎮壓。至土平爲度。而後乃可播種。

七、播種法

苗床築成後。卽可播種。播種法。分撒播。條播二法。而以條播爲宜。因除草。中耕。鬆土。等工作。便利也。條播法。乃於苗床上南北劃爲淺溝。一條之間。距離約二三寸。將子播於淺溝內。務須疏密均勻。其上薄覆以細土。再以稻草蓋之。卽行澆水。此後視天氣之乾燥潮濕。每日酌行澆水一二次。約經三日至十日左右。卽可發芽。當卽除去覆蓋之稻草。以免苗之伸長纖弱。致害將來之結球。

八、育苗法

種子發芽後。如管理適當。幼苗漸漸生長。如有過密之處。須舉行間拔。將畸形者。子葉之爲一片或三片者。纖弱者。須一一拔除去之。此時令苗之相距。約一寸左右之間拔之。拔起之良苗。亦可移植於他處。養成佳苗。發葉後廿日。至苗生本葉二三枚時。須行假植。

九、假植法

甘藍之須假植法者。乃以阻止直根之發育。抑制莖葉之繁茂。而集中勢力於球部。如是則結球較易。假植之法。於他處如前法另築苗床。面積約須增加二倍。擇曇天或傍晚行之。行假植之日。預於二三小時前。就苗床充分澆水一次。使土鬆軟。以便掘起幼苗而少傷其根。掘起之苗。其直下過長之根。當切去一半。以便栽植。而促生新根。假植之距離。每株相距二寸。植後須注意灌水之外。更當爲之遮蔭。以免枯萎。俟其復原後。除去之。自第一次假植後。再經卅日左右。苗生本葉四五枚時。須行第二次假植。其手續除株間距離加寬至四寸外。均與第一次假植相同。無待贅言。自第二次假植後。再經廿日左右。苗生本葉六七枚時。無論春播與秋播。均可定植矣。倘錯過此適當之定植期。則將來之收獲必致減少。種植家於此亦不可不注意也。蓋甘藍經過二次之假植。乃使苗之根鬚發達。葉數增加。發育強健。則將來之易於結球也。暖地葉易直長。假植之次數。宜增多。但亦不宜太多。致結球期遲而球小。通常自發芽至發葉五六枚時。二次卽足也。最後之假植。經半月之久。發芽六七枚時。卽可舉行。移植過遲。則將來之收量減少。非所宜也。

十、定植

定植之前。須先將場地反覆耕耘。務使土塊粉碎。並施若干之堆肥。與草木灰。及人糞。菜餅粉。以爲基肥。整地法與前苗床同。定植之苗。須預於二三小時前。灌水一次。使土鬆軟。以便苗之掘取。取苗務必帶土。每株相距二尺。而栽植之。種植後。於其根際作一淺窩。卽行灌溉。更以堆肥。或草藁。鋪其上。如是處置。夏季定植者。可防乾燥。冬季定植者可免凍害。夏季定植。須擇陰天。或傍晚行之。又於每苗之南面。插一帶葉之竹枝。藉以遮避烈日。冬初定植。宜於日中行之。因栽後卽須灌水。日中行之可免凍結之患。乃種植家。亦當留意者也。

十一、管理

定植之後○灌溉宜勤○冬季定植者○每日宜日中前後灌水一次○夏季定植者○每日早晚各行一次○經二三十日○須施第一次追肥○用人糞尿每畝約六百斤○再經二三十日○卽當欲開始結球時○須施第二次追肥○每畝用人糞尿亦約六百斤○此外在甘藍生長期間○除草○鬆土○亦不可忽怠○此種工作○至其生長滿畦時爲止○又捉蟲○防病○亦當注意及之○如是春播者○至九月之交○秋播者○在五六月之交○可以順次○採收矣○

十二、貯藏法

甘藍採收後○如一時銷路不暢○或欲求善價而估○則當貯藏之○以達營利之目的○惟夏季貯藏困難○非特設貯藏室不可○而秋冬寒季○貯藏甚便○暖地於秋季採收之時○其連根掘起○擇溫暖之地○密爲假植○以藁草或蘆蓋之○如是雖經冬季○概不致凍患也○至寒地則擇排水良好之地○掘一貯藏溝○幅二尺○深一尺五寸○長可隨意定之○底鋪麥桿○厚一尺二寸○擇葉球之尚未充實者○根向上倒列○置其中○溝之側及上面○皆覆以藁草○麩糠○落葉○或麥桿之類○於其上○再蓋以土○更覆以草蓆○概可以安全越冬矣○

十三、利益

甘藍定植後○經三月之光陰○卽可收獲每畝有一千株以上○每株平均有五斤○以上之重量○每斤價最廉二分○每畝有一百元以上之收入○願熱心人士○急起提倡而種植之

第四章　結球白菜種植法

結球白菜爲我國特有之良蔬○其品質之佳○產量之豐富○久爲中外人所贊許○在蔬菜中實居第一位置○他種蔬菜難以比倫也○此種蔬菜○適於吾人食用之部分○爲其由嫩葉捲成之球心部○球成新鮮之純白色網文甚大○肉質異常肥嫩○富液汁○而多甘味○生食有解熱清懷之益○若炒食煮食○滋味尤佳○有清潔血液○興奮精神○增進食量之功○又可將醃或鹽漬○爲永久之食品○或製冬菜○酸菜○別饒風味○誠菜中之妙品也○今將種植法○例於后○

一、種植法上應注意事項

一、氣候○於冷涼氣候之下○能產品質優良之葉球○若逢高溫乾燥之氣候○不惟生育不良○且易招病害之發生○

二、土質○宜於黏重肥沃稍帶濕氣之土壤○若植於輕鬆瘠薄○且甚乾燥之土壤○則難得良好之葉球○

三、肥料○人糞尿○及廄肥○宜用腐熟者○否則易生蟲害○肥效亦減○此外尚須加草木灰○

四、選種○欲得良好之蔬菜○不可不選種子○而種子以肥厚發芽力強○新鮮具固有之色澤者○爲最良○若外形膨大○中心空虛○或生微生蟲者○均不可用○

五、苗圃　結球白菜原爲秋季蔬菜○無須用溫床○及冷床之手術○卽於園內宜擇小區域○作畦育苗○至一定之大而行移植○管理便利○此代白菜已至播種期○而畦中尚有他菜存在時○應用之法○（否則可直播種於本圃畦中○）

六、病害　病害之主要者○爲腐敗病○根瘤病○及白秀病等○若欲防除○卽燒棄被害物○及近傍十字花之雜草○並注意排水○及空氣之流通○

七、蟲害　害白菜最烈之蟲○約有二種○一青蟲○卽菜花蝶之幼蟲二黑蟲。即無青蜂之幼蟲。此等害蟲。蝕害菜葉。至於枯萎。欲驅除之。除以網。或手捕殺之外。則撒布除蟲菊粉。及藥店所售之苦樹皮粉。（中國舊法）頗爲有效。但撒布時刻。以朝露未乾之先。最爲合宜。又害稍輕有三種。一蚜蟲。除蟲法。即去被害葉。及注石油乳劑。二切根蟲。即夜盜蟲之幼蟲。是項害蟲。生息地中。食害根株。驅除至爲困難。法宜於菜之周圍。撒布木灰除蟲菊粉等混合物以間殺之。三蛆蠅二年發生一次。卵化爲蛆。蝕害根株。體長三分。色黃白。圓柱形。頭部不甚明晰。成蟲淡恢色。長二分。翅透明。長度四分。體多刺毛。除防有四法。（甲）在陰天以板黏油捕殺之。（此蟲在晴天甚活潑。不甚易捕。）（乙）產白色之卵於葉之根邊。見則毀滅之。（丙）用紙片注稀石炭酸於其上。置之根邊又撒菸草末於畦上。使成蟲不敢近於產卵。（丁）以石油乳劑。石炭酸乳劑。或二硫化炭素。少量注入根邊。以殺蛆亦可。

八、整地　地面無菜時。即應將土掘起。使受風化作用。增加土中養分。播種或移植前。耙碎治畦。

二、一般之種植法

一、治畦　下種前一二日。將地耕深耙平。作凹畦。內成水平式。畦畔（即二畦間之頸）高三寸。若於卑濕之地。宜作高畦。即築四五寸高之土頸而移植。或播種其上。

三、播種　於播種之先。宜在治土之畦內。按行一尺二寸。（凹畦）或二尺五寸。（高畦）距離掘溝深五六分。以條播法。將種子撒於溝內。覆之以土。下種後經二三日。即可發芽。發芽後經十餘日。復行間苗。僅留壯苗一本。株間距離以一尺二寸。最爲適宜。（移植者同此）

三、施肥　每畝用馬糞一千斤。草木灰卅斤。均於治畦時直施土內攪拌均勻。是爲基肥。以後補肥用人糞尿八百斤。隨水分二期灌入。分九月下旬。及十月中旬之二期施用。最爲適宜。

四、灌溉　發芽或移植一二日。宜給充分水量。秧苗醒後。十日內無須灌水。以促苗根之吸收力。此後每隔十餘日。灌水一次。若氣候乾燥。隔五六日。即須灌溉一次。

五、耕耘　視土壤之性質及氣候之如何而行之。除特別的原因外。平均八九日一次。但此種蔬菜。於葉部發達時。（約霜降節）必須用稾類束其頂部。使球心軟白緊抱。是爲至要。

六、收獲　此爲白菜栽培上最終之業務。過早過遲。俱蒙不利。收獲期十一月上旬。【立冬】

七、貯藏　白菜適於貯藏。法亦簡單。即於收穫期前。選高燥之地。掘寬丈許。深八九尺。長視適宜。上方每隔二尺。橫架一木材。其上敷以高粱桿。或蓬草。更覆以土。使成一二尺之厚。若在中央部。分設出入口。則由梯子而昇降。出入口之周圍。稍高於平面。夜則密閉。晝則開放。若有一端斜設出入口。則宜開二重戶。頂部設一氣孔。土窖規模。大致如是。但貯藏時。先宜發散白菜之表面之水分。（乾燥五六日）然後擇其完全者。分層顛倒。排於貯藏窖內。此事最當注意。蓋多含水分。或受損傷之物。易於腐敗。甚至傳染全體也。貯藏完畢。以後每隔五六日。宜翻轉一次。除去腐爛之葉片。時時注意。使其內常爲攝氏二三度之溫度。如此貯藏。雖至明年三四月間。仍能得鮮嫩之白菜。

八、採種　結球白菜之性質○至開花期時○最易與他種交雜○變化其固有之性質○故育種白菜○宜選其固有形質者○妥實保存冬季入窖○或苗床○至來年春暖無霜凍之患時○（三月中旬○栽入育種圃○（各種不許相近○至少須相距五十步○以防雜交變性）○距離相同○隨溫度漸增○於四月中旬○或下旬○即可開花○至五月下旬○或六月上旬○視其莢果八九分成熟○於朝露未乾時○自本株基部刈去○陰乾脫粒○每畝平均可收種子卅六斤○

第五章　西瓜種植法

一、西瓜之來歷

西瓜屬胡盧科○蔓性○一年生○其原產地在亞非利加熱帶地方○種植閱四千年○太古埃及人已有紀載○中國初無西瓜○五代前浙東已有其種○當時郃陽令胡嶠征回屹○得兹瓜種歸○以牛糞種之○實大如斗○來自西方○故名西瓜○現在浙江海甯產者○風味優美○名馳遐邇○而山西榆次○及河南產者○較南方形大○而味亦美○惟性寒○其瓤不易消化耳○此瓜自中國入日本○祇三百餘年○歐洲除俄國外○不甚種植○而美國則佳種甚多○種植亦盛○

性狀

西瓜莖長葉綠○廣大粗硬○蔓性有卷鬚○葉有深缺刻三裂至七裂○狀如複葉○綠無鋸齒狀缺刻○花小色黃○雌雄異花同株○雌花有細白色密毛○長圓形○子房受精後次第膨大生顆○果爲漿果因品種之不同○而形狀色澤有異○大者達七八斤至二三十斤○形狀爲球形或橢圓形○色澤爲濃綠之白皮及綠色○蛇紋之班紋○吾人所食部份○與甜瓜○南瓜○等不同○非顆肉部份○乃種子周圍之胎瓤部也○顆瓤有淡紅○濃紅○及黃色之別○種子有褐色○黑色○白色○赤白○之分○種量一錢○平均約二十種粒○發芽年限可達六年之久○

三、氣候與適土

氣候好高溫乾燥○土質以砂質土爲相宜○砂質壤土○及壤土次之○冷濕之黏質土○最不適當○故栽種西瓜○多在海岸砂質土也○

四、種植法

種植西瓜直播與假播二種○因西瓜在幼苗時代○細根之發達不完全○勢常虛弱○移植時多困難○故以直播爲便○若因播種後有種種等浸害○先於苗床養成幼苗○而後栽植之亦可○普通畦幅六尺○株間五尺○一畝地約種二百餘株若較此而失於狹○則莖葉茂而大顆少○甚非所宜也○前作以大麥爲便○豫留栽植之位置而條播之○設如麥之畦幅二尺○每隔一畦留一畦○爲植西瓜之用○播種以前○耕整該地○規定株距○掘直徑一尺二三寸○深七八寸之穴○入基肥於其中○使與土混和○更蓋以二寸許之土○以行待肥○兹述其直播與假播之二法如下○

一、直播　播種期內○雖因寒暖不同而有異○大概在四月中下旬○每株下種五六粒○種子之尖端向下○以指插入土中○平均分佈深度○視濕氣而增減○約一寸以內可也○上覆河沙切藁等物○以防乾燥○十日左右發芽○又經十餘日掘苗之周圍○施液肥○行中耕○葉生六七片時○又掘穴施液肥○中耕如上○整理畦形○并敷麥桿於圃地全面○以使蔓延伸長○

二、假播　假播者應設溫床○床之構造甚多○普通所用者爲幅四尺○長十二尺之木框○安置地面○上蓋玻璃蓋○中置馬糞草藁等發熱物○溫度既得增高○且能隨時調劑○亦有掘水田稻株埋藏中宜。苗之床土間。將種子播入以使發芽。爲移植時減少根之受傷。發育良好計也。有用直徑五寸之素燒鉢。各蒔種子二粒。覆河沙二分。埋之床中。應移植時不至再傷根際。惟鉢中之苗如已發育。一鉢祇留一本。餘則間拔。又應時撤覆蓋。使苗接觸日光。以強健之生育。惟光線太強。亦應避之。至移植適期。大概以生葉六七枚。蔓稍伸爲標準。定植園地與直播時同。先施基肥。至相當時期則充分灌水。連鉢於園土。應仔細拔取植之。根際敷以切藁。以防土壤乾燥。建乾燥當綠樹之枝等。於苗之南方。防日光直射。無使苗之彫萎。移植後約二十餘日。亦如直播之施追肥整畦畔。輔莠桿可也。

五、品種

中國西瓜。或云傳自西域。至今品類甚多。如蘇州之應福瓜。太倉之將市瓜。山西榆次之刺麻瓜。（一種皮黑。瓤黃。子絳。一種皮綠。瓤紅。子黑。有紋。）蜜瓜。（皮綠。瓤紅。子赤。味甘美。）浙江海甯之馬鈴瓜。（形長圓。如馬鈴。）三白瓜。（皮。瓤。子。均白味極美。）等。均爲消暑止渴之唯一佳品古人詠西瓜有「香浮笑語牙生水。涼入衣襟骨有風。」之句。至近來舶來品中。以美產爲佳。日本次之。

六、肥料

肥料使用最廣者。爲堆肥。油粕。人糞尿。米糠。木灰等。其配合方法。因土質氣候而有差異。大概一畝地之基肥。約混堆肥五百六十斤。油粕五十五斤。過燐酸石灰二十斤。草灰四十斤。施於待肥之際。即播種或移植之時。第一次追肥。施人糞尿約三百七十斤。第二次追肥。施人糞尿五百六十斤。又有用米糠。以代過燐酸石灰者。然不如用廉價效大之過燐酸石灰。普通農家雖以米糠能增加西瓜甘味。然米糠之效。在燐酸。而燐酸施之不足。甘味減少。施之逾量。則纖維過多。有損品質。其結果因用量之適否。而分優劣也。米糠與燐酸石灰之效用實相等也。人或謂過燐酸石灰之不宜施於西瓜者。殆未知用少量。以應其自然之理於土壤耳。

七、摘心

摘心爲栽培瓜類最要之舉。不可勿略。西瓜雄花之狀態。因品種及外界之情態而異。大概在主幹四節處。先發雄花。四至十三節。亦生雄花。至十四節。始見雌花。十五節又現雄花。至二十節再見雌花。自茲以往。有五雄花。間生一雌花之性。自幹部所出支幹。與本幹同。有三節目現雄花。至八節始生雌花。十四節再生雌花之性。西瓜結果於主幹。（親蔓之本）者最大。熟期亦早。故最初之雌花。發現後。雖可自三四先端。摘去親蔓。使其結實然最初之雌花往往凋落遂至不能結果於親蔓。若最初之雌花。依然無恙。其先生五個雄花。至第二花發現則須摘心。心止則自葉腋發生側枝。自結果節出即搔去之。自他部發生者令其發育。爲相當之蔓延繁茂。如上所發之側枝。該枝亦能出現雌花。亦當如親蔓之行摘心法。

八、人工授粉法

西瓜行二次摘心以後。常任其自然發育。如欲結果之正確。當行人工授粉法。是法於朝露已乾。雌花怒放時。至園地集雄花。花粉於小皿中。以柔毛筆黏附雌花之柱頭。不可令其受傷。惟以毛筆媒介花粉。不若摘取雄花。於雌花上靜拂花粉。令其受精。則手術較易。如此二法。如能行之合宜。所獲之利益甚大。而對於改良品種育成新種。亦得以利用此法而施行之。

九、成熟之特徵

西瓜之未熟者。不足食。過熟者有損品味。故不可不及時收穫。惟推知其適期。非熟練者不克語此。其成熟特徵。如結果所出之卷鬚枯。果與土之接觸面變黃。敲其音與幼果異者是。鑑定時先觀卷鬚。次按接觸面。最後以拳擊果。判斷其音。音如肋骨上被擊之音。則其內部尙生硬。如肋骨間被擊之音。則其音鈍而低。殆卽成熟之徵也。此間妙訣。非筆墨所能傳述。要在經驗數次。特具鑑定之智識耳。

十、病蟲害

病有露菌病。被此病侵害之西瓜。初期沿葉脈現褐斑於葉面。葉之復面。散布粗綿毛。成暗褐色。惟西瓜葉之腹面。原有毛茸。非精檢。則寄生菌不易發現。病漸進。則葉萎縮乾凋。變爲粗質。葉面現不正多角形斑紋。停止全部之發育。遂至枯死。防除方法有二。(一)施波爾德合劑。此劑以硫酸銅十二兩。和熱水五升。以良好生石灰十二兩。滴水使其崩壞。和水五升。須將兩液混合。攪拌至呈青綠色。和水一斗五升應用。(二)摘燒被害之葉。蟲害有瓜葉蟲。爲蝕瓜葉之甲蟲。大約二分五厘。有光澤。黃褐色。翅現斑點。形狀稍成方稜。於七月間爲害尤巨。其驅除方法。(一)凡甲蟲觸外物卽縮體落地。故可用捕蟲網拂落殺却之。(二)散布石油乳劑。先用熱水一升許。溶解洗濯石鹼。於未冷以前。拌攪之。注以石油。稍呈乳白狀。俟冷却貯藏於鐵箱內。臨用時和以廿倍之水。注入噴霧器內灑之。(三)生石灰一斗。石炭酸三合。混合六斗之水。用細噴霧器注之。(四)搜索根邊之卵子。卵在根邊。白色易見。卽殺却之。最爲有效。

尙有地蚤。亦爲西瓜害蟲之一。此蟲善跳躍。蕃殖甚速。羣集嫩葉。使苗枯死。老成者體長不滿五厘。形圓色紫黑兼綠。有黃紋。被灰白色短毛。驅除方法。(二)以食鹽散布圃地。(三)以石油乳劑用噴霧器灌注之。

第七編　花卉種植法

第一章　勸女界種花說

花狀優美。女子愛花。以其性相近也。故以愛花之女子。而解種花之趣味。於社會上。增進高潔風尙。於家庭間。養成勤勉性行。効益之大。匪可言喻。

現今歐美日本。奬勸家庭園藝。惟是園藝槪分三部。曰果樹。曰菜蔬。曰花卉。三者之中。果樹菜蔬。或需廣闊地段。或需多大勞力。或需豐裕資本。或需精巧技術。或需十數年間。始觀厥成。或須調習器械。乃善其事。何若花卉最易種植。用力不煩。見效頗速。花壇最地。設置花盆。隨處安排。僅止數弓之庭園。足供四時之賞玩。舉其利點。約有四端。

(一)澄清空氣。一般植物通性。晝間吸入炭氣。呼出酸素。夜則反是。人能善爲利用。日見身體康強。女子簡出深居。空氣易感陳腐。家中多種花卉。自然可以澄清。瓶養盆栽。裝飾美觀。猶其餘事。此種花關於衞生上之利點一也。

(二)發抒鬱積。家庭間事。豈能盡如人意。女子性柔。每多鬱積。實爲致病之根。時或不幸。偶逢逆境。何以解憂。惟有花卉。觀其含芳吐豔。競秀爭妍。目睹而神怡。遂煩腦之頓遣。薔薇買笑。萱草療愁。此種花關於養心上之利點二也。

（三）利用自然植物○在自然界中○種類既多○無美不備○苟利用之有方○大足增家庭之幸福○例如花卉之內○江南槐立消螫毒○虎耳草廣治瘡傷○玫瑰花有製香水之用途○除蟲菊為辟蚊蟲之藥料○素馨茉莉引起薰風○扁竹葉蘭○潛消毒氣○形形色色○指不勝屈○惟種花者○獲享無窮樂利○此關於自然界之利點三也○

（四）印證科學○女子自入學以來○植物方面多所講習○但教材之或缺○標本之不齊○每致學理空談○實物莫睹○若家庭之間○培養花卉○隨時觀賞○觸類引伸○例如風媒虫媒○特徵立辨○木本草本○性狀悉知○推之生理作用○繁殖方面○俱可實地考驗○益人神智○惟種花者○易收若斯效果○此關於料學界之利點四也○

他若播種勻苗○澆水施肥○以至去草除害等○逐日從事○活動全體筋骨○與花為友○涵養審美觀念○善畫者資以寫生○能詩者因而題詠○借助優美之花卉○愈發揮女子之天才○兩美璧合○相得益彰○家家有女○莫不愛花○女性嗜花○洵宜種之○園藝發達○造端在茲○家庭和樂○導源於斯○質諸女界○當無異辭○

第二章　草花種植法

草本花卉○均用種子播種○其時期大概春夏秋三季均有○當斟酌當地情形○先後播種○細小之花卉種子○宜於床播○便於管理○床闊三四尺○長可隨意○床邊作成小高畦○以防冲洗○床宜高出地面三四寸○土需細鬆肥沃○播種時○先用細孔噴壺灌溉○然後播於床內○播後蓋以一層之稀薄糠灰○覆以稾草○以後每天灌溉一二次○發芽後○可除去稾草○惟在日中時○仍宜覆蓋○俟苗長有數葉時○即可移植之○其距離大概五六寸○至一尺左右○視花卉本之高大矮小○而斟酌定植之○

第三章　木本花種植法

木本花卉之種植法與時期○與果樹之種植法相仿○可參考菓樹類之種植法而行之○

第四章　果木花卉種植簡法

一○木本觀花植物○

名稱	種期	種法	花期	肥料	土壤	備考
梅花	三八月	接	四月	人糞油粕	壤土	花五瓣有單重色白紅或淡紅
碧桃	三八月	接	四月	同	沙質壤土	同上
櫻桃	三八月	接	四月	同	同	花五瓣有單重色淡紅藍或淡黃
月季	四八月	插接	五月	人糞馬糞	稍乾腐植質土	瓣有單重色有紅淡白黃
木香	四月	插壓	五月	人糞油粕	燥園土	花小色白
海棠花	四月	插壓	四月	同上	同上	瓣有單重色深紅或淡紅
玫瑰	四月	接分	六月	人糞馬糞	砂土	重瓣色紫或白
桂花	五月	接	九月	人糞	園土	花小而香合瓣色黃赤
丁香	四月	接	四月	同上	同上	花合瓣色或紫或白
夾竹桃	四月	壓	六七月	人糞	砂質壤土	花五列合瓣有單重色紅或白
杜鵑	四月	插分	五月	馬糞油粕	腐植質土	花合瓣有紅紫白粉等色

子午蓮	五月	壓插	七月	人糞油粕	砂質壤土	花瓣八片形如時計色紅白
凌霄	四月	壓插	六月	人糞	園土	蔓性花大台瓣色黃赤
梔子	四月	插	六月	同上	濕園土	六瓣色白而香
夜合	四月	接	七月	人糞油粕	園土	色白而香
白玉蘭	四月	接	七月	同上	同上	六瓣細長色黃白甚香
茶花	四月	插接	四月	同上	同上	花大瓣有單重色紅或白
木槿	四月	插	六月	人糞油粕	園土	花大五瓣色紫或白
牡丹	九月	接	五月	人糞馬糞	園土	花大而離瓣色紅紫或白
紫薇	四月	插種	七月	人糞	砂質壤土	花離而瓣裂色紫紅或白
蠟梅	四月	接	一月	同前	園土	花瓣多數色黃內層帶紫
金銀花	四月	壓	五月	同前	園土	花不整合瓣色白後變黃

二〇木本觀葉植物〇

名稱	種期	種法	花期	肥料	土壤	備考
槭樹	四月五月	種接	八月	人糞	園土	花小色帶紫
榆	四月	分種	三月	同前	園土	花小色紫
竹	五月	分		人糞	園土	
大竹	四月	種分	七月	油粕	園土	花小色白
合歡	四月	種	六月	人糞	園土	花小有多數雄蕊爲球形紅色
側柏	四月	分插		人糞	砂質土宜盆栽	果實爲小球形
黑松	四月	種		人糞	同前	實爲卵形球果成鱗片狀
赤松	五六月	接種		同前	同前	樹幹黑色餘同前
金松	四月	種		同前	砂質土	果實爲球片
鳳尾柏	四月	種		人糞	砂質土	果實爲小鱗片狀爲小球果
杜松	六月	接插		人糞	砂質土	果實爲小球形
榧	四月	種		人糞	砂質土	果核爲核果片小而圓
梧桐	四月	種插分	八月	人糞	園土	花帶黃土
虎刺	四月	分插	九月	油粕	砂質土	花小開於葉狀枝上色帶白

三〇木本觀果植物

名稱	種期	種法	花期	肥料	土壤	備考
枸杞	四月	壓種分	八月	人糞	濕園土	花合瓣紫色
枇杷	四月	接種	十月	人糞	園土	花小五瓣色白
山楂	四月	種	五月	人糞	園土	花小數似集合色白
李	三月	接	四月	人糞	園土	花小色白
梨	二月	接	四月	人糞	園土	花五瓣色白

木瓜	四月	接	五月	人糞	乾園土	花離瓣五片粉色
蘋果	四月	接	五月	人糞	乾園土	花五瓣白色裏面帶紅色
柿	四月	接	六月	人糞	乾園土	花合瓣色帶黃
花椒	十月	種	五月	人糞	乾園土	花小色帶黃
柚	四月	接	五月	人糞	園土	花五瓣色白
紅橘	四月	接	五月	人糞	園土	同前
佛手	四月	接插	五月	同前	園土	同前
金橘	四月	接	五月	人糞	園土	花小五瓣色白
蜜柑	四月	接	五月	人糞	園土	花五瓣色白
石榴	四月五月	接插	五月	人糞	園土	花深紅有花瓣
無花果	四月	插分	四季	人糞	濕園土	花穗狀
銀杏	四月	插	八月	人糞	濕園土	花小單性
葡萄	四月	接插壓	五月	人糞	濕園土	花小淡綠色

四○草本一年生植物○

名稱	種期	種法	花期	肥料	土壤	備考
黃秋葵	四月	種	七月	人糞	園土	花大五瓣色黃
石竹	八月	種	五月	廐肥	園土	花五瓣有齒上部分裂色淡或白
美人草	四月九月	種	五月	人糞	園土	花小五瓣有細長之萼色紫紅或白
千日紅	四月	種	七月	人糞	園土	花為球狀色白或紅
雞冠	四月	種	七月	人糞	園土	花如雞冠色紅或白或黃
萬壽菊	四月	插種	八月	人糞	園土	花八瓣色紅白或粉
鳳仙花	四月	種	六月	人糞	砂質土	花形不整色白或紅
含羞草	三月	種	八月	人糞	砂質土	花為球狀集合色紫
虞美人	九月	種	四月	人糞廐肥	砂土	花合瓣上部開裂花冠紫色裂片及筒部紫色
罌子花	九月	種	四月	同前	砂土	花瓣四白帶重色紅或粉
牽牛	五月	種接	七月	同前	砂土	花形大合瓣漏斗狀色白藍紅或紫

五○草本宿根植物○

名稱	種期	種法	花期	肥料	土壤	備考
喇叭花	四月	插	四季	人糞馬糞	砂土	花合瓣為長喇叭狀白色
吉祥草	四月	分	十一月	人糞	喜園陰土	花小瓣大裂色淡紫
萬年青	四月	分種	七月	油粕	壤土	花穗狀色淡綠或白色
鳳尾草	四月	分插	五月	油粕	陰砂地土	花為總狀小花紅色
文竹	二月	分	九月	油粕	砂土	花形小淡綠白色
玉簪	四月	分	七月	人糞	喜園陰土	瓣筒狀穗狀白色

秋菊	十月	種分	十月	人糞廄肥	園土	花之周邊爲舌狀中部筒狀色有多種
洋繡球	四月	分插種	四季	達糞	砂質土	花五瓣爲例卵形色紅白或粉
香葉	四月	分插種	五月	馬糞	砂質土	花離瓣有五片色呈淡紅或紫
香蕉	四月	分	九月	馬糞	砂質土	花形不整爲穗狀簇生色帶黃
蓮	四月	分	七月	豆餅	泥水土	花大瓣大色淡紅或白
蘭花	四月十一月	分	八月		粘土	花形不整呈淡黃色
美人蕉	四月	分種	七月	馬糞油粕	園土砂土	花形不整色紅黃
石菖蒲	四月	分	五月	油粕	砂土	花形小爲肉穗淡黃色
芍藥	四月	分種	五月	人馬糞	園土	花大離瓣色紅或白
荷包牡丹	四月	種分	四月	人馬糞	園土	花形奇爲穗狀色淡紅
金魚草	四月	種	七月	人馬糞	園土	花大四瓣黃色

六○草本球根植物○

名稱	種期	種法	花期	肥料	土壤	備考
水仙	四月	分	一二月	油粕	沙土	花六裂有杯狀副冠瓣白心黃瓣有單重
秋海棠	三月	種分	八月	人糞油粕	園土陰地	花形不整四瓣色白或紅
百合	四月	種插	八月	人糞油粕	園土	花大六瓣或重瓣色白
洋水仙	十二月	分	二月	油粕	砂土	花呈總狀花序色紅白或紫

第五章　除蟲菊種植法

一　引言

除蟲菊爲菊科多年生之宿根植物。性強健而易繁榮。有抵抗霜雪之能力、根株逐年增殖。收獲極豐。其功用甚大。除根部外。其餘各部。均具有偉大之殺蟲效力。如市售之殺蟲粉、滅蚊香。除臭蟲藥等。之製造。莫不以除蟲菊粉爲重要之原料。其銷場甚旺。售價高昂。故種除蟲菊。乃能以小面積之土地。少數之資本。簡易之人工。每畝每年可得百元左右之收入。誠利益優厚之特用作物也。惜乎市上所售。大半係國舶來。銷行全國。不脛而走。每年漏出之金錢數千萬。涓涓不塞。勢成江河、查此菊之種植與製造。均極簡易。所用材料。亦多粗劣。如能大規模經營以生產。則不特可防止外國產之輸入。並謀有以轉銷於國外也。小則如農家種之以爲副業、自製藥粉。而供田圃驅除害蟲之用。以我國田野害蟲之多。其需要之大。可以想見。或以之售諸於市場之製粉者。藉營利益。亦可增幾許之收入、即屋角簷前。稍植幾許。以備家庭中自製滅除蚊蠅白蟻蚱蟲臭蟲等各種害蟲之要藥原料。願我同胞。共起注意而經營之。今將種植除蟲菊之經驗所得。述之於后。以供邦人之參攷。

二　種類

除蟲菊有白花。與紅花。茲將每種之形態性質。詳述以供分別。

○白花除蟲菊。原產於奧國達爾瑪西亞地方。故稱奧國種。多年生之草本。高二三尺。葉淡綠色。葉質濃厚。羽狀分裂、裂片頗多。有長葉柄。春夏間抽莖分枝、開單瓣白花甚盛。花頭狀花序。直徑寸餘。周圍之花。舌狀花冠白色。中部之花。筒狀花冠、形小黃色。此菊爲專製殺蟲粉等之重要原料。亦可供觀賞之用。

紅花除蟲菊。原產於高加索及波斯山中。故稱波斯種。形極似白花除蟲菊。其花輪較白花爲大。開花之期。亦較白花爲早。葉之綠色較濃。分歧葉之緣邊。更有多數之銳齒。其花紅色。惟生性柔弱。產量不豐。殺蟲力極小。開花亦較少。花朵較美觀。不過供庭園間玩賞之用。故種除蟲菊以製造除蟲粉爲目的者。當以白花種爲宜。

三 氣候

除蟲菊秉性強健。分布之地甚廣。不問氣候之寒暖。俱能生長繁茂。惟嚴寒如北平等處。冬季有凍傷幼苗之虞者。以春季播種較爲安全。其他較暖之處。則春秋二季。可播種二次。

四 土質

除蟲菊適宜之土質。不論土地肥瘠。皆能生長。所忌者。爲排水不良之土壤。常見排水不良潮溼地。除蟲菊種植其上。不特開花鮮少。抑且有根部腐爛之患。適當之地。爲排水良好之乾燥園圃。若新墾之地。及山坡傾斜之地。或河岸海濱之砂質土壤。亦爲均可種植之良地。

五 播種期

除蟲菊之播種時期。可分春秋兩季。春播在三月下旬。至四月上旬。秋播在八月下旬。至九月中旬。但略有先後。亦無大礙。惟秋播者。往往較春播者爲佳。以除蟲菊必須經一度之嚴寒。始得繁密而開花。然如嚴寒過甚之地。冬季往往有凍傷幼苗之虞者。則以春播較爲安全也。

六 整地法

播種之先。須擇高燥向陽。排水佳良之地。應將土地反覆深耕。粉碎土塊。築成苗床。寬約三尺。長可隨意。上鋪極鬆細之泥土。約厚三四寸。其表面再敷以篩就之表土。高可四五寸。並將腐熟人糞尿。灌溉於其上。以充基肥。俟其全體膨軟之後。乃以木板輕爲鎮壓至土平爲度。而後乃可播種。

七 播種法

苗床施肥後經三四日。即能下種。未經播種之前。苗床先噴以水。使表土透濕。然後將種子撒播其上。播時務求均勻。種量每一弓(五尺)地。約需一合。播畢復篩以細土。以不見種子爲度。不可過厚。致礙種子發育。此外再用木板輕壓表土。使種子與泥土密切。上覆稻草一層。以防雨水直接沖動種子。並可防陽光之直射。若連日天晴。苗床過燥。則早晚當噴以如霧之清水。但須注意水量。不可過多過少。以潤透種子存留處爲度。其後又不可與第一次相差太遠。於種子發芽。極有關係。

八 育苗法

種子播種後。通常經過十五六日。至廿七八日。先後發芽。此時宜將所覆稻草。陸續除去。代以蔭棚。棚以竹爲架。高約尺許。覆以稻草簾。以防強烈之陽光。與夫急來之暴雨。有傷幼苗也。朝夜陰天。則捲去之。此爲最要緊之事。幼苗出至七八日後。有叢密不勻之處？須行間拔。距離爲七八分。使苗可強健發育。天氣炎熱。苗畦過燥。須朝夕注以如露之水。日中宜避日光之直射。雜草萌生。務宜除去之。

種子播種後。有時因氣候寒暖。與覆土之厚薄。而有遲早。如秋季所播之種一部份經過兩三四星期發苗。或一部份年內毫無動靜

○至次年春間○始陸續發苗者○故幼苗移植後○倘非必不得已○苗畦勿即折除○留至明年春季為宜○

九　假植法

除蟲菊播種所生之苗○移植於第二苗畦，謂之假植○假植時期○約發苗後四五十日○苗長一寸餘，為最適當○假植之苗畦○須較播種畦廣二三倍○假植方法○先設多數二三寸狹長之畦○次將播種畦○所生之苗○連根輕輕掘出○每株距離二三寸○移植之，植後必略萎頓○可注以水○待枝葉振復後○再施以稀薄人糞尿○能加少許油粕更妙○假植苗畦○無須設棚○祇須勤除雜草○及鬆土等工作○以保其發育○其播種苗畦○幼苗掘出後○即可改作假植苗畦○

十　定植法

假植苗畦所養成之苗○經五六個月○移於園藝場，或高燥田地○定其所植之地○不再遷移○謂之定植○大概春播者○當年八九十月間行定植○秋播者○於來年三四五月間行之，其法先將泥土耕熟○布置妥當○作二尺闊之畦○須擇曇日○或無風之傍晚○每株距離尺餘○而定植之○每畝約可種植二千餘株○定植前將假植畦之苗○留意掘起○勿傷幼根○隨時掘起○隨時定植之○其性忌溼○故畦須築高○勿使污水觸其根葉○在此時期之苗○頗強健○移植較易○定植後○晨夕亦須灌以如露之水○一星期後○則新根生而活着矣○而後施以稀薄人糞尿○勤除雜草○中耕鬆土○則欣欣向榮矣○

十一　分根法

除蟲菊生活之年限○雖因土質氣候管理而互相差異○然通常生長五六年至八九年○必衰老而枯死○故除蟲菊經四五年後○根株發育已達極點○此時當利用分根法○均分為若干枝○而分栽之○則不特可以延長其生命○並能促進其生長時期○一舉而二善備矣○分根時期○暖地為十月○寒地為九月○視株本之大小○用利刀分為二三枝或六七枝不等○分別定植之○翌年即繁茂○再經三四年後○又可如前法分根矣○

十二　施肥法

除蟲菊之施肥時期○以春季花蕾將生時○促其花朵之繁盛○及秋分後增進其強有力新芽○為最適當時期○尤以秋季施肥為事實上之最要○蓋花蕾多者○大部分由去秋肥料充足而得○春季施肥○不過補助其生長力而已○肥料之最適當者○以堆肥○人糞尿○骨粉○雞糞○草木灰等○其目的在使除蟲菊多開花蕾○增加產量○其肥料須預行蓄積○以待腐熟而用之○玆將簡易之製肥法○及現在通行肥料名稱○施肥時期○及一畝地之施肥量○錄之如左○以供參考○

肥料三要素○一為淡○即窒素肥料○二為燐○即燐酸肥料○三為鉀○即加里肥料○其效用如後○

一窒素肥料○如堆肥○人糞尿○及豆餅等○其效力在使枝葉之繁茂○能使根深入土○

二燐酸肥料○如骨粉等○其效力在促進幼根之發展○增加其生長之能力○補救窒素之過多過少○使開花有加○花蕊繁多○

三加里肥料○如草木灰等○其效力在使莖梗之強壯○

製堆肥○用稻草○垃圾○毛骨○及腐草○落葉○池沼滿泥等○與糞汁混合○堆積○至七八尺高○其上覆以河泥○至數十日○即發酵而腐敗○時用田器上下翻轉之○並添注糞液○使充分腐熟○乃可施用○其堆積之周圍○最好開一溝○低其一隅○接以瓦缸○庶其流質○亦可用為肥料○

人糞肥 人糞非經腐熟。效力不著。內含窒素。極易發揮。欲其速腐。可於每十担糞中。加入豆餅一斤。攪勻。經過三日。即能腐熟。（夏季酷暑。糞易蒸發。致使窒素散逸。宜用木炭及乾土青草等拌之。即可止其蒸發。其與水之混合用量。因時而異。列表如下。

月別	正月	二月	三月	四月五月	六月	七月	八月	九月十月	十一月	十二月
糞	五份	四份	三份	二份	四份	五份	六份	七份	八份	六份
水	五份	六份	七份	八份	六份	五份	四份	三份	二份	四份

施用糞肥。以晴日為宜。春夏二季施糞肥。宜在日未出前。冬日宜在日中。否則窒素散逸。收效甚微。且易發生蟲害。

製骨粉 不論馬牛羊豕。雞犬魚類。鳥獸動物之碎骨。每用百斤。另以生石灰三十斤。化水三担。使成石灰水。以碎骨浸入。每日攪拌。經一星期後。取出洗淨。去油曬乾。以稻草或落葉等類作堆。燒骨成灰。即成燐酸肥料。每畝用二十斤。至四十斤。混入細土或堆肥中用之。

注意燐酸肥料。宜與窒素肥料混合用之，但不宜與加里肥料同時施用。因加里能吸收燐酸。成燐酸鉀。須待燐酸鉀溶解之後。始生效用。其時間反多周折也。

製草木灰 不論何種草木。以及落葉鋸屑。礱糠。垃圾等。均可曬乾燒灰。其成分雖不一。然均含有加里性也。燒灰冷定之後。和以腐熟糞液。可除根部之害蟲。且能促其生長。惟其性甚烈。如果單獨施用。足令植物枯死。故須與窒素肥料混合用之。

肥料名稱	施肥總量	施肥分配法			
		十月	十一月	二月	四月
堆肥	八十斤	六十斤		二十斤	
骨粉	二十斤	十二斤		八斤	
草木灰	五十斤	二十五斤		二十五斤	
雜糞	二十斤	十二斤		八斤	
人糞尿	八十斤		三十斤		五十斤

右表中十月秋肥。二月春肥。均於中耕耘土時埋入土中。骨粉與灰肥不宜混合。須前後隔十餘日施之。人糞尿用為追肥。以助生育。四月開花前施之。則花蕾發達也。

十三 管理法

除蟲菊之管理。最為簡單。祇須勤除雜草。排洩積水。中耕耘土。亦為緊要之工作。中耕宜行於施肥之後。天旱時宜澆水。開花當水分最宜充足。

十四 採花法

除蟲菊自播種後。如管理得法。肥料適當。次年即可開花。開花時期。雖因氣候不同而稍有遲早。普通以五月至六月為最盛。花之留收種子者。任其花瓣凋謝。種子老熟。然後採下。置於透風處。陰乾後收藏以待用。花之充除蟲原料者。開放七八分時。約開後二三日。即應採摘。以斯時殺蟲之力最強也。且採收之法。簡而且易。用拇指與食指指甲。於花部與莖部交界處摘下。事不費力。每人每日。可採三十餘斤。

除蟲菊採完後。所餘之莖葉。亦具有殺蟲之效力。雖不若花朵之強烈。但割取而乾燥之。碾為粉末。亦為充殺虫劑之原料。撒諸水田。驅除水稻之害蟲。混合鋸屑。可製薰蚊藥料。其法由根部一可以上處割取之，遺留土中之根株。自能發芽開花。爾後年年採收。產額亦逐漸增加不已。

十五　乾燥法

除蟲菊花既經採下。即當設法使之乾燥。否則即有發霉變壞之虞。乾燥之法。分日蔭乾燥。日光乾燥及火力乾燥。三種。說明如下。

一日蔭乾燥法。用此法乾燥之花。品質最優。殺蟲效力亦最大。惟費時較久。手續與設備亦較繁。規模小者。可承以新聞紙。攤於通風清潔之室內。規模大者。非有許多設備不可。第一須備廣大通風之室。第二須備多數之箔。第三須備置箔之架。架設多數。層可置箔。箔內敷新聞紙。菊花散布其上。六七日間攪拌二三次。則乾燥較易。若養蠶之家。蠶室。蠶箔。蠶架等。完備者。一切可以利用。節省多矣。

二日光乾燥法。用此法可以少數時日。能乾燥多數花蕾。惟品質較次。殺蟲力不及蔭乾者之大。其法將花攤於清潔之蘆席上。曝烈日中。翻動三四次。約歷三日。即能乾燥。乾後勿多曝。蓋多見日光。必失主要成分之效力。此事最宜注意。

三火力乾燥法。用此法乾燥最速。品質亦最佳。無低減殺蟲效力之虞。惟經費較費。規模大者。須設備如蔭乾法。或利用育蠶室。閉其窗戶。燒炭。將花盛於鐵製之烘箔中。置於華氏熱度百三四十度之上。上下左右。交替翻拌而烘乾之。規模小者。亦須備烘爐。烘箔等物。假使收獲未多。不必如是。用蔭乾法可矣。

乾燥法中。並可分整乾。切乾。兩種。整乾法者。即就採下之花。聽其全朵乾燥。用日蔭乾燥法者。若在晴天。亦須經過數日。用日光乾燥法者。烈日亦須二日。切乾法者。將採下之花。用小刀切碎花朵而乾燥之。則用日蔭乾燥法者。如遇天晴。五六小時已能全體乾燥。如用日光。火力。則更快矣。

莖葉之乾燥法。亦如乾花之法。使之乾燥。如在晴天。則用陽光乾燥之。如係陰天。或雨天。則用烘乾法。乾燥之。其法在鐵釜中。用手時時攪之。不可稍停。至手能研碎為度。當即時磨粉。否則恐為濕氣所作用。則轉較難施工矣。莖葉之粉。亦充殺蟲劑之原料。撒諸水田。驅除水稻之害蟲。混合鋸屑。可製燻蚊藥料。

除蟲菊花朵。既經乾燥後。即貯於密閉之玻璃器。或陶器。木器。洋鐵器。之內。而固封之。勿使濕氣侵入為要。以備製粉之用。如不自製粉。則將乾花賣於工業廠。或藥房等。製粉之商人。獲利亦甚厚也。

十六　製粉法

除蟲菊花朵完全乾燥後。即可製粉。愈乾燥愈易製。製粉之方法不一。或將乾花置於藥舖中所有之藥船中。或舊式擂盆中。研成極細乾末。用細篩篩之。粗者再反覆研細之。若猶有粗者。可作為燻蒸室內蚊蟲之用。或散布倉庫。以防害蟲。或以乾花置於石臼之中。搗成細片。然後轉入磨粉器中。磨成細末。用細篩篩之。其殘餘之粗屑。復入磨粉器中。再磨而復篩之。所得細粉。貯藏於乾燥器中。密封之。以備需用。或出售與市場。以充殺蟲藥劑之原料。惟須注意潮濕與光綫。皆足減損粉末殺蟲效力。不可不慎。因此物遇濕氣日光及其他光綫。必損殺蟲效力。故貯藏之所。務求慎密也。

十七　用途

除蟲菊粉之殺蟲效力甚大。其用途甚廣。其需要與人類之文明而與日俱進。蓋除蟲菊粉。內部含有一種不揮發之酸性。可減除蚤虱。臭蟲。白蟻。白蛉子。羽蟲。蚊。蠅。穀蠹。夜盜蟲。螻蛄。蚜蟲。螟蛉。條蟲。油蟲。尺蠖。天牛。卷葉蟲。浮塵子。盜賊。蟻。毛蟲。泥蟲。椿象蟲。小蟲。其他書籍。衣類。之蟲。屋內器物。農產收穫品。蔬菜。果樹。山林。及人體畜類。所生之一切爲害昆蟲。但除蟲菊。價值昂貴。倘使單用粉末。未免太不經濟。故必須配製成各種除蟲藥劑。然後施用。則效力與經濟。兩得其宜。茲將除蟲菊粉。與其他除蟲藥。混合配劑之簡易製法。及效力用途。列舉於下。以供參考。

一除蟲菊粉與澱粉之配合劑。用除蟲菊粉一兩。與小麥粉二兩。均勻混和。卽成善良之殺蟲劑。用以殺滅。蚤。虱。臭蟲。及家畜之羽蟲。犬貓牛馬等皮膚寄生之害蟲。效力大而無害人畜。

一除蟲菊粉與木灰或石灰之配合劑。用除蟲菊粉一份。與木灰或石灰八份。混和。用器密閉一晝夜。則藥性分吸入灰中。其效力大而經濟。用以撒布農作物。能滅除莖葉發生之害蟲。撒布蔬菜類之嫩葉。可滅除蚜蟲。螟蟲等。撒布時。最好在朝露未乾時。其撒布法。在田野間。可用手。或用撒粉器。撒布。或盛以紗布袋。撒布。於葉上。他如夜盜蟲。螻蛄。爲害之田。欲種甘藍。茄子。或其他作物者。種下之時。用此劑撒布於根之周圍。可免其害。至於山林等果樹等之高者。如用撒粉法時。必被風吹散。故須配製成液體後。用噴霧器以撒布之。

一除蟲菊石鹼之配合劑。先取石鹼(卽洗滌用之肥皂)一錢。用水一升。煮令溶解。另取溫湯一合。沖和除蟲菊粉末一錢。作成除蟲菊浸出液。加入石鹼水。充分攪拌。再加清水八倍以上。用噴霧器。或噴水壺。噴出散布。以驅除蚜蟲。或山椒蟲之幼蟲等。若多加除蟲菊粉三錢。而用以驅除白菜黃條蟲。及山椒蟲等。之小甲蟲類。最爲有効

一除蟲菊粉之浸出液。用除蟲菊粉三錢。和微溫水一升。不可用沸水。如用沸水。則除蟲菊粉驟遇高熱。則除蟲菊粉中所含之不揮發酸性分解。其效力必致減退。混和後。充分攪拌後。密閉一晝夜。可用以驅除盆栽花木。或庭園花草之蚜蟲等。最爲有效。

一除蟲菊粉酒精配合劑。用除蟲菊粉四兩。加入清水及酒精各一升中。充分攪拌。務使十分混和。密閉一晝夜。可用以殺滅一切甲蟲。用時將混合液一份。充和清水十份。而使用之。

一製滅蚊香法。用除蟲菊粉四份。海藻(卽水上浮萍)晒乾。或烘乾。研末和以雄黃精及木屑粉六份。加水(須內含膠質百分之五)混合。充分攪拌。入壓榨唧筒榨之。乾燥後。卽爲上等之滅蚊香矣

十八 利益

除蟲菊之種植容易。而產量甚豐。且經一次栽植之勞。卽可坐收數年之利。因是工力省而費用微少。乃獲利之厚。尤非其他作物所能及。惟我國農民。知者少而種植者亦甚少。因我國農民。大概不知除蟲菊之用途廣大。及需銷之場所。以致國內各藥房。及各工業社。各實業公司。大都仰給於國外。坐使每年數千萬金之利源外溢。良深痛惜。願我同胞。共起而圖之。以挽回此鉅利。茲將種植十畝除蟲菊之收入支出之數。列后。以供參考。

收入

一乾花一千斤(每斤價約一元左右)　一千元

一莖葉三千斤(每斤價約四分)　一百廿元

支出

一 地租（每畝五元）　五十元

一 肥料　五十元

一 人工（長工一名年支一百廿元短工六十工每工兩角計十二元）共一百卅二元

一 農具消耗　十 元

共計支出二百四十二元　收支相抵可得純利八百七十八元

惟種植一畝或二畝者。亦須長工一人管理之。其支出較鉅。則獲利即不能如此之豐。大概除草耕耘。長工一人可照料十餘畝地。故能爲大規模之種植。人工得以節省。利益當然更厚。

十九　結論

如上所述。則除蟲菊實爲重要之特用作物。花朶與莖葉均堪藥用。驅除動植物之害蟲。而對於人體又毫無危險。既易繁殖。又不佔地面。且獲利豐厚。誠農家最善之副產品也。且種植其他作物。未有如是之大利者。至現在需銷之場所。如上海各大工業社。實業公司。滅蚊香製造廠。各省昆蟲局。各省農事試驗場。各大藥房等。均需多量之除蟲菊粉。以備製造或配製殺蟲劑之用。日增月盛。願我同胞。羣起種植之。

第八編　種苗繁殖法

第一章　果樹種苗繁殖法

果樹種苗之繁殖。除少數用實生。或分根。或扦插法繁殖外。多數用接木。以繁殖之。接木法。即採取接穗。接於砧木上。使與砧木接合。俾全體遂共同之生活作用。爲果樹繁殖上最有効的方法。其利甚多。述之如下。（一）不失母樹之性質。而能得繁殖多數之効。（二）果實之品質佳良。（三）結果迅速。而爲數亦多。（四）弱者變爲強。長幹者變爲矮性。（五）樹形易整理。（六）對於病蟲害少。亦能免疫性。（七）不適地亦能栽培。（八）使早種變爲晚種。晚種變爲早種。（九）由高接法而能改劣種爲良種。（十）果樹之衰弱或損傷時。用高接法。或橋接法。能恢復樹勢。及愈合損傷部。接木之方法甚多。有枝接。根接。芽接等法。枝接法中。又有切接。割接。腹接。寄接等分。惟果樹之嫁接。以切接。割接。芽接。爲最普遍。分述於下。

一、切接法。一名皮接。接樹法中最通行之法也。其法先擇接穗。長二三寸。有芽二三枚者。將其尖頭斜削。斜度八分至一寸。下頭亦需斜削平滑。而砧木粗細。不須同接穗。將枝葉先行削去。僅留獨幹長約七八寸。擇皮面滑處。向下剝皮寸許。與接穗斜面等。於是將枝嵌入。務使掩合緊密。無毫髮空隙。以剝下之皮外覆。而後結束之。然結束之緊緩。於成育上大有關係。如柿、梅、宜稍緊。苹果、梨、桃、等宜稍緩。施術既終。則宜植於深五六寸之溝中。壅土使不見穗爲度。俟其發芽後。至四五寸時。則去其被土。以露出接合部。又如接於大樹之際。其砧木之周圍。削二三處。接以二三本穗可也。

二、割接法。此法俗稱破頭接。如砧木大者。多用此法。其法切斷適當之處。砧木切口。使之平滑。於其切面。分爲二割。或三割。其割目之大小。宜與接穗適合。插入之後。接合砧木接穗兩者之發生層。而縛緊之。但穗之長約二寸許。削其下端之兩側。宜平滑而楔形。

三、腹接法。此法於大樹一部枯死之枝條。及接換其他良種。或其樹身漏空。及多年不結果時。多行之。其法先察定砧木易着處。削開皮部。深入成一斜穴。次將接穗下端一隅。削成楔形。插入穴中。以繩或蘽類繞之可也。

四、寄接法。又名呼接法。我國之舊法。不易接之果樹。用此法最宜。且混合果形。研求新種。用此亦佳。其法先將欲寄之二樹。大小相等。距離數寸。合植一處。視其可以枝相接合處。（須在中部）。各削其皮。削後縛而密合之。則活着自易矣。

五、根接法。行枝接之砧木。不必限於樹木之枝幹。然亦有用根者。故曰根接法。然惟可用支根。決不可用主根。根之大較接穗之大不同。普通以直徑三四分。切二三寸。用其接合法。及其後之處理。與用幹爲砧木之際無異。

六、芽接法。芽接法者。取芽作接穗。接於砧木之上。以使其生長之法也。其取芽之法。先察定樹枝上。適用之芽。從其周圍。附近皮肉處。用刀斜着淺削脫之。接芽法先於其樹所接之處。將刀割其皮層。即以所取之芽。插入皮層之內。再用藺草類緊縛之可也。芽接法。爲園藝上。手術簡單之一種方法。其利頗多。述之於下。（一）一次誤其手術。可以再三行之。（二）於接穗少而貴重之際。以一芽接着能得多數之砧木。（三）手術容易。故一時有能接多數砧木之利。（四）一回誤其手續。而砧木無衰弱之患。（五）行此法至活着後。其接合部之癒合。雖經二三年亦不能看出砧木之接合部。（六）雖遇風雨之妨害。於接合部亦無折損被害之事。但樹木生育較遲。或樹液循環不速。及樹皮帶有澀味者。如柿栗之類。皆難行此法。而收以上之利益。

芽接之種類。凡接用所取之芽。因取之時期不同。可得分爲三種。（一）未萌芽。此芽是春季未發芽以前之芽也。當其未發之時。即可取而接用之。（二）發萌芽。此芽是年前所取得相當者。藏入土中。至次夏初。以爲接芽之用。接後當年生活。（三）休眠芽。此芽名隱芽。是春初秋梢之芽。至夏時仍未破綻者。取爲接芽之用。接後次年。方得發生。通常多重用此芽。以接他樹之用。砧木注意。必取其生長甫二三年而皮尚滑者。視其適當有芽處。割其皮而以芽貼上。若久旱必需灌水於其根際。灌後明日。即可行芽接法矣。

芽接法之種類。亦有數種。列下。

一、丁字芽接法。用刀割截砧木之接處滑皮。若丁字形。以蔑排開截處之附周。將已截得之芽。插入於其中。緊縛以藺類。如是閱一旬之久。試指觸其芽下所具之葉柄。若易脫落者。是以活着之徵。否則宜速改處而接芽如初。翌春發芽之前。由接處上部。距離三寸許。截去莖稍一分。待新梢舒暢。以繩縛砧木。使其上伸。迨夏間。更由新梢近處。截去砧木。所餘之莖部。

二、工字形芽接法。此法截砧木之接處。與丁字法。不過上下相反而已。餘皆同。

三、環形芽接法。此法剝皮之形。或環於芽周。施術稍難。

四、十字形芽接法。此法截砧木之接處。若十字形。丁字法之不便用時。乃用此法以接之。

五、剝皮芽接法。此法剝去砧木皮部一分。採芽薄皮同其形。以令適合其面而接之。

六、方形芽接法。此法芽之薄片。與砧木滑皮各剝成方形以接之。

七、接樹之時期。　接樹之時期。需視氣候之寒暖。果樹之種類。接木之方法而各有不同。如枝接之時期。以春秋二季行之爲適。而行於春季發芽之候者。尤爲普通。因此時期。樹幹內之養液。循環最甚故也。若行芽接。普通以六八二月爲適。因其樹液之運動稍遲緩也。

八、接樹之選擇。行接樹時。宜選擇接穗與砧木。需強盛而發育健全者。爲要。試舉其砧木與接穗之種類如下。

接穗(接枝)之種類	砧木(接本)之種類
一、梅、	野梅、杏、李、
二、桃、	桃、李、
三、櫻桃、	實生櫻桃、山櫻、
四、杏、	桃、梅、李、杏、
五、李、	桃、杏、李、
六、苹果、	梨、棠梨、山梨、實生苹果、木瓜、
七、梨、	棠梨、山梨、實生梨、
八、柘榴、	實生柘榴、
九、栗、	柴栗、
十、葡萄、	野生葡萄、
十一、柿、	實生柿、君遷子、
十二、柑、	枸橘、
十三、枇杷、	實生枇杷、榅桲、

砧木之大小。視其所接之主旨而不同。凡用實生之苗者。恆取其播種後二三年。莖周約一寸五分至三寸。砧木小者。癒合甚易。惟至接生後。發育不盛。砧木大者。雖癒合稍難。然生長旺盛而結實亦速。接樹之用具。凡鋸、鋏、及小刀、三種。皆接樹上應需之器具。砍截大樹。需以用鋸。砧木之枝根。及接穗切接之器。需主用於鋏與小刀。而小刀以斜及小刀。尤見廣用。芽接所用之小刀。則以兩頭均有鋒口爲宜。蓋一端割皮。一端開砧木之皮。割接所用之小刀。其背若楔形。可開砧木割裂之部。以便於穗之插入。以上接木各種用具。需以利銳而適於用者。爲至要之目的。樹枝樹芽之大小。亦當斟酌刀鋏之大小行之而保護。方無所損傷。

九、接樹之用料。(一)繩縛料。(二)稻草。(三)箬葉。(四)蔺草。

(一)取其適宜者。加以濕潤。打而柔之。纏縛緊密。勿使露氣。料暫積久。漸次腐解脫落。無礙於幹之生長。(二)唾液。削穗後入口中含熱。速唾插之。塗之接之接合處。(一)防傷痕乾燥。(二)免濕氣浸入。頗爲便利。

十、插枝法。此法折樹木之枝。插入於土中。以使之生根也。或取根邊土面所生之枝。培肥土。令其生根。然後從土中截斷之。使不聯絡母樹。以充苗之用。故此法。不僅可行於果樹。他如桑樹。及花卉等。均可用之。惟枝之生根。因種類有難有易果樹中如石榴。葡萄。無花果等。行此法最利。試先以此法之大要。述之於後。

十一、插木之處理。在未插木時。擇肥地耕細築畦。用水滲透之。待二三月。果木將出芽時。揀肥枝直條。姆指大者。切長一尺五六寸。再削枝之下端。爲馬耳形。另用小棒刺入畦中。約五六寸之深孔。孔之距離。約尺許。將切枝插入其中。插入後以土築實。並時常灌水。以免乾燥。至夏季宜設日覆。冬季作煖

蔭○如是至仲春○生長較高○卽可行移植○

十二、插枝之注意○（一）天雨連綿時○行之最良○（二）當在陰天行之○（三）枝需選良好者○（四）霉雨時於陰天○亦可行之○（五）枝上因時用鐘葉裹之○（六）枝先插入雞窩中○再行插入土中○最易生活○插枝之方法○插枝法○大別四種○曰芽插○枝插○葉插○根插○是也○（一）芽插○取不甚固硬之新芽○而插之之謂也○（二）枝插取其前年所生之枝○切五六寸至尺許而插之也○（三）葉插○葉插者乃取葉插於溫室內之砂土中○待發根之後○移植於他地○培養而後○再定植於本圃之法也○（四）根插○普通取於年齡所生之根○切取七八寸而插之之法也○

第二章　採收種子法

採收種子法○種子之獲取○有採集法○種由買入法○交換法○及買入法○之數法○故宜擇其適當方法○以期種子之價於廉○而品質最良○一、採集法○自己所有之森林○已達結果時期○自行採集其種子之法也○故若能選擇適當之母樹與季節○以採集之○而又行精細之處理○則能獲得良好之種子○二、種由買入法者○他人之森林○結實時○備買其樹實而自行採集之法也○故此法所得之種子亦良○不過多頭於前者○一若所當之種子量頗多○而其種子處理○又需用乾燥器械○及其他特別之方法○則可行交換法○及買入法○又其地方附近○不產此種之種子時○亦當用此二法○惟用此二法時○務宜購自可靠之大商人○且使其保證其發芽量○比契約之發芽量較少時○則可隨其差量之多少○而減去其價金也○

第三章　選擇種子法

選擇種子法○種子需悉取確能有發芽之効力○苟不分視優劣○採集其種子造林○殊可惜也○通常各樹種之發芽量○大略如下○杉、檜、花柏、百分之六十至七十○落葉松○百分之四十至五十○赤松○黑松○百分之八十至九十○枹○櫟○栗○槲○類百分之九十至九五○如上之發芽量○皆從植樹鉢等之發芽試驗得之○非從山野之大試驗得之者○故其所示之苗數○非一年生苗之數也○如杉○檜○花柏等○之發芽量○最初雖達六七成○而其滿一年生之苗○僅不過二三成○餘皆枯死於中途○反之如櫟○枹○栗○胡桃等之大粒種子○其一升中之數○雖少而其發芽量○殆與苗木之數相等○要之種子之小者○其發芽量較少○而其苗之枯死者則少○林木長成之狀態○及其母樹之性質○多遺傳於種子○故採取種子之際○大宜選擇○適當之森林○與母樹以採集之○凡母樹之細長者○其種所生之苗○亦細長○母樹之生於山搭地方者○其種子所生之苗強○長其根○而低擴其枝○故其性質耐風害○母樹之爲病木者○其種子所生之苗○亦多病木○此因果自然之理也○

第四章　化驗種子法

化驗種子法○種子化驗法○類皆複雜○其簡單者○爲切斷法○其次者則在用肉眼以識別之○在老練之家○一見而知種子之良否○蓋種子中枝葉子有無混入○及種子之大小○形狀色澤等○有無不同○皆關於種子之良否○其混合物頗多時○其大小形色有不同時○卽可知種子之不良也○例如杉之種子中○混有檜○花柏○等種子時○其形

相類。實爲最宜留意。又大小形狀之有差異者。由於採集法。與母樹選擇法之粗漏。蓋凡壯年之種子。概良好。若泥稚樹及老木之種子。則生如此之結果。而小粒之種子。雖非不能發芽。然其發育不全。不能成良苗。種子之比重稍大者。可行浸水試驗。櫧類。櫟。小楢。櫸。等之種子。若投入水中。則其有蟲喰者。及其失去發芽力者。當浮於上。而良好者則必沉下。杉。檜。之種子。亦可行水浸法。然非於數小時中。細細攪拌之。則因種子有脂氣。雖其良好者。亦不容易沉下。小粒種子之化驗法。有投之於火。以化驗者。此時良好之種子。發爆音。不良種子。僅發小音。甚至有全不發音者。故得隨其發音之大小。以區別其良否。又不投種子於火而投之有熱之鍋。以驗之亦可。輕量之種子。可入於風箱而以風力區分其良否。又種子之良否。可以其重量知之。蓋其種子之一升。率有一定之重量。比量較重者爲良。而較輕者爲不良也。又種子之良否。亦有以其粒數檢之者。普通各樹種子。其一升之粒數。殆皆一定。比此數少者爲佳。而較多者爲劣。此外細小種子之化驗上。最稱精密之試驗法。爲發芽試驗法。杉。檜。花柏。及其他之細小種子皆可行。其法先取種子百粒。而供給之以適當之溫度。及濕氣。以驗定其發芽量也。然如金松。水松。菩提樹。楓。等之種子。其發芽之日期。亘數月或一年以上。故於此等種子。此法不適於施行。惟普通之種子。大抵經三四星期而發芽。故容易行此法。而於化驗之種子之發芽量。當宜供給適當之溫度。觀察發芽之狀態。并日日計算其發芽數也。其發芽試驗法。有數種。其最簡單者。爲植木鉢試驗法。即播種子於植木鉢。置入於溫暖之室內。而時時灑之以水也。普通經三四星期而發芽。又有所謂片布試驗法者。取一定數之種子。而包之於棉布中。浸其一端於水。以使其吸取水氣也。

第五章　育苗法

育苗法。苗木先育之於苗圃。其苗圃有播種苗圃與床替苗圃之別。播種苗圃。爲播種子之處。床替苗圃爲移植幼苗。更使其生育一二年間之處。

一、苗圃之位置。宜擇於所當之地。以使苗木之搬運與督察等。其地形。亦宜傾斜適當。其最佳位置者。當面於南方。而稍傾斜之地。其東北西三面。宜圍以森林與隄防。以令流水自由。其地味之肥瘠。二者不宜過度。

二、苗圃之地土。當於年前之夏或秋。深耕之。至冬期。再使土塊曝露於雪。若爲地味不良之處。或地力衰耗之所。不可不飽施肥料。施肥通常用人糞尿。油粕。草木灰等。其中尤以草木灰爲有効。

三、苗圃之入口。可設一中央道路。其側可設梯形苗床。床之長短。雖無一定。而其幅則。通常三四尺。床與床之間。設一尺左右之空地。以使通行。

四、種子播種之期節。通常爲春秋二季。而普通樹種。大概春播。春播之種子。較秋播者。在地中之時期稍短。因而少鳥獸之害。及腐敗之虞。且春播爲發芽適當之時期。其所蒙春寒之害。不如秋播之甚。故通常多用春播。特是人夫不足之場所。或貯藏困難之種子。又不得不利用秋播。例如枹。櫧。栗。椎。榧。等。而爲大粒之種子者。一經乾燥。即減少發芽之力。貯藏困難。因而此等種子。待其成熟。即播種之。謂之取播。播種法。有撒播。條播。之別。普通樹種大概撒播。凡播種之時。需擇陰天無風之日。輕小之種子。更宜。播下之種子。雖通常以土覆之。然在撒播細粒之種子。撒散其上足矣。種子萌芽後之管理。種子發生後。即爲苗秧。需隨時遮蔽日光。其目的在防日光之直射。恐床地有乾燥之虞。其法。可用葦簾。或草苫之類。設棚。南低北高。或半屋頂形。然有若干樹種。絕不需遮蔽日光者。如松。櫸。櫟。等。凡遮日之事項。朝則覆之。夕宜去之。如遇氣候溫度急降之下。仍以遮蓋爲宜。以禦寒氣。床地宜每月除草一二次。以促助苗之發育。若土地瘠劣。幼苗長成不良時。除草後。更宜施以稀薄液肥。其在晚秋結霜之頃。宜防寒風。防寒法。與遮日法略同。所異者不過半屋形之草棚。北低南高。（亦間有北方全接於地面者。）以保褁朝之床地溫暖。如有最強之寒氣。可更撒布穀殼。落葉。或切斷之稻草。於苗之間。凡苗木移植於山地之前。行床替法時。須使此苗木。占寬疏之地。孚充分之光線。完全其發育。強健其苗根。

五、苗木之床替。通行之於經過二三年之後。其時期以春季爲最宜。其法先掘採苗木。以其根剪短三四寸許。其枝葉亦如斯剪之。剪定之後。宜速造床替地植之。設使不能急於栽植。可以將苗木集成一束。深埋於濕地。或包以草蓆。置諸富濕氣之陰處。蓋苗木一旦床替而後。需更行蔽日防寒之事爲要。苗木於床替地。或長之期間。雖因樹種而異。然植於床替地在二年以上者。定植之前年。可行第二次床替。至來春再定植於目的地。爲普通之方法。

六、苗木採掘。剪切。及裝運法。苗木已十分成長。則可移植於定植地。惟必先掘取之。而剪切其根部。及枝葉。以運搬之於定植地也。（一）苗木之採掘。宜避雨天。至如苗木之輸送遠方者。則雖在晴天。亦宜於霜露已消之後。方可採掘之。蓋枝葉濕潤之際。著手採掘。則不惟泥土附着於葉面。而充塞其呼吸孔。其濕苗受包裝。水分無從蒸發。因之發生熱氣。而致苗木之衰弱也。又冒雨掘苗之際。苗圃之耕土。受踐踏而成塊狀。異日耕作時。必費許多之勞力。苗木採掘之要件。在不必害其根與苗。故宜隨苗之大小。而定適當之距離。務期不損其根。以鍬掘起之也。杉。檜。等經換床者。其採掘時。宜用強大之鐮。深劃直條於苗間、使成碁盤目形。然後以鍬或鐮。深入根下。而以手取出苗木。又苗之植於畦上者。普通用鍬掘之。雖苗木甚小。土地又軟。亦決不可以手拔之。蓋用手強拔。則不惟緊要之鬚根。有切斷之虞。即未經切斷。亦於拔取之際。受土地之牽引。而緊張其亞皮層。與木質部。互相分離。多失其生長作用也。故宜使用鍬類。從苗圃之一端。漸次及於他端。精細掘取之。爲要。而掘取後之苗木。宜即埋入。生根於土中。或即用濕草薦覆之。決不可置於風中。曝之於陽光。蓋苗木之生育上。鬚根最爲要緊。若此鬚根一至乾燥。則容易失其生活力也。未經換床之苗木。及山野之天生苗木。其採掘時。更宜深爲注意。務宜不斷其根。多附其土。爲要。故其運搬費較多。遠地之造林不能利用之。一般天生之苗木。於其造林前。先宜換床一次。然後以之造林。乃爲安全。（二）苗木之剪切最爲要緊。行之得宜。則得良好之結果。若誤其方法。則雖完全之苗木。亦變惡劣。甚至切口漸至腐朽。以致枯死也。苗根若附有完全之土。或其採掘之際。毫不損傷。則其枝葉無剪切之要。然通常掘取之際。其根必受多少之損害。故其枝葉。亦不可不適宜剪切之。以保其根葉之平均。凡切口愈大。則平癒愈緩。且成疾病之素因。故務用銳利之小刀。切取枝葉。而使其切口細小而平滑也。普通多用鋏剪。以圖操作之便利。惟切剪之必需精細者。及切口之稍大者。則更用小刀而再切之也。

種植時所用之苗。普通留其根四寸至六寸。而切其餘部。然亦隨苗木之大小。而多少之增減。又換床之際。其根已被切斷者。則其所生之新根部。於種植之際。亦宜多切斷之。使根株之上端。切斷苗幹之全部而植之。則於運搬栽植等。既覺容易。而其栽植後。又少枯死之患。故根之發育不完全者。及易於枯死之闊葉樹。多用此法。例如櫟。枹。樟。等是也。惟春季晚霜較多之處。若切取苗幹而植之。則所生之嫩芽。易罹霜害。此法非其所宜。至其苗幹之切法。普通僅留其幹部。一寸至五寸許。而將其他部份。用刀或鋏剪以切去之。然大苗幹之切去。則有用鋸者。切口常甚粗糙。故貴重之苗木。更宜用小刀削之以使其切口平滑。裝運苗木之當時。最宜注意者。在不使苗木曝於風雨日光也。植樹造林之多歸失敗者。率在忽此要件。可不慎者。豫防之法。在採掘苗木之際。即宜適當剪切之。計其苗數而束之。用蒲包或草蓆類包其根。從速運至定植地。即宜栽植之。否則亦宜擇陰濕之地。而假植之。而此假植之法。普通只將各束之苗根埋入地中。然若其苗有發熱之變。則宜解其新束之繩而埋之。又若久旱不雨。日光直射。則宜設置蔽日棚。以覆之。若土地過於乾燥。則日沒後。宜以水灌之也。

第九編　病蟲害防除法

第一章　病害防除法

病害之來源有二。一由於黴菌之作用。如蘋果樹及梨樹之枝疫病。及大豆病等。此等病最難治療。惟有於秋季。取其染病之各部。悉拆摘而焚燒之。以為預防之法耳。一由於黴細菌之作用。此種病害可用噴射毒劑。或撒布藥粉法治療之。茲分別討論之於後。

消菌之物質。

通用之消菌物質。為「波爾多混合劑。」「硫化石灰。」「自燒之硫化石灰。」及硫磺粉。

「波爾多混合劑」之配合及其製法。

此藥劑重量之比例如下。

硫化銅	——四磅或五磅
石灰	——四磅或五磅
水	——五十加侖

此劑為消菌劑中施用之最廣者。其混合量以五——五——五十之比例。為普通常用者。若四——四——四十之比例。則為例外者也。劑中質料為硫化銅。石灰。及水。硫化銅如用之太濃。則有害於植物。故除遇特別之病害外。仍以用稍淡者為宜。

於製造「波爾多混合濟」之先。必預將硫化銅及石灰製好。以備臨時混合。

硫化銅。

硫化銅於應用之前。需先溶之於水。其比例爲一磅之硫化銅。溶解於一加侖之水内。需經數小時之久。然後可用。其溶解之法。應將硫化銅置袋中。使袋浮於水面。因硫化銅液本較水量爲重。故能自沈至底。此法較置硫化銅於水底而使之溶化者。爲時較速。

石灰。

石灰於應用之前。需先溶化於少量水内。使成粉碎。若石灰爲量不多。則以熱水爲宜。加水時務宜迅速。以防其焚燒。其比例以一磅石灰。用一加侖之水爲宜。至於普通空氣中溶化之石灰。則極不合用也。

「波爾多混合劑」之製法。

如欲製五十加侖之混合劑。先置四加侖之硫化銅液。於三十或三十五加侖之水中。然後加四加侖之石灰液。而調合之。再加水成五十加侖之數。切勿同時混合硫化銅及石灰。以其不易調合也。此混合劑。不宜用鐵質或鉛質之桶。盛之。以其易於損壞也。以用陶質。木質。或瓷質者。爲宜。

第二章　害蟲之防除法

害蟲之驅除預防法。因作物害蟲種類而異。就便宜上言之。可分爲農業。人工。藥劑。驅除預防法。之三種。農業驅除預防法者。其法不啻以防除害蟲爲宗旨。兼含有農業上之巧妙作業命意矣。蓋兼自然栽培。與防除害蟲二者爲一者也。故其方法。驟視之。似與防除害蟲無涉。其實則不然耳。其主要方法如左。

一　農業防除法

一、撰擇土地。適當之作物栽於適當之土地。則發育既強盛。而又無害蟲。其成效亦甚著。例如植果樹於傾斜透風之丘陵。則附近無蟲害發生。是其明徵也。

二、選擇苗種。果樹之害蟲。如介殼蟲。綿蟲等。均由苗木傳播。豆穀類之害蟲。如豌豆。象鼻蟲。及他種貯藏穀類之害蟲。咸有種子移殖。故嚴苗種之選擇。害蟲自無由發生。而作物之生長亦茂。

三、變更播種移植二期。害蟲發生。各有定期。播種移植避其最猖獗時。則害蟲自然少。詳言之。卽以作物播種移植之習性爲標準。視作物種類而將[illegible]移早或移遲。如是則害蟲發生。或猖獗之時。該作物未發生。卽已收獲。故不受其害也。

四、輪栽。凡種一植物。若於年年同一之地。則害蟲以習性之關係。蕃殖甚速。爲害最多。若改易其作物。用輪栽法。則不然。蓋害蟲以生活不習之故。卽不能發生。而土地又以變其供給所需。故因得肥沃。此亦一舉而二利者也。

五、施肥。施用肥料。宜注意其配合量。與種類。配合適當。而種類又宜。則植物生長強健。生長既強。害蟲自少。卽不能盡絕。植物亦自有抗禦之力而不受也。

六。冬耕。田圃土中。俱有害蟲潛伏。而居至冬季。需宜耕耘。則害蟲曝露於地面。被寒而死。來年卽不能發生。故冬耕驅除預防害蟲甚效。非他法所可及也。宜注意行之。

七、淸潔法。田圃果園。稭穢不治。亦爲害蟲發生之源。宜常行掃除枯枝敗葉。落果積草等。則害蟲無所依附。其效益與冬耕者相彷彿。

八、收獲後之處理。收獲後。不用之作物。或作物之殘餘。均宜聚集燒去之。或用其他適當之方法處理。則其中所遺之害蟲。自可一舉廓清。永無再生之患。又稻草潛服越冬之螟蟲。亦宜注意除之。或埋。或燒。均可使無孑遺也。

九、灌漑。灌漑之旨。在供給作物水分。若能應用得宜。尤能使害蟲溺死。例如葡萄之蚜蟲。驅除法。以浸水爲最有效。卽此理也。

二　人工防除法

人工驅除預防法。謂專以人力。設爲種種方法。專以驅除害蟲。或預防爲宗旨。不稍涉及農家作業。或藥劑之關係者也。故其方法。大都不外取用特製之器撲殺之。或誘而殺之。亦有徒手從事剿滅者。其重要方法。如左。

一、徒手撲滅法。此法卽就作物。及其附近。搜集害蟲之卵。之幼蟲。之蛹。之成蟲。而殲滅之也。不用器具之力。祇徒手從事。其功效在集約農業中。當較用器具。或藥物者爲優。

二、網羅法。此法卽用捕蟲網。捕羅害蟲。集而殺之也。網之構造。種種不一。大概視害蟲之種類而異其形製。

三、焚燒法。此法謂就害蟲潛伏之所而加以焚燒也。旣以居所毀之。故害蟲亦絕根株。如茶蛅蟖。梅蛅蟖等。性喜羣居者。用此法滅之最佳。

四、擊落法。此法謂就害蟲棲息之所。急激搖撼震盪之。使處其所之害蟲。悉數墮落地面。而後殺之也。法雖甚簡。而功效則甚著。特有時則不宜用之。如果實方結之樹枝。遇害蟲發生者。卽不宜用此是也。又此法用以驅除象鼻蟲。金龜子等。爲最效。

五、燈火誘殺法。此法謂用燈火引誘也。蓋蟲類有慕光之性。見燈火則羣集。因而利用之於夜間。燃燈相照。集而殲矣。其效甚巨。而於驅除稻麥類之螟蟲蛾。尤爲奇效。

六、食物誘捕法。此法理仍同前。不過利用害蟲所嗜之食物。誘而殲之。法以害蟲所喜之食物。播種於田圃之一隅。或先種於欲種作物之地上。候其旣集而生息其間。可聚而焚之。

七、居所誘捕法。此法亦同前理。惟宜預備適宜之地。供害蟲潛伏蛹化。或蟄居越冬之用。待其旣集。然後殺之。其例如柔巢蟲。亦壁蝨。越冬以前。預以藁草纏樹枝幹。則必集處其中。因取而焚之是也。

八、明渠遮斷法。此法爲阻害蟲發生。自甲地延及乙地而設。其法預掘溝渠於田圃四周。使之寬深各尺許。如是則害蟲通行途徑斷絕。自不患蔓延矣。故用以防螻蛄。及夜盜蟲。尤爲有效。

九、被覆遮斷法。此法爲以物加於作物之上。使害蟲不得相犯。其例如果蠅。守瓜蟲之類。及他種食葉甲蟲。其驅除預防之法。大都用舊蚊帳或鐵絲網等。覆於所欲護之作物上。卽能免其害者是也。

十、輪環遮斷法。此法專爲驅除預防夜盜蟲。及蛅蟖而設者也。法於有虞於害蟲處。以布或新聞紙環繞之。其形如加一輪環於作物之體者。因藉以阻絕害蟲。其效甚顯。

十一、膠質遮斷法。此法用意與前法相同。凡果樹盆栽之類。有蟻與蛅蟖爲害者。爲防其攀登。則用膠黏物質塗於作物體下半。如是凡蟲之來而欲上者。被爲膠質所留。而不得攀登矣。

三　藥劑防除法

藥劑驅除預防法。此法乃專以各種藥物殺滅害蟲也。實亦人工驅除預防法之一種。惟其效力則在前二者以上。所用主要者之藥劑如下

一、石油。石油爲最易得而最有效之殺蟲藥劑。用者極廣。惟是油性猛烈。不能不無害於作物。故普通施用。多混以他物合用。惟驅除稻田浮塵子。則有用純石油者。又冬日驅除介殼蟲。亦用純石油。浸醮布片。輕輕塗抹之。

二、石鹼水。石鹼溶於水中。卽爲石鹼水。此劑專爲驅除蚜蟲之用。其功效甚顯。本劑製法。先取石鹼細碎之。然後加水煮沸。則石鹼自溶矣。冷定生黏後再取用。其配法分量。約石鹼二三錢。用水二升。

三、除蟲菊石鹼水。卽石鹼水之加除蟲菊粉。以之驅除蚜蟲。及小形甲蟲。螟虫等。均甚效。本劑製法。先取前之石鹼水。乘其未冷之時。加入除蟲菊粉。調勻閉置。勿使泄氣。一晝夜。然後取用。其配合分量。爲上等洗衣石鹼二錢。除蟲菊二錢。水二升。

四、石油乳劑。此劑爲石油石鹼與水三者。配合而成之。在驅蟲劑中。應用最廣。而價亦廉。本劑製法。先取石鹼剝爲薄片。加水煮溶。別用一器盛石油溫之。然後將兩者合煮一器中。於未冷前。卽用喞筒調和。使成半乳狀。至兼有微黏時止。用時再酌量所需濃淡。加水調和。其配製分量。以石油二升。石鹼一兩二錢。至一兩五錢。水一升。

五、除蟲菊石油乳劑。此卽普通之石油乳劑。更加以除蟲菊粉者。其功效對於某種害蟲。較石油乳劑尤爲顯著。本劑製法。先以除蟲菊粉投入石油中。密閉　晝夜。然後用布片濾清卽成。其配製分量爲石油二升。石鹼一兩二錢至一兩五錢。除蟲菊粉二兩。水一升。

六、松脂合劑。此劑以松脂。曹達。爲主藥合成之。驅除介殼蟲最效。本劑製法。先將苛性曹達。用全量四分之一之水溶之。加熱時。再將細碎松脂。徐徐加入。且煮且攪拌。約一小時內外。松脂卽可溶化。卽現黃褐色。此時更加魚油。仍煮沸。攪拌如前。漸黏色亦漸黃。此時乃漸加水煮沸。其時間。初製及製成。約以三小時爲度。其配合分量。爲松脂十兩。苛性曹達二兩五錢。魚油八勺至一合。水二升。

七・石灰硫黃合劑。此爲硫黃石灰製成之者。驅除冬季落葉樹之介殼蟲最效。若釋之以水。亦可作夏季殺菌劑之用。本劑調製。需備二鍋。先用一鍋煮水既沸。更以別器貯生石灰。陸續注以煮沸之水。候悉溶。乃移置別一鍋中。更注入煮沸之水六升許。且攪拌之。然後取硫黃華。先用沸水浸濕。再加入石灰中。煮沸攪拌。俟既勻和成赭色。約歷半時許。再加沸水二斗。煮一二十分鐘。去火停攪。以粗布濾淨卽成。其配合分量。爲硫黃華十二兩。生石灰十二兩。至十六兩。水二斗。

八、除蟲菊草木灰。此爲除蟲菊粉與草木灰混合而成者。用之驅除食葉小甲蟲等頗有效。本劑製法。先將草木灰用篩篩過。乃加除蟲菊粉拌勻。密閉一晝夜。乘朝露未乾時用之。其配合分量。爲除蟲菊一二錢。草木灰一二錢。

九、砒質劑。此劑專爲驅除咀嚼口害蟲而設。有亞砒酸。砒酸鉛。巴黎綠。倫敦紫等。或乾粉劑。或爲液劑。均善。本劑無需配製。但取現成之物應用而已。例如亞砒酸。砒酸鉛等。皆爲極猛烈之毒藥。巴黎綠。倫敦紫等。則砒質製成之顏料。性亦極毒。故均可以殺蟲。

防除病蟲害所用之器具。器械。種類極多。自其大體言之。粉劑均用撒布法撒布之。液劑均用噴霧器噴散之。

全

園林研究會

徵求會員

人面難求土面易求園藝乃致富捷徑森林爲自古富源故經營園藝與森林是最妥當而本輕利厚之生產事業與最安全最穩固之儲蓄方法欲得高尚之生活而享家庭美滿之幸福者請速加入本會由綠蔭種植園生生農林場園林新報社所合組而成專以研究果樹蔬菜花卉等之改良推廣與佈置庭園設計農場多種速成厚利之果樹森林蔬菜花卉及特用作物等方法並義務指導種植以期增加生產而達富國裕民之目的爲宗旨入會會員均由本會分別贈予果樹苗森林苗及森林種子蔬菜種子花卉種子特用作物種苗等並另贈園林經驗書報刊物等以供實地研究種植者參考之資料詳章承索卽奉

上海浦東周家渡

園林研究會啓

中華民國二十四年六月出版

實驗園林經營全書

定價銀一元

編輯者 上海吳景澄

發行者 園林新報社 上海浦東周家渡

印刷者 南洋印刷所 上海小南門

總發行所 生生農場 上海浦東周家渡

分發行所 各大書店